高等职业教育"十三五"规划教材

工科应用数学

牛 铭 主编
王凤莉 陈佩宁 敦冬梅 副主编

中国铁道出版社有限公司
CHINA RAILWAY PUBLISHING HOUSE CO., LTD.

内 容 简 介

本教材以问题为导向，以应用为目的，以“必需、够用”为原则，以为专业服务为宗旨。按照学生的特点和认知规律及工科专业的需求选取、编排内容，做到由浅入深，符合高职高专工科类专业人才培养目标。

本教材内容共九章，内容包括三角学，向量与复数，解析几何，函数、极限与连续，导数及其运算，导数的应用，不定积分与微分方程，定积分及其应用，MATLAB及其应用。为读者学习方便，书后附有初、高等数学常用公式。

本教材适合高职高专工科专业学生使用，也可作为工程技术人员的数学参考用书。

图书在版编目(CIP)数据

工科应用数学/牛铭主编.—北京：中国铁道出版社，2016.8（2024.12重印）

高等职业教育“十三五”规划教材

ISBN 978-7-113-21881-2

Ⅰ.①工… Ⅱ.①牛… Ⅲ.①应用数学-高等职业教育-教材 Ⅳ.①O29

中国版本图书馆CIP数据核字(2016)第148576号

书　　名：工科应用数学
作　　者：牛　铭

策　　划： 何红艳　　　**编辑部电话：** (010)63560043
责任编辑： 何红艳　徐盼欣
封面设计： 刘　颖
封面制作： 白　雪
责任校对： 王　杰
责任印制： 赵星辰

出版发行： 中国铁道出版社有限公司(100054，北京市西城区右安门西街8号)
网　　址： https://www.tdpress.com/51eds
印　　刷： 三河市宏盛印务有限公司
版　　次： 2016年8月第1版　　2024年12月第12次印刷
开　　本： 787 mm×1 092 mm　1/16　**印张：** 15　**字数：** 356千
书　　号： ISBN 978-7-113-21881-2
定　　价： 35.00元

前　言

“数学”是高职高专学生必修的重要基础课程之一。它具有基础性、工具性、综合性、逻辑性和应用性等特点，是高职高专学生进一步学习后续课程的基础和工具，也是学生进一步提高思维能力和可持续发展的基础。因此，一本好的数学教材对学生的成长有着十分重要的积极作用。

随着教育教学的不断深入，高职高专院校的招生形式呈现多样化，学生的层次差异进一步扩大。为此，我们进行了大量的调查研究工作，了解到现有学生的基础和工科专业对数学的需求，根据学生的实际特点与专业需要对数学课程的教学内容进行改革，本教材就是这几年教学改革成果的固化。

针对学生的特点和工科专业的需求，我们调整了数学课程的教学内容，重新修订了教学大纲，建立了新的模块体系，实现了数学教学从教师“教数学”到学生“学数学，用数学”的转变，达到学能所会，学能所用的目的。本教材内容共九章，主要包括三角学，向量与复数，解析几何，函数、极限与连续，导数及其运算，导数的应用，不定积分与微分方程，定积分及其应用，MATLAB及其应用。

本教材编写的指导思想是以问题为导向，以应用为目的，以必需够用为原则，以为专业服务为宗旨，以学生的基础为起点。书中数学概念尽可能用深入浅出的描述性语言进行说明，注重学生对概念的理解和领会；不强调定理证明的严格性和数学严谨的演绎体系，注重数学思想的建立与运用；注重基本知识的叙述、基本运算的训练和数学方法的应用；指导学生使用现代的计算工具解决数学问题(计算器、数学软件等)。

本教材具有以下特点：

(1)以问题为导向。每章的开始是问题导入，提出与本章内容有关的实际问题，让学生带着问题进入学习状态。激发学生的兴趣，引导其思考。

(2)内容直观形象。对概念性的知识使用几何直观的解释和叙述性的语言，以求学生更好地理解和领会。

(3)突出应用。在本教材中列举了大量与专业及生活相关的实例，恰当引入数学建模的思想与方法。让学生在学习的过程中了解数学之用，进而激发学习兴趣和学习动力，加深对数学概念与数学思想的理解，培养学生的知识迁移能力。

(4)学习目标明确、清晰。在每章开头给出具体学习目标，使学生在学习的过程中始终目标明确，不迷茫。

学生通过本教材的学习，可以获得必需的数学知识，为专业学习打下良好的基础，同时提高自身的可持续发展能力。更重要的是，通过学习本教材，学生可以加深对数学思想的认识与理解，能有意识地应用数学思想思考问题，应用数学方法解决问题；提高逻辑思维能力，全面提高学习能力和数学素质。

本教材由石家庄职业技术学院牛铭任主编，王凤莉、陈佩宁、敦冬梅任副主编，参与编写的老师还有刘降玉、许彪、石宁、曹侃。其中，第一至四章由牛铭、许彪、曹侃编写，第五章由刘降玉编写，第六章由王凤莉编写，第七、八章由敦冬梅、石宁编写，第九章由陈佩宁编写，附录A由许彪编写。全书框架结构安排、统稿、定稿由牛铭、王凤莉承担。另外，此次教材的编写得到了石家庄职业技术学院工科专业教师的大力支持，尤其是机电系的专业教师为我们提供了大量的专业实例，在此表示由衷的感谢！

在本教材的编写中，有不少地方进行了大胆的尝试，目的是推动高职高专数学教育教学的进一步改革。由于编者水平有限，加之时间仓促，本书难免有不足之处，敬请广大读者批评指正。

编　者

2016年4月

目　　录

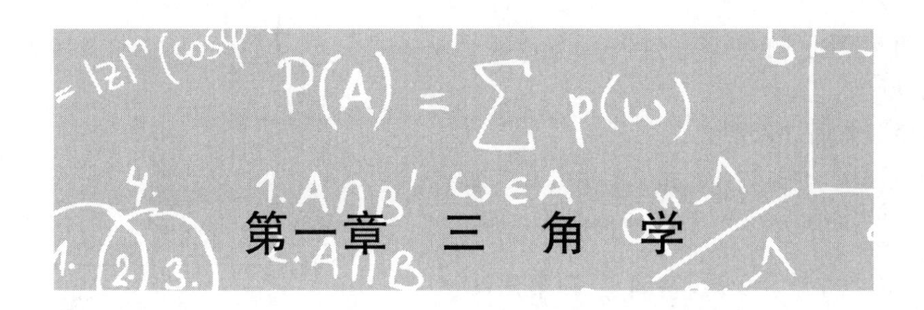

第一章　三　角　学

问题导入

前几年，某地有一种关于出租车计价器计价不准的说法，但计价器的质量并没有问题，问题出在汽车车轮的改装上(计价器与车轮的转速有关)．通过本章的学习可以很好地解释上述问题．

三角学是在工程技术中应用最广泛、最基础的内容之一．本章重点是理解角的概念，掌握角度单位与弧度单位的互换；能熟练运用弧长公式计算工程问题；掌握三角函数与反三角函数的特性，理解函数 $y=A\sin(\omega x+\varphi)$ 的含义与应用；熟练求解各种三角形．读者在学习本章的过程中应重点关注三角学的应用．

学习目标

(1)能熟练地进行角度与弧度的互换，能准确地使用圆弧长公式；

(2)熟悉正弦、余弦、正切、余切函数的图像和性质；

(3)了解正弦函数在实际问题中的应用；

(4)能记住并正确使用三角函数的常用公式；

(5)能准确写出反三角函数的表达式，清楚它们的定义域和值域，会画出其草图并了解其特性；

(6)掌握三角形的解法，能熟练地解决三角形的应用问题；

(7)具有熟练运用计算器求三角函数和反三角函数值的能力．

第一节　角

一、角的概念及其表示

角是一条射线绕着它的端点(顶点)O 在一个平面内旋转形成的．

角一般用 α,β,θ 等符号表示，如图 1－1 所示．

规定：逆时针旋转形成的角为**正角**，顺时针旋转形成的角为**负角**．

逆时针旋转一周为 360°，旋转两周为 720°，…….

终边相同的角有无数多个，它们之间的关系如下：

$$\{\beta \mid \beta=k\cdot 360°+\alpha, k\in \mathbf{Z}\}.$$

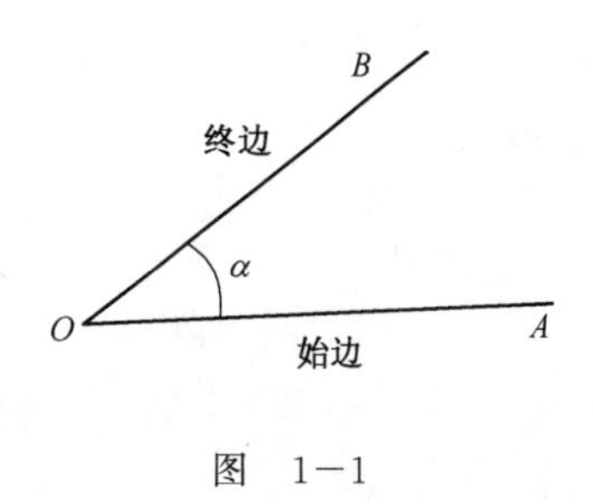

图　1－1

二、象限

两条相互垂直的直线将一个平面分成四个象限，如图1－2所示．

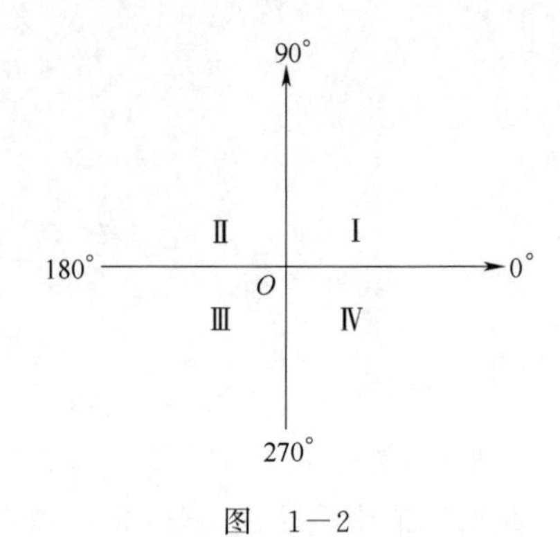

图 1－2

第Ⅰ象限角的表示形式：

$\{\alpha \mid k \cdot 360° < \alpha < k \cdot 360° + 90°, k \in \mathbf{Z}\}$.

练习：请写出其他三个象限的角的表示形式．

例1 角α在第Ⅱ象限，请问$\dfrac{\alpha}{2}$在第几象限？

解 由$\alpha \in$ Ⅱ可知，

$k \cdot 360° + 90° < \alpha < k \cdot 360° + 180°$,

$k \cdot 180° + 45° < \dfrac{\alpha}{2} < k \cdot 180° + 90°$.

分两种情况讨论：

(1) $k = 2n, n \cdot 360° + 45° < \dfrac{\alpha}{2} < n \cdot 360° + 90°, \dfrac{\alpha}{2} \in$ Ⅰ；

(2) $k = 2n+1, n \cdot 360° + 225° < \dfrac{\alpha}{2} < n \cdot 360° + 270°, \dfrac{\alpha}{2} \in$ Ⅲ.

三、弧度

规定：当圆弧的长与圆的半径相等时，圆弧所对的圆心角的大小为1 rad. rad读作弧度．

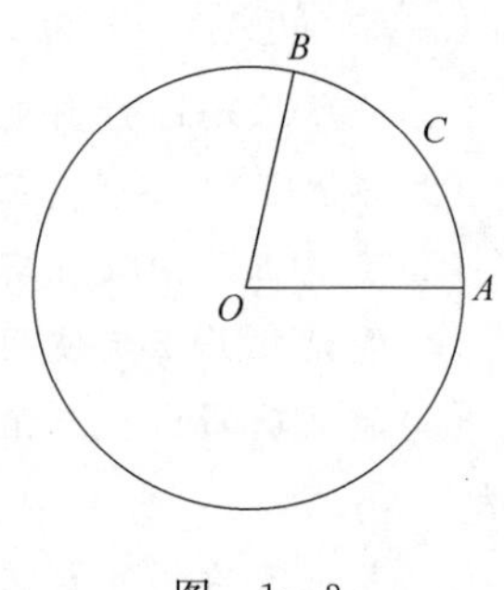

图 1－3

在单位圆上的圆心角的弧度（见图1－3）等于该圆心角对应的圆弧$\overset{\frown}{ACB}$的长度．

由弧长公式$l = |\alpha| r$（其中l是圆弧长，r是圆半径，α是圆心角），可知：$\alpha = \dfrac{l}{r}$ (rad).

角度与弧度的换算如下：

$1° = \dfrac{\pi}{180}$(rad) ≈ 0.017 (rad)，角度到弧度的转换：数值上乘$\dfrac{\pi}{180}$；

$1\text{ rad} = \left(\dfrac{180}{\pi}\right)° \approx 57°$，弧度到角度的转换：数值上乘$\dfrac{180}{\pi}$．

例2 将下列各角的角度数化成弧度数．

$$75°, -120°, 1\,440°, 40°30'.$$

解

$$75° = 75 \cdot \frac{\pi}{180} \approx 1.3 \text{ (rad)};$$

$$-120° = -120 \cdot \frac{\pi}{180} \approx -2.1 \text{ (rad)};$$

$$1\,440° = 1\,440 \cdot \frac{\pi}{180} = 25.12 \text{ (rad)};$$

$$40°30' = 40.5° = 40.5 \cdot \frac{\pi}{180} \approx 0.71 \text{ (rad)}.$$

例 3　将下列各角的弧度数化成角度数.

$$\frac{\pi}{12};-\frac{3\pi}{4};\frac{7\pi}{10};\frac{1}{15}.$$

解

$$\frac{\pi}{12} = \frac{\pi}{12} \cdot \frac{180}{\pi} = 15°;$$

$$-\frac{3\pi}{4} = -\frac{3\pi}{4} \cdot \frac{180}{\pi} = -135°;$$

$$\frac{7\pi}{10} = \frac{7\pi}{10} \cdot \frac{180}{\pi} = 126°;$$

$$\frac{1}{15} = \frac{1}{15} \cdot \frac{180}{\pi} \approx 3.8° = 3°48'.$$

一些常用特殊角的弧度数与角度数对应关系如表 1—1 所示.

表　1—1

度/(°)	0	30	45	60	90	120	135	150	180	270	360
弧度	0	$\frac{\pi}{6}$	$\frac{\pi}{4}$	$\frac{\pi}{3}$	$\frac{\pi}{2}$	$\frac{2\pi}{3}$	$\frac{3\pi}{4}$	$\frac{5\pi}{6}$	π	$\frac{3\pi}{2}$	2π

角的终边相同的角的集合：

$$\{\beta \mid \beta = 2k\pi + \alpha, k \in \mathbf{Z}\}.$$

例 4　在直径等于 22 cm 的圆上，若有一段弧所对的圆心角为 $42°18'$，问这段弧长为多少？(精确到 0.01 cm)

解　(1)将圆心角的单位角度化成弧度：

$$18' = (18/60)° = 0.3°, \quad 42°18' = 42.3°;$$

$$\alpha = 42.3° = 42.3 \times \frac{\pi}{180} \approx 0.738 \text{ rad};$$

(2)求弧长：

$$l = |\alpha| r = 0.738 \times \frac{22}{2} \approx 8.12 \text{ (cm)}.$$

所以，这段弧长为 8.12 cm.

例 5　在车床加工工件时，工件圆周上任意一个质点均作匀速圆周运动．设圆的半径为 20 cm，质点 A 在 1 s 内由 A 点逆时针运动到 B 点所经过的弧长为 200 cm. 求：(1)1 s 内点 A 所经过的圆心角；(2)点 A 在 1 s 内所旋转的周数；(3)质点 A 运动的角速度.

解　(1) $|\alpha| = \frac{l}{r} = \frac{200}{20}$ (rad) $= 10$ (rad)，点 A 为逆时针旋转，故 1 s 内点 A 所经过的圆心角为 10 rad；

(2) 旋转一周为 2π 弧度，$T = \frac{\alpha}{2\pi} = \frac{10}{2\pi} \approx 1.59$(周)，故点 A 在 1 s 内所旋转的周数约为 1.59 周；

(3) $\omega = \frac{\alpha}{t} = 10$ (rad/s)，故质点 A 运动的角速度为 10 rad/s.

习　题　1-1

1. 思考并回答下列问题:

(1)什么是弧度? 如何进行弧度与角度的互换?

(2)弧长公式是什么? 公式中每个量的含义及单位是什么? 举例说明.

2. 在半径为 22.6 cm 的圆上,设有一段弧所对的圆心角为 $40°30'$,问这段弧长是多少?(精确到小数点后 1 位)

3. 已知长 50 cm 的弧所对圆心角为 220°,求该弧所在圆的半径(保留小数点后两位).

4. 将下列各角的角度数化成弧度数:

$$56°18';279°;118°40'.$$

5. 将下列各角的弧度数化成角度数:

$$\frac{3}{5}\pi;\frac{\pi}{8};\frac{2}{3}\pi.$$

6. 电动机的转子直径是 10 cm,转速为 1 470 r/min,求:(1)转子每秒转过的圆心角;(2)转子每秒转过的圆弧长.

开放性题目.

7. 自行车传动系统中的数学. 解决下列问题:某人骑普通 26 型自行车上班,每分钟蹬 30 圈,用时 22 min,问该人的家与单位的距离是多少千米(精确到 0.000 1 km)? 该人的速度是多少? 若骑 28 型或 24 型车,用时各是多少? 小组讨论,写出一篇小论文(把小组讨论的过程和解决问题的过程用文字和数学符号描述清楚即可).

8. 重新认识圆周率. 上网查资料,编辑一篇小文章,介绍自己感兴趣的关于圆周率的事.(字数不限)

第二节　三角函数

一、锐角三角函数

在 Rt$\triangle ABC$ (见图 1-4)中,设 $\angle C=90°$,则

$$\sin\theta=\frac{b}{c},\cos\theta=\frac{a}{c},\tan\theta=\frac{b}{a},\cot\theta=\frac{a}{b};$$

$$c^2=a^2+b^2.$$

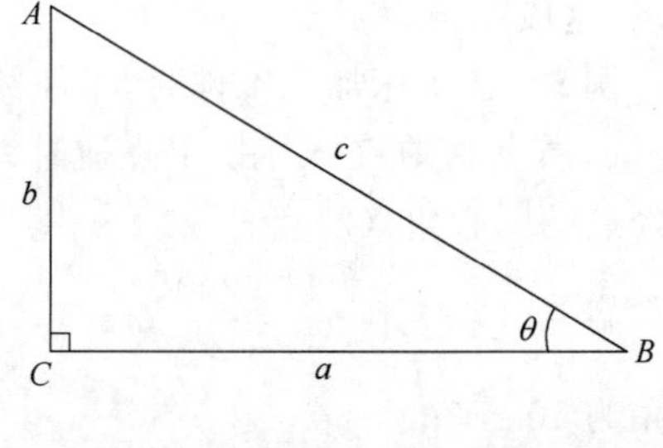

图 1-4

例 1　在一个横截面为直角三角形的原料上(见图 1-5),切割一个正方形工件. 已知斜边 AB 长为 10 cm,$\angle A=30°$. (1)正方形工件的边长最大是多少? (2)画出切割示意图.

解　(1)设正方形工件的边长为 x,则

$$AD=x\cot 30°=\sqrt{3}x\ ,EB=x\cot 60°=\frac{\sqrt{3}}{3}x;$$

$$AB=AD+DE+EB=\sqrt{3}x+x+\frac{\sqrt{3}}{3}x=10;$$

$$x=\frac{30}{4\sqrt{3}+3}=\frac{30(4\sqrt{3}-3)}{39}\approx 3.02\,(\text{cm}).$$

(2) $AD=x\cot 30°=\sqrt{3}x\approx 5.24(\text{cm})$.

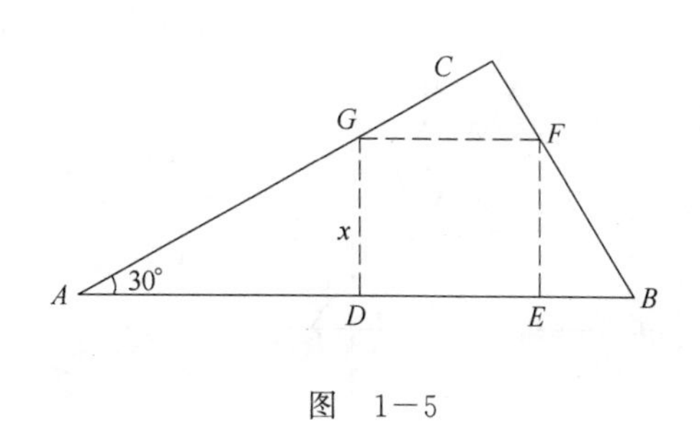

图　1—5

二、任意角三角函数的定义

已知 P 点的坐标为(x,y)，$r=\sqrt{x^2+y^2}$(见图 1—6)，定义下列函数：

正弦函数：$\sin\theta=\frac{y}{r}$，**余弦函数**：$\cos\theta=\frac{x}{r}$；

正切函数：$\tan\theta=\frac{y}{x}$，**余切函数**：$\cot\theta=\frac{x}{y}$；

正割函数：$\sec\theta=\frac{r}{x}$，**余割函数**：$\csc\theta=\frac{r}{y}$.

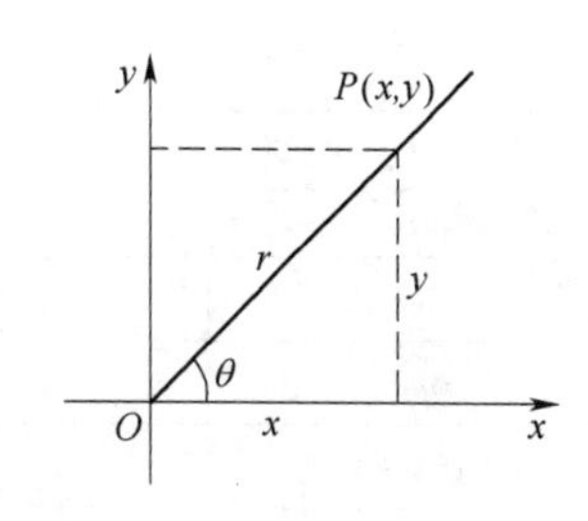

图　1—6

应该注意到，P 点的坐标与角 θ 之间有着紧密的关系．不管 P 点在终边的什么位置，只要角 θ 确定，上述三角函数值就确定为一个常数．一旦 P 点的坐标确定，角 θ 的象限位置也就确定了．

观察并找出上述函数之间的关系．

$$\tan\theta=\frac{\sin\theta}{\cos\theta};\quad \tan\theta=\frac{1}{\cot\theta};\quad \sec\theta=\frac{1}{\cos\theta};\quad \csc\theta=\frac{1}{\sin\theta}.$$

例 2　已知 A 点的坐标为$(-3,4)$，求：(1) 角 θ 的正弦、余弦、正切函数的值；(2)角 θ 的象限位置．

解　(1)因为 A 点的坐标为$(-3,4)$，所以 $x=-3$，$y=4$，$r=\sqrt{x^2+y^2}=\sqrt{(-3)^2+4^2}=5$，由三角函数的定义知，

$$\sin\theta=\frac{y}{r}=\frac{4}{5};\quad \cos\theta=\frac{x}{r}=\frac{-3}{5}=-\frac{3}{5};\quad \tan\alpha=\frac{y}{x}=\frac{4}{-3}=-\frac{4}{3}.$$

(2)通过作图可知角 θ 在第Ⅱ象限，如图 1—7 所示．

小组讨论：已知 B 点，C 点的坐标分别为$\left(-1,\frac{4}{3}\right)$，$\left(-2,\frac{8}{3}\right)$，求：(1)角 θ 的正弦、余弦、正切函数的值；(2)角 θ 的象限位置．最后总结出结论．

例 3　求$-\frac{\pi}{4}$弧度的正弦、余弦、正切函数值．

解　第一步：在单位圆内画出$-\frac{\pi}{4}$弧度的角，见图 1—8.

第二步：求得角的终点射线与单位圆周上的交点坐标为$\left(\frac{\sqrt{2}}{2},-\frac{\sqrt{2}}{2}\right)$，则

$$\sin\left(-\frac{\pi}{4}\right)=\frac{y}{r}=-\frac{\sqrt{2}}{2};\quad \cos\left(-\frac{\pi}{4}\right)=\frac{x}{r}=\frac{\sqrt{2}}{2};\quad \tan\left(-\frac{\pi}{4}\right)=\frac{y}{x}=-1.$$

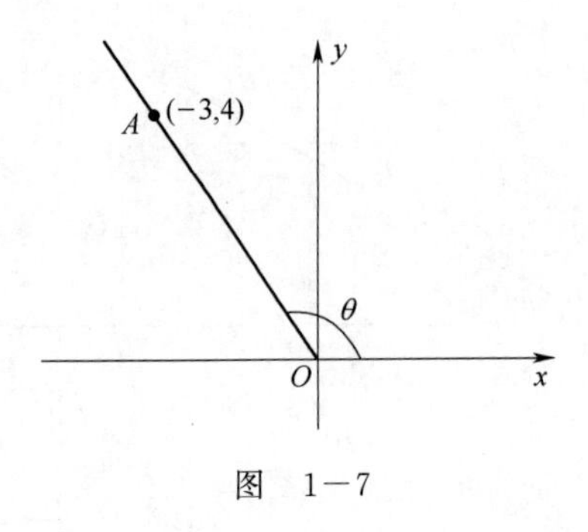

图　1—7

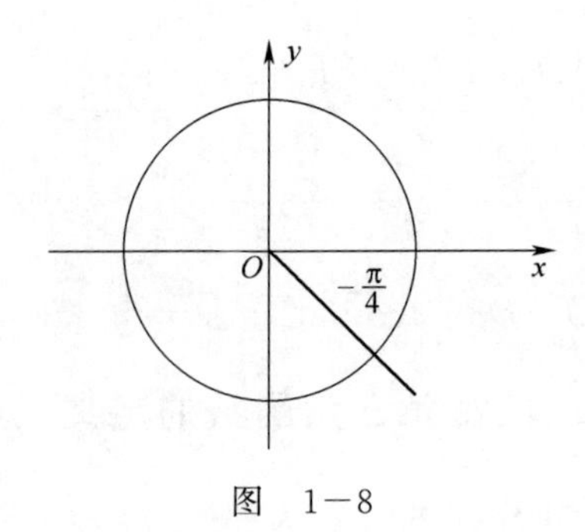

图　1—8

三角函数值在四个象限中的符号如表 1—2 所示．

表　1—2

象限 三角函数	Ⅰ	Ⅱ	Ⅲ	Ⅳ
$\sin\theta$	+	+	−	−
$\cos\theta$	+	−	−	+
$\tan\theta$	+	−	+	−
$\cot\theta$	+	−	+	−
$\sec\theta$	+	−	−	+
$\csc\theta$	+	+	−	−

常用的几个特殊角的正弦、余弦、正切函数值如表 1—3 所示．

表　1—3

度/(°)	0	30	45	60	90	135	180
弧度	0	$\frac{\pi}{6}$	$\frac{\pi}{4}$	$\frac{\pi}{3}$	$\frac{\pi}{2}$	$\frac{3\pi}{4}$	π
$\sin\theta$	0	$\frac{1}{2}$	$\frac{\sqrt{2}}{2}$	$\frac{\sqrt{3}}{2}$	1	$\frac{\sqrt{2}}{2}$	0
$\cos\theta$	1	$\frac{\sqrt{3}}{2}$	$\frac{\sqrt{2}}{2}$	$\frac{1}{2}$	0	$-\frac{\sqrt{2}}{2}$	−1
$\tan\theta$	0	$\frac{\sqrt{3}}{3}$	1	$\sqrt{3}$	不存在	−1	0

三、三角函数的图像

在坐标平面上画三角函数图形时，通常不用 θ 而用 x 来表示自变量(弧度)．

1. $y=\sin x$ 的图像与性质

$y=\sin x$ 的图像如图 1—9 所示．

从图像可以看出：$y=\sin x$ 的定义域为 $-\infty<x<+\infty$，值域为 $-1\leqslant y\leqslant 1$，周期为 2π，此函数为奇函数．

周期函数的定义：若 $f(x+T)=f(x)$，则 $f(x)$ 为周期为 T 的周期函数．

$$\sin(x+2\pi)=\sin x.$$

奇函数的定义：函数 $f(x)$ 在 $(-a,a)$ 内有定义，且 $f(-x)=-f(x)$，则称函数 $f(x)$ 为

奇函数．图像上表现为关于原点(0,0)对称．

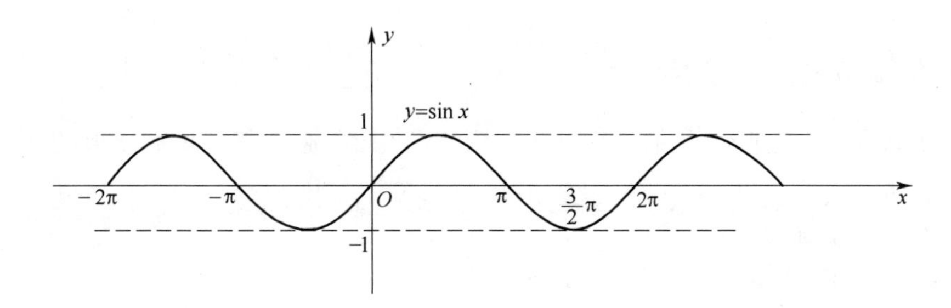

图 1—9

2. y＝cos x 的图像与性质

$y=\cos x$ 的图像如图 1—10 所示．

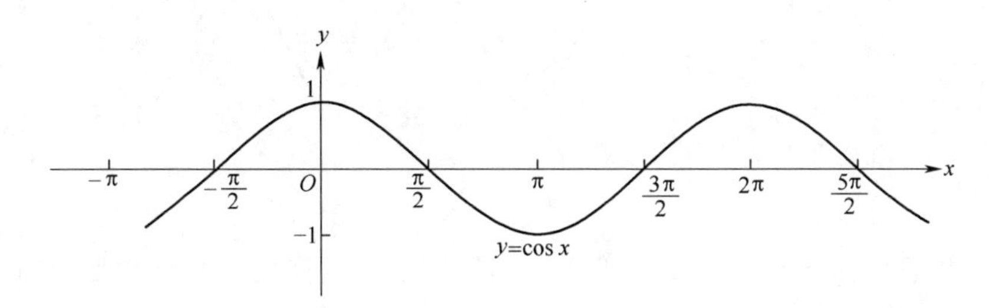

图 1—10

从图像可以看出：$y=\cos x$ 定义域为 $-\infty<x<+\infty$，值域为 $-1\leqslant y\leqslant 1$，周期为 2π，此函数为偶函数．

偶函数的定义：函数 $f(x)$ 在 $(-a,a)$ 内有定义，且 $f(-x)=f(x)$，则称函数 $f(x)$ 为偶函数．图像上表现为关于 y 轴对称．

3. y＝tan x 的图像与性质

$y=\tan x$ 的图像如图 1—11 所示．

从图像可以看出：$y=\tan x$ 的定义域为 $x\neq\pm\frac{\pi}{2},\pm\frac{3\pi}{2},\cdots$，值域为 $-\infty\leqslant y\leqslant+\infty$，周期为 π，此函数为奇函数．

4. y＝cot x 的图像与性质

$y=\cot x$ 的图像如图 1—12 所示．

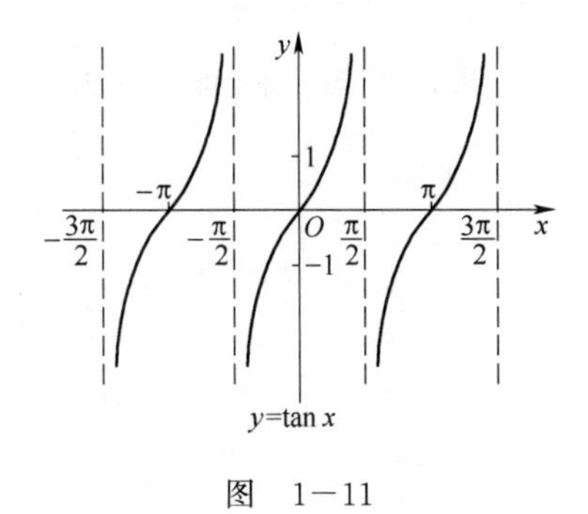

图 1—11

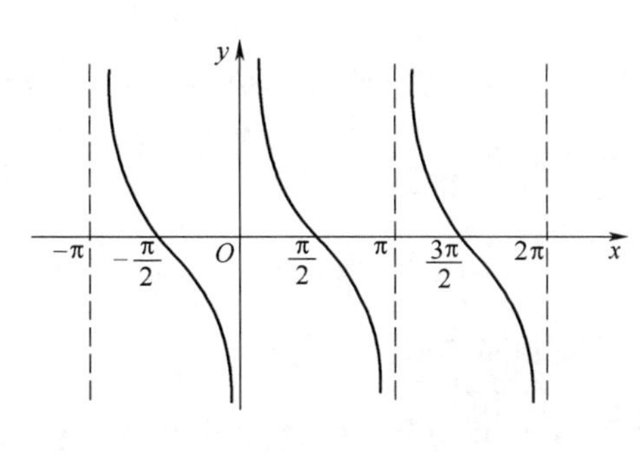

图 1—12

从图像可以看出：$y=\cot x$ 的定义域为 $x\neq\pm\pi,\pm2\pi,\cdots$，值域为 $-\infty\leqslant y\leqslant+\infty$，周期为 π.

四、三角函数图形的变换

下面把函数的移位、伸展、压缩和反射应用到三角函数，通过正弦函数图形的变换来了解各种参数的含义.

1. $y=A\sin x$ 的图像

$y=A\ \sin x$ 的图像(以 $A=2$ 为例)如图 1－13 所示.

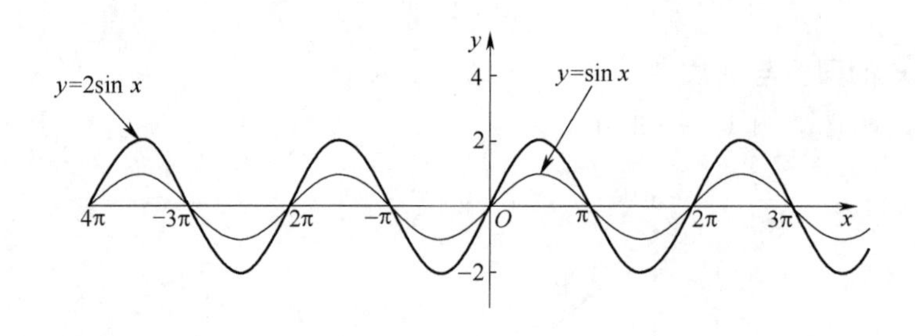

图 1－13

从图像可以看出：$y=A\sin x$ 周期不变，A(称为振幅)的变化是值域扩大(缩小)，即对图形垂直的伸展(压缩).

2. $y=\sin\omega x$ 的图像

$y=\sin\omega x$ 的图像如图 1－14 所示.

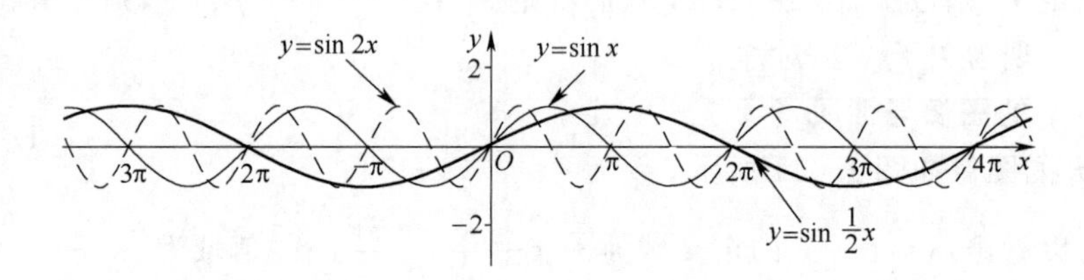

图 1－14

从图像可以看出：与 $y=\sin x$ 比较，$y=\sin\omega x$ 振幅不变，周期发生变化：$y=\sin 2x$ 的周期是 $y=\sin x$ 的一半，即周期为 π；$y=\sin\dfrac{1}{2}x$ 的周期是 $y=\sin x$ 的 2 倍，即周期为 4π，可知 $\omega=\dfrac{2\pi}{T}$ 为角频率，T 是周期.

$y=\sin\omega x$ 的图像是把 $y=\sin x$ 的图像沿横轴方向拉伸 ($\omega<1$) 或压缩 ($\omega>1$) 成原来的$\dfrac{1}{\omega}$而得到的.

3. $y=\sin(\omega x+\varphi)$的图像

$y=\sin(\omega x+\varphi)$的图像如图 1－15 所示.

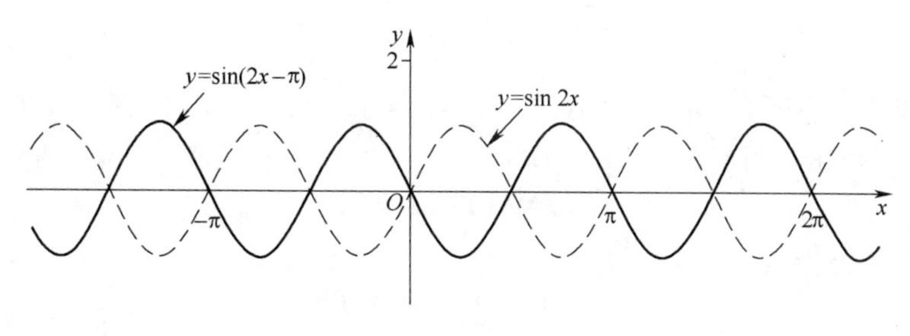

图　1−15

从图像可以看出：$y=\sin(2x-\pi)$ 与 $y=\sin 2x$ 比较，周期、振幅均不变，只是将 $y=\sin 2x$ 的图形向右平移了 $\frac{\pi}{2}$ 个单位．由此可知，$y=\sin(\omega x+\varphi)$ 的图像是由 $y=\sin \omega x$ 的图像平移 $\left|\frac{\varphi}{\omega}\right|$ 个单位（$\frac{\varphi}{\omega}>0$ 向左，$\frac{\varphi}{\omega}<0$ 向右）得到的．

4. $y=\sin(\omega x+\varphi)+d$ 的图像

$y=\sin(\omega x+\varphi)+d$ 的图像如图 1−16 所示．

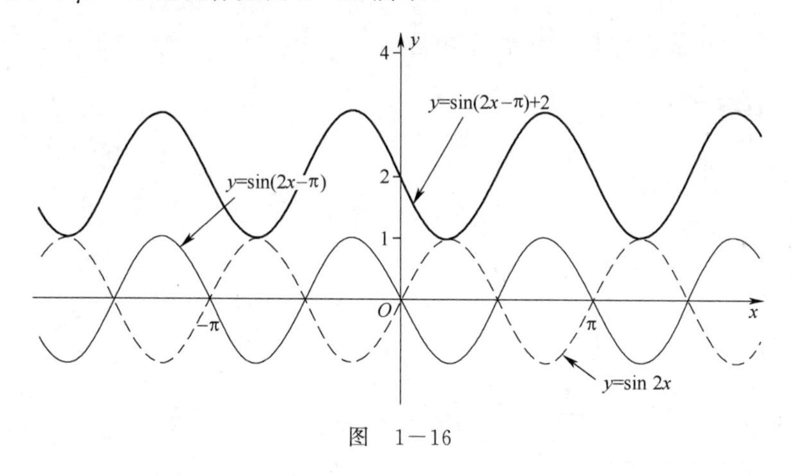

图　1−16

思考：

(1) $y=A\sin(\omega x+\varphi)+d$ 的图像如何由 $y=\sin x$ 变化而来？

(2)通过图像找到 $y=\sin x$ 与 $y=\cos x$ 的关系．

五、应用

因为正弦函数和余弦函数为周期函数，所以研究周期函数需要用到正弦或余弦函数．例如，交流电的电流与电压变化呈现正弦曲线的形式，正弦交流电的电流与电压的数学表达式为

$$i=I_{\mathrm{m}}\sin(\omega t+\varphi);$$

$$u=U_{\mathrm{m}}\sin(\omega t+\varphi).$$

式中，I_{m}，U_{m} 称为幅值；ω 称为角频率；$\omega t+\varphi$ 称为相位；φ 称为初相位（简称初相）．

任意两个同频率的正弦量的相位之差称为相位差．

周期 T 表示正弦波形变化一周所用的时间．f 称为频率（单位：Hz）表示 1 s 正弦波形变化几个周期．

$$T=\frac{2\pi}{\omega};\quad f=\frac{1}{T};\quad \omega=2\pi f.$$

例 4 已知 $i=10\sin(314t+30°)$ A，$u=220\sqrt{2}\sin(314t-45°)$ V，试指出它们的角频率、频率、周期、幅值、初相和相位差．

解

$$\omega=314\ \text{rad/s};$$
$$f=\omega/2\pi=50\ (\text{Hz});$$
$$T=1/f=0.02\ (\text{s});$$
$$I_m=10\ \text{A},U_m=220\sqrt{2}\ (\text{V});$$
$$\varphi_i=30°,\ \varphi_u=-45°;$$
$$\text{相位差}:\phi=\varphi_i-\varphi_u=30°-(-45°)=75°.$$

说明：电流强度超前电压 75°.

例 5 若要在一个工件的一端钻 85°的斜孔，需要将工件钻孔的一端垫高，使之与工作台面成 5°的倾斜角，问应在距 A 点 800 mm 的 B 点处垫高多少(见图 1－17)？

解 在$\triangle ABC$ 中，$AB=800$ mm，$\angle A=5°$，$BC=h$，则

$$h=AB\tan 5°=800\times 0.0875\approx 70\ (\text{mm}),$$

应在距 A 点 800 mm 的 B 点处垫高 70 mm.

六、三角恒等式

从图 1－18 可知：

$$\sin^2\theta+\cos^2\theta=1. \tag{1－1}$$

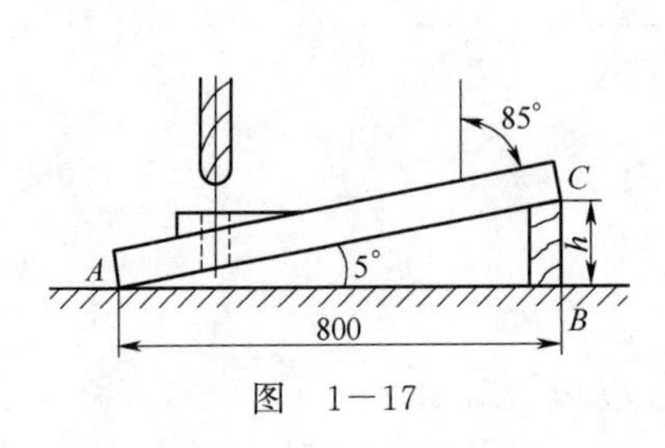

图 1－17

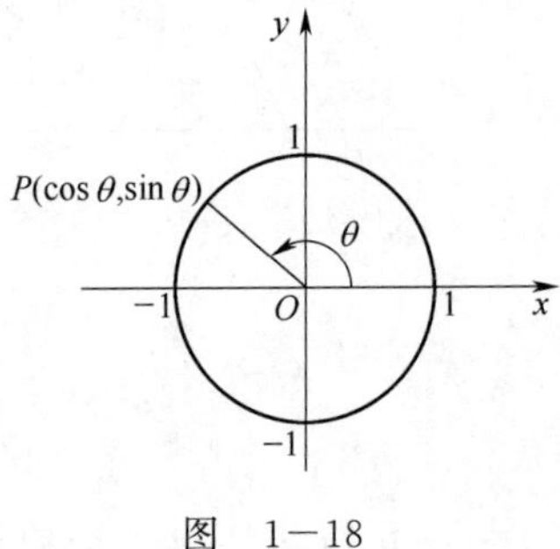

图 1－18

该等式分别除以 $\cos^2\theta$，$\sin^2\theta$，得到下列等式：

$$1+\tan^2\theta=\sec^2\theta;\qquad 1+\cot^2\theta=\csc^2\theta.$$

两角和公式：

$$\sin(A+B)=\sin A\cos B+\cos A\sin B;$$
$$\cos(A+B)=\cos A\cos B-\sin A\sin B. \tag{1－2}$$

注：我们所需的三角恒等式均可由式(1－1)和式(1－2)推导出．

例如，常用的倍角公式

$$\sin 2\theta=2\sin\theta\cos\theta$$
$$\cos 2\theta=\cos^2\theta-\sin^2\theta=2\cos^2\theta-1=1-2\sin^2\theta.$$

自行推导下列等式：

$$\tan(A+B)=\frac{\tan A+\tan B}{1-\tan A\tan B}.$$

推导三角函数的诱导公式，并理解“奇变偶不变，符号看象限”.

习 题 1—2

1. 思考并回答下列问题：

(1)画出正弦、余弦、正切、余切函数的图像，指出它们的特征.

(2)如何求三角函数的周期？举例说明.

(3)解释 $y=A\sin(\omega x+\varphi)$ 中每一个参数的含义.

2. 作出函数 $y=2\sin\left(x+\frac{\pi}{4}\right)$ 的图像，并与 $y=\sin x$ 的图像比较，说明它们的区别.

3. 已知单相交流电的电流的瞬时值 $i=I_m\sin(\omega t+120°)$，其中最大电流 $I_m=2$ A，角频率 $\omega=50\times360°/\text{s}$. 求：(1)$t=0.1$ s 时 i 的值；(2)电流的周期、峰值(最大值)和初相位.

4. 求下列三角函数的值：

(1)$\sin(-420°)$；　(2)$\cos\left(-\frac{17\pi}{6}\right)$；　(3)$\tan(-450°)$；　(4)$\cot\left(\frac{11\pi}{3}\right)$.

5. 求下列函数的周期(最小周期)：

(1)$y=\sin 3x$；　(2)$y=3\sin\frac{x}{4}$；　(3)$y=\sin\left(x+\frac{\pi}{10}\right)$；　(4)$y=\sqrt{3}\sin\left(\frac{1}{2}x-\frac{\pi}{4}\right)$.

6. 已知 $i_1=8\sin(\omega t+60°)$ A，$i_2=6\sin(\omega t+30°)$ A.

(1)判断 i_1，i_2 是否是同频率正弦量；(2)求它们的幅值和初相；(3)求它们的相位差，并解释相位差的含义.

7. 通过图像找到 $y=\sin x$ 与 $y=\cos x$ 的关系.

8. 推导下列三角公式：

(1) $\sin 2x=2\sin x\cos x$；　(2) $\cos 2x=1-2\sin^2 x$；

(3) $\tan(A+B)=\dfrac{\tan A+\tan B}{1-\tan A\tan B}$.

9. 有一个燕尾块，其横截面如图 1—19 所示，燕尾角 $\alpha=60°$，下端宽度 $l=60$ mm，加工时 l 的尺寸不易得到，经常用钢柱测量法进行检验，就是用两个直径相同的钢柱放在燕尾角里，用卡尺测量两圆柱的外围尺寸 y，如果钢柱直径 $D=10$ mm，y 等于多少时，才能使 l 的尺寸符合要求？(精确到 0.01 mm)

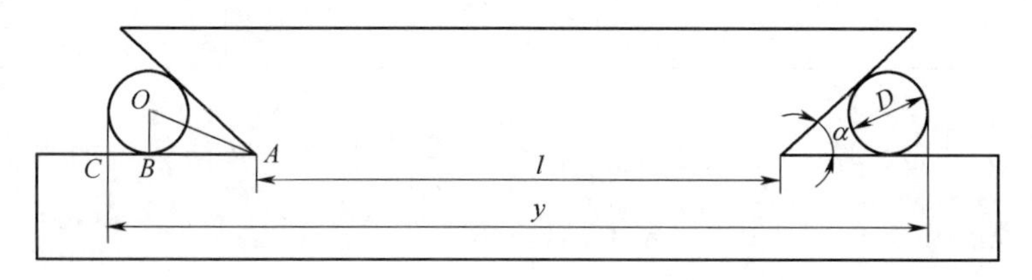

图 1—19

10. 用横截面为矩形的原料加工一个正六边形工件，要求正六边形工件的宽度(平行边的宽度)为 20 mm，问原料的长宽至少是多少.

11. 已知圆的直径为 20 mm，求内接正六边形的宽度.

12. 利用已知公式推导三角函数的诱导公式.

第三节　反三角函数

一、反函数

三角函数是已知角度，可求出三角函数值．反过来，若已知三角函数值，如何求出角度呢？这需要用到反三角函数，由此，我们引入反函数的概念．

定义　设 $y=f(x)$ 为定义在 D 上的函数，其值域为 M. 若对于数集 M 中的每个数 y，数集 D 中都有唯一的一个数 x 与之对应，使 $f(x)=y$，这就是说变量 x 是变量 y 的函数．这个函数称为函数 $y=f(x)$ 的**反函数**．记为 $y=f^{-1}(x)$.

注：$y=f(x)$ 和 $y=f^{-1}(x)$ 均是单调函数（一对一函数），只有单调函数才有反函数．在几何上，$y=f(x)$ 和 $y=f^{-1}(x)$ 的图像关于 $y=x$ 对称．

例如，$y=x^3$ 与 $y=x^{\frac{1}{3}}=\sqrt[3]{x}$，$y=\mathrm{e}^x$ 与 $y=\ln x$ 均互为反函数．

根据反函数的定义，三角函数是没有反函数的．但是，若将其定义域限制在一定范围内，它们就可以有反函数．

二、反正弦函数

1. 反正弦函数的概念

将 $y=\sin x$ 的定义域限制在 $\left[-\frac{\pi}{2},\frac{\pi}{2}\right]$ 上，观察可知 $y=\sin x$ 在 $\left[-\frac{\pi}{2},\frac{\pi}{2}\right]$ 上单调增加，则 $y=\sin x$ 在 $\left[-\frac{\pi}{2},\frac{\pi}{2}\right]$ 上有反函数，称为**反正弦函数**，记作 $y=\arcsin x$ 或 $y=\sin^{-1}x$，即 x 是 y 的正弦值．x 的取值范围为 $[-1,1]$，y 的取值范围为 $\left[-\frac{\pi}{2},\frac{\pi}{2}\right]$，$y=\sin x$ 与 $y=\arcsin x$ 关于 $y=x$ 对称．

$y=\sin x$ 在 $\left[-\frac{\pi}{2},\frac{\pi}{2}\right]$ 上常用点的坐标如表 1—4 所示．

表　1—4

x	$-\frac{\pi}{2}$	$-\frac{\pi}{3}$	$-\frac{\pi}{4}$	$-\frac{\pi}{6}$	0	$\frac{\pi}{6}$	$\frac{\pi}{4}$	$\frac{\pi}{3}$	$\frac{\pi}{2}$
$y=\sin x$	-1	$-\frac{\sqrt{3}}{2}$	$-\frac{\sqrt{2}}{2}$	$-\frac{1}{2}$	0	$\frac{1}{2}$	$\frac{\sqrt{2}}{2}$	$\frac{\sqrt{3}}{2}$	1

$y=\arcsin x$ 的定义域为 $[-1,1]$，值域为 $\left[-\frac{\pi}{2},\frac{\pi}{2}\right]$，将正弦函数点的坐标中的 x，y 互换，就得到 $y=\arcsin x$ 的点坐标，如表 1—5 所示．

表　1—5

x	-1	$-\frac{\sqrt{3}}{2}$	$-\frac{\sqrt{2}}{2}$	$-\frac{1}{2}$	0	$\frac{1}{2}$	$\frac{\sqrt{2}}{2}$	$\frac{\sqrt{3}}{2}$	1
$y=\arcsin x$	$-\frac{\pi}{2}$	$-\frac{\pi}{3}$	$-\frac{\pi}{4}$	$-\frac{\pi}{6}$	0	$\frac{\pi}{6}$	$\frac{\pi}{4}$	$\frac{\pi}{3}$	$\frac{\pi}{2}$

通过表中的坐标画出 $y=\arcsin x$ 的图像，如图 1—20 所示．

对于 $y=\arcsin x$，要记住并理解以下三点：

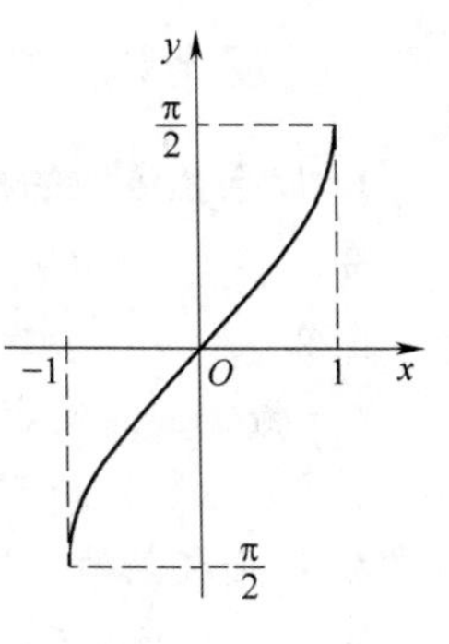

图 1—20

(1) $y=\arcsin x$ 表示一个角，即正弦值为 x 的角；

(2)这个角的正弦值等于 x，即 $\sin \arcsin x=x$，$-\frac{\pi}{2}\leqslant \arcsin x$

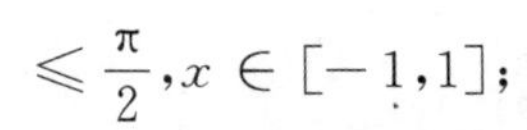
$\leqslant \frac{\pi}{2}$，$x\in[-1,1]$；

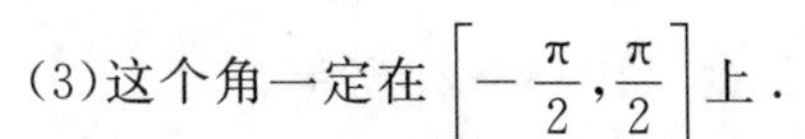
(3)这个角一定在 $\left[-\frac{\pi}{2},\frac{\pi}{2}\right]$ 上.

2. $y=\arcsin x$ 的性质

从 $y=\arcsin x$ 的图像可以看出：

(1)此函数单调增加且有界，值域为 $\left[-\frac{\pi}{2},\frac{\pi}{2}\right]$；

(2)此函数为奇函数，但不是周期函数.

例 1　求下列各反正弦函数的值：

(1) $\arcsin\frac{\sqrt{3}}{2}$；　(2) $\arcsin\left(-\frac{1}{2}\right)$；　(3) $\arcsin 0$；　(4) $\arcsin(-1)$.

解　(1)因为 $\sin\frac{\pi}{3}=\frac{\sqrt{3}}{2}$，且 $\frac{\pi}{3}\in\left[-\frac{\pi}{2},\frac{\pi}{2}\right]$，所以 $\arcsin\frac{\sqrt{3}}{2}=\frac{\pi}{3}$；

(2) $\arcsin\left(-\frac{1}{2}\right)=-\arcsin\frac{1}{2}=-\frac{\pi}{6}$；

(3) $\arcsin 0=0$；

(4) $\arcsin(-1)=-\frac{\pi}{2}$.

结论：$\arcsin(-x)=-\arcsin x$.

例 2　用反正弦函数表示下列各角：

(1) $\frac{\pi}{4}$；　(2) $\frac{4\pi}{3}$；　(3) $\frac{\pi}{2}$；　(4) $-\frac{\pi}{6}$；　(5) $\frac{5\pi}{6}$.

解　(1)因为 $\sin\frac{\pi}{4}=\frac{\sqrt{2}}{2}$，且 $\frac{\pi}{4}\in\left[-\frac{\pi}{2},\frac{\pi}{2}\right]$，所以 $\frac{\pi}{4}=\arcsin\frac{\sqrt{2}}{2}$；

(2)因为 $\sin\frac{4\pi}{3}=\frac{\sqrt{3}}{2}$，但 $\frac{4\pi}{3}\notin\left[-\frac{\pi}{2},\frac{\pi}{2}\right]$，$\frac{4\pi}{3}=\pi+\frac{\pi}{3}$，$\frac{\pi}{3}\in\left[-\frac{\pi}{2},\frac{\pi}{2}\right]$，所以

$$\frac{4\pi}{3}=\pi+\arcsin\frac{\sqrt{3}}{2};$$

(3)因为 $\sin\frac{\pi}{2}=1$，且 $\frac{\pi}{2}\in\left[-\frac{\pi}{2},\frac{\pi}{2}\right]$，所以 $\frac{\pi}{2}=\arcsin 1$；

(4)因为 $\sin\left(-\frac{\pi}{6}\right)=-\frac{1}{2}$，且 $-\frac{\pi}{6}\in\left[-\frac{\pi}{2},\frac{\pi}{2}\right]$，所以 $-\frac{\pi}{6}=\arcsin\left(-\frac{1}{2}\right)$；

(5)因为 $\sin\frac{5\pi}{6}=\frac{1}{2}$，但 $\frac{5}{6}\pi\notin\left[-\frac{\pi}{2},\frac{\pi}{2}\right]$，而 $\frac{5}{6}\pi=\pi-\frac{\pi}{6}$，$\frac{\pi}{6}\in\left[-\frac{\pi}{2},\frac{\pi}{2}\right]$，所以

$$\frac{5\pi}{6}=\pi-\arcsin\frac{1}{2}.$$

三、反余弦函数

1. 反余弦函数的概念

在 $y=\cos x$ 的一个单调区间$[0,\pi]$上可以定义它的反函数，即**反余弦函数**．

记作 $y=\arccos x$．

$y=\arccos x$ 的定义域为$[-1,1]$，值域为$[0,\pi]$.

$y=\arccos x$ 的图像可模仿反正弦函数图像的画法得到，如图 1－21 所示．

2. 反余弦函数的性质

从图像中可以看出反余弦函数的性质：

(1) $y=\arccos x$ 在定义域内单调减少且有界；

(2) $y=\arccos x$ 是非奇非偶函数，非周期函数．

与反正弦函数一样，$y=\arccos x$ 表示余弦值为 x 的角．这个角 y 的余弦值为 x，即 $\cos\arccos x=x, x\in[-1,1]$，这个角一定在$[0,\pi]$上．

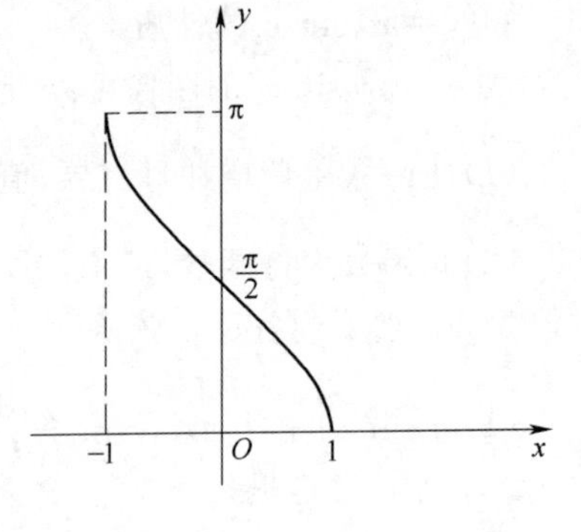

图 1－21

例 3 求下列各反余弦函数的值：

(1)$\arccos\dfrac{\sqrt{3}}{2}$； (2)$\arccos\left(\cos\dfrac{7\pi}{6}\right)$；

(3)$\arccos\left(-\dfrac{\sqrt{2}}{2}\right)$； (4)$\arccos\dfrac{1}{2}$； (5)$\arccos\left(\cos\dfrac{11\pi}{6}\right)$.

解 (1)因为 $\cos\dfrac{\pi}{6}=\dfrac{\sqrt{3}}{2}$，且$\dfrac{\pi}{6}\in[0,\pi]$，所以 $\arccos\dfrac{\sqrt{3}}{2}=\dfrac{\pi}{6}$；

(2)$\arccos\left(\cos\dfrac{7\pi}{6}\right)=\arccos\left[\cos\left(\pi+\dfrac{\pi}{6}\right)\right]=\arccos\left(-\cos\dfrac{\pi}{6}\right)$

$$=\arccos\left(-\frac{\sqrt{3}}{2}\right)=\pi-\frac{\pi}{6}$$

$$=\frac{5\pi}{6};$$

(3)$\arccos\left(-\dfrac{\sqrt{2}}{2}\right)=\pi-\dfrac{\pi}{4}=\dfrac{3\pi}{4}$；

(4)$\arccos\dfrac{1}{2}=\dfrac{\pi}{3}$；

(5)$\arccos\left(\cos\dfrac{11\pi}{6}\right)=\arccos\left[\cos\left(2\pi-\dfrac{\pi}{6}\right)\right]=\arccos\left(\cos\dfrac{\pi}{6}\right)=\dfrac{\pi}{6}$.

结论：$\arccos(-x)=\pi-\arccos x$.

四、反正切函数与反余切函数

1. 反正切函数的概念

正切函数 $y=\tan x$ 在 $\left(-\dfrac{\pi}{2},\dfrac{\pi}{2}\right)$ 内单调增加，在此区间正切函数有反函数，称为**反正切函数**，记作 $y=\arctan x$．

$y=\arctan x$ 的定义域为 $y=\tan x$ 的值域，即 $(-\infty,+\infty)$，值域为 $\left(-\frac{\pi}{2},\frac{\pi}{2}\right)$，如图 1—22 所示．要理解并记忆以下三点：

(1) $y=\arctan x$ 表示一个角；

(2)这个角的正切值等于 x，即 $\tan y=\tan \arctan x=x$；

(3)这个角一定在 $\left(-\frac{\pi}{2},\frac{\pi}{2}\right)$ 内．

2. 反正切函数的性质

由反正切函数的图像可知，反正切函数有如下性质：

(1)有界且单调增加；

(2)为奇函数；非周期函数．

3. 反余切函数 $y=\operatorname{arccot} x$

$y=\operatorname{arccot} x$ 的定义域为 $(-\infty,+\infty)$，值域为 $(0,\pi)$，反余切函数 $y=\operatorname{arccot} x$ 表示一个角，这个角的余切值为 x，即 $\cot y=\cot \operatorname{arccot} x=x$，这个角一定在 $(0,\pi)$ 内，如图 1—23 所示．

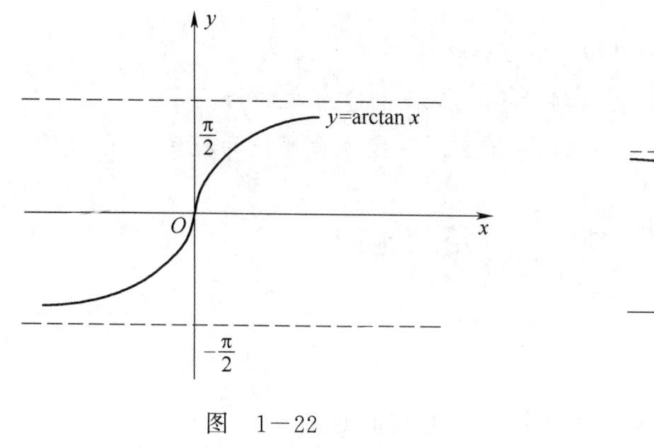

图 1—22

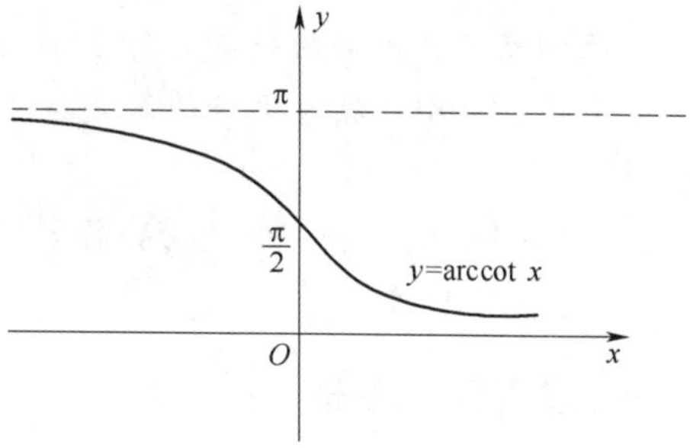

图 1—23

例 4　求下列各式的值：

(1) $\arctan 0$；　(2) $\arctan(-\sqrt{3})$；　(3) $\operatorname{arccot} 1$；　(4) $\operatorname{arccot}\left(-\frac{\sqrt{3}}{3}\right)$.

解 (1) $\arctan 0=0$；

(2) $\arctan(-\sqrt{3})=-\arctan\sqrt{3}=-\frac{\pi}{3}$；

(3) $\operatorname{arccot} 1=\frac{\pi}{4}$；

(4) $\operatorname{arccot}\left(-\frac{\sqrt{3}}{3}\right)=\pi-\frac{\pi}{3}=\frac{2\pi}{3}$.

例 5　已知直角三角形的两条直角边 $a=1$，$b=\sqrt{3}$，求 b 边对应的角 θ.

解　由已知条件知：

$$\tan\theta=\frac{b}{a}=\sqrt{3}\ ;$$

$$\theta=\arctan\sqrt{3}=\frac{\pi}{3}$$

习 题 1-3

1. 画出反正弦、反余弦、反正切、反余切函数的图形，指出它们的定义域、值域和主要特征．

2. 写出下列函数的定义域和值域：

(1) $y=2\arccos\sqrt{x-1}$；　　(2) $y=\arctan\sqrt{x-5}$．

3. 求下列函数值：

(1) $\arcsin\left(-\frac{\sqrt{3}}{2}\right)$；　　(2) $\arccos\left(-\frac{1}{2}\right)$；

(3) $\arctan(-1)$；　　(4) $\operatorname{arccot}(-\sqrt{3})$；

(5) $\sin\left(\arccos\frac{\sqrt{3}}{2}\right)$；　　(6) $\cos\left[\arccos\left(-\frac{1}{2}\right)\right]$

(7) $\tan[\arctan(-1)]$；　　(8) $\cos(\operatorname{arccot}\sqrt{3})$；

(9) $\operatorname{arccot} 0$．

4. 已知直角三角形的两条直角边 $a=1, b=\sqrt{3}$，求 a 边对应的角 θ．

5. 已知直角三角形的一条直角边 $a=\sqrt{3}$，斜边 $b=2$，求 a 边对应的角 θ．

6. 应用．分小组测量黑板的高度与大小，计算出在自己座位看黑板的视角．

第四节　解 三 角 形

一、解直角三角形

直角三角形共有几个量？至少已知哪几个量就可知道其他的量？

直角三角形共有三条边两个角，共计五个量．

至少已知一条边、一个角或两条边，就可以求其他的量．

例 1　在$\triangle ABC$ 中假设$\angle C$ 为直角，如图 1-24 所示．

(1)已知 $c=300, \angle A=30°$，求其他量；

(2)已知 $a=40, \angle B=45°$，求其他量；

(3)已知 $a=4, c=5$，求其他量；

(4)已知 $a=3, b=4$，求其他量．

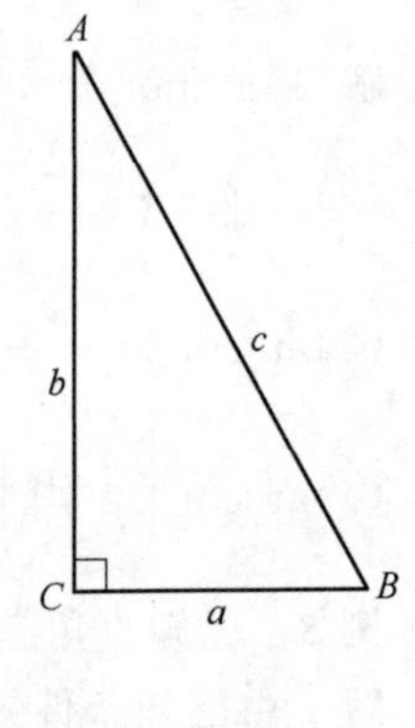

图 1-24

解　(1) $\angle B=90°-\angle A=60°$，

$\sin A=\frac{a}{c}$，$a=c\sin A=300\times\frac{1}{2}=150$，

$b=c\cos A=300\times\frac{\sqrt{3}}{2}=150\sqrt{3}$；

(2) $\angle A=90°-\angle B=45°$，

$\tan B=\frac{b}{a}$，$b=a\tan B=40$，

由勾股定理知：$c=\sqrt{a^2+b^2}=\sqrt{40^2+40^2}=40\sqrt{2}$；

(3)由勾股定理知：$b=\sqrt{c^2-a^2}=\sqrt{5^2-4^2}=3$，

$\angle A=\arcsin\dfrac{a}{c}=\arcsin\dfrac{4}{5}\approx 53^\circ$（使用计算器计算），

$\angle B=90^\circ-\angle A=90^\circ-53^\circ=37^\circ$；

(4)由勾股定理知：$c=\sqrt{a^2+b^2}=\sqrt{3^2+4^2}=5$，

$\angle B=\arctan\dfrac{b}{a}=\arctan\dfrac{4}{3}=53^\circ08'$（使用计算器计算），

$\angle A=\arctan\dfrac{a}{b}=\arctan\dfrac{3}{4}\approx 36^\circ52'$（使用计算器计算）.

注：①解决上述问题方法不唯一，希望读者找出其他方法.

②使用计算器时注意计算器中关于角设定的单位是角度还是弧度.

二、解斜三角形

解斜三角形需要用到正弦定理和余弦定理.

正弦定理：在任意三角形中，各边与它所对角的正弦之比相等，并且都等于三角形外接圆的直径.

$$\frac{a}{\sin A}=\frac{b}{\sin B}=\frac{c}{\sin C}=2R.$$

余弦定理：在任意三角形中，任何一边的平方等于其他两边平方的和减去这两边与它们夹角的余弦的两倍积。

$$a^2=b^2+c^2-2bc\cos A.$$

斜三角形共有三条边三个角，六个量，至少已知三个量（三个量中至少有一个边），利用正弦定理和余弦定理可以求出其他量.

注：下面的问题中非特殊角的三角函数与反三角函数的值需用计算器计算.

例2　在图1－25所示的$\triangle ABC$中，已知$a=400$ mm，$\angle A=30^\circ$，$\angle B=80^\circ$，求三角形中的其他量.

解　$\angle C=180^\circ-\angle A-\angle B=180^\circ-30^\circ-80^\circ=70^\circ$；

由正弦定理知：

$$b=\frac{a\sin B}{\sin A}=\frac{400\times\sin 80^\circ}{\sin 30^\circ}=\frac{400\times 0.984\ 8}{0.5}\approx 787.85\ (\text{mm})$$

$$c=\frac{a\sin C}{\sin A}=\frac{400\times\sin 70^\circ}{\sin 30^\circ}=\frac{400\times 0.939\ 7}{0.5}\approx 751.75\ (\text{mm}).$$

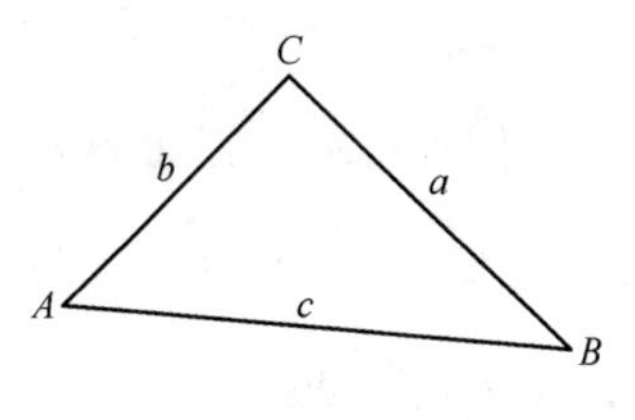

图　1－25

例3　在$\triangle ABC$中，已知$a=30$，$b=20$，$\angle C=60^\circ$，求三角形中的其他量.

解　画图1－26并标出已知量，由余弦定理求c：

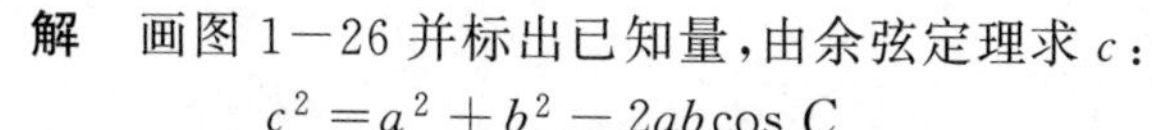

$$c^2=a^2+b^2-2ab\cos C$$

$$c=\sqrt{a^2+b^2-2ab\cos C}$$

$$=\sqrt{30^2+20^2-2\times 30\times 20\times\cos 60^\circ}$$

$$\approx 26.46$$

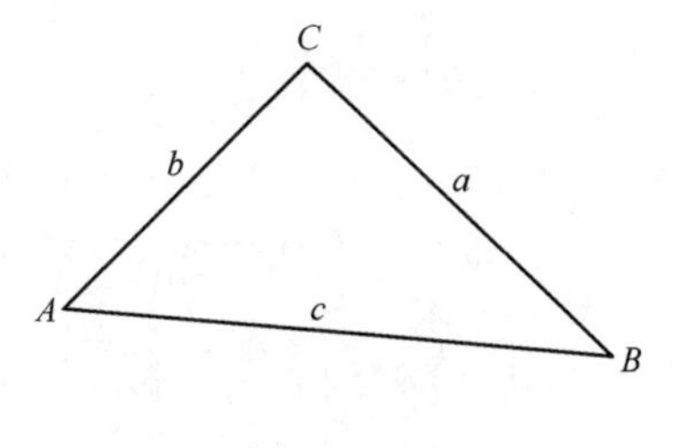

图　1－26

因为$a>b$，所以b边对应的角较a边对应的角小.

因此$\angle B$是锐角.

由正弦定理知:

$$\sin B=\frac{b\sin C}{c}=\frac{20\times\sin 60^\circ}{26.46}\approx 0.6546,$$

$$\angle B=\arcsin 0.6546=40^\circ 54';$$

$$\angle A=180^\circ-\angle B-\angle C=180^\circ-40^\circ 54'-60^\circ=79^\circ 6'.$$

例 4 在$\triangle ABC$中,已知$a=5$,$b=4$,$c=7$,求三角形三个角的大小.

解 由余弦定理知:

$$\cos A=\frac{b^2+c^2-a^2}{2bc}=\frac{4^2+7^2-5^2}{2\times 4\times 7}=0.7143,$$

$$\angle A=\arccos 0.7143=44.4^\circ=44^\circ 24';$$

$$\cos B=\frac{a^2+c^2-b^2}{2ac}=\frac{5^2+7^2-4^2}{2\times 5\times 7}=0.8286,$$

$$\angle B=\arccos 0.8286=34.05^\circ=34^\circ 3';$$

$$\angle C=180^\circ-\angle A-\angle B=180^\circ-44^\circ 24'-34^\circ 3'=101^\circ 33'.$$

上述几个题目的解题方法并不唯一,请读者自行尝试多种方法求解.

例 5 如图 1-27 所示,在冲模板上加工三角形孔时,为保证直线尺寸的精度,一般先在三角孔中镗一个圆孔,使圆与三角孔的三边相切,在圆孔内用硫化铜着色后,再加工三角孔,这需要知道内切圆的半径.将其转化为数学问题:

已知在$\triangle ABC$中,$AB=180$ mm,$BC=150$ mm,$AC=130$ mm,求内切圆的半径.(精确到 0.001 mm)

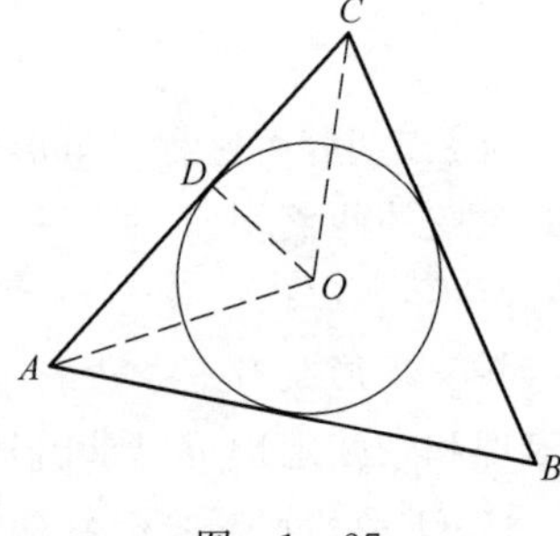

图 1-27

解 设$\odot O$与AC相切于D,可连接OD,OA,OC,$OD\perp AC$.

由余弦定理知:

$$\cos A=\frac{AC^2+AB^2-BC^2}{2AC\cdot AB}=\frac{130^2+180^2-150^2}{2\times 130\times 180}=0.5726,$$

$$\angle A=\arccos 0.5726=55^\circ 4';$$

同理可求出:$\angle C=79^\circ 40'$(自行把过程补充完整),

$$\angle AOC=180^\circ-\frac{\angle A}{2}-\frac{\angle C}{2}=180^\circ-27^\circ 32'-39^\circ 50'=112^\circ 38';$$

由正弦定理知:

$$\frac{OA}{\sin\frac{C}{2}}=\frac{AC}{\sin\angle AOC},$$

$$OA=\frac{AC\sin\frac{C}{2}}{\sin\angle AOC}=\frac{130\times\sin 39^\circ 50'}{\sin 112^\circ 38'}=90.045\ (\text{mm});$$

$$OD=OA\sin\frac{A}{2}=90.045\times\sin 27^\circ 32'=90.045\times 0.4622=41.62\ (\text{mm}).$$

因此,内接圆的半径为 41.62 mm.

例 6 设力 $F_1=30$ N，$F_2=60$ N，二力之间的夹角为 60°，求它们的合力 F.

解 利用余弦定理：

$$F^2=F_1^2+F_2^2-2F_1F_2\cos(180°-60°)$$
$$=30^2+60^2-2\times30\times60\times\cos 60°$$
$$=6\ 300,$$
$$F=\sqrt{6\ 300}=79.37\ (\mathrm{N}).$$

因此，合力 F 为 79.37 N.

习 题 1—4

1. 思考并回答下列问题：

(1)勾股定理的内容是什么？勾股定理使用的条件是什么？

(2)什么是正弦定理和余弦定理？这两个定理分别在什么情况下使用？

2. 在 $\triangle ABC$ 中，根据下列条件解三角形：

(1)已知 $a=14.5$，$\angle B=48°$，$\angle C=65°$；

(2)已知 $b=22.5$，$\angle A=117°45'$，$\angle C=41°$；

(3)已知 $c=25.6$，$\angle B=44°$，$\angle A=75°$.

3. 二力 $P=11.7$ N，$Q=10.5$ N，作用于一质点．此二力成 157°角，求合力及合力与每个分力的夹角．

4. 有一零件的部分轮廓图（见图 1—28），试依据图示尺寸计算 A 与 B，B 与 C 之间的水平距离和垂直距离．(精确到 0.01)

5. 如图 1—29 所示，加工 A，B，C 三孔时，一般先镗好 A 孔再顺序镗 B，C 孔．已知 A，B，C 三孔的中心点距离分别是 $AB=60$ mm，$BC=90$ mm，$CA=70$ mm，且 A 与 B 两点的水平距离是 30 mm. 找出 B 距 A 点的水平与垂直距离，以及 C 距 B 点的水平与垂直距离．

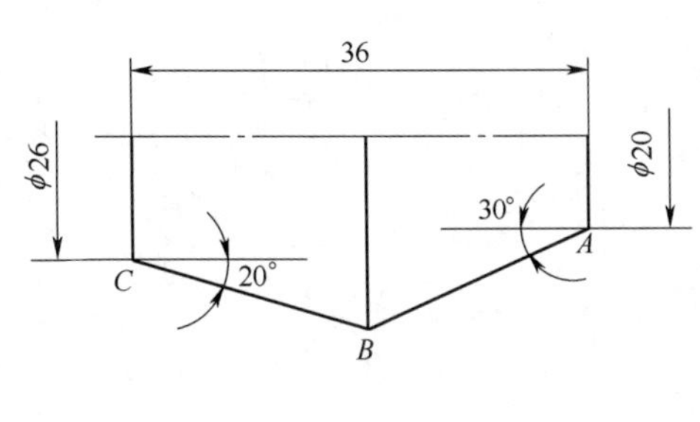

图 1—28

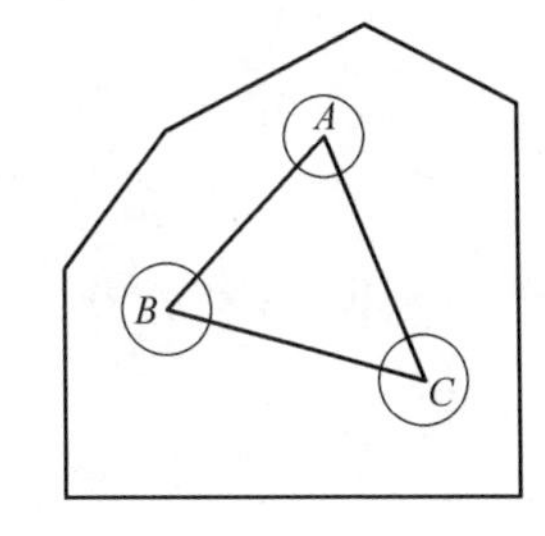

图 1—29

6. 如图 1—30 所示，在 $\triangle ABC$ 中，$a=3$，$c=\sqrt{3}$，$\angle A=120°$，求 b，$\angle C$.

7. 为测量不能达到底部的塔高 AB，可以在地面上引一条基线 CD，这条基线和塔底在同一水平面上，且延长后不过塔底，如图 1—31 所示，测得 $CD=50$ m，$\angle BCD=75°$，$\angle BDC=60°$，仰角 $\angle ACB=30°$，求塔高 AB.

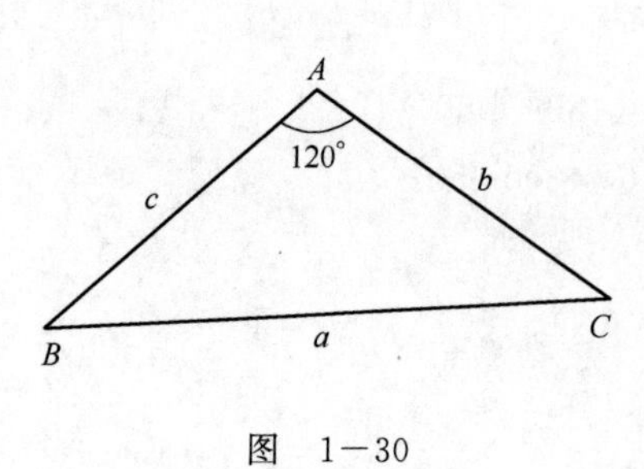

图 1—30

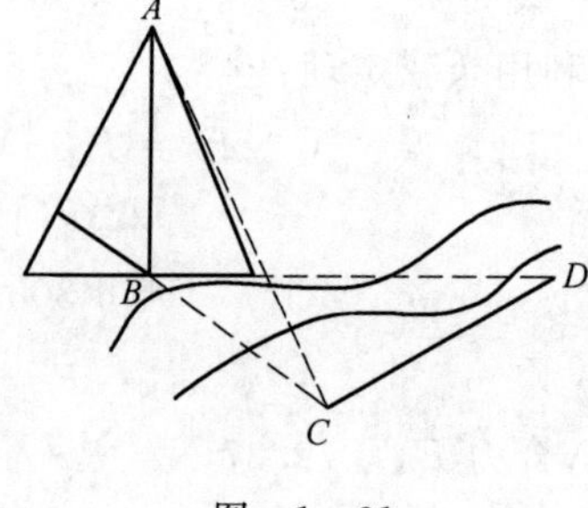

图 1—31

第二章　向量代数与复数

问题导入

向量与复数不仅是今后数学学习的基础，而且在科学技术和日常生活中也有具体的应用．例如，一只小鸟从鸟巢出来沿东北方向60°飞行5 m，落在一棵树上休息，然后它沿着东南方向飞行10 m，又落在另一棵树上．问这两棵树位于鸟巢的什么位置？学习本章内容后就可以解决这类问题了．

学习目标

(1)能根据具体问题建立恰当的坐标系，并根据已知条件准确描述各种量的位置关系；

(2)能准确指出坐标点的位置；

(3)理解向量的概念，熟练进行向量的各种运算；

(4)理解复数的概念，熟练进行复数的各种运算；

(5)了解复数与向量之间的关系；

(6)了解复数在电学中的应用．

第一节　建立坐标系

建立坐标系的目的是将几何问题代数化，利用代数的方法解决几何问题；或使抽象的代数直观化，用几何方法研究代数问题．通过建立坐标系，实现点与有序数组之间的一一对应关系，在坐标系下可以使向量与复数的概念更直观、易理解．

一、平面直角坐标系

1. 平面直角坐标系的建立

第一步：根据实际选择坐标原点 O；

第二步：过原点 O 作两条相互垂直的直线，并指定方向(用箭头)．习惯上将其中一条放到水平位置上，从左向右的方向为正向，称为**横坐标轴**(简称**横轴**，x 轴)，与 x 轴垂直的一条称为**纵坐标轴**(简称**纵轴**，y 轴)，如图 2－1 所示．

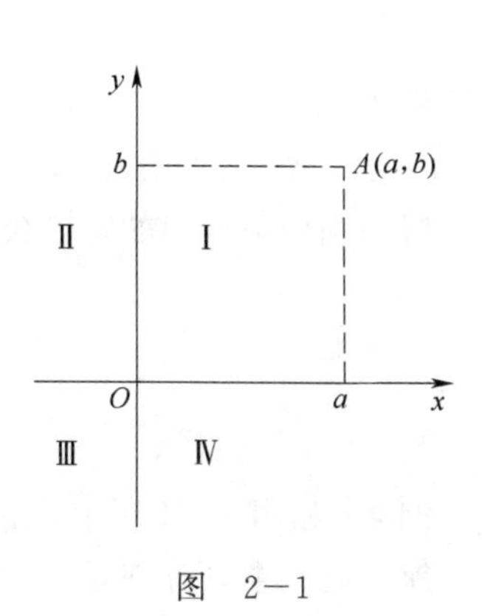

图　2－1

两条坐标轴把平面分成四个象限：右上部分为第Ⅰ象限，其他三个部分按逆时针方向依次为第Ⅱ象限、第Ⅲ象限、第Ⅳ象限，如图 2－1 所示．

对于平面内任意一点 A，过点 A 分别向 x 轴、y 轴作垂线，垂足在 x 轴、y 轴上对应的数 a，b 分别称为点 A 的**横坐标**、**纵坐标**，有序实数对 (a,b) 称为点 A 的**坐标**，如图 2—1 所示．

例 1 已知 A，B，C 三点的距离，$AB=5$，$BC=10$，$AC=6$，适当建立坐标系，求这三点的坐标．

解 (1)选择 BC 为横轴，BC 的中点为原点，建立平面直角坐标系，如图 2—2 所示；

(2) B，C 两点的坐标分别是 $(-5,0)$，$(5,0)$；

由余弦定理知

$$\cos B=\frac{AB^2+BC^2-AC^2}{2\times AB\times BC}=\frac{5^2+10^2-6^2}{2\times 5\times 10}=0.89,$$

$$\angle B=\arccos 0.89=0.47\ (\text{rad});$$

$$AD=AB\times\sin B=5\times\sin 0.47=2.3;$$

$$BD=AB\cos B=5\times 0.89=4.45;$$

$$OD=-(OB-BD)=-(5-4.45)=-0.55;$$

所以，A 点坐标为 $(-0.55,2.3)$．

坐标原点选择的不同，A，B，C 三点的坐标也不同．

例 2 写出图 2—3 中的多边形 $ABCDEF$ 各顶点的坐标．

解 $A(-2,0)$，$B(0,-3)$，$C(3,-3)$，$D(4,0)$，$E(3,3)$，$F(0,3)$．

思考：图 2—3 中各顶点的坐标是否永远不变？能否改变坐标轴的位置？当坐标轴的位置发生变动时，各点的坐标是否发生变化？

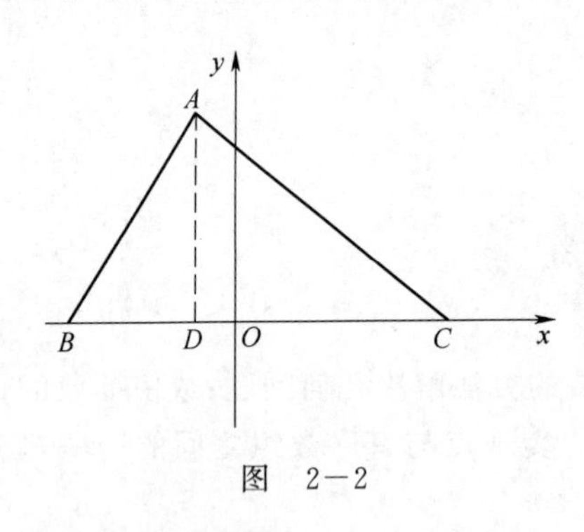

图 2—2

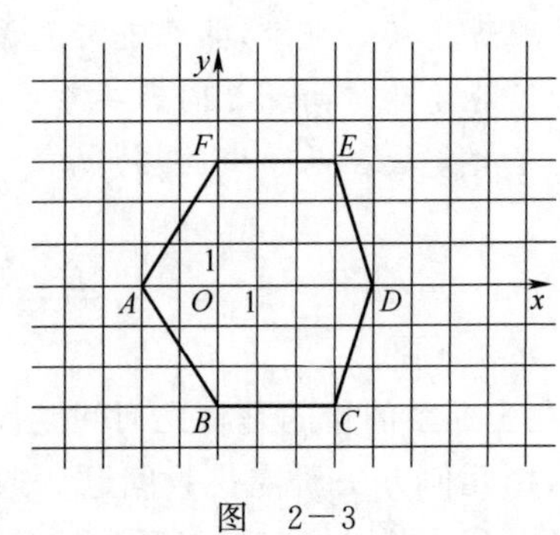

图 2—3

2. 两点间的距离

已知平面上两点 $A(x_1,y_1)$，$B(x_2,y_2)$，这两点间的距离公式如下：

$$d=\sqrt{(x_2-x_1)^2+(y_2-y_1)^2}. \tag{2—1}$$

例 3 已知一个零件的一面有三个孔，孔的中心坐标分别是 $A(-10,30)$、$B(-2,3)$、$C(0,-1)$，求这三个孔中 A，B 两点的中心距．

解 利用两点间的距离公式(2—1)，得

$$\begin{aligned}|AB|&=\sqrt{(x_2-x_1)^2+(y_2-y_1)^2}\\&=\sqrt{[-2-(-10)]^2+(3-30)^2}\\&=\sqrt{793}\approx 28.16.\end{aligned}$$

例 4 如图 2—4 所示，选择适当的坐标系，计算每两个孔的中心距．

解 设三个点分别是 A，B，C，选择 B 点为坐标原点，建立坐标系，如图 2—4 所示．

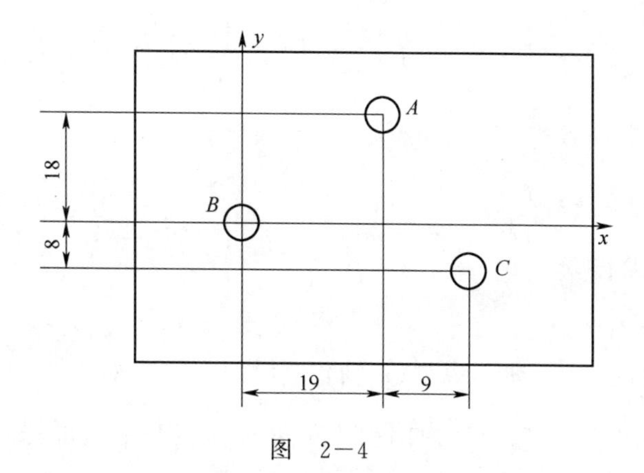

图 2—4

根据图 2—4 中标注的尺寸给出这三个点的坐标 $A(19,18)$,$B(0,0)$,$C(28,-8)$. 利用两点间的距离公式(2—1),得

$$|AB|=\sqrt{(x_2-x_1)^2+(y_2-y_1)^2}$$
$$=\sqrt{(-19)^2+(-18)^2}$$
$$=26.17;$$

$$|AC|=\sqrt{(x_2-x_1)^2+(y_2-y_1)^2}$$
$$=\sqrt{(28-19)^2+(-8-18)^2}$$
$$=27.51;$$

$$|BC|=\sqrt{(x_2-x_1)^2+(y_2-y_1)^2}$$
$$=\sqrt{(28)^2+(-8)^2}$$
$$=29.12.$$

因此,这三个孔的中心距分别是 $AB=26.17$,$AC=27.51$,$BC=29.12$.

3. 线段比例

已知两点 $P_1(x_1,y_1)$,$P_2(x_2,y_2)$,点 P 把线段 P_1P_2 分成比为 λ 的两线段,如图 2—5 所示,即

$$\frac{P_1P}{PP_2}=\lambda \quad (\lambda \neq 0),$$

定比分点 P 的坐标为

$$x=\frac{x_1+\lambda x_2}{1+\lambda}, \quad y=\frac{y_1+\lambda y_2}{1+\lambda}; \quad (2-2)$$

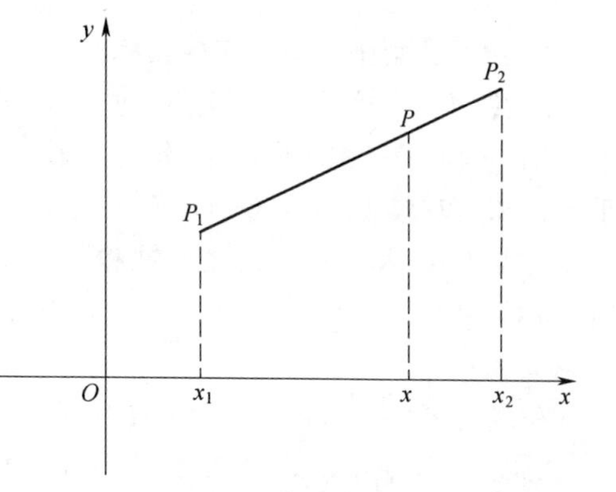

图 2—5

当 P 点为线段的中点,即 $\lambda=1$ 时,P 点的坐标为

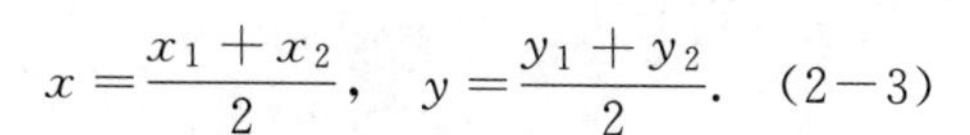

$$x=\frac{x_1+x_2}{2}, \quad y=\frac{y_1+y_2}{2}. \quad (2-3)$$

例 5 已知两点 $A(-2,5)$,$B(6,-5)$,求 AB 的中点 C 的坐标.

解 由式(2—3)知

$$x=\frac{x_1+x_2}{2}=\frac{-2+6}{2}=2;$$

$$y=\frac{y_1+y_2}{2}=\frac{5+(-5)}{2}=0.$$

所以，C 点的坐标为(2,0).

二、空间直角坐标系

1. 空间直角坐标系的建立

确定三个坐标轴：横轴(x 轴)，纵轴(y 轴)和竖轴(z 轴)，如图 2－6 所示，构成空间直角坐标系，即以右手握住 z 轴，当右手的四个手指从正向 x 轴以$\frac{\pi}{2}$角度转向 y 轴的正向，大拇指所指方向为 z 轴正向．

空间直角坐标系有三个坐标面，将整个空间分为八个部分，称为八个卦限，如图 2－7 所示．

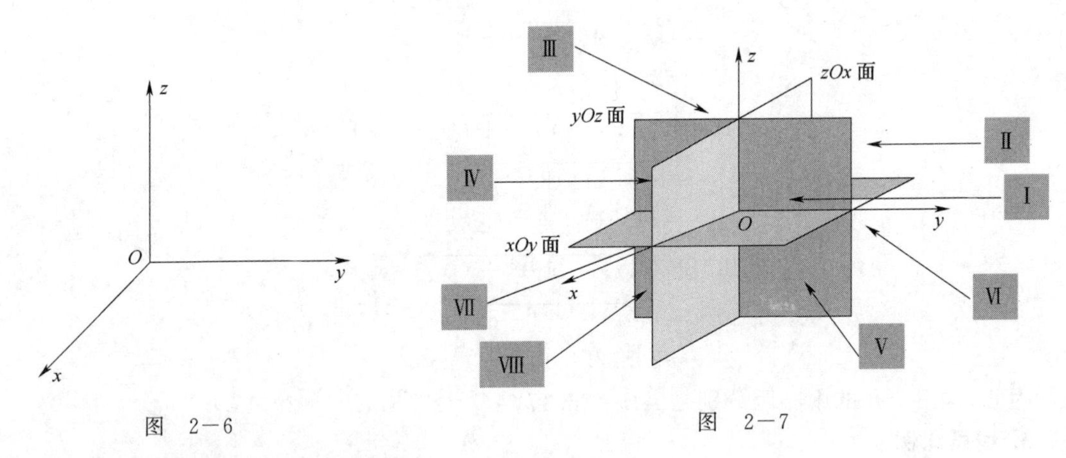

图 2－6　　图 2－7

2. 空间直角坐标系中点的坐标

设点 M 是空间的一个定点，过点 M 分别作垂直于 x 轴、y 轴和 z 轴的平面，依次交 x 轴、y 轴和 z 轴于点 P，Q 和 R，如图 2－8 所示．

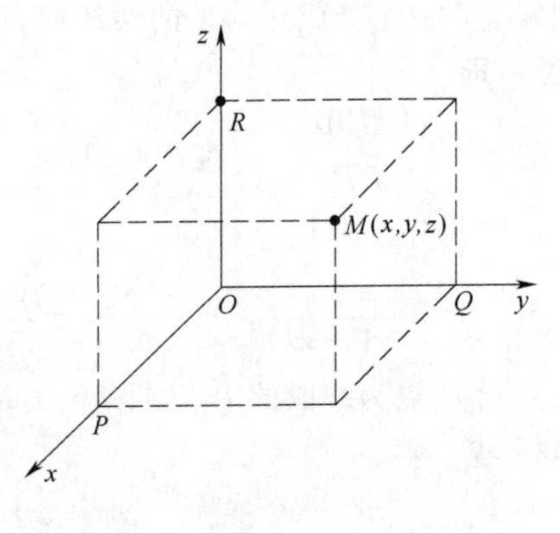

图 2－8

设点 P，Q 和 R 在 x 轴、y 轴和 z 轴上的坐标分别是 x，y 和 z，那么点 M 对应唯一确定的有序数组(x,y,z).

有序数组(x,y,z)称为点 M 的**空间坐标**，记为 $M(x,y,z)$，其中 x,y,z 分别称为点 M 的**横坐标**、**纵坐标**、**竖坐标**．反过来，对于一个有序数组(x,y,z)，它也唯一对应空间直角坐标系中的一个点．

显然，坐标原点的坐标为$(0,0,0)$，x 轴上的点坐标为$(x,0,0)$，y 轴上的点坐标为$(0,y,0)$，z 轴上的点坐标为$(0,0,z)$．坐标平面 xOy，yOz，zOx 上的点坐标依次为$(x,y,0)$$(0,y,z)$ $(x,0,z)$.

在各卦限中点的坐标符号如表 2－1 所示．

表 2—1

坐标 \ 卦限	Ⅰ	Ⅱ	Ⅲ	Ⅳ	Ⅴ	Ⅵ	Ⅶ	Ⅷ
x	+	−	−	+	+	−	−	+
y	+	+	−	−	+	+	−	−
z	+	+	+	+	−	−	−	−

例 6 分别求出点(a,b,c)关于(1)各坐标面；(2)各坐标轴；(3)坐标原点的对称点．

解 (1)点(a,b,c)关于坐标平面 xOy、yOz、zOx 的对称点坐标依次为$(a,b,-c)(-a,b,c)\ (a,-b,c)$；

(2)点(a,b,c)关于 x 轴、y 轴和 z 轴的对称点坐标依次为$(a,-b,-c)$，$(-a,b,-c)$，$(-a,-b,c)$；

(3)点(a,b,c)关于坐标原点的对称点的坐标为$(-a,-b,-c)$．

实验：请利用实物模型，选择不同卦限的点来验证具有上述对称关系的点的坐标之间的关系．

3. 空间两点间的距离公式

已知空间两点 $P(x_1,y_1,z_1)$，$Q(x_2,y_2,z_2)$，这两点的距离公式如下：

$$d=|PQ|=\sqrt{(x_2-x_1)^2+(y_2-y_1)^2+(z_2-z_1)^2}. \qquad (2-4)$$

可以看出，式(2—4)是式(2—1)的推广．

例 7 在 x 轴上求一点 P，使得该点到 $A(1,2,3)$和 $B(-2,-1,1)$两点的距离相等．

解 设点 P 的坐标为$(x,0,0)$，则有

$$|PA|=|PB|,$$

即

$$\sqrt{(x-1)^2+2^2+3^2}=\sqrt{(x+2)^2+1^2+(-1)^2},$$

解得

$$x=\frac{4}{3},$$

故所求点 $P\left(\frac{4}{3},0,0\right)$．

注意：设点 P 的坐标为$(x,0,0)$是本题的解题关键，要掌握特殊位置点的坐标的特点．

习 题 2—1

1. 已知 A,B,C 三点的距离，$AB=5$，$BC=10$，$AC=6$，适当建立坐标系，求这三点的坐标.(区别于例 1 的原点)(提示：可以选择 A,B,C 为坐标原点)

2. 将图 2—3 中的坐标原点分别改在 A,B,E，写出图中多边形 $ABCDEF$ 各顶点的坐标.找出随着坐标原点的变化，其他点坐标变化的规律．(小组讨论)

3. 完成例 3 中其他两个中心距的计算．

4. 在图 2—4 中，分别选择 A,C 点为坐标原点，计算每两个孔的中心距离．

5. 在空间直角坐标系中，指出下列各点的位置：

$A(2,3,1)$；$B(1,2,-3)$；$C(-3,-2,0)$；$D(1,0,1)$；$E(0,2,0)$；$F(3,0,0)$．

6. 求下列各距离：

(1)点 $A(4,-2,3)$ 到点 $B(1,2,3)$ 的距离；

(2)点 $A(2,3,-1)$ 到三个坐标轴的距离．

第二节　向量(矢量)代数及其运算

一、向量(矢量)

1. 向量(矢量)的概念

既有大小又有方向的量称为**向量(矢量)**，一般印刷用黑体小写字母 $\boldsymbol{\alpha},\boldsymbol{\beta},\boldsymbol{\gamma},\cdots$ 或 $\boldsymbol{a},\boldsymbol{b},\boldsymbol{c},\cdots$ 来表示，手写时需在 $a,b,c,\cdots$ 上加一箭头表示．如 $\vec{a}$. 也可以用有向线段如 $\overrightarrow{AB}$ 表示．

向量的大小称为**模**．模等于 1 的向量称为**单位向量**；长度为 0 的向量称为**零向量**，记作 $\mathbf{0}$.

物理中的力、速度、位移等均为向量．

2. 向量的表示形式

(1)向量几何表示

向量可以用有向线段来表示，如图 2－9 所示．有向线段的长度表示向量的大小，箭头所指的方向表示向量的方向．(若规定有向线段 $\overrightarrow{AB}$ 的端点 A 为起点，B 为终点，则线段就具有了从起点 A 到终点 B 的方向和长度)

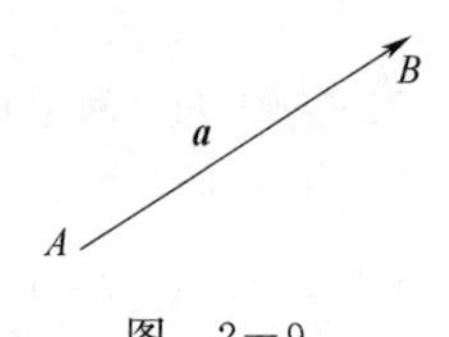

图　2－9

(2)向量的坐标表示

在平面直角坐标系中，分别取与 x 轴、y 轴方向相同的两个单位向量 $\boldsymbol{i},\boldsymbol{j}$，$\boldsymbol{a}$ 为平面直角坐标系内的任意向量，以坐标原点 O 为起点作向量 $\overrightarrow{OM}=\boldsymbol{a}$，$\boldsymbol{a}$ 在 x 轴上的投影为 x，$\boldsymbol{a}$ 在 y 轴上的投影为 y，这时有且只有一对有序实数组 (x,y)，使得 $\boldsymbol{a}=x\boldsymbol{i}+y\boldsymbol{j}$，因此可以用有序数组 (x,y) 表示向量 $\boldsymbol{a}$，记作 $\boldsymbol{a}=(x,y)$. 这就是向量 $\boldsymbol{a}$ 的坐标表示．其中 (x,y) 就是 M 点的坐标，如图 2－10 所示．

在空间直角坐标系中，分别取与 x 轴、y 轴，z 轴方向相同的三个单位向量 $\boldsymbol{i},\boldsymbol{j},\boldsymbol{k}$，若 $\boldsymbol{a}$ 为该坐标系内的任意向量，以坐标原点 O 为起点作向量 $\overrightarrow{OP}=\boldsymbol{a}$，使得向量 $\boldsymbol{a}=\overrightarrow{OP}=x\boldsymbol{i}+y\boldsymbol{j}+z\boldsymbol{k}$，则有序数组 (x,y,z) 称为向量 $\boldsymbol{a}$ 的坐标，记作 $\boldsymbol{a}=(x,y,z)$. 这就是向量 $\boldsymbol{a}$ 的坐标表示．其中 (x,y,z) 也就是点 P 的坐标，如图 2－11 所示．

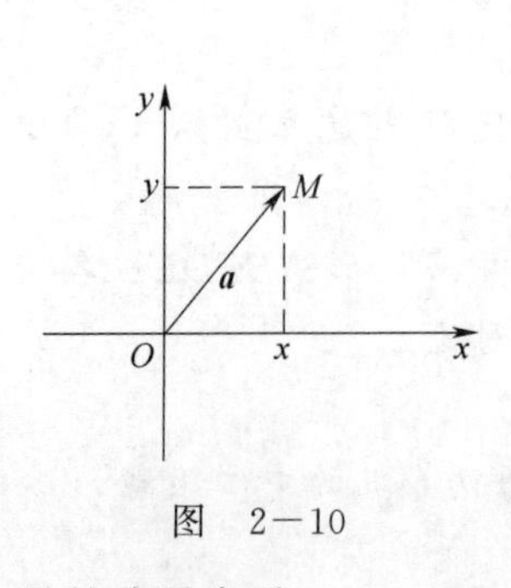

图　2－10

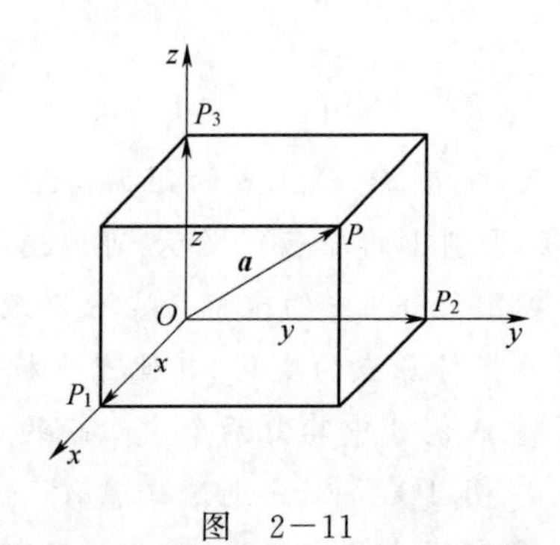

图　2－11

(3)向量的分量表示

将向量放到坐标系中，向量在各坐标轴上的投影视为各分量．

平面向量的分量表示形式为 $\boldsymbol{a}=\overrightarrow{OM}=x\boldsymbol{i}+y\boldsymbol{j}$，其中 x 是其在 x 轴上的投影，y 是其在 y 轴上的投影．

空间上的向量的分量表示形式为 $\boldsymbol{a}=\overrightarrow{OP}=x\boldsymbol{i}+y\boldsymbol{j}+z\boldsymbol{k}$，其中 x 是其在 x 轴上的投影，y 是其在 y 轴上的投影，z 是其在 z 轴上的投影．

3. 向量的大小(模)与方向

平面向量的大小(模)：

$$|\boldsymbol{a}|=\sqrt{x^2+y^2};\tag{2-5}$$

空间上的向量的大小(模)：

$$|\boldsymbol{a}|=\sqrt{x^2+y^2+z^2}.\tag{2-6}$$

平面向量的方向用向量与 x 轴正向的夹角表示：

$$\theta=\arctan\frac{y}{x},\quad -\pi\leqslant\theta\leqslant\pi \text{ 或 } 0\leqslant\theta\leqslant 2\pi;\tag{2-7}$$

空间向量的方向用向量与各个坐标轴正向的夹角余弦表示，即 $\cos\alpha,\cos\beta,\cos\gamma$，称为向量的方向余弦．

设 α,β,γ 分别是向量 $\boldsymbol{a}=(x,y,z)$ 与 x 轴、y 轴、z 轴正向的夹角，则

$$\cos\alpha=\frac{x}{\sqrt{x^2+y^2+z^2}},\quad \cos\beta=\frac{y}{\sqrt{x^2+y^2+z^2}},\quad \cos\gamma=\frac{z}{\sqrt{x^2+y^2+z^2}},\tag{2-8}$$

式中，$\cos^2\alpha+\cos^2\beta+\cos^2\gamma=1$.

例 1　求下列向量的模与方向：

$$\boldsymbol{a}=(-2,\sqrt{3});\quad \boldsymbol{b}=(2,2);\boldsymbol{c}=(1,-\sqrt{3});\boldsymbol{d}=(0,3).$$

解

$$|\boldsymbol{a}|=\sqrt{x^2+y^2}=\sqrt{(-2)^2+\sqrt{3}^2}=\sqrt{7};$$

因为 θ 角在第Ⅱ象限，所以

$$\theta=\arctan\frac{y}{x}=\arctan\frac{\sqrt{3}}{-2}=\pi-\arctan\frac{\sqrt{3}}{2}\approx 2.43\ (\text{rad}).$$

$$|\boldsymbol{b}|=\sqrt{x^2+y^2}=\sqrt{(2)^2+2^2}=2\sqrt{2};$$

因为 θ 角在第Ⅰ象限，

所以

$$\theta=\arctan=\frac{y}{x}=\arctan\frac{2}{2}=\frac{\pi}{4};$$

$$|\boldsymbol{c}|=\sqrt{x^2+y^2}=\sqrt{1^2+(-\sqrt{3})^2}=2;$$

因为 θ 角在第Ⅳ象限，所以

$$\theta=\arctan\frac{y}{x}=\arctan(-\sqrt{3})=-\arctan\sqrt{3}=-\frac{\pi}{3};$$

或

$$\theta=\arctan\frac{y}{x}=\arctan(-\sqrt{3})=2\pi-\frac{\pi}{3}=\frac{5\pi}{3}.$$

$$|\boldsymbol{d}|=\sqrt{x^2+y^2}=\sqrt{3^2}=3;$$

因为 $x=0,y=3$，所以向量 d 在 y 轴上且与 y 轴的正向方向一致，故

$$\theta=\frac{\pi}{2}.$$

例 2 求向量 $\boldsymbol{r}=(1,-3,-2)$ 的模与方向．

解 $$|\boldsymbol{r}|=\sqrt{x^2+y^2+z^2}=\sqrt{1^2+(-3)^2+(-2)^2}=\sqrt{14};$$

$$\cos\alpha=\frac{x}{|\boldsymbol{r}|}=\frac{\sqrt{14}}{14},$$

$$\cos\beta=\frac{y}{|\boldsymbol{r}|}=\frac{-3}{\sqrt{14}}=-\frac{3\sqrt{14}}{14},$$

$$\cos\gamma=\frac{z}{|\boldsymbol{r}|}=\frac{-2}{\sqrt{14}}=-\frac{2\sqrt{14}}{14}.$$

验证方向余弦是否正确(用 $\cos^2\alpha+\cos^2\beta+\cos^2\gamma=1$ 验证)．

二、向量运算

1. 线性运算

设 $\boldsymbol{r}_1=(x_1,y_1)$，$\boldsymbol{r}_2=(x_2,y_2)$，则：

(1)加减运算

$$\boldsymbol{r}_1\pm\boldsymbol{r}_2=(x_1\pm x_2,y_1\pm y_2).\tag{2-9}$$

(2)数乘运算

$$\lambda\boldsymbol{r}_1=(\lambda x_1,\lambda y_1)(\lambda\text{ 为常数}).\tag{2-10}$$

例 3 已知 $\boldsymbol{\alpha}=(1,-2,5)$，$\boldsymbol{\beta}=(-3,2,7)$，且 $2\boldsymbol{\alpha}+\boldsymbol{\gamma}=\boldsymbol{\beta}$，求 $\boldsymbol{\gamma}$．

解

$$\begin{aligned}\boldsymbol{\gamma}&=\boldsymbol{\beta}-2\boldsymbol{\alpha}\\&=(-3,2,7)-2(1,-2,5)\\&=(-3,2,7)-(2,-4,10)\\&=(-5,6,-3).\end{aligned}$$

例 4 设向量 $\boldsymbol{a}=\overrightarrow{AB}$，点 A,B 的坐标分别是 $(1,3)$ 和 $(-1,1)$，如图 2－12 所示．(1)写出向量 $\boldsymbol{a}$ 的坐标表达式；(2)求向量 $\boldsymbol{a}$ 的模与方向．

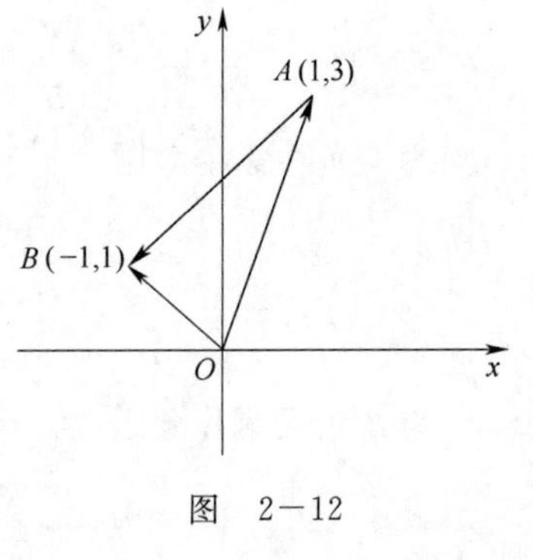

图 2－12

解

(1) $\boldsymbol{a}=\overrightarrow{AB}=\overrightarrow{OB}-\overrightarrow{OA}=(-1,1)-(1,3)=(-2,-2)$；

(2) $|\boldsymbol{a}|=\sqrt{(-2)^2+(-2)^2}=2\sqrt{2}$，

因为向量 $\boldsymbol{a}$ 在第Ⅲ象限，所以 $\theta=\pi+\arctan\dfrac{y}{\pi}=\pi+\arctan\dfrac{-2}{-2}=\pi+\dfrac{\pi}{4}=\dfrac{5\pi}{4}$.

例 5 作用于一点的两个力 $\boldsymbol{F}_1$，$\boldsymbol{F}_2$(见图 2－13)，它们的大小分别是 10 N，8 N，夹角是 120°，求合力 $\boldsymbol{F}=\boldsymbol{F}_1+\boldsymbol{F}_2$ 的大小与方向．

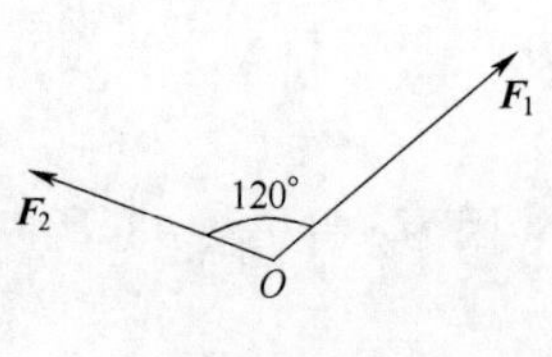

图 2－13

解 (1)建立适当的坐标系(见图 2－14)，$\boldsymbol{F}_1$ 放在 x 轴上，且方向相同，y 轴与 x 轴垂直．

(2)写出 $\boldsymbol{F}_1$，$\boldsymbol{F}_2$ 的坐标形式，$\boldsymbol{F}_1=(10,0)$，将 $\boldsymbol{F}_2$ 分解成 x 轴和 y 轴两个方向的力：

$$F_{2x} = -F_2 \sin 30° = -8 \times \frac{1}{2} = -4 ,$$

$$F_{2y} = F_2 \sin 60° = 8 \times \frac{\sqrt{3}}{2} = 4\sqrt{3} ;$$

$$\boldsymbol{F}_2 = (-4, 4\sqrt{3}) .$$

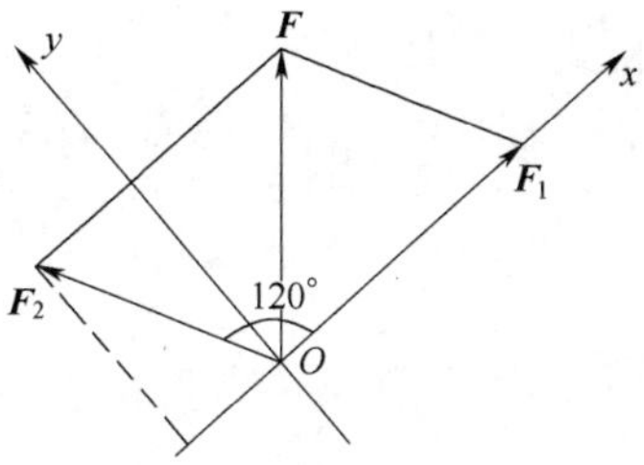

(3)求和：

$$\boldsymbol{F} = \boldsymbol{F}_1 + \boldsymbol{F}_2 = (10,0) + (-4,4\sqrt{3}) = (6,4\sqrt{3}),$$

$$|\boldsymbol{F}| = \sqrt{6^2 + (4\sqrt{3})^2} = 2\sqrt{21} \approx 9.17;$$

图　2－14

方向：$\theta = \arctan \frac{y}{x} = \arctan \frac{4\sqrt{3}}{6} = 49.12° = 49°07'$.

因此，合力的大小为 9.17 N，且与 x 轴的夹角为 $49°07'$.

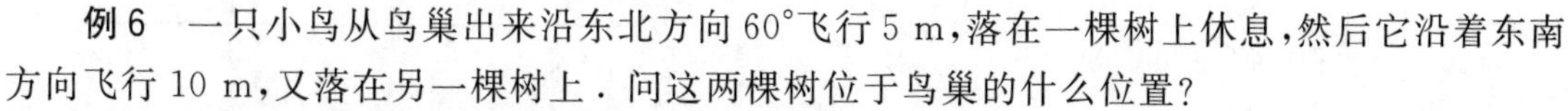

例 6　一只小鸟从鸟巢出来沿东北方向 60°飞行 5 m，落在一棵树上休息，然后它沿着东南方向飞行 10 m，又落在另一棵树上．问这两棵树位于鸟巢的什么位置？

解　选择原点为鸟巢，x 轴的正向为正东方向，y 轴的正向为正北方向．

设 A 点为第一棵树的位置，B 点为第二棵树的位置，如图 2－15 所示．

将 AB 平移至 OC，使

$$\overrightarrow{AB} = \overrightarrow{OC} ,\ \overrightarrow{OB} = \overrightarrow{OA} + \overrightarrow{AB} = \overrightarrow{OA} + \overrightarrow{OC};$$

$$\overrightarrow{OA} = (5\cos 60°, 5\sin 60°) = (2.5, 4.33) ,$$

$$\overrightarrow{OC} = (10\cos(-45°)), 10(\sin(-45°)) = (7.07, -7.07),$$

$$\overrightarrow{OB} = \overrightarrow{OA} + \overrightarrow{AB} = \overrightarrow{OA} + \overrightarrow{OC} = (9.57, -2.74),$$

$$|\overrightarrow{OB}| = \sqrt{9.57^2 + (-2.74)^2} = 9.95,$$

$$\tan \theta = \frac{y}{x} = \frac{-2.74}{9.57} = -0.286,$$

$$\theta = \arctan(-0.286) \approx -16°.$$

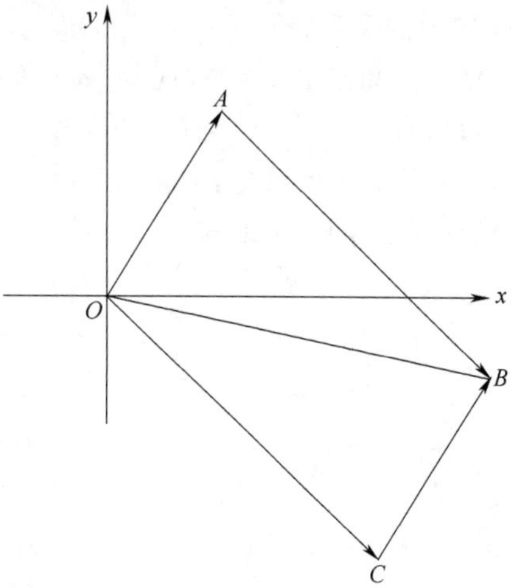

所以，第一棵树位于鸟巢东偏北 60°距鸟巢 5 m 的位置，第二棵树位于鸟巢东偏南 16°距鸟巢 9.95 m 的位置．

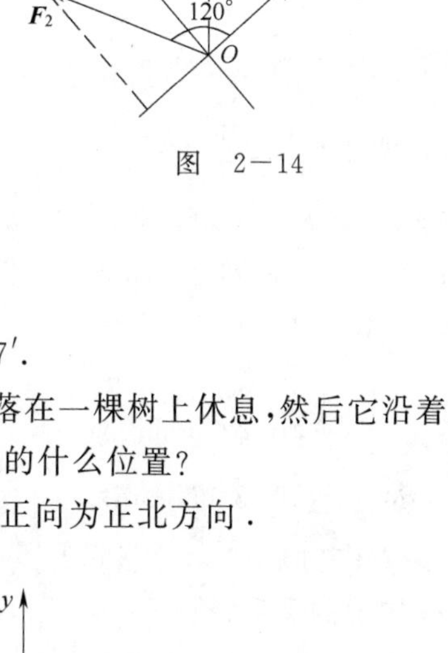

图　2－15

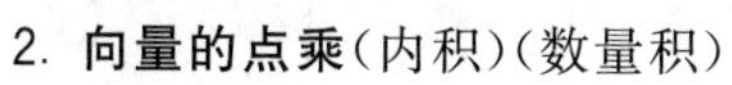

2. 向量的点乘(内积)(数量积)

设 $\boldsymbol{a} = (x_1, y_1)$，$\boldsymbol{b} = (x_2, y_2)$，则

$$\boldsymbol{a} \cdot \boldsymbol{b} = x_1 x_2 + y_1 y_2, \tag{2-11}$$

$$\boldsymbol{a} \cdot \boldsymbol{b} = |\boldsymbol{a}| |\boldsymbol{b}| \cos \theta. \tag{2-12}$$

式中，θ 是向量 $\boldsymbol{a}$，$\boldsymbol{b}$ 的夹角．

由式(2－12)知：

$$\boldsymbol{a} \cdot \boldsymbol{b} = 0 \Leftrightarrow \boldsymbol{a} \perp \boldsymbol{b} \Leftrightarrow x_1 x_2 + y_1 y_2 = 0. \tag{2-13}$$

例 7　求过点 $A(0,3)$ 和点 $B(-3,-3)$ 的直线与过点 $C(1,-1)$ 和 $D(2,-4)$ 的直线的夹角．

解　设 $\overrightarrow{AB}$ 与 $\overrightarrow{CD}$ 的夹角为 θ，则

$$\overrightarrow{AB} = \overrightarrow{OB} - \overrightarrow{OA} = (-3,-3) - (0,3) = (-3,-6);$$

$$\overrightarrow{CD}=\overrightarrow{OD}-\overrightarrow{OC}=(2,-4)-(1,-1)=(1,-3).$$

由式(2－12)可知：

$$\cos\theta=\frac{\overrightarrow{AB}\cdot\overrightarrow{CD}}{|\overrightarrow{AB}||\overrightarrow{CD}|}=\frac{(-3,-6)(1,-3)}{\sqrt{(-3)^2+(-6)^2}\sqrt{1^2+(-3)^2}}=\frac{\sqrt{2}}{2},$$

$$\theta=\arccos\frac{\sqrt{2}}{2}=\frac{\pi}{4}.$$

因此，这两条直线的夹角为$\frac{\pi}{4}$.

例 8 某人用 10 N 的力拉一物体 M 从 A 点移动 2 m 到 B 点，如图 2－16 所示，求该人所作的功.

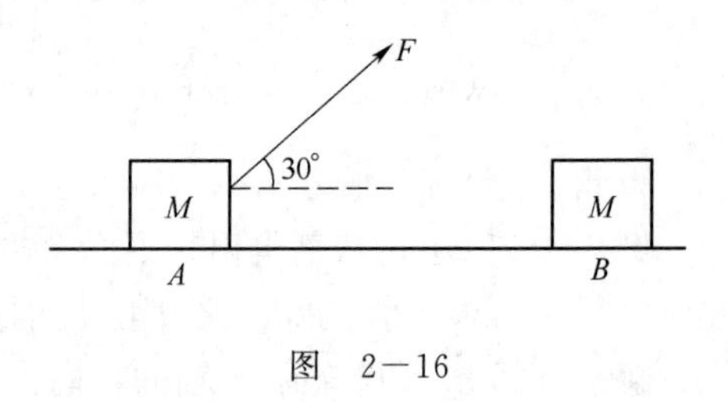

图 2－16

解 $W=\boldsymbol{F}\cdot\boldsymbol{S}$

$=|\boldsymbol{F}||\boldsymbol{S}|\cos\theta$

$=10\times2\times\cos30°$

$=10\sqrt{3}\ (\mathrm{N\cdot m})$

因此，该人作功为 $10\sqrt{3}$ N·m.

3. 向量的叉乘(外积)(向量积)

定义 已知向量 $\boldsymbol{a}$ 和 $\boldsymbol{b}$，规定 $|\boldsymbol{a}\times\boldsymbol{b}|=|\boldsymbol{a}||\boldsymbol{b}|\sin\theta$，$\theta$ 为 $\boldsymbol{a}$，$\boldsymbol{b}$ 的夹角，$0\leqslant\theta\leqslant\pi$. $\boldsymbol{a}\times\boldsymbol{b}$ 的方向满足右手法则，即当右手的四指从 $\boldsymbol{a}$ 出发转向 $\boldsymbol{b}$，竖起的拇指指向就是 $\boldsymbol{a}\times\boldsymbol{b}$ 的方向，如图 2－17 所示. 由此可见，向量的叉乘的结果为向量. $\boldsymbol{a}\times\boldsymbol{b}$ 的方向垂直于 $\boldsymbol{a}$ 与 $\boldsymbol{b}$ 决定的平面. 若给出的是向量的坐标形式：$\boldsymbol{a}=(a_1,a_2,a_3)$，$\boldsymbol{b}=(b_1,b_2,b_3)$，则

$$\begin{aligned}\boldsymbol{a}\times\boldsymbol{b}&=\begin{vmatrix}\boldsymbol{i}&\boldsymbol{j}&\boldsymbol{k}\\a_1&a_2&a_3\\b_1&b_2&b_3\end{vmatrix}\\&=\begin{vmatrix}a_2&a_3\\b_2&b_3\end{vmatrix}\boldsymbol{i}-\begin{vmatrix}a_1&a_3\\b_1&b_3\end{vmatrix}\boldsymbol{j}+\begin{vmatrix}a_1&a_2\\b_1&b_2\end{vmatrix}\boldsymbol{k}\\&=(a_2b_3-a_3b_2)\boldsymbol{i}-(a_1b_3-a_3b_1)\boldsymbol{j}+(a_1b_2-a_2b_1)\boldsymbol{k}\\&=(a_2b_3-a_3b_2,a_3b_1-a_1b_3,a_1b_2-a_2b_1).\end{aligned}$$

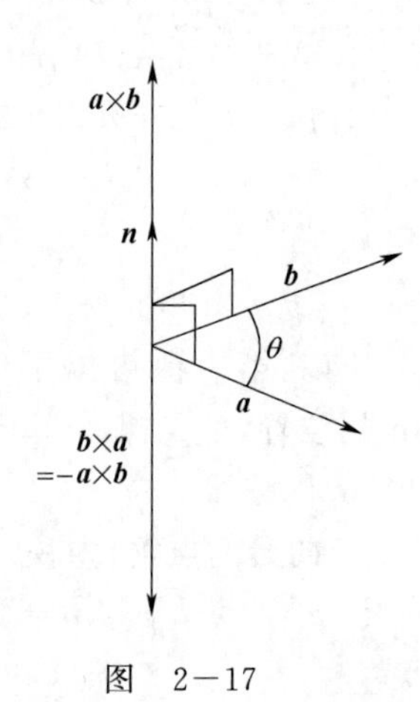

图 2－17

从 $\boldsymbol{a}\times\boldsymbol{b}$ 的定义可知：

$$\boldsymbol{a}\parallel\boldsymbol{b}\Leftrightarrow\boldsymbol{a}\times\boldsymbol{b}=\boldsymbol{0}$$

即

$$\boldsymbol{a}\parallel\boldsymbol{b}\Leftrightarrow\frac{a_1}{b_1}=\frac{a_2}{b_2}=\frac{a_3}{b_3}.\qquad(2-14)$$

两个向量平行的充要条件是这两个向量的分量对应成比例.

$\boldsymbol{a}\times\boldsymbol{b}$ 模的几何意义是以 $\boldsymbol{a}$ 与 $\boldsymbol{b}$ 为临边的平行四边形的面积.

$\boldsymbol{a}\times\boldsymbol{b}$ 的物理意义是力矩，力与力臂的向量积等于力矩.

一个形象的比喻：用扳手去拧螺钉，螺钉和扳手的方向是垂直的，螺钉或者被旋紧或者松动，但是它移动的方向一定是跟螺钉以及扳手所在的平面垂直. 一般情况下，螺纹的方向设计都是按照右手系的方向，也就是说，当顺时针旋动扳手时，螺钉会被旋紧. 自己找个螺钉体会一下.

例 9 已知三点 $A(1,2,3)$，$B(3,4,5)$，$C(2,4,7)$，求这三个点构成的三角形面积.

解
$$\overrightarrow{AB}=(2,2,2),\overrightarrow{AC}=(1,2,4);$$
$$S_{\triangle ABC}=\frac{1}{2}|\overrightarrow{AB}\times\overrightarrow{AC}|;$$
$$\overrightarrow{AB}\times\overrightarrow{AC}=\begin{vmatrix}\boldsymbol{i} & \boldsymbol{j} & \boldsymbol{k}\\ 2 & 2 & 2\\ 1 & 2 & 4\end{vmatrix}=4\boldsymbol{i}-6\boldsymbol{j}+2\boldsymbol{k}=(4,-6,2),$$
$$S_{\triangle ABC}=\frac{1}{2}|\overrightarrow{AB}\times\overrightarrow{AC}|=\frac{1}{2}\sqrt{4^2+(-6)^2+2^2}=\sqrt{14}.$$

因此，这三个点构成的三角形面积为$\sqrt{14}$.

例 10 计算图 2—18 所示两种情况下，力 $\boldsymbol{F}$ 对 B 点的力矩的大小.

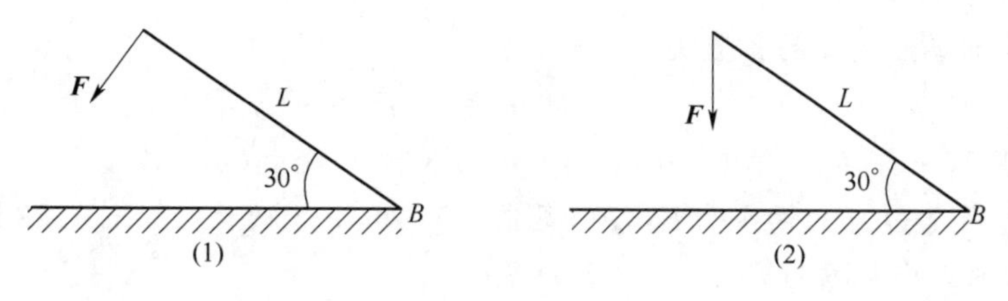

图 2—18

解 力矩的大小 $|\boldsymbol{M}|=|\boldsymbol{F}\times\boldsymbol{L}|=|\boldsymbol{F}||\boldsymbol{L}|\sin\theta$.

(1) $|\boldsymbol{M}|=|\boldsymbol{F}||\boldsymbol{L}|\sin 90°$;

(2) $|\boldsymbol{M}|=|\boldsymbol{F}||\boldsymbol{L}|\sin 60°$.

例 11 判断下列各组向量的位置关系：

(1)$\boldsymbol{a}=(1,5)$，$\boldsymbol{b}=(2,10)$； (2)$\boldsymbol{a}=(3,4)$，$\boldsymbol{b}=(4,-3)$；

(3)$\boldsymbol{a}=(2,-3,-5)$，$\boldsymbol{b}=(4,-6,-10)$； (4)$\boldsymbol{a}=(1,1)$，$\boldsymbol{b}=(-3,1)$.

解 (1) 因为$\frac{a_1}{b_1}=\frac{1}{2}$，$\frac{a_2}{b_2}=\frac{5}{10}=\frac{1}{2}$，所以 $\boldsymbol{a}/\!/\boldsymbol{b}$；

(2) 因为 $a_1b_1+a_2b_2=3\times4+4\times(-3)=0$，所以 $\boldsymbol{a}\perp\boldsymbol{b}$；

(3) 因为$\frac{a_1}{b_1}=\frac{2}{4}=\frac{1}{2}$，$\frac{a_2}{b_2}=\frac{-3}{-6}=\frac{1}{2}$，$\frac{a_3}{b_3}=\frac{-5}{-10}=\frac{1}{2}$，所以 $\boldsymbol{a}/\!/\boldsymbol{b}$；

(4) $\cos\theta=\frac{\boldsymbol{a}\cdot\boldsymbol{b}}{|\boldsymbol{a}||\boldsymbol{b}|}=\frac{-2}{\sqrt{2}\sqrt{10}}=-\frac{\sqrt{5}}{5}=-0.447\,2$,

$$\theta=\pi-\arccos(0.447\,2)\approx\pi-1.11=2.03\times\frac{180}{\pi}=116.31°=116°19'.$$

习 题 2—2

1. 思考并回答下列问题：

(1)向量有几种表示形式？举例说明

(2)如何求向量的大小与方向？举例说明.

(3)两个向量的点乘的结果是什么量？满足哪些运算律？什么时候向量的数量积(点乘)

为零？

(4)两个向量的叉乘的结果是什么量？满足哪些运算律？什么时候向量的向量积为零？

2. 求下列向量的模与方向：

$\boldsymbol{a}=(2,1)$；$\boldsymbol{b}=(-3,4)$；$\boldsymbol{c}=(-4,-2)$；$\boldsymbol{d}=(3,-5)$；$\boldsymbol{f}=(1,2,3)$；$\boldsymbol{g}=(3.\ -2.4)$.

3. 已知 A,B 两点的坐标，求 $\overrightarrow{AB},\overrightarrow{BA}$ 的坐标表达式：

(1)$A(3,5),B(4,7)$；　　(2)$A(0,2),B(0,6)$.

4. 已知向量 $\boldsymbol{a}=(3,2),\boldsymbol{b}=(-3,1)$，求 $\boldsymbol{a}+\boldsymbol{b},2\boldsymbol{a}-\boldsymbol{b},-\boldsymbol{a}+3\boldsymbol{b}$.

5. 已知 $\boldsymbol{a}=(1,2),\boldsymbol{b}=(-3,4)$，且 $\boldsymbol{b}=2\boldsymbol{a}-\boldsymbol{r}$，求：(1)$\boldsymbol{r}$；(2)$\boldsymbol{a}\cdot\boldsymbol{b}$；(3)$\boldsymbol{a}\times\boldsymbol{b}$；(4)$\boldsymbol{b}$ 与 $\boldsymbol{r}$ 的夹角.

6. 设风筝线以 12 kg 的力拉着风筝，该力与水平线成 45°，求力的水平分力和垂直分力.

7. 一辆越野车以 100 km/h 沿着东南 30°行进，求车的速度分量形式. 设 x 轴的正向表示东，y 轴的正向表示北.

8. 判断下列各组向量的位置关系：

(1)$\boldsymbol{a}=(1,2),\boldsymbol{b}=(3,6)$；　　(2)$\boldsymbol{a}=(2,4),\boldsymbol{b}=(-4,2)$；

(3)$\boldsymbol{a}=(1,2,-3),\boldsymbol{b}=(2,4,-6)$；　　(4)$\boldsymbol{a}=(3,-2),\boldsymbol{b}=(4,6)$.

9. 已知作用于 O 点的两个力 $\boldsymbol{F}_1,\boldsymbol{F}_2$(见图 2—19)，它们的大小分别是 12 kg 和 8 kg，夹角为 60°，求合力的大小与方向.

10. 一只小鸟从鸟巢沿东偏北 60°飞行 7 m，停留在一棵树上休息，然后向西偏南 30°飞行 18 m，再落到一根电线杆上. 问小鸟停留的树和电线杆分别在鸟巢的什么位置.

11. 一个质量 $m=2$ kg 的物体，手用与水平方向成 30°角斜向上方的拉力 $F_1=10$ N 拉动该物体在水平地面上移动距离 $S=2$ m，物体与地面的摩擦力 $F_2=4.2$ N，求外力对物体所作的功.

12. 手动剪板机的结构如图 2—20 所示，$L=80$ cm，$\alpha=15°$，将剪切物体放在刀刃口处，在 B 处施加 50 N 的力，求力 $\boldsymbol{F}$ 对 A 点的力矩.

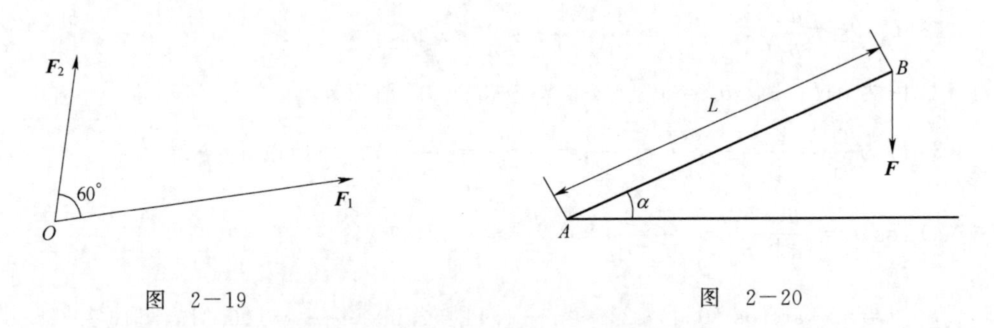

图　2—19　　　　图　2—20

第三节　复数及其运算

一、复数的概念

1. 虚数单位

为了使方程 $x^2+1=0$ 有解，引入一个新的数 j，使 j 具有如下两条性质：

(1) $j^2=-1$；

(2)j 与实数一起可以按照实数的运算法则进行运算．

称数 j 为**虚数单位**．(有时用 i 表示虚数单位)

例 1　求虚数单位 j 的方幂．

解　$j^0=1, j^1=j, j^2=-1, j^3=j\cdot j^2=-j, j^4=j^3j=(-j)j=-j^2=1$；

$$j^5=j^4j=j, j^6=j^5j=j^2=-1, j^7=j^6j=-j, j^8=j^7j=-j^2=1;$$

$$\cdots$$

$$j^{4n}=1, j^{4n+1}=j, j^{4n+2}=-1, j^{4n+3}=-j, n\in\mathbf{N}.$$

例 2　计算下列各式：

(1)j^{2006}；　(2)$\left(-\frac{2}{3}j\right)\left(\frac{3}{4}j\right)(-2j)$；　(3)$(1+j)^{10}$．

解　(1)$j^{2006}=j^{501\times4+2}=j^{501\times4}j^2=j^2=-1$；

(2)$\left(-\frac{2}{3}j\right)\left(\frac{3}{4}j\right)(-2j)=\left(-\frac{2}{3}\right)\left(\frac{3}{4}\right)(-2)j^3=j^2j=-j$；

(3)$(1+j)^{10}=[(1+j)^2]^5=[1^2+2j+j^2]^5=[2j]^5=32j$.

例 3　解方程 $x^2-2x+5=0$.

解　$x=\frac{2\pm\sqrt{-16}}{2}=1\pm2j$.

2. 复数的代数形式

定义　形如 $a+bj$(a,b 均为实数)的数称为**复数**．其中 a 称为**实部**,bj 称为**虚部**,b 为**虚部系数**．

若 $a=0$,则复数形式为 bj 称为**纯虚数**．若 $b=0$,则复数就是实数．

由复数的定义可知:实数集是复数集的真子集．

复数相等:若两个复数实部与实部相等,虚部与虚部相等,则称两个复数相等．

称 $a+bj$ 和 $a-bj$ 为一对**共轭复数**．记作：$a-bj=\overline{a+bj}$.

可见,例 3 中 $1\pm2j$ 是方程 $x^2-2x+5=0$ 的一对共轭复根．

例 4　已知 $(2x-1)+j=1-(3-y)j$，求实数 x，y．

解　两个复数相等,即实部与虚部分别相等：

$$\begin{cases}2x-1=1\\-(3-y)=1\end{cases},$$

解之,得 $x=1$，$y=4$.

3. 复数的几何表示形式

在直角坐标平面内,点 P 与有序数组(a,b)一一对应．把有序数组(a,b)与复数 $a+bj$ 对应起来,就建立了直角坐标平面内的点与复数的一一对应关系,即用平面上的点表示复数．这时,x 轴称为**实轴**,y 轴称为**虚轴**,直角坐标平面称为**复平面**．显然,实轴上的点对应整个实数集,虚轴上的点对应全体纯虚数(原点除外),复平面上的点对应整个复数集．

共轭复数关于实轴对称,如图 2－21 所示．

例 5　在复平面上标出下列复数对应的点的位置．

$$A=1+2j;\quad B=1-2j;\quad C=3;\quad D=2j.$$

解　各点的位置如图 2－22 所示．

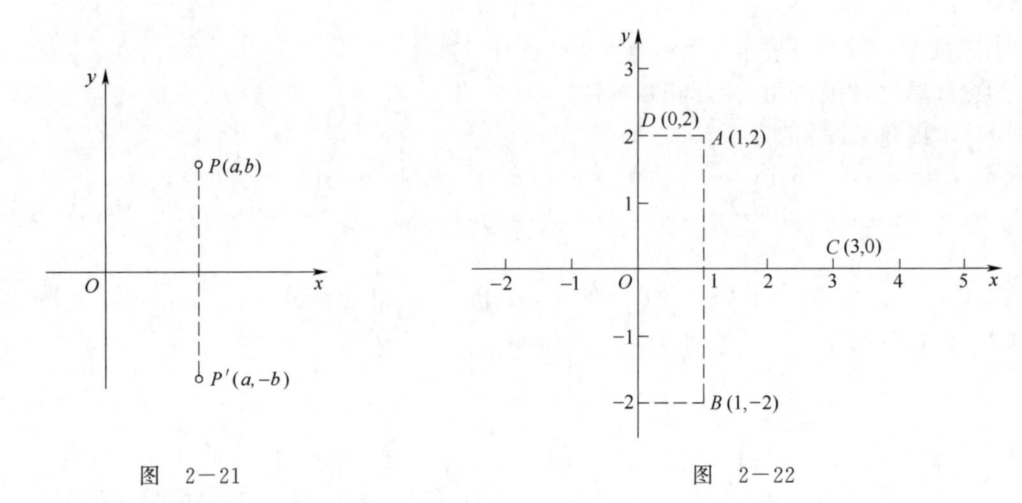

图 2－21　　　　图 2－22

4. 复数的向量表示形式

由于复数与复平面上的点一一对应，而坐标平面上的点与以原点为起点的向量之间也存在一一对应关系，因而复平面上的点与原点为起点的向量之间也可以建立一一对应关系，这样复数就可以用向量来表示．

例如，$z=a+b\mathrm{j}\leftrightarrow$ 点 $A(a,b)\leftrightarrow$ 向量 $\overrightarrow{OA}$，如图 2－23 所示．

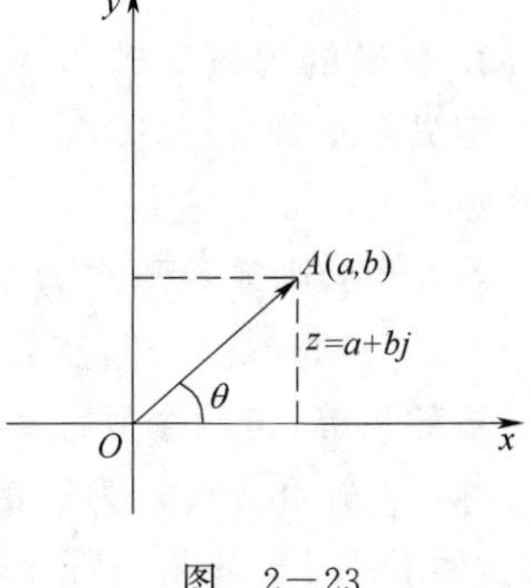

图 2－23

复数 $z=a+b\mathrm{j}$ 对应的向量 $\overrightarrow{OA}$ 的长度称为复数 z 的**模**，记作 $r=|z|$．

显然，

$$r=|z|=\sqrt{a^2+b^2}. \tag{2-15}$$

规定：x 轴正向与向量 $\overrightarrow{OA}$ 的夹角称为复数 $z=a+b\mathrm{j}$ 的**幅角**．由角的定义知，复数 $z=a+b\mathrm{j}$ 的幅角有无穷多个，它们相差 2π 的整数倍．把幅角 $\theta\in[0,2\pi]$ 或 $[-\pi,\pi]$ 的称为幅角主值：

$$\theta=\arctan\frac{b}{a}. \tag{2-16}$$

例 6　求下列复数的模和幅角主值：

(1) $z_1=-1+\mathrm{j}$；　　(2) $z_2=1+\sqrt{3}\mathrm{i}$.

解　(1) $r_1=|z_1|=\sqrt{(-1)^2+1^2}=\sqrt{2}$，

幅角主值 $\theta=\arctan\dfrac{b}{a}=\arctan(-1)=-\arctan 1=\pi-\dfrac{\pi}{4}=\dfrac{3}{4}\pi$；

(2) $r_2=|z_2|=\sqrt{1^2+\sqrt{3}^2}=2$，

幅角主值 $\theta=\arctan\dfrac{b}{a}=\arctan\dfrac{\sqrt{3}}{1}=\arctan\sqrt{3}=\dfrac{\pi}{3}$．

5. 复数的三角表示形式

复数的代数表示形式为 $z=a+b\mathrm{j}$，$r=|z|=\sqrt{a^2+b^2}$，$\theta=\arctan\dfrac{b}{a}$．

复数 $z=a+bj$ 的实部可以表示成 $a=r\cos\theta$，虚部可以表示成 $bj=jr\sin\theta$，这样，复数的三角表示形式为

$$z=r(\cos\theta+j\sin\theta) \tag{2-17}$$

由复数的三角表示形式可以直接读出复数的模和幅角主值．

例 7 将下列复数化成三角形式：

(1)$z_1=-1+j$； (2)$z_2=1+\sqrt{3}j$； (3)$z_3=4j$； (4)$z_4=3$.

解 (1)因为 $a=-1, b=1$，所以

$$r_1=|z_1|=\sqrt{(-1)^2+1^2}=\sqrt{2},$$

又因为点$(-1,1)$在第Ⅱ象限，所以幅角主值

$$\theta=\arctan\frac{b}{a}=\arctan(-1)=-\arctan 1=\pi-\frac{\pi}{4}=\frac{3}{4}\pi,$$

从而

$$z_1=\sqrt{2}\left(\cos\frac{3}{4}\pi+j\sin\frac{3}{4}\pi\right);$$

(2)因为 $a=1, b=\sqrt{3}$，所以

$$r_2=|z_2|=\sqrt{1^2+\sqrt{3}^2}=2,$$

又因为点$(1,\sqrt{3})$在第Ⅰ象限，所以

$$\theta=\arctan\frac{b}{a}=\arctan\frac{\sqrt{3}}{1}=\arctan\sqrt{3}=\frac{\pi}{3},$$

从而

$$z_2=2\left(\cos\frac{\pi}{3}+j\sin\frac{\pi}{3}\right);$$

(3)因为 $a=0, b=4$，所以

$$r_3=\sqrt{0^2+4^2}=4,$$

又由于点$(0,4)$在虚轴的正半轴上，所以

$$\theta=\frac{\pi}{2},$$

从而

$$z_3=j4\sin\frac{\pi}{2};$$

(4)因为 $a=3, b=0$，所以

$$r_3=\sqrt{3^2+0^2}=3,$$

又由于点$(3,0)$在实轴的正半轴上，所以

$$\theta=0,$$

从而

$$z_4=4\cos 0.$$

6. 复数的指数表示形式

由欧拉公式 $\cos\theta+j\sin\theta=e^{j\theta}$，可以给出复数的指数表示形式：

$$z=r(\cos\theta+j\sin\theta)=re^{j\theta} \quad (\text{其中 }\theta\text{ 须用弧度单位}). \tag{2-18}$$

这样，复数常见的几种表达式关系如下：

$$z=a+jb=r(\cos\theta+j\sin\theta)=re^{j\theta},$$

式中，$r=\sqrt{a^2+b^2}$，θ 为弧度单位．

例 8 将例 7 中的复数化成指数形式．

解 (1) $z_1=\sqrt{2}\left(\cos\frac{3}{4}\pi+\mathrm{j}\sin\frac{3}{4}\pi\right)=\sqrt{2}\,\mathrm{e}^{\mathrm{j}\frac{3}{4}\pi}$；

(2) $z_2=2\left(\cos\frac{\pi}{3}+\mathrm{j}\sin\frac{\pi}{3}\right)=2\mathrm{e}^{\mathrm{j}\frac{\pi}{3}}$；

(3) $z_3=4\mathrm{j}\sin\frac{\pi}{2}=4\mathrm{e}^{\mathrm{j}\frac{\pi}{2}}$；

(4) $z_4=4\cos 0=4\mathrm{e}^{\mathrm{j}0}$.

例 9 化下列复数为三角形式和指数形式：

(1) $\sin\theta+\mathrm{j}\cos\theta$； (2) $\cos\theta-\mathrm{j}\sin\theta$； (3) $-2(\cos\theta+\mathrm{j}\sin\theta)$.

解 注意复数的三角形式是 $r(\cos\theta+\mathrm{j}\sin\theta)\quad(r>0)$，由三角学知：

(1) $\cos\theta=\sin\left(\frac{\pi}{2}-\theta\right)$，$\sin\theta=\cos\left(\frac{\pi}{2}-\theta\right)$，所以

$$\sin\theta+\mathrm{j}\cos\theta=\cos\left(\frac{\pi}{2}-\theta\right)+\mathrm{j}\sin\left(\frac{\pi}{2}-\theta\right),$$

$$\sin\theta+\mathrm{j}\cos\theta=\mathrm{e}^{\mathrm{j}\left(\frac{\pi}{2}-\theta\right)}\ ;$$

(2) $\cos\theta=\cos(-\theta)$，$-\sin\theta=\sin(-\theta)$，所以

$$\cos\theta-\mathrm{j}\sin\theta=\cos(-\theta)+\mathrm{j}\sin(-\theta),$$

$$\cos\theta-\mathrm{j}\sin\theta=\mathrm{e}^{\mathrm{j}(-\theta)}\ ,$$

(3) $-\cos\theta=\cos(\pi+\theta)$，$-\sin\theta=\sin(\pi+\theta)$，所以

$$-2(\cos\theta+\mathrm{j}\sin\theta)=2[\cos(\pi+\theta)+\mathrm{j}\sin(\pi+\theta)],$$

$$-2(\cos\theta+\mathrm{j}\sin\theta)=2\mathrm{e}^{\mathrm{j}(\pi+\theta)}.$$

二、复数的运算

1. 复数的加减运算

复数的加减运算就是复数的实部与实部相加减，虚部与虚部相加减.

设 $z_1=a+b\mathrm{j}$，$z_2=c+d\mathrm{j}$，则有

$$z_1\pm z_2=(a\pm c)+\mathrm{j}(b\pm d). \tag{2-19}$$

例 10 已知 $z_1=6+8\mathrm{j}$，$z_2=4-3\mathrm{j}$，求 z_1+z_2，z_1-z_2.

解 $z_1+z_2=(6+4)+\mathrm{j}(8+(-3))=10+5\mathrm{j}$；

$$z_1-z_2=(6-4)+\mathrm{j}(8-(-3))=2+11\mathrm{j}.$$

例 11 已知 $z_1=2+8\mathrm{j}$，$z_2=2-8\mathrm{j}$，求 z_1+z_2，z_1-z_2.

解

$$z_1+z_2=(2+2)+\mathrm{i}(8+(-8))=4;$$

$$z_1-z_2=(2-2)+\mathrm{j}(8-(-8))=16\mathrm{j}.$$

两个共轭复数的和是一个实数，两个共轭复数的差是一个纯虚数.

2. 复数的乘除运算

(1)复数的乘法可用多项式相乘的规则进行：

$$(a+b\mathrm{j})(c+d\mathrm{j})=ac+bc\mathrm{j}+ad\mathrm{j}+bd\mathrm{j}^2=(ac-bd)+(bc+ad)\mathrm{j}.$$

例 12 计算：(1) $(1-2\mathrm{j})(3+4\mathrm{j})$； (2) $(a+b\mathrm{j})(a-b\mathrm{j})$.

解 (1) $(1-2\mathrm{j})(3+4\mathrm{j})=3-6\mathrm{j}+4\mathrm{j}-8\mathrm{j}^2=11-2\mathrm{j}$；

(2) $(a+b\mathrm{j})(a-b\mathrm{j})=a^2+ab\mathrm{j}-ab\mathrm{j}+b^2=a^2+b^2$.

两个共轭复数之积等于实部和虚部系数的平方和．

(2)复数的除法运算．先将两个复数相除的式子写成分式，然后以分母的共轭复数同乘分子分母，第三步化简成复数的一般形式．

例 13　计算$(1+j)\div(1-j)$.

解　$(1+j)\div(1-j)=\dfrac{1+j}{1-j}=\dfrac{(1+j)(1+j)}{(1-j)(1+j)}=\dfrac{1+2j-1}{1^2+1^2}=j$.

例 14　将$\dfrac{U}{-jX}$化成复数的一般形式．

解　$\dfrac{U}{(-jX)}=\dfrac{jU}{j(-jX)}=\dfrac{jU}{X}=j\dfrac{U}{X}$.

3. 三角和指数形式复数的乘除运算

利用复数的三角和指数形式进行复数的乘除法运算比代数形式简单方便．

设$z_1=r_1(\cos\theta_1+j\sin\theta_1)$，$z_2=r_2(\cos\theta_2+j\sin\theta_2)$，由三角学知：

$$\begin{aligned}z_1\cdot z_2&=r_1(\cos\theta_1+j\sin\theta_1)\cdot r_2(\cos\theta_2+j\sin\theta_2)\\&=r_1r_2[(\cos\theta_1\cos\theta_2-\sin\theta_1\sin\theta_2)+j(\sin\theta_1\cos\theta_2+\cos\theta_1\sin\theta_2)]\\&=r_1r_2[\cos(\theta_1+\theta_2)+j\sin(\theta_1+\theta_2)],\end{aligned}$$

即

$$r_1(\cos\theta_1+j\sin\theta_1)\cdot r_2(\cos\theta_2+j\sin\theta_2)=r_1r_2[\cos(\theta_1+\theta_2)+j\cos(\theta_1+\theta_2)].\tag{2-20}$$

设$z_1=r_1e^{j\theta_1}$，$z_2=r_2e^{j\theta_2}$，由指数运算法则知：

$$z_1\cdot z_2=r_1e^{j\theta_1}r_2e^{j\theta_2}=r_1r_2e^{j(\theta_1+\theta_2)}\tag{2-21}$$

上述两个公式表明：两个复数之积的模是两个复数模的积，两个复数积的幅角等于两个复数幅角之和．

设$z_1=r_1(\cos\theta_1+j\sin\theta_1)$，$z_2=r_2(\cos\theta_2+j\sin\theta_2)$，则

$$\frac{z_1}{z_2}=\frac{r_1}{r_2}[\cos(\theta_1-\theta_2)+j\sin(\theta_1-\theta_2)];\tag{2-22}$$

设$z_1=r_1e^{j\theta_1}$，$z_2=r_2e^{j\theta_2}$，则

$$\frac{z_1}{z_2}=\frac{r_1}{r_2}e^{j(\theta_1-\theta_2)}\tag{2-23}$$

上述两个公式表明：两个复数之商的模是两个复数模的商，两个复数商的幅角等于两个复数幅角之差．

4. 复数的乘方

求复数的n次乘方时，采用复数的指数或三角形式非常方便，即

$$(re^{j\theta})^n=r^ne^{jn\theta}$$

写成三角形式，即

$$[r(\cos\theta+j\sin\theta)]^n=r^n(\cos n\theta+j\sin n\theta).\tag{2-24}$$

上述公式表明：复数的n次幂(n是自然数)的模是这个复数模的n次幂，幅角是这个复数幅角的n倍．

例 15　设$z_1=\sqrt{2}\left(\cos\dfrac{2\pi}{3}+j\sin\dfrac{2\pi}{3}\right)$，$z_2=\sqrt{3}\left(\cos\dfrac{5\pi}{6}+j\sin\dfrac{5\pi}{6}\right)$，求：

(1) $z_1 \cdot z_2$； (2) $\dfrac{z_1}{z_2}$； (3) z_1^4.

解 (1) $z_1 \cdot z_2 = r_1 r_2 [\cos(\theta_1+\theta_2) + \mathrm{j}\sin(\theta_1+\theta_2)]$

$$=\sqrt{2}\sqrt{3}\left[\cos\left(\frac{2\pi}{3}+\frac{5\pi}{6}\right)+\mathrm{j}\sin\left(\frac{2\pi}{3}+\frac{5\pi}{6}\right)\right]$$

$$=\sqrt{6}\left(\cos\frac{3\pi}{2}+\mathrm{j}\sin\frac{3\pi}{2}\right);$$

(2) $\dfrac{z_1}{z_2} = \dfrac{r_1}{r_2}[\cos(\theta_1-\theta_2) + \mathrm{j}\sin(\theta_1-\theta_2)]$

$$=\frac{\sqrt{2}}{\sqrt{3}}\left[\cos\left(\frac{2\pi}{3}-\frac{5\pi}{6}\right)+\mathrm{j}\sin\left(\frac{2\pi}{3}-\frac{5\pi}{6}\right)\right]$$

$$=\frac{\sqrt{6}}{3}\left[\cos\left(-\frac{\pi}{6}\right)+\mathrm{j}\sin\left(-\frac{\pi}{6}\right)\right];$$

(3) $z_1^4 = r_1^4(\cos 4\theta_1 + \mathrm{j}\sin 4\theta_1)$

$$=(\sqrt{2})^4\left[\cos\left(4\,\frac{2\pi}{3}\right)+\mathrm{j}\sin\left(4\,\frac{2\pi}{3}\right)\right]$$

$$=4\left[\cos\left(\frac{8\pi}{3}\right)+\mathrm{j}\sin\left(\frac{8\pi}{3}\right)\right]$$

$$=4\left[\cos\left(\frac{2\pi}{3}\right)+\mathrm{j}\sin\left(\frac{2\pi}{3}\right)\right]$$

三、复数的简单应用

在电工电子技术中，复数作为正弦交流电的一种表示形式和运算工具，广泛应用于同频率正弦交流电的研究．在电工电子学中，用复数表示的正弦量称为**相量**．例如，正弦电流 $i = I_{\mathrm{m}}\sin(\omega t+\varphi)$ 的相量形式为

$$\dot{I} = I\angle\varphi = I(\cos\varphi + \mathrm{j}\sin\varphi) = I\cos\varphi + \mathrm{j}I\sin\varphi = a + \mathrm{j}b,$$

式中，$a = I\cos\varphi$，$b = I\sin\varphi$，$I = \dfrac{\sqrt{2}}{2}I_{\mathrm{m}}$.

例 16 写出 $i_1 = 10\sin\omega t$，$i_2 = 30\sin(\omega t + 45^\circ)$ 的相量形式，并求 $i_1 + i_2$.

解 $\dot{I}_1 = \dfrac{\sqrt{2}}{2}I_{\mathrm{m}}\angle 0^\circ = 5\sqrt{2}(\cos 0^\circ + \mathrm{j}\sin 0^\circ) = 5\sqrt{2}$，

$$\dot{I}_2 = \frac{\sqrt{2}}{2}I_{\mathrm{m}}\angle 45^\circ = 15\sqrt{2}(\cos 45^\circ + \mathrm{j}\sin 45^\circ) = 15 + \mathrm{j}15.$$

$$\dot{I}_1 + \dot{I}_2 = (5\sqrt{2} + 15) + \mathrm{j}15 = 22.07 + \mathrm{j}15,$$

$$r = \sqrt{a^2 + b^2} = \sqrt{22.07^2 + 15^2} = 26.68,$$

$$\varphi = \arctan\frac{b}{a} = \arctan\frac{15}{22.07} = 55^\circ 48',$$

$$\dot{I}_1 + \dot{I}_2 = 26.68(\cos 55^\circ 48' + \mathrm{j}\sin 55^\circ 48') = 26.68\angle 55^\circ 48',$$

$$I_{\mathrm{m}} = \sqrt{2}I = \sqrt{2}\cdot 26.68 = 37.73,$$

$$i_1 + i_2 = 37.73\sin(\omega t + 55^\circ 48').$$

例 17　已知交流电 u_1 和 u_2 的有效值分别是 $U_1=100$ V，$U_2=60$ V，u_1 超前 u_2 60°，求总电压 u_1+u_2 的有效值 U．

解　$\dot{U}_1=U_1\angle 0°=100$，

$$\dot{U}_2=U_2\angle -60°=60(\cos(-60°)+\mathrm{j}\sin(-60°))=30-\mathrm{j}51.96,$$

$$\dot{U}_1+\dot{U}_2=130-J\,51.96=140(\cos(-21.79°)+\mathrm{j}\sin(-21.79°))=140\angle -21.79°.$$

因此，总电压 u_1+u_2 的有效值为 140 V．

例 18　设电路如图 2－24 所示，已知 $Z_1=3+4\mathrm{j}(\Omega)$，$Z_2=8-6\mathrm{j}(\Omega)$，$\dot{U}=220\angle 0°(\mathrm{V})$，求电路中各支路的电流．

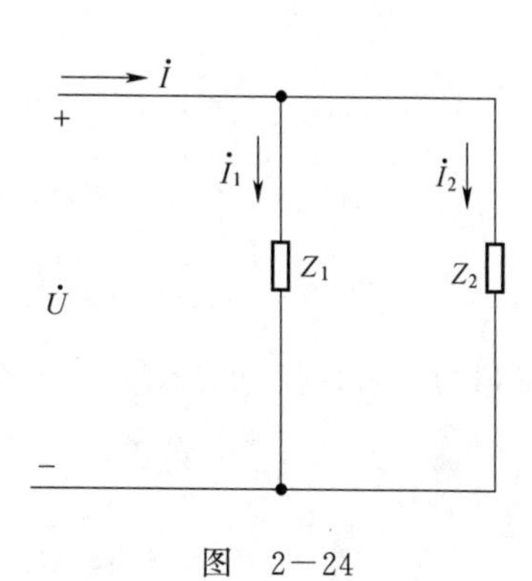

图　2－24

解　$Z_1=3+4\mathrm{j}=5(\cos 53°+\mathrm{j}\sin 53°)=5\angle 53°$，

$$Z_2=8-6\mathrm{j}=10(\cos(-37°)+\mathrm{j}\sin(-37°))=10\angle -37°,$$

由电学知识知：

$$\dot{I}_1=\frac{\dot{U}}{Z_1}=\frac{220\angle 0°}{5\angle 53°}=44\angle -53°(\mathrm{A}),$$

$$\dot{I}_2=\frac{\dot{U}}{Z_2}=\frac{220\angle 0°}{10\angle -37°}=22\angle 37°(\mathrm{A}).$$

习　题　2－3

1. 思考并回答下列问题：

(1)什么是复数？复数有哪几种表示方式？

(2)复数的模与幅角的含义是什么？如何确定复数的模与幅角？举例说明．

(3)复数的三角式与指数式的形式是什么？解释其含义，可举例．

(4)复数的乘除与乘方运算用复数的什么形式表示较为简单？举例说明．

2. 解方程：

(1) $x^2+9=0$；　(2) $3x^2-4x+4=0$.

3. 求下列复数的模与幅角：

(1)$z_1=2+5\mathrm{j}$；　(2)$z_2=-2\mathrm{j}$；　(3)$z_3=1+\mathrm{j}$；　(4)$z_4=\overline{1+\mathrm{j}}$.

4. 将下列复数化成三角形式：

(1)$z_1=2-5\mathrm{j}$；　(2)$z_2=-2$；　(3)$z_3=\mathrm{j}$；　(4)$z_4=2\sqrt{3}+2\mathrm{j}$.

5. 将下列复数化成指数形式：

(1)$z_1=-\dfrac{1}{2}+\dfrac{\sqrt{3}}{2}\mathrm{j}$；　(2)$z_2=-1$；　(3)$z_3=\mathrm{j}$；　(4)$z_4=-\sqrt{2}-\sqrt{2}\mathrm{j}$.

6. 计算下列各题：

(1)$(3+5\mathrm{j})+(2-\mathrm{j})$；　(2)$(-6+2\mathrm{j})-(-7+\mathrm{j})$；

(3)$(-8+7\mathrm{j})\cdot(-3\mathrm{j})$；　(4)$(1-\sqrt{3}\mathrm{j})\cdot(1-\mathrm{j})$；

(5) $(\sqrt{3}+\sqrt{2}\mathrm{j})\cdot\overline{(\sqrt{3}+\sqrt{2}\mathrm{j})}$；　　(6) $\dfrac{1}{\mathrm{j}}$；

(7) $\dfrac{2\mathrm{j}}{1-\mathrm{j}}$；　　(8) $\dfrac{1-2\mathrm{j}}{3+4\mathrm{j}}$；

(9) $8\left(\cos\dfrac{4\pi}{3}+\mathrm{j}\sin\dfrac{4\pi}{3}\right)\cdot\sqrt{2}\left(\cos\dfrac{5\pi}{6}+\mathrm{j}\sin\dfrac{5\pi}{6}\right)$；

(10) $3\left(\cos\dfrac{\pi}{6}+\mathrm{j}\sin\dfrac{\pi}{6}\right)\cdot 4\left(\cos\dfrac{\pi}{4}+\mathrm{j}\sin\dfrac{\pi}{4}\right)$；

(11) $\sqrt{2}(\cos 120^\circ+\mathrm{j}\sin 120^\circ)\cdot\dfrac{\sqrt{3}}{2}(\cos 60^\circ+\mathrm{j}\sin 60^\circ)$；

(12) $3(\cos 18^\circ+\mathrm{j}\sin 18^\circ)\cdot 2(\cos 54^\circ+\mathrm{j}\sin 54^\circ)$；

(13) $12\left(\cos\dfrac{7\pi}{4}+\mathrm{j}\sin\dfrac{7\pi}{4}\right)\div 2\left(\cos\dfrac{2\pi}{3}+\mathrm{j}\sin\dfrac{2\pi}{3}\right)$；

(14) $-\mathrm{j}\div 2(\cos 120^\circ+\mathrm{j}\sin 120^\circ)$；

(15) $(\cos 60^\circ+\mathrm{j}\sin 60^\circ)^4$.

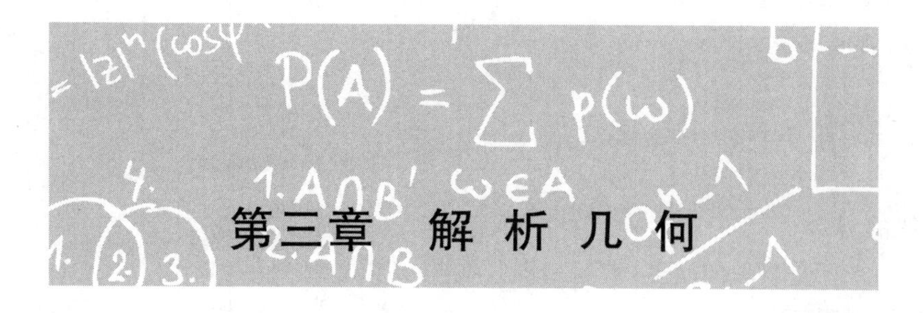

第三章　解析几何

问题导入

在解析几何创立以前，几何与代数是彼此独立的两个分支．解析几何的建立第一次真正实现了几何方法与代数方法的结合，使形与数统一起来，数形结合是数学的基本思想和方法．这是数学发展史上的一次重大突破．作为变量数学发展的第一个决定性步骤，解析几何的建立对于微积分的诞生有着不可估量的作用．解析几何运用坐标法可以解决两类基本问题：一类是满足给定条件点的轨迹，通过坐标系建立它的方程；另一类是通过方程的讨论，研究方程所表示的曲线性质．解析几何既是应用数学的基础，又在其他科学技术、日常生活中有着直接的应用．例如，汽车前灯的反光镜面是什么样的？车灯内的灯泡应装在什么位置上？为什么要装在这个位置上？学习了这一章后，这些问题将迎刃而解．

学习目标

(1)养成利用数形结合的思想来解决问题的习惯；

(2)具有根据已知条件建立直线、圆锥曲线、圆的渐开线、摆线等简单曲线的曲线方程的能力；

(3)具有用代数的方法研究各种曲线的性质的初步能力；

(4)理解增量的含义，能用代数的方法判断直线与直线，圆与圆、直线与圆的关系；

(5)认识曲线的参数方程和极坐标方程，会直角坐标(方程)与极坐标(方程)互换，了解圆的渐开线和圆柱螺旋线的参数方程及其简单的应用，了解等速螺线的极坐标方程及其简单的应用．

第一节　直线及其方程

一、预备知识

1. 增量

在平面上，一个质点从点 $A(x_1,y_1)$ 移动到点 $B(x_2,y_2)$，其坐标的改变量称为**增量**．记作 $\Delta x=x_2-x_1$，$\Delta y=y_2-y_1$，如图 3－1 所示．其中，$\Delta x=x_2-x_1$ 表示横坐标 x 的增量，$\Delta y=y_2-y_1$ 表示纵坐标 y 的增量．

注：增量可正可负．

注：Δ 读作“delta”，表示差．

例 1 (1)求从(1,2)到(1,4)的增量；(2)求从(4,−3)到(2,5)的增量.

解 (1) $\Delta x=x_2-x_1=1-1=0$, $\Delta y=y_2-y_1=4-2=2$；

(2) $\Delta x=x_2-x_1=2-4=-2$, $\Delta y=y_2-y_1=5-(-3)=8$.

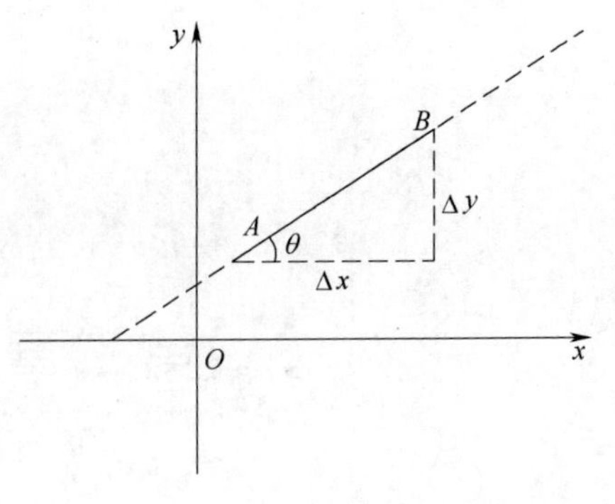

图 3−1

2. 直线的斜率

斜率是用来衡量斜坡的斜度(坡度),即直线与 x 轴正向比的倾斜程度.

定义 纵向的增量与横向的增量之比称为直线的斜率. 一般用 k 表示,即

$$k=\frac{\Delta y}{\Delta x}=\frac{y_2-y_1}{x_2-x_1}=\tan\theta \tag{3-1}$$

注:与 x 轴垂直的直线无斜率.

二、直线方程

1. 点斜式方程

已知一条直线 l 上一点 $P(x_0,y_0)$ 和该直线与 x 轴正向的夹角 α,如图 3−2 所示,求此直线方程.

在直线 l 上任取一点 $M(x,y)$,向量 $\overrightarrow{PM}$ 与 x 轴正向的夹角为 α,得

$$\overrightarrow{PM}=(x-x_0,y-y_0),$$

$$\tan\alpha=\frac{y-y_0}{x-x_0}=k,$$

整理,得直线方程

$$y-y_0=k(x-x_0). \tag{3-2}$$

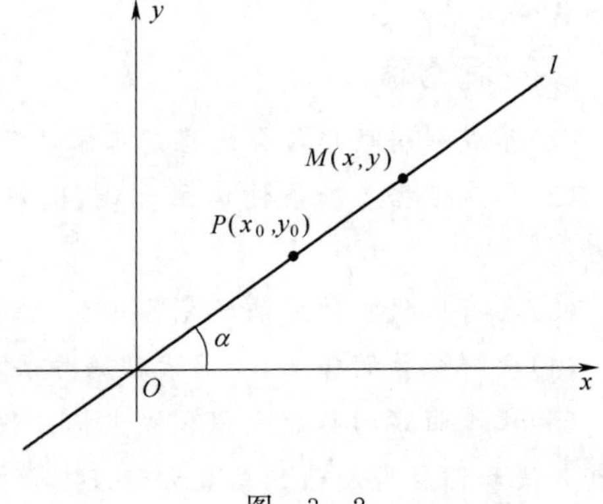

图 3−2

称式(3−2)为直线方程的点斜式方程.

由式(3−2)可知:已知直线上一点和直线的斜率,可直接写出直线的点斜式方程.

例 2 求经过点(1,−1),倾斜角为$\frac{\pi}{3}$的直线方程.

解 因为直线过点(1,−1),斜率 $k=\tan\frac{\pi}{3}=\sqrt{3}$,所以,直线方程为

$$y+1=\sqrt{3}(x-1).$$

当斜率 $k=0$ 时,直线与 x 轴平行,方程为 $y=y_0$；

当斜率 k 不存在,即 $\alpha=\frac{\pi}{2}$ 时,直线与 x 轴垂直,方程为 $x=x_0$.

2. 两点式方程

已知直线上两点 $M_1(x_1,y_1)$,$M_2(x_2,y_2)$,求此直线方程.

直线的斜率

$$k=\frac{\Delta y}{\Delta x}=\frac{y_2-y_1}{x_2-x_1},$$

由点斜式方程知

$$y-y_1=\frac{y_2-y_1}{x_2-x_1}(x-x_1),$$

整理,得直线的两点式方程

$$\frac{y-y_1}{y_2-y_1}=\frac{x-x_1}{x_2-x_1} \tag{3-3}$$

3. 斜截式方程

已知直线的斜率 k 和直线与 y 轴的截距 b,直线方程为

$$y=kx+b. \tag{3-4}$$

4. 截距式方程

已知直线与 x 轴、y 轴的截距分别是 $a\neq 0, b\neq 0$,直线方程为

$$\frac{x}{a}+\frac{y}{b}=1. \tag{3-5}$$

5. 一般式方程

在直角坐标平面上任何一个二元一次方程均表示一条直线,即

$$Ax+By+C=0, \tag{3-6}$$

式中,A,B 不同时为零.

①若 $B\neq 0$,则 $Ax+By+C=0$ 可化为

$$y=-\frac{A}{B}x-\frac{C}{B},$$

这是直线的斜截式方程,它表示斜率 $k=-\frac{A}{B}$,纵轴截距 $b=-\frac{C}{B}$ 的一条直线.

②若 $B=0, A\neq 0$, $Ax+By+C=0$ 可化为

$$x=-\frac{C}{A},$$

它表示横截距 $a=-\frac{C}{A}$,且垂直 x 轴的直线.

思考:当 A,B 如何取值时,式(3-6)表示平行于 x 轴的直线?

由上述讨论可知:直线与二元一次方程是一一对应关系,我们把方程 $Ax+By+C=0$ 和直线 $Ax+By+C=0$ 不加区分.一次方程也称线性方程.由此,在平面直角坐标系下线性方程就是直线方程.

三、两条直线的位置关系

1. 平行

设直线 l_1,l_2 的倾斜角分别是 α_1,α_2,如图 3-3 所示.如果 $l_1 /\!/ l_2$,则 $\alpha_1=\alpha_2$,于是 $\tan\alpha_1=\tan\alpha_2$,即斜率 $k_1=k_2$,反之亦然.

由此,得到

$$l_1 /\!/ l_2 \Leftrightarrow k_1=k_2. \tag{3-7}$$

若 $l_1: A_1x+B_1y+C_1=0$, $l_2: A_2x+B_2y+C_2=0$,当满足什么条件时这两条直线平行?

$$k_1=-\frac{A_1}{B_1}, k_2=-\frac{A_2}{B_2},$$

因为 $l_1 \parallel l_2 \Leftrightarrow k_1=k_2$,

所以

$$\frac{A_1}{B_1}=\frac{A_2}{B_2} \Leftrightarrow l_1 \parallel l_2. \tag{3-8}$$

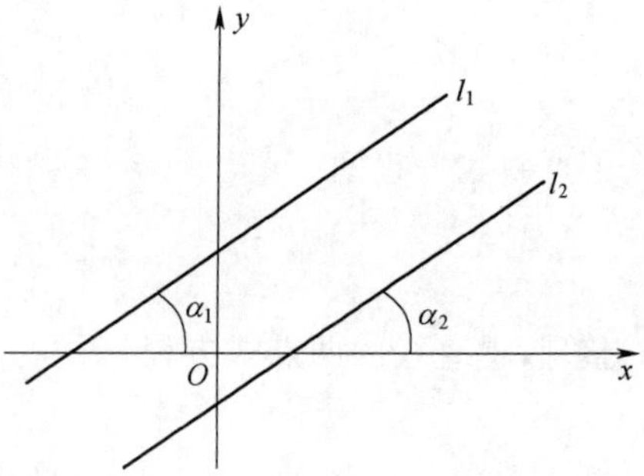

图 3-3

例 3 求经过点$(-2,2)$与直线 $3x-5y+6=0$ 平行的直线方程.

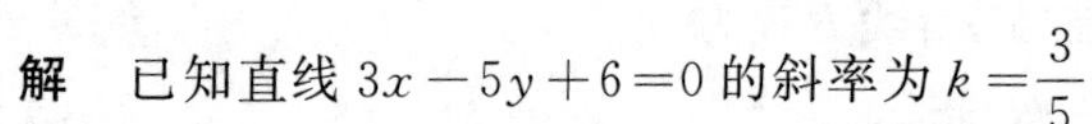

解 已知直线 $3x-5y+6=0$ 的斜率为 $k=\frac{3}{5}$,因为所求直线与已知直线平行,所以所求直线的斜率与已知直线的斜率相等,由点斜式方程知所求直线方程为

$$y-2=\frac{3}{5}(x+2),$$

即

$$3x-5y+16=0.$$

2. 垂直

设直线 l_1, l_2 的倾斜角分别是 α_1, α_2,如图 3-4 所示. 若 $l_1 \perp l_2$,则

$$\alpha_2=90^\circ+\alpha_1,$$

$$\tan\alpha_2=\tan(90^\circ+\alpha_1)=-\cot\alpha_1=-\frac{1}{\tan\alpha_1},$$

即

$$k_2=-\frac{1}{k_1},$$

$$k_1k_2=-1;$$

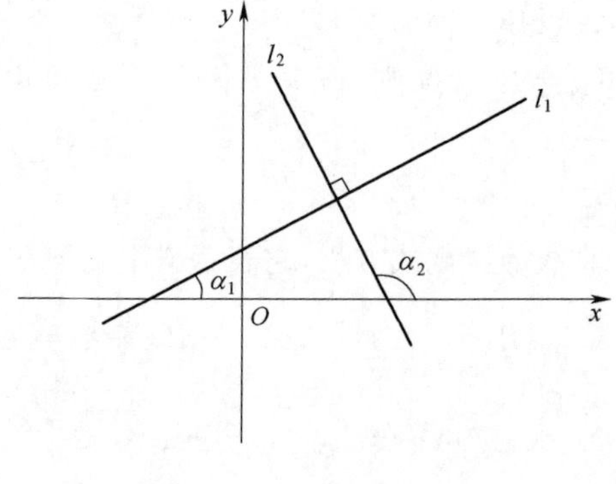

图 3-4

反之,若 $k_1k_2=-1$,则 $l_1 \perp l_2$,即

$$l_1 \perp l_2 \Leftrightarrow k_1k_2=-1. \tag{3-9}$$

两条有斜率的直线相互垂直的充分必要条件是它们的斜率互为负倒数.

若 $l_1: A_1x+B_1y+C_1=0$, $l_2: A_2x+B_2y+C_2=0$,当满足什么条件时这两条直线垂直?

$$A_1B_1+A_2B_2=0 \Leftrightarrow l_1 \perp l_2.$$

例 4 图 3-5 所示是一个零件图样的一部分,$\overset{\frown}{DB}$ 是圆心在 O 点的圆弧,直线段 AB 与 $\overset{\frown}{DB}$ 相切于 B 点,$OC \perp OD$,OC 与 AB 交于点 C. 求线段 OC 的长.

解 建立坐标系,以 O 点为原点,OD 与 OC 的延长线分别为 x,y 轴,如图 3-5 所示.

因为 B 点的坐标为$(3,4)$,所以直线 OB 的斜率为 $k_{OB}=\frac{4}{3}$;

又因为直线段 AB 与 $\overset{\frown}{DB}$ 相切,即 $AB \perp OB$,所以 AB 的斜率为 $k_{AB}=-\frac{3}{4}$.

点 B 在直线 AB 上，所以直线 AB 的方程为

$$y-4=-\frac{3}{4}(x-3),$$

整理为斜截式方程

$$y=-\frac{3}{4}x+\frac{25}{4},$$

因此，线段 OC 的长为$\frac{25}{4}$.

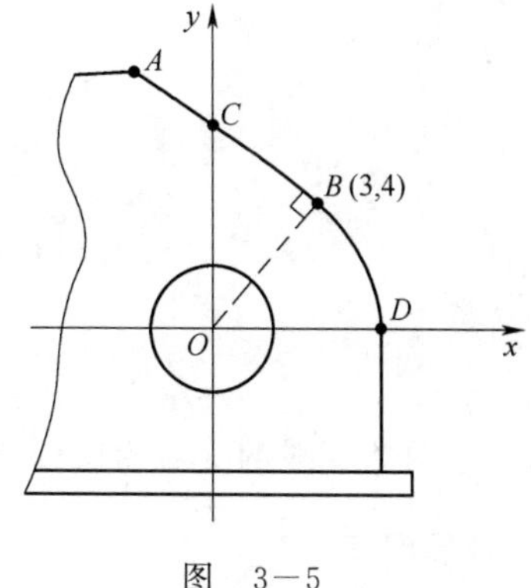

图　3－5

3. 斜交

(1)两条直线的夹角

如图 3－6 所示，称两条直线 l_1,l_2 相交所成的锐角 φ 为这两条直线 l_1,l_2 的**夹角**.

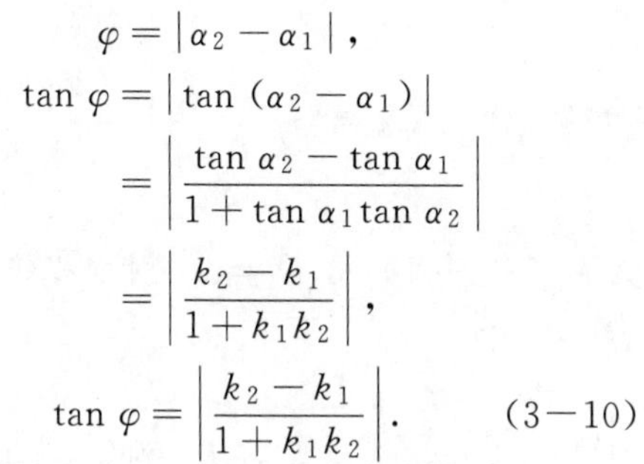

$$\varphi=|\alpha_2-\alpha_1|,$$

$$\tan\varphi=|\tan(\alpha_2-\alpha_1)|$$

$$=\left|\frac{\tan\alpha_2-\tan\alpha_1}{1+\tan\alpha_1\tan\alpha_2}\right|$$

$$=\left|\frac{k_2-k_1}{1+k_1k_2}\right|,$$

即

$$\tan\varphi=\left|\frac{k_2-k_1}{1+k_1k_2}\right|. \qquad (3-10)$$

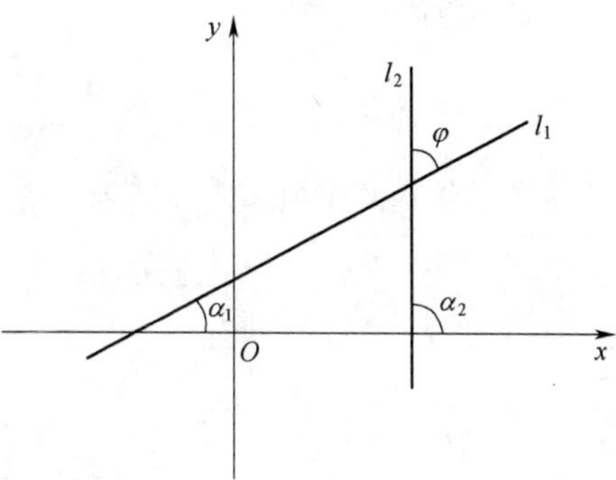

图　3－6

思考：如何利用向量研究此问题？

例 5　已知两条直线 $l_1:x-2y-10=0$，$l_2:3x-y+2=0$，求这两条直线的夹角.

解　由直线方程可知它们的斜率分别为：

$$k_1=\frac{1}{2},\ k_2=3;$$

因此

$$\tan\varphi=\left|\frac{k_2-k_1}{1+k_1k_2}\right|=\left|\frac{3-\frac{1}{2}}{1+\frac{3}{2}}\right|=1,$$

$$\varphi=\arctan 1=45^\circ,$$

所以，这两条直线的夹角为 45°.

(2)两条直线的交点

设两条直线方程为：

$$l_1:A_1x+B_1y+C_1=0,$$
$$l_2:A_2x+B_2y+C_2=0,$$

解上述方程组，若解唯一，该解为交点坐标；若不唯一(有无穷多解)，则这两条直线共线；若无解，则两条直线平行.

思考：什么条件下方程组解唯一？什么条件下方程组解不唯一？什么条件下方程组无解？

例 6　求例 5 中给出的两条直线的交点.

解　解方程组

$$\begin{cases}x-2y-10=0\\3x-y+2=0\end{cases},$$

得

$$\begin{cases}x=-\dfrac{14}{5}\\[2ex]y=-\dfrac{32}{5}\end{cases},$$

所以，这两条直线的交点为$\left(-\dfrac{14}{5},-\dfrac{32}{5}\right)$.

扩展阅读：

讨论两条直线的交点问题可以转换为讨论两个方程两个未知量的二元一次线性方程组的解的问题，即讨论如下方程组

$$\begin{cases}a_{11}x+a_{12}y=b_1\\a_{21}x+a_{22}y=b_2\end{cases}.$$

可以用线性代数中的克莱姆法则．

令 $D=\begin{vmatrix}a_{11}&a_{12}\\a_{21}&a_{22}\end{vmatrix}=a_{11}a_{22}-a_{12}a_{21}$（称为系数行列式），若 $D\neq0$，则方程组存在唯一解．

令 $D_x=\begin{vmatrix}b_1&a_{12}\\b_2&a_{22}\end{vmatrix}=b_1a_{22}-b_2a_{12}$，$D_y=\begin{vmatrix}a_{11}&b_1\\a_{21}&b_2\end{vmatrix}=a_{11}b_2-a_{21}b_1$，则 $x=\dfrac{D_x}{D}$，$y=\dfrac{D_y}{D}$.

若 $\dfrac{a_{11}}{a_{21}}=\dfrac{a_{12}}{a_{22}}=\dfrac{b_1}{b_2}$，则方程组有无穷多解．

若 $\dfrac{a_{11}}{a_{21}}=\dfrac{a_{12}}{a_{22}}\neq\dfrac{b_1}{b_2}$，则方程组无解．

四、点到直线的距离

已知直线 $l:Ax+By+C=0$ 外一点 $P(x_0,y_0)$，则点 P 到直线 l 的距离为

$$d=\frac{|Ax_0+By_0+C|}{\sqrt{A^2+B^2}}.\tag{3-11}$$

式(3－11)的推导过程请读者自行进行．

例 7 求点 $P(-1,2)$ 到直线 $2x+y-10=0$ 的距离．

解 根据点到直线的距离公式(3－11)，得

$$d=\frac{|Ax_0+By_0+C|}{\sqrt{A^2+B^2}}=\frac{|2\times(-1)+1\times2-10|}{\sqrt{2^2+1^2}}=2\sqrt{5},$$

所以，点 $P(-1,2)$ 到直线 $2x+y-10=0$ 的距离是 $2\sqrt{5}$.

例 8 求平行线 $l_1:2x-5y-6=0$ 和 $l_2:2x-5y+8=0$ 间的距离．

解 在 l_1 上找一点(3,0)，该点到 l_2 的距离即为 l_1 到 l_2 的距离．

由式(3－11)得

$$d=\frac{|Ax_0+By_0+C|}{\sqrt{A^2+B^2}}=\frac{|2\times 3+5\times 0+8|}{\sqrt{2^2+5^2}}=\frac{14}{29}\sqrt{29},$$

所以，l_1 与 l_2 间的距离为 $\frac{14}{29}\sqrt{29}$.

例 9 一个需要磨削加工的零件尺寸如图 3－7 所示，磨削加工的过程需要知道点 O 到直线 MN 的距离，请给予解决．

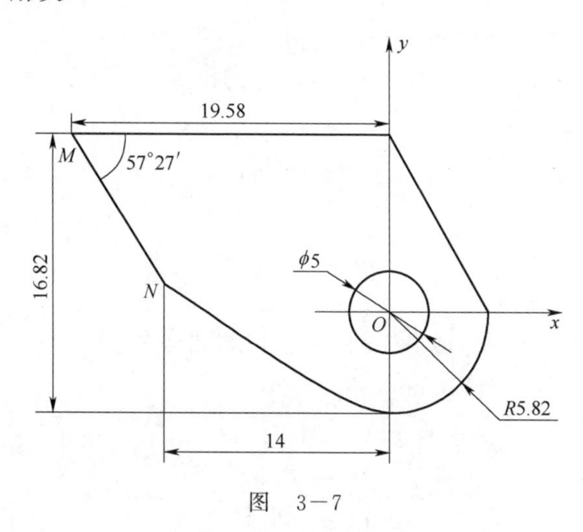

图 3－7

解 建立直角坐标系如图 3－7 所示，设 M 点的坐标为(x_1,y_1)，

$$x_1=-19.58\ (\text{mm}),$$

$$y_1=16.82-5.82=11\ (\text{mm}),$$

$$k=\tan(180°-57°27')=-\tan 57°27'\approx -1.566\,7.$$

由点斜式方程知：直线 MN 的方程为

$$y-11=-1.5667(x+19.58),$$

即

$$1.5667x+y+19.676=0,$$

点 O 到直线 MN 的距离为

$$d=\frac{|1.566\,7\times 0+1\times 0+19.676|}{\sqrt{1.566\,7^2+1^2}}\approx 10.59\ (\text{mm}).$$

例 10 有一个零件的部分轮廓图如图 3－8 所示，建立适当的坐标系，根据图示尺寸计算 B 点坐标．

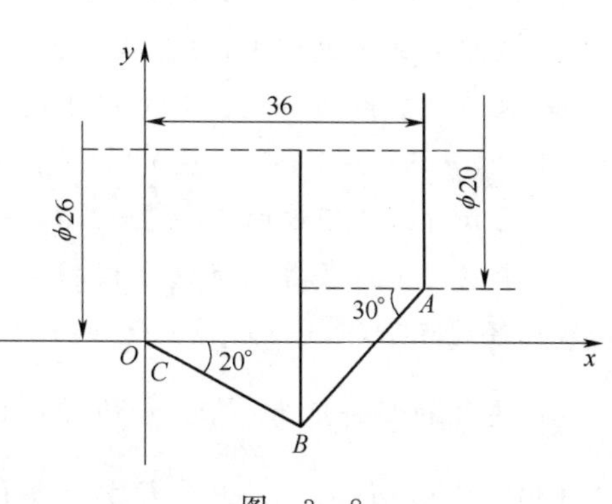

图 3－8

解 以 C 点为坐标原点，建立直角坐标系如图 3－8 所示．

C 点坐标为$(0,0)$，A 点坐标(x_1,y_1)，由图 3－8 中的尺寸可知：

$$x_1=36,y_1=13-10=3,$$

即 A 点坐标为$(36,3)$，直线 AB 的斜率

$$k_1=\tan 30°=\frac{\sqrt{3}}{3}\approx 0.577,$$

直线 AB 的方程为

$$y-3=0.577(x-36),$$

整理,得

$$0.577x-y-17.785=0;$$

直线 BC 的斜率

$$k_2=\tan(-20°)=-\tan 20°\approx -0.364,$$

直线 BC 的方程为

$$y=-0.364x,$$

整理,得

$$0.364x+y=0.$$

解方程组

$$\begin{cases}0.577x-y-17.785=0\\0.364x+y=0\end{cases},$$

得

$$\begin{cases}x=18.90\\y=-6.88\end{cases},$$

所以,B 点的坐标为(18.90,−6.88).

思考:建立其他直角坐标系,求相应 B 点的坐标.

习 题 3−1

1. 思考并回答下列问题:

(1)什么是增量?举例说明.

(2)若已知直线上两点坐标,或已知直线的斜率和直线上一点坐标,或已知直线的斜率和直线与 y 轴的截距,能写出直线方程吗?举例说明.

(3)垂直于坐标轴的直线方程是什么形式的?举例说明.

(4)已知两条直线方程,怎样判断这两条直线的位置关系?给出例子.

2. 在零件加工过程中,刀具从点 $A(9,10)$ 运动到点 $B(47,25)$,给出刀具增量的坐标.

3. 在零件加工过程中,刀具从点 $M(0,5)$ 运动到点 $N(2,4)$,给出刀具增量的坐标.

4. 求下列直线的斜率和在 y 轴上的截距:

(1) $2x-5y+3=0$; (2) $4x-3y-7=0$; (3) $3y+7=0$; (4) $y=0$.

5. 已知直线 l 经过两点 $M(-2,5)$,$P(0,1)$,求直线 l 的斜率与倾斜角.

6. 求满足下列条件的直线方程,并将其化成一般式:

(1)经过点 $P(4,-3)$,斜率是 -2;

(2)直线的倾斜角为 $\frac{2\pi}{3}$,在 y 轴上的截距是 2;

(3)经过点 $M(3,-2)$ 且平行于 x 轴;

(4)经过点 $N(2,-2)$ 且平行于 y 轴；

(5)经过两点 $M(3,-2)$，$N(2,-2)$；

(6)经过点 $F(1,-3)$，且与 $2x-5y+3=0$ 平行；

(7)经过点 $M(3,-2)$，且与 $4x-3y-7=0$ 垂直．

7. 已知两点 $A(-2,3)$，$B(6,-1)$，求线段 AB 的垂直平分线．

8. 判断下列各对直线的位置关系，若平行则求出它们之间的距离，若相交求出交点坐标及其它们之间的夹角．

(1) $x+5y+1=0$，$2x+10y-3=0$；

(2) $3x-4y+1=0$，$4x+3y-2=0$；

(3) $2x-3y-5=0$，$4x-6y=10$；

(4) $7x+2y-3=0$，$2x-7y+2=0$；

(5) $4x-2y+3=0$，$6x+2y-1=0$；

(6) $2x-y+3=0$，$4x+3y+7=0$.

9. 求下列点到直线的距离：

(1) $P(-3,1)$，$2x-5y+3=0$；　(2) $M(3,-2)$，$3x+11=0$.

10. 小组讨论题，每个小组至少给出两个方案．见图 3－8，改变坐标原点或坐标轴的方向，求 B 点坐标及线段 AB，BC 的长度(精确到 0.01).

11. 小组研究，怎样求出点 $P(a,b)$ 到直线 $L:Ax+By=C$ 的距离？

提示：(1)写出点 P 垂直于 L 的直线 M 的方程；(2)求 M 与 L 的交点 Q 的坐标；(3)求 P 到 Q 的距离．

建议二或三人一起研究．

第二节　圆及其方程

一、圆的标准方程

平面上到定点的距离等于定长的点的集合组成的图形叫做**圆**．其中，定点称为**圆心**，定长称为**半径**．

设圆心 A 的坐标为 (a,b)，半径为 r，在圆周上任取一点 $B(x,y)$，如图 3－9 所示．

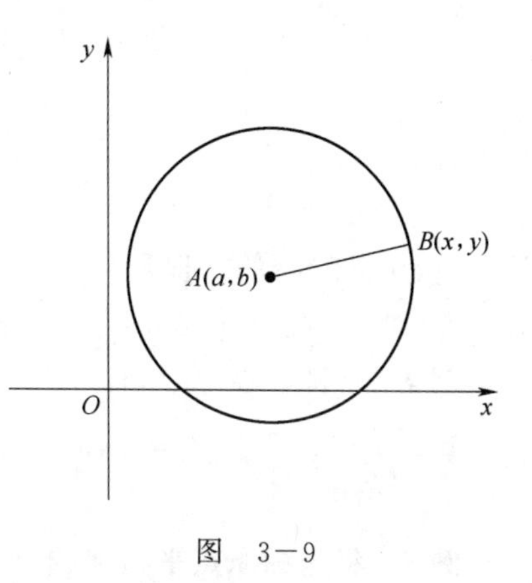

图　3－9

根据圆的定义知，点 B 到圆心 A 的距离等于 r，由两点间距离公式，得

$$|AB|=\sqrt{(x-a)^2+(y-b)^2}=r,$$

两边平方得

$$(x-a)^2+(y-b)^2=r^2. \quad (3-12)$$

式(3－12)称为圆心在点 $A(a,b)$，半径是 r 的**圆的标准方程**．

特别地，当圆心在坐标原点，半径为 r 时，圆的标准方程为

$$x^2+y^2=r^2. \tag{3-13}$$

当坐标原点从(0,0)点移动到(a,b)时,式(3—12)就被变成了式(3—13).

例 1 写出圆心为$A(-2,3)$,半径为5的圆的方程,并判断点$M(2,6)$,$N(-\sqrt{5},-1)$是否在这个圆上.

解 圆的方程是

$$(x+2)^2+(y-3)^2=25.$$

因为 $$d=|AM|=\sqrt{[2-(-2)]^2+(6-3)^2}=5=r,$$

所以,点M在该圆上;

因为 $$d=|AN|=\sqrt{[-\sqrt{5}-(-2)]^2+[(-1)-3]^2}\approx 4.53<r$$

所以,点N在该圆内.

坐标原点从(0,0)移动到(−2,3)建立新坐标系,在新坐标系下此圆的方程是

$$x^2+y^2=25.$$

例 2 写出下列各圆的圆心坐标与圆的半径:

(1) $(x+3)^2+(y-2)^2=8$; (2) $(x-1)^2+(y-4)^2=4$.

解 (1)圆心坐标为(−3,2),半径为$2\sqrt{2}$;

(2)圆心坐标为(1,4),半径为2.

例 3 $\triangle ABC$的三个顶点的坐标分别是$A(5,1)$,$B(7,-3)$,$C(2,-8)$,求它的外接圆的方程.

解 设圆心坐标为(a,b),半径为r.

因为A,B,C三点在圆周上,所以将其代入圆的标准方程,得

$$\begin{cases}(5-a)^2+(1-b)^2=r^2\\(7-a)^2+(-3-b)^2=r^2,\\(2-a)^2+(-8-b)^2=r^2\end{cases}$$

整理,得

$$\begin{cases}a^2+b^2-10a-2b+26=r^2\\a^2+b^2-14a+6b+58=r^2,\\a^2+b^2-4a+16b+68=r^2\end{cases}$$

解方程,得

$$a=2,b=-3,r=5,$$

因此,所求外接圆的方程是

$$(x-2)^2+(y+3)^2=25.$$

例 4 求圆心在原点,且过点(2,3)的圆的方程.

解 $r=\sqrt{2^2+3^2}=\sqrt{13}$,圆的方程为

$$x^2+y^2=13.$$

例 5 将坐标原点平移到(2,−1),圆$x^2+y^2=13$的方程会发生什么变化?

解 圆心坐标变成(−2,1),半径不变,圆的方程为

$$(x-2)^2+(y+1)^2=13.$$

二、圆的一般方程

将圆的标准方程

$$(x-a)^2+(y-b)^2=r^2$$

展开得

$$x^2+y^2-2ax-2by+a^2+b^2-r^2=0.$$

令 $D=-2a, E=-2b, F=a^2+b^2-r^2$，得，

$$x^2+y^2+Dx+Ey+F=0. \tag{3-14}$$

思考：此形式的方程一定表示圆吗？

反过来，将上述方程配方，得

$$\left(x+\frac{D}{2}\right)^2+\left(y+\frac{E}{2}\right)^2=\frac{D^2+E^2-4F}{4}.$$

(1)当 $D^2+E^2-4F>0$ 时，式(3－14)表示圆心在 $\left(-\frac{D}{2},-\frac{E}{2}\right)$，半径为 $\frac{\sqrt{D^2+E^2-4F}}{2}$ 的圆；

(2)当 $D^2+E^2-4F=0$ 时，式(3－14)只有一对实数解 $x=-\frac{D}{2}, y=-\frac{E}{2}$，只表示一个点 $\left(-\frac{D}{2},-\frac{E}{2}\right)$；

(3)当 $D^2+E^2-4F<0$ 时，式(3－14)无实数解，不代表任何图形．

只有当 $D^2+E^2-4F>0$ 时，式(3－14)表示圆的方程，称其为**圆的一般方程**．

观察式(3－14)的特点：

(1) x^2, y^2 项的系数相同且不等于零；

(2)无 xy 项．

例 6　判断以下方程是不是圆的方程，若是，请求出其圆心与半径．

(1)$x^2+y^3-2x+6y+1=0$；　(2)$x^2+y^2-2x+6y+10=0$；

(3)$x^2+y^2-2x+6y+13=0$.

解　(1) $D=-2, E=6, F=1$，

$$D^2+E^2-4F=(-2)^2+6^2-4=36>0,$$

所以，方程(1)表示一个圆；

$$x^2+y^2-2x+6y+1=0,$$

$$x^2-2x+1-1+y^2+6y+9-9+1=0,$$

$$(x-1)^2+(y+3)^2=9,$$

方程(1)表示的圆的圆心坐标为(1，－3)，半径为 3.

(2) $D=-2, E=6, F=10$，

$$D^2+E^2-4F=(-2)^2+6^2-40=0,$$

所以，方程(2)表示一个点，不是圆；

(3) $D=-2, E=6, F=13$，

$$D^2+E^2-4F=(-2)^2+6^2-52<0,$$

所以，方程(3)也不表示圆．

三、圆与直线的位置关系

通过直线 L 到圆心的距离 d 来判断圆与直线的位置关系，当 $d<r$ 时，直线 L 与圆相交；当 $d=r$ 时，直线 L 与圆相切；当 $d>r$ 时，直线 L 与圆相离．

例 7　求以 $C(1,3)$ 为圆心，并且和直线 $3x-4y-7=0$ 相切的圆的方程．

解　因为直线 $3x-4y-7=0$ 与圆相切，所以直线到圆心的距离等于半径，由点到直线的距离公式，知

$$r=\frac{|Ax_0+By_0+C|}{\sqrt{A^2+B^2}}=\frac{|3\times1-4\times3-7|}{\sqrt{3^2+(-4)^2}}=\frac{16}{5},$$

圆的方程为

$$(x-1)^2+(y-3)^2=\frac{256}{25}.$$

例 8　判断下列各题中直线与圆的位置关系：

(1)直线 $3x-y-1=0$，圆 $x^2+y^2=1$；

(2)直线 $3x+4y+5=0$，圆 $(x-2)^2+(y-1)^2=9$；

(3)直线 $2x+y+12=0$，圆 $x^2+y^2+2x-4y+1=0$.

解　(1)圆心$(0,0)$到直线 $3x-y-1=0$ 的距离

$$d=\frac{|-1|}{\sqrt{3^2+(-1)^2}}=\frac{1}{\sqrt{10}}<1=r,$$

因此直线 $3x-y-1=0$ 与圆 $x^2+y^2=1$ 相交；

(2)圆心$(2,1)$到直线 $3x+4y+5=0$ 的距离

$$d=\frac{|3\times2+4\times1+5|}{\sqrt{3^2+4^2}}=3=r,$$

因此直线 $3x+4y+5=0$ 与圆 $(x-2)^2+(y-1)^2=9$ 相切；

(3)将 $x^2+y^2+2x-4y+1=0$ 化成圆的标准形式

$$(x+1)^2+(y-2)^2=4,$$

此圆的圆心在$(-1,2)$，直线 $2x+y+12=0$ 到该点的距离

$$d=\frac{|2\times(-1)+2+12|}{\sqrt{2^2+1^2}}=\frac{12}{\sqrt{5}}=\frac{12\sqrt{5}}{5}>2=r,$$

因此直线 $2x+y+12=0$ 与圆 $x^2+y^2+2x-4y+1=0$ 相离．

四、圆与圆的位置关系

设圆心距为 d，两个圆的半径分别为 r_1,r_2，

(1)若 $d>r_1+r_2$，则两圆相离；

(2)若 $d=r_1+r_2$，则两圆外切；

(3)若 $d=|r_1-r_2|$,则两圆内切；

(4)若 $|r_1-r_2|<d<|r_1+r_2|$,则两圆相交；

(5)若 $d<|r_1-r_2|$,则两圆内含；

(6)若 $d<|r_1-r_2|$,且两圆的圆心重合,则两圆为同心圆．

例 9 判断下列各题中两圆的位置关系：

(1) $(x-4)^2+(y-1)^2=9$, $x^2+(y-4)^2=4$;

(2) $(x+5)^2+(y-2)^2=1$, $(x-1)^2+(y-2)^2=4$;

(3) $x^2+y^2=36$, $(x-3)^2+y^2=9$.

解 (1)两圆的圆心坐标为(4,1),(0,4),半径分别是 $r_1=3,r_2=2$,

$$r_1+r_2=3+2=5,$$

$$d=\sqrt{4^2+(1-4)^2}=5=r_1+r_2,$$

因此,两圆外切．

(2)两圆的圆心坐标为(−5,2),(1,2),半径分别是 $r_1=1,r_2=2$,

$$r_1+r_2=1+2=3,$$

$$d=\sqrt{(-5-1)^2+(2-2)^2}=6>r_1+r_2,$$

因此,两圆相离．

(3)两圆的圆心坐标为(0,0),(3,0),半径分别是 $r_1=6,r_2=3$,

$$d=\sqrt{3^2}=3=r_1-r_2,$$

因此,两圆内切．

例 10 作图题:三个圆两两相切,左边圆的半径为 14 mm,中间圆半径为 60 mm,右边圆半径为 18 mm. 左圆在右圆的下方,左右两圆的水平距离为 68 mm,垂直距离为 6 mm. 画出这三个圆的相切图的外轮廓线,并标明圆心和切点的位置(坐标).

解 建立坐标系,设左圆的圆心为坐标原点,则 $O_1(0,0)$, $O_3(68,6)$;

解方程组 $\begin{cases}x^2+y^2=74^2\\(x-68)^2+(y-6)^2=78^2\end{cases}$ 求中间圆的圆心坐标，得 $\begin{cases}x_1=35\\y_1=-64\end{cases}$, $\begin{cases}x_2=24\\y_2=69\end{cases}$;则 $O_2(24,69)$, $O_2'(35,-64)$;

解方程组 $\begin{cases}x^2+y^2=14^2\\(x-24)^2+(y-69)^2=60^2\end{cases}$ 求 O_1,O_2 的切点坐标,得(4.54,13.05);

解方程组 $\begin{cases}x^2+y^2=14^2\\(x-35)^2+(y+64)^2=60^2\end{cases}$ 求 O_1,O_2' 的切点坐标,得(6.62,−12.1);

解方程组 $\begin{cases}(x-68)^2+(y-6)^2=18^2\\(x-24)^2+(y-69)^2=60^2\end{cases}$ 求 O_3,O_2 的切点坐标,得(57.8,20.54);

解方程组 $\begin{cases}(x-68)^2+(y-6)^2=18^2\\(x-35)^2+(y+64)^2=60^2\end{cases}$ 求 O_3,O_2' 的切点坐标,得(60.38,−10.15).

作图的结果如图 3−10 所示．

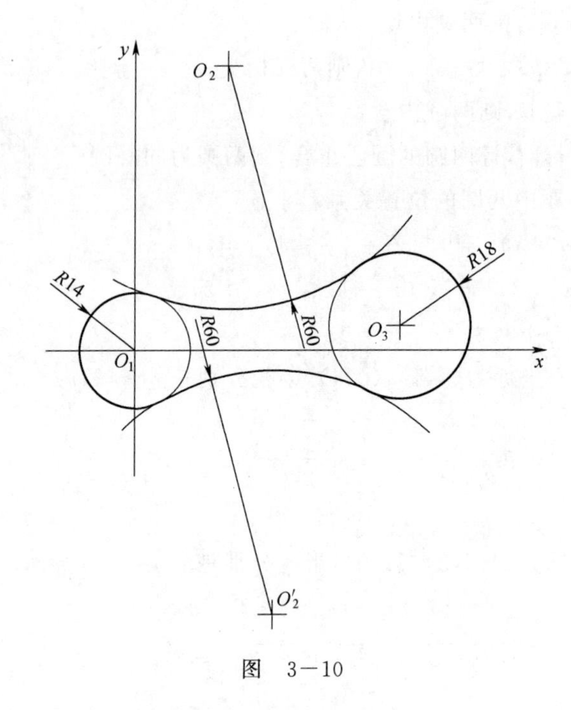

图 3—10

习题 3—2

1. 思考并回答下列问题：

(1)要想写出圆的标准方程，需要知道什么条件？举例说明．

(2)写出圆的一般方程的形式，它有什么特征？

(3)如何由圆的一般方程化成圆的标准方程？举例说明．

(4)如何判断圆与直线、圆与圆之间的位置关系？

2. 写出满足下列条件的圆的方程：

(1)圆心在原点，半径为 3；

(2)圆心在点(3,4)，半径为 2；

(3)经过点(5,1)，圆心在点(8,3).

3. 已知一个圆的圆心在原点，并与直线 $4x+3y-70=0$ 相切，求该圆的方程．

4. 求出过圆 $x^2+y^2=5$ 上一点(2,1)的切线方程．

5. 已知圆的方程 $x^2+y^2=1$，求斜率为 1 的切线方程．

6. 判断以下方程是不是圆的方程：

(1)$x^2+y^2-2x+6y+1=0$；　(2)$x^2+y^2-2x+6y+10=0$；

(3)$x^2+y^2-2x+6y+13=0$.

7. 求下列各圆的圆心坐标和半径，并画出它们的图形

(1)$x^2+y^2-2x-5=0$；　(2)$x^2+y^2+2x-4y-4=0$.

8. 求直线 $4x-3y=50$ 和圆 $x^2+y^2=100$ 的交点，并说明它们的位置关系．

9. 以 O 点为坐标原点，计算图 3—11 所示外轮廓各过渡点的坐标．

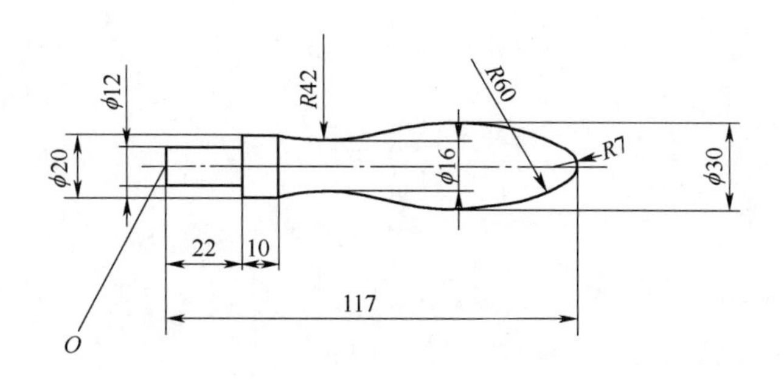

图　3-11

第三节　圆锥曲线

一、圆锥曲线

圆、椭圆、双曲线、抛物线统称**圆锥曲线**,因为它们是平面截圆锥曲面的截痕线,如图3-12所示.

二、椭圆

定义 1　平面内与两个定点 F_1,F_2 的距离之和等于常数的点的轨迹称为**椭圆**,这两个定点称为椭圆的**焦点**,两焦点间的距离称为椭圆的**焦距**.

设过两个焦点 F_1,F_2 的直线为 x 轴,以 F_1,F_2 的中点为坐标原点,建立平面直角坐标系(见图 3-13). 设 $|F_1F_2|=2c(c>0)$,F_1,F_2 的坐标分别是$(-c,0)(c,0)$,平面内与两个定点 F_1,F_2 的距离之和等于 $2a$. 在椭圆上任取一点 $M(x,y)$,则

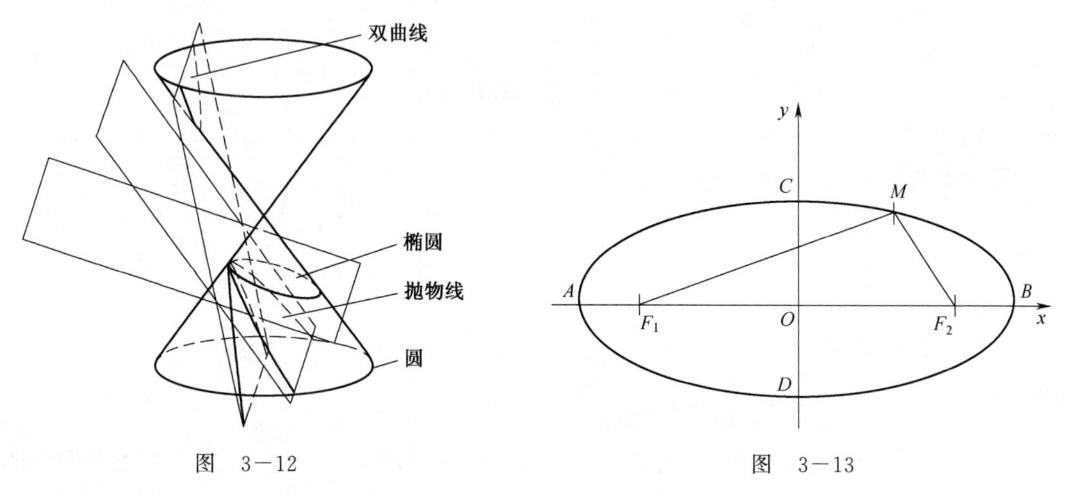

图　3-12　　　　图　3-13

$$|MF_1|+|MF_2|=2a,$$

即

$$\sqrt{(x+c)^2+y^2}+\sqrt{(x-c)^2+y^2}=2a,$$

化简得

$$(a^2-c^2)x^2+a^2y^2=a^2(a^2-c^2).$$

由题设条件知，$a^2-c^2>0$，令

$$a^2-c^2=b^2,$$

代入上式并整理，得

$$\frac{x^2}{a^2}+\frac{y^2}{b^2}=1. \tag{3-15}$$

式(3－15)为焦点在 x 轴上的椭圆标准方程，其中 $a>b>0$.

当 $a=b$ 时，椭圆方程变成圆心在原点，半径为 a 的圆的方程，即

$$x^2+y^2=a^2;$$

当 $y=0$ 时，式(3－15)为 $\frac{x^2}{a^2}=1$，$x=\pm a$，这说明椭圆与 x 轴的交点 A，B 的坐标分别为 $(-a,0)$，$(a,0)$．因为 $a>b$，所以称 AB 为椭圆的**长轴**，它的长为 $2a$，a 称为**长半轴**．

当 $x=0$ 时，式(3－15)为 $\frac{y^2}{b^2}=1$，$y=\pm b$，这说明椭圆与 y 轴的交点 C，D 的坐标分别是 $(0,b)$，$(0,-b)$．称 CD 为椭圆的**短轴**，它的长为 $2b$，b 称为**短半轴**．

例 1 设椭圆的焦点为 $F_1(-3,0)$，$F_2(3,0)$，长轴等于 10，求该椭圆方程．

解 根据题设可知，$c=3$，$a=5$，于是

$$b^2=a^2-c^2=5^2-3^2=4^2,$$

因此，$b=4$，所求椭圆方程为

$$\frac{x^2}{25}+\frac{y^2}{16}=1.$$

若椭圆的焦点在 y 轴上(见图 3－14)，则长轴在 y 轴上，椭圆的标准方程为

$$\frac{x^2}{b^2}+\frac{y^2}{a^2}=1. \tag{3-16}$$

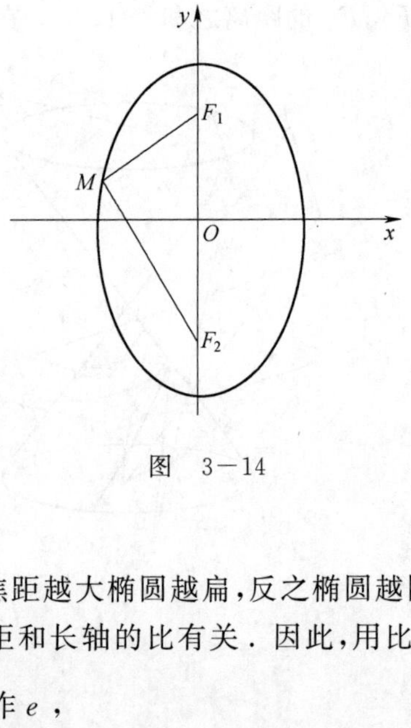

例 2 设椭圆的焦点在 y 轴上，焦距等于 10，短轴等于 24，求该椭圆的焦点坐标及椭圆方程．

解 由题设知：$2c=10$，$2b=24$，得

$$c=5,\ b=12,$$

焦点坐标为 $(0,5)$，$(0,-5)$. 于是

$$a^2=b^2+c^2=12^2+5^2=13^2,$$

所以，所求椭圆方程是

$$\frac{x^2}{144}+\frac{y^2}{169}=1.$$

图 3－14

椭圆的扁平程度与什么有关，大家可以通过实验感知，焦距越大椭圆越扁，反之椭圆越圆．当焦距等于零时，椭圆就变成圆了，即椭圆的扁平程度与焦距和长轴的比有关．因此，用比值 $\frac{c}{a}$ 的大小表示椭圆的扁平程度．称 $\frac{c}{a}$ 为椭圆的**离心率**，记作 e，

$$e=\frac{c}{a}.$$

因为 $c<a$，所以椭圆的离心率 $e<1$，且离心率 e 越大，椭圆越扁，离心率 e 越小，椭圆越圆．

例 3 求椭圆 $16x^2+25y^2=400$ 的长短轴的长、焦点坐标、离心率，并画图．

解 将方程化成标准形

$$\frac{x^2}{5^2}+\frac{y^2}{4^2}=1,$$

由上式知：$a=5, b=4, c=\sqrt{a^2-b^2}=\sqrt{25-16}=3, e=\frac{c}{a}=\frac{3}{5}$，所以长轴的长 $2a=10$，短轴的长 $2b=8$，焦点坐标为 $F_1(-3,0), F_2(3,0)$，离心率是 $e=\frac{3}{5}$．该椭圆的图形如图 3－15 所示．

例 4 将图 3－15 中的坐标原点移动到(1,2)，如图 3－16 所示，求在新的坐标系 $x'O'y'$ 下的椭圆方程．

解 由平移公式 $\begin{cases}x'=x-x_0\\y'=y-y_0\end{cases}$，得 $\begin{cases}x=x'+x_0\\y=y'+y_0\end{cases}$，代入上题的方程中，得

$$\frac{(x'+1)^2}{5^2}+\frac{(y'+2)^2}{4^2}=1.$$

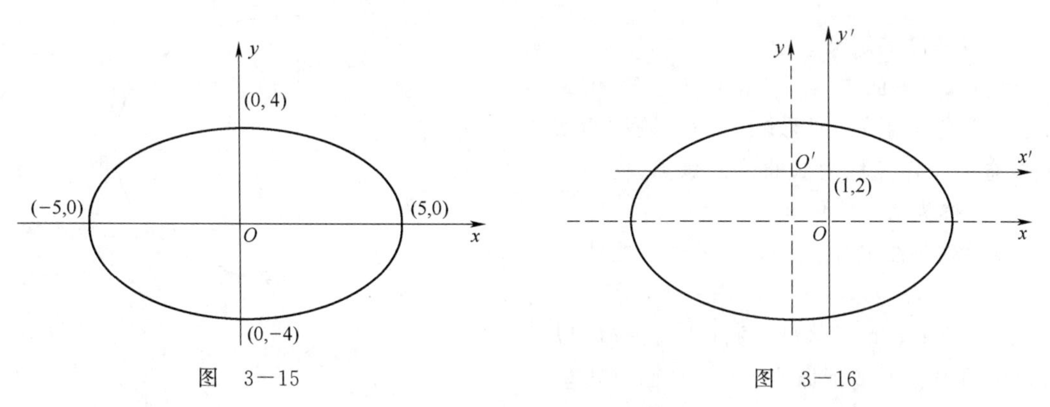

图 3－15　　　　图 3－16

例 5 坐标轴如何平移可将椭圆方程 $\frac{(x-2)^2}{a^2}+\frac{(y+3)^2}{b^2}=1$ 化成 $\frac{x^2}{a^2}+\frac{y^2}{b^2}=1$ 形式？

解 令 $x'=x-2, y'=y+3$，代入椭圆方程 $\frac{(x-2)^2}{a^2}+\frac{(y+3)^2}{b^2}=1$，得 $\frac{x'^2}{a^2}+\frac{y'^2}{b^2}=1$，由平移公式 $\begin{cases}x'=x-x_0\\y'=y-y_0\end{cases}$ 知，坐标原点由(0,0)平移到(2,－3)可将椭圆方程换成 $\frac{x^2}{a^2}+\frac{y^2}{b^2}=1$ 形式．

例 6 某人造卫星的运行轨道是个椭圆，地球的中心位于椭圆的一个焦点上，轨道的近地点(即距离地球最近的点)离地球 439 km，远地点离地球 2 384 km，若把地球近似看成一个半径为 6 370 km 的球，试求出卫星的轨迹方程和离心率．

解 首先建立坐标系，设以近地点与远地点的连线为 x 轴，这两点的垂直平分线为 y 轴，

如图 3－17 所示，F 为地球中心．

因为

$$AF=439+6\ 370=6\ 809,$$

$$FB=6\ 370+2\ 384=8\ 754,$$

所以

$$\begin{cases}a-c=6\ 809\\a+c=8\ 754\end{cases},$$

解此方程组，得

$$\begin{cases}a=7\ 782\\c=973\end{cases},$$

$$b=\sqrt{a^2-c^2}=\sqrt{7\ 782^2-973^2}=7\ 721,$$

因此，卫星的轨迹方程是

$$\frac{x^2}{7\ 782^2}+\frac{y^2}{7\ 721^2}=1,$$

离心率

$$e=\frac{c}{a}=\frac{973}{7\ 782}\approx 0.125.$$

三、双曲线

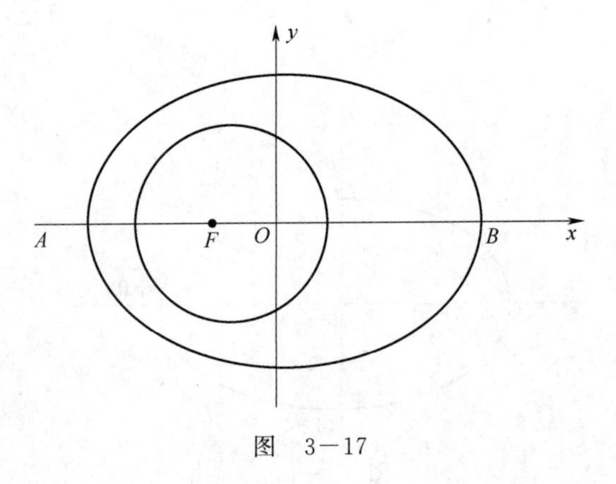

图 3－17

1. 双曲线的定义

定义 2 平面内与两个定点 F_1,F_2 的距离之差的绝对值等于常数的点的轨迹称为**双曲线**，这两个定点称为双曲线的**焦点**，两焦点间的距离称为双曲线的**焦距**．

根据双曲线的定义，可以求出双曲线的方程．

设过两个焦点 F_1,F_2 的直线为 x 轴，以 F_1,F_2 的中点为坐标原点，建立平面直角坐标系如图 3－18 所示．设 $|F_1F_2|=2c$ ，F_1,F_2 的坐标分别为 $(-c,0)(c,0)$，P 点为曲线上的任意一点，$|PF_1-PF_2|=2a$ ，由两点间距离公式得

$$\left|\sqrt{(x+c)^2+y^2}-\sqrt{(x-c)^2+y^2}\right|=2a,$$

整理化简得

$$(c^2-a^2)x^2-a^2y^2=a^2(c^2-a^2),$$

令 $c^2-a^2=b^2$ ，得

$$\frac{x^2}{a^2}-\frac{y^2}{b^2}=1. \tag{3-17}$$

称式(3－17)为焦点在 x 轴上的**双曲线的标准方程**．

例 7 设双曲线的焦点坐标为(－5,0)，(5,0)，动点到焦点的距离之差是 6，求双曲线的标准方程．

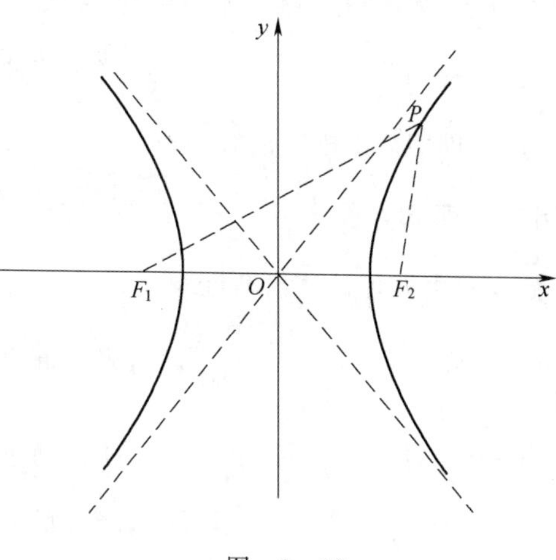

图 3－18

解 根据题意，焦点在 x 轴上，且 $c=5$，$2a=6$，$a=3$，$b^2=c^2-a^2=5^2-3^2=4^2$，$b=4$，因此，双曲线的标准方程是

$$\frac{x^2}{3^2}-\frac{y^2}{4^2}=1.$$

与椭圆一样，当焦点在 y 轴上时，可以得到双曲线的标准方程为

$$\frac{y^2}{a^2}-\frac{x^2}{b^2}=1 \qquad (3-18)$$

双曲线的焦点所在的坐标轴称为**实轴**，顶点在实轴上，实轴的长是 $2a$；另一坐标轴称为**虚轴**，虚轴的长是 $2b$．这样，双曲线的标准方程就有两种，即

$\frac{x^2}{a^2}-\frac{y^2}{b^2}=1$，实轴在 x 轴，顶点坐标 $(-a,0)$，$(a,0)$；

$\frac{y^2}{a^2}-\frac{x^2}{b^2}=1$，实轴在 y 轴，顶点坐标 $(0,-a)$，$(0,a)$．

例 8 设双曲线的焦点坐标为 $(-\sqrt{5},0)$，$(\sqrt{5},0)$，且动点到二焦点的距离之差是 4，求动点的运动轨迹．

解 根据题意，焦点在 x 轴上，且 $c=\sqrt{5}$，$2a=4$，$a=2$，$b^2=c^2-a^2=5-2^2=1$，$b=1$，因此，双曲线的标准方程是

$$\frac{x^2}{2^2}-y^2=1.$$

和椭圆一样，称 $\frac{c}{a}$ 为双曲线的**离心率**，记作

$$e=\frac{c}{a}.$$

由前面的讨论知，$b^2=c^2-a^2$，因此，$c>a$．这样，双曲线的离心率 $e>1$．离心率 e 越大，双曲线的“开口”越大，离心率 e 越小，双曲线的“开口”越小，离心率 e 的大小表示双曲线开口的大小．

例 9 将坐标原点平移到何处可使 $\frac{(x+2)^2}{3^2}-\frac{(y-2)^2}{4^2}=1$ 成为 $\frac{x^2}{3^2}-\frac{y^2}{4^2}=1$?

解 令 $x'=x+2$，$y'=y-2$，即将坐标原点平移到 $(-2,2)$ 处即可．

2. 画双曲线的图形

例 10 已知方程 $\frac{x^2}{3^2}-\frac{y^2}{4^2}=1$，画出曲线图形．

解 (1)由方程计算出渐近线．

由方程知，$y=\pm\sqrt{\frac{4^2}{3^2}x^2-4^2}$，当 x 的取值充分大时，$y\approx\pm\sqrt{\frac{4^2}{3^2}x^2}$（即当 $x\to\infty$ 时，$y\to\pm\sqrt{\frac{4^2}{3^2}x^2}$），这样就得到 $y=\pm\frac{4}{3}x$，这就是两条渐近线，如图 3－19 所示．

(2)分析曲线方程，知 x 不可以为零，而 y 可以为零．

令 $y=0$，方程为 $\dfrac{x^2}{3^2}=1$，$x=\pm 3$，这就是双曲线在 x 轴上的两个顶点 $(-3,0)$，$(3,0)$．

依据上述条件即可画出双曲线图形如图 3－19 所示．

例 11 已知方程 $\dfrac{y^2}{3^2}-\dfrac{x^2}{4^2}=1$，画出曲线图形．

解 (1)由方程计算出渐近线．

由方程知，$y=\pm\sqrt{3^2+\dfrac{3^2}{4^2}x^2}$，当 x 的取值充分大时，$y=\pm\sqrt{3^2+\dfrac{3^2}{4^2}x^2}\approx\pm\sqrt{\dfrac{3^2}{4^2}x^2}$

(即当 $x\to\infty$ 时，$y\to\pm\dfrac{3}{4}x$)，这样就得到 $y=\pm\dfrac{3}{4}x$，这就是两条渐近线．

(2)分析曲线方程，知 y 不可以为零，而 x 可以为零．

令 $x=0$，方程为 $\dfrac{y^2}{3^2}=1$，$y=\pm 3$，这样就得到了曲线的顶点坐标 $(0,3)$，$(0,-3)$

依据上述条件即可画出双曲线图形如图 3－20 所示．

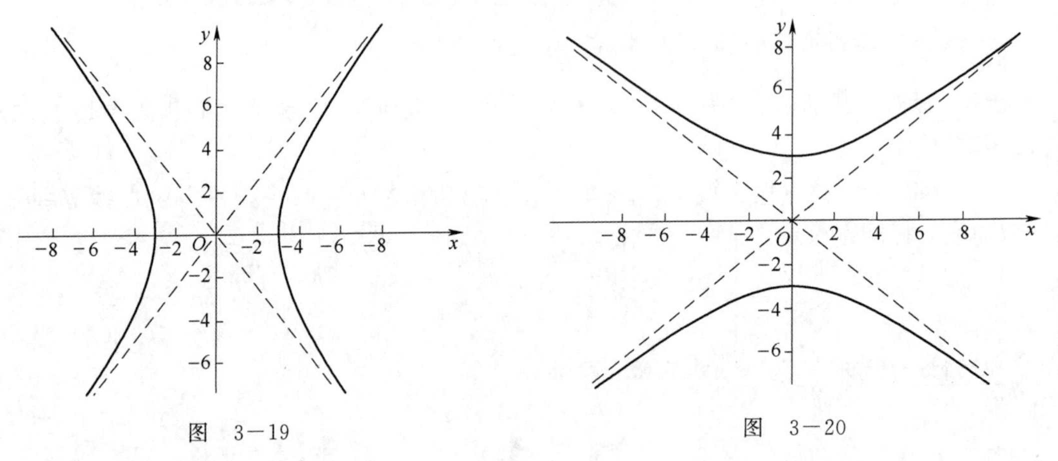

图 3－19　　　　图 3－20

例 12 求双曲线 $9x^2-16y^2=144$ 的实轴和虚轴的长、焦点坐标、渐近线方程和离心率，并画出它的图形．

解 将其化成标准方程 $\dfrac{x^2}{4^2}-\dfrac{y^2}{3}=1$，所以，$a=4$，$b=3$.

又因为 $c^2=a^2+b^2$，得 $c=\sqrt{a^2+b^2}=5$，因此，双曲线 $9x^2-16y^2=144$ 的实轴在 x 轴上，实轴长 $2a=8$，虚轴长 $2b=6$，两个焦点坐标为 $(-5,0)(5,0)$，渐近线方程 $y=\pm\dfrac{3}{4}x$，离心率 $e=\dfrac{5}{4}=1.25$. 其图形如图 3－21 所示．

四、抛物线

1. 抛物线的定义与标准方程

定义 3 平面内到一条定直线 L 的距离与到直线外一定点 F 的距离相等的点的轨迹称为**抛物线**，其中定点 F 称为抛物线的**焦点**，定直线 L 称为抛物线的**准线**，焦点到准线的距离 p(p

>0)称为**焦参数**,如图 3－22 所示.

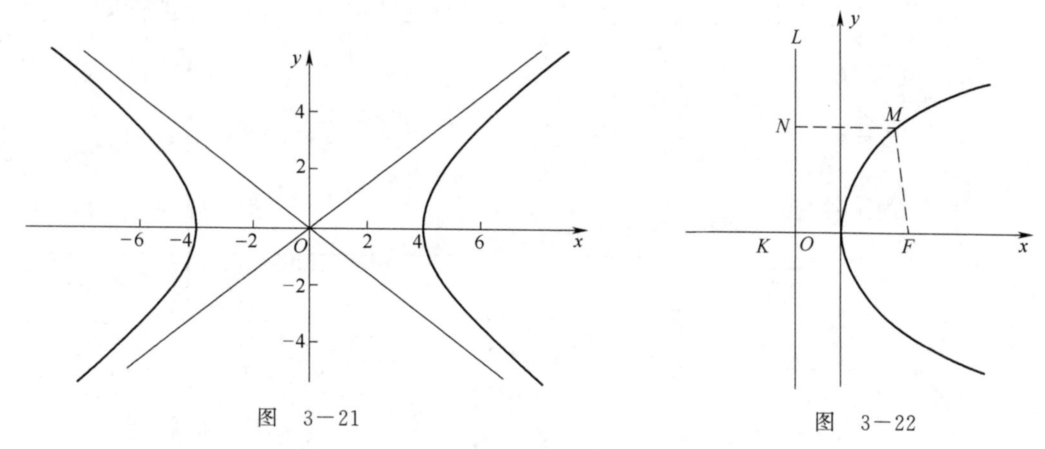

图　3－21

图　3－22

即若 $\frac{|MN|}{|MF|}=1$,则 M 点的轨迹就是抛物线.

首先建立坐标系,取过焦点 F 并垂直于准线 L 的直线为 x 轴,准线 L 与 x 轴的交点设为 K,KF 的中垂线为 y 轴. M 点的坐标为(x,y),焦点 F 坐标为 $\left(\frac{p}{2},0\right)$,准线 L 的方程为 $x=-\frac{p}{2}$. 然后根据抛物线的定义列方程

$$\left|x+\frac{p}{2}\right|=\sqrt{\left(x-\frac{p}{2}\right)^2+y^2},$$

整理,得

$$y^2=2px\quad (p>0),\tag{3-19}$$

称式(3－19)为**抛物线的标准方程**,焦点 F 坐标为 $\left(\frac{p}{2},0\right)$,准线 L 方程为 $x=-\frac{p}{2}$.

例 13　求抛物线 $y^2=4x$ 的焦点坐标与准线方程.

解　因为 $2p=4$,$p=2$,所以焦点坐标为$(1,0)$,准线方程为 $x=-1$.

一条抛物线由于其在平面上的位置不同,方程也不同,所以抛物线的标准方程还有其他形式,如表 3－1 所示.

表　3－1

图　形	焦　　点	准　　线	标准方程
	$\left(\frac{p}{2},0\right)$	$x=-\frac{p}{2}$	$y^2=2px$
	$\left(-\frac{p}{2},0\right)$	$x=\frac{p}{2}$	$y^2=-2px$

续表

图形	焦点	准线	标准方程
y, O, x	$\left(0,\frac{p}{2}\right)$	$y=-\frac{p}{2}$	$x^2=2py$
y, O, x	$\left(0,-\frac{p}{2}\right)$	$y=\frac{p}{2}$	$x^2=-2py$

2. 抛物线的性质

下面以方程 $y^2=2px(p>0)$ 为例讨论抛物线的性质.

(1)范围

因为 $p>0$,由方程(3−19)可知,$x\geqslant 0$,所以抛物线在 y 轴的右侧,而且随着 x 的增大时,$|y|$ 也增大,这说明抛物线在 y 轴的右侧向上向下无限延伸.

(2)对称性

用 $-y$ 代替 y,方程(3−19)不变,所以抛物线关于 x 轴对称. 将抛物线的对称轴称为抛物线的**轴**.

(3)顶点

抛物线与它的轴的交点称为抛物线的**顶点**. 在方程(3−19)中顶点是坐标原点.

(4)离心率

抛物线上的点 M 到焦点的距离与到准线的距离之比称为抛物线的**离心率**,用 e 来表示. 显然抛物线的离心率 $e=1$.

例 14 求以原点为顶点,坐标轴为对称轴,且过点(−2,−4)的抛物线方程.

解 抛物线过(−2,−4)说明抛物线过第Ⅲ象限,但没有说明对称轴是哪条坐标轴. 因此有两种情况.

(1)对称轴是 x 轴,由题设知:抛物线在 y 轴的左侧,方程为

$$y^2=-2px,$$

因为点(−2,−4)在抛物线上,将其代入方程,得

$$p=4,$$

所以抛物线方程是

$$y^2=-8x.$$

(2)对称轴是 y 轴,由题设知:抛物线在 x 轴的下方,方程为

$$x^2=-2py,$$

因为点(−2,−4)在抛物线上,将其代入方程,得

$$p=\frac{1}{2},$$

所以抛物线方程是

$$x^2=-y.$$

3. 抛物线的应用

从抛物线的焦点发出来的光线经抛物线反射后，就变成一束平行于抛物线轴的光线（见图 3－23）；反之，平行于抛物线的对称轴的光束经抛物线反射后就聚到抛物线的焦点上．探照灯是把位于抛物线焦点位置上的强光变成平行光；太阳灶是把太阳光束的能量集中到抛物线焦点的一个小范围内来加热．

例 15 车前灯的反射镜面是有一条抛物线绕它的对称轴旋转一周而得到的曲面（抛物面），灯泡装在曲面的焦点（即抛物线的焦点）上．如果一只前灯的灯口直径是 20 cm，镜面深度（即抛物线顶点到灯口平面的距离）是 10 cm，求灯泡离灯口平面的距离．

解 建立如图 3－24 所示的坐标系，这条抛物线的方程是 $y^2=2px$ 的形式．

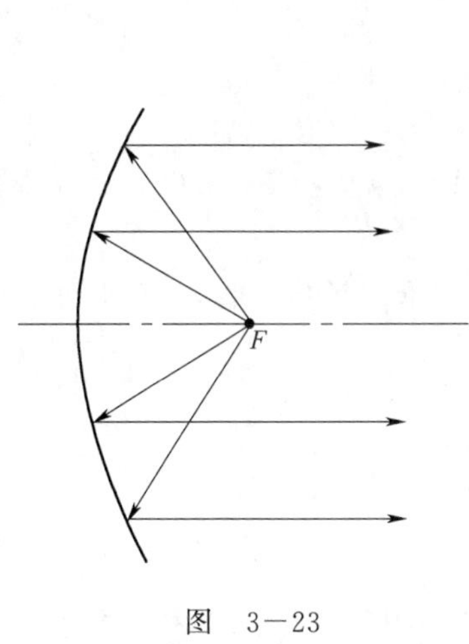

图 3－23

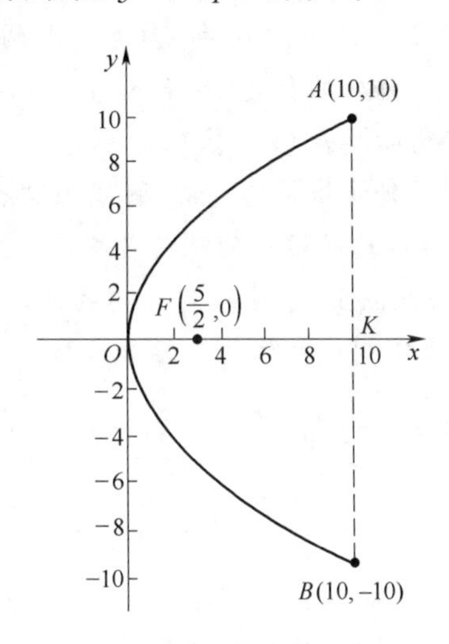

图 3－24

因为灯口直径是 $|AB|=20$ cm，深度 $|OK|=10$ cm，所以 A 的坐标为(10,10). 把 A 点坐标代入方程 $y^2=2px$ ，得

$$p=5,$$

因此，焦点是 $F\left(\frac{5}{2},0\right)$，焦点到 AB 的距离就是灯泡应该装在灯轴上和灯口相距 7.5 cm 处．

习　题　3－3

1. 思考并回答下列问题：

(1)圆锥曲线指的是什么曲线？

(2)已知椭圆方程，如何确定它的长轴与短轴？

(3)已知双曲线方程，如何确定它的长实轴与虚轴？

(4)已知抛物线方程，如何它的开口方向？举例说明．

2. 试求与直线 $x=-3$ 和点(2,4)等距离的点的轨迹方程.

3. 求下列椭圆的长轴、短轴、离心率和顶点及焦点坐标:

(1) $\frac{x^2}{100}+\frac{y^2}{36}=1$; (2) $25x^2+9y^2=100$;

(3) $9x^2+49y^2=2500$; (4) $2x^2=1-y^2$.

4. 求中心在原点,满足下列条件的椭圆方程:

(1)长轴的长是16,短轴的长是8,焦点在 x 轴上;

(2)长半轴是10,焦距是12,焦点在 y 轴上.

5. 求椭圆 $\frac{x^2}{36}+\frac{y^2}{12}=1$ 与下列曲线的交点:

(1) $x=6$; (2) $2x-y=9$;

(3) $x^2+y^2=25$.

6. 已知椭圆的长轴和短轴均在坐标轴上,求满足下列条件的椭圆方程:

(1)经过 $P(-3,0)$ 和 $Q(0,-2)$ 两点;

(2)长半轴的长是10,离心率是0.6;

(3)离心率是0.8,焦距是8;

(4)长轴是短轴的3倍,曲线经过点(3,0).

7. 设地球的运行的轨迹是椭圆,它的长轴是 3×10^8 km,离心率 $e=0.017$,太阳在这个椭圆的一个焦点上,求地球到太阳的最远距离和最近距离.

8. 求下列双曲线的实轴和虚轴的长、顶点坐标、离心率和渐近线方程,并画出图形:

(1) $x^2-y^2=1$; (2) $\frac{x^2}{3}-\frac{y^2}{27}=3$;

(3) $25x^2-4y^2=100$; (4) $\frac{x^2}{9}-\frac{y^2}{4}=1$;

(5) $4y^2-9x^2=36$; (6) $x^2-2y^2=1$.

9. 已知双曲线的实轴长为6,两个焦点坐标分别是(-4,0)(4,0),求双曲线的标准方程.

10. 求渐近线为 $y=\pm\frac{3}{5}x$,焦点坐标是(-2,0)(2,0)的双曲线的标准方程.

11. 双曲线的中心在原点,实轴在 x 轴上,并经过 $\left(5,\frac{4}{3}\right)$ 和 $\left(\sqrt{34},-\frac{5}{3}\right)$,求其标准方程.

12. 求下列抛物线的焦点坐标与标准方程:

(1) $y^2=20x$; (2) $y^2=6x$;

(3) $2y^2+5x=0$; (4) $2x^2-y=0$;

(5) $y=\frac{1}{10}x^2$; (6) $3y+4x^2=0$.

13. 求满足下列条件的抛物线方程,并画出图形:

(1)对称轴是 x 轴,顶点在原点,顶点到焦点的距离是6;

(2)对称轴是 x 轴,顶点在原点,且过点(6,3);

(3)对称轴是 y 轴,顶点在原点,且过点(6,3);

(4)对称轴是 y 轴，顶点在原点，且过点(−6，−3)；

14. 如图 3−25 所示，一个反射镜的纵断面为抛物线，根据图中提供的数据求该镜面的焦点的横坐标．

15. 要建一座抛物线的拱形桥，跨度是 53 m，高是 6.5 m，在建设中需要在跨度之间每个 1 m 竖一支柱(见图 3−26)，求离桥的中心线 13 m 处的支柱的长．

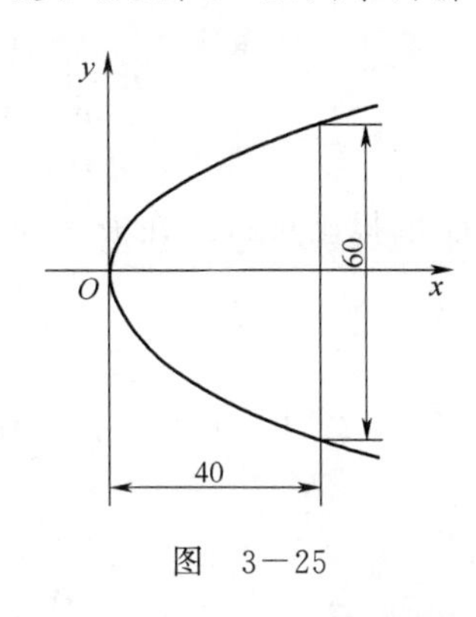

图　3−25

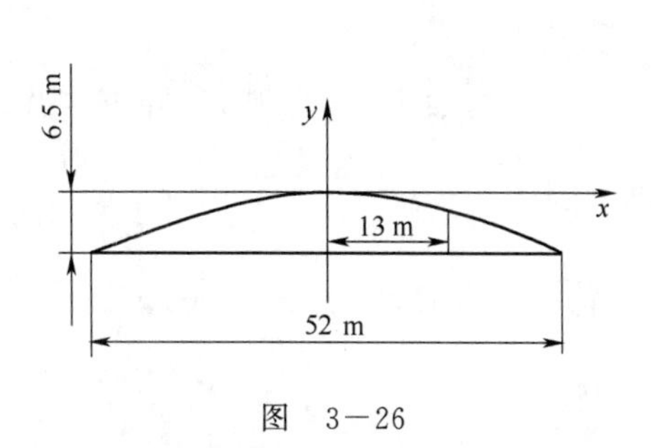

图　3−26

第四节　极坐标与参数方程

一、极坐标的概念

直角坐标系是最常用的一种坐标系，它在研究函数及函数曲线时起到了十分重要的作用.但在讨论有些问题时，使用直角坐标系并不是很方便．例如，在雷达跟踪中，对跟踪对象的位置描述是用角和距离定位的．又如，在坐标镗床床身上，除了带有直角坐标系外，还有一系列以原点为圆心的同心圆，最外一个圆上刻有角度，如图 3−27 所示．孔 A 的位置可以说成距 O 点 4 个单位，而 $\angle AOx=0$. 孔 B 的位置可以说成距 O 点 3 个单位，而 $\angle BOx=\frac{3\pi}{4}$. 镗好孔 A 后，只要把坐标系(连工件)沿 x 轴向右移动 1 个单位，再将坐标系按逆时针方向转 $\frac{3\pi}{4}$，即可继续镗孔 B. 这种定位的方法就是极坐标系定位法．

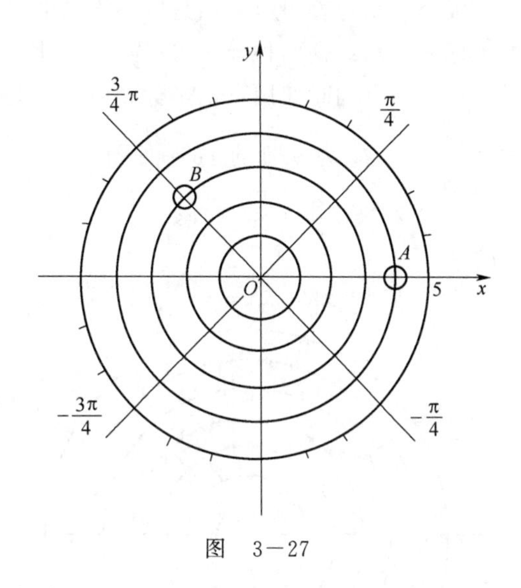

图　3−27

在平面上取一点 O，称为**极点**(或**原点**)，从点 O 出发引一条射线 Ox，称为**极轴**．这条射线通常画成水平并指向右，这对应直角坐标系的 x 轴，如图 3−28 所示．这样，平面上任意一点 P 的位置就可以用 O 到 P 的距离 r 和从 Ox 出发到 OP 的夹角 θ (取逆时针为正)来确定，记作：$P(r,\theta)$．(r,θ) 称为点 P 在这个极坐标系中的极坐标，r 称为点 P 的**极径**，θ 称为点 P

的极角．

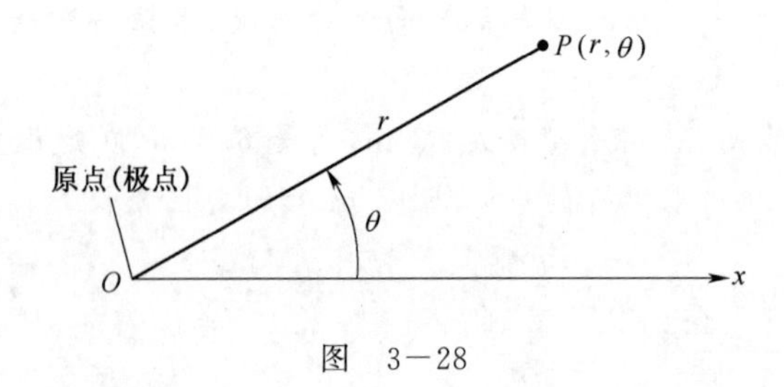

图　3－28

例 1　(1)如图 3－29 所示，写出点 A,B,C,D,E,F,G 的极坐标；(2)在极坐标系中描绘出点 $P\left(3,\frac{9\pi}{4}\right)$，$Q\left(5,-\frac{7\pi}{6}\right)$、$R\left(6,\frac{10\pi}{3}\right)$．

解　A 点极坐标为 $(4,0)$，$B\left(3,\frac{\pi}{4}\right)$，$C\left(2,\frac{\pi}{2}\right)$，$D\left(5,\frac{5\pi}{6}\right)$，$E(4,\pi)$，$F\left(6,\frac{4\pi}{3}\right)$，$G\left(7,\frac{5\pi}{3}\right)$

点 P,Q,R 在极坐标系下的位置如图 3－29 所示．

从图中可看出，P 与 B，Q 与 D，R 与 F 分别表示的是相同的点．这说明点的极坐标表示并不唯一．从上例中可以看出，对于任意一对实数 (r,θ) 一定可以唯一确定平面上一点 P，它以 (r,θ) 为极坐标．反之，平面上一点 P 的极坐标可以有无限多个，除非对其取值范围有所限制．在 $r>0$，$0\leqslant\theta\leqslant 2\pi$ 的限制下，平面上的点有唯一一对实数 (r,θ) 作为它的极坐标．

极坐标系与直角坐标系是两种不同的坐标系，平面上一点可以用这两种不同的坐标系中的坐标来表示．这两种坐标可以互相转化．

在平面上同时使用直角坐标和极坐标时，令它们的原点重合，并取极轴为 x 轴的正向，射线 $\theta=\frac{\pi}{2}$，$r>0$ 为 y 轴的正向，如图 3－30 所示．由三角学的知识可知，平面上点 P 的直角坐标 (x,y) 和极坐标 (r,θ) 有如下关系：

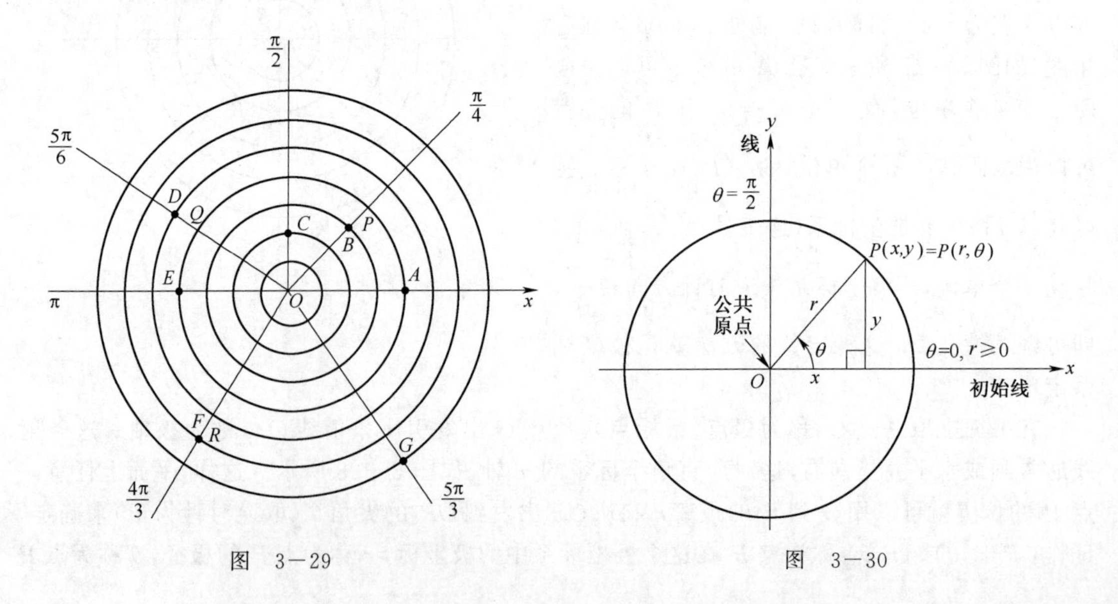

图　3－29　　　　图　3－30

$$x = r\cos\theta,\quad y = r\sin\theta,\quad x^2 + y^2 = r^2,\quad \tan\theta = \frac{y}{x}(x \neq 0). \tag{3-20}$$

例 2 已知 P 点极坐标 $\left(5, -\frac{\pi}{3}\right)$，求 P 点的直角坐标．

解 应用公式(3－20)，知

$$x = r\cos\theta = 5\cos\left(-\frac{\pi}{3}\right) = \frac{5}{2},\ y = r\sin\theta = 5\sin\left(-\frac{\pi}{3}\right) = -\frac{5\sqrt{3}}{2},$$

所以，P 点的直角坐标是 $\left(\frac{5}{2}, -\frac{5\sqrt{3}}{2}\right)$．

例 3 已知 P 点的直角坐标是 $(-\sqrt{3}, -1)$，求它的极坐标．

解 应用公式(3－20)，得

$$r = \sqrt{x^2 + y^2} = \sqrt{3+1} = 2,\ \tan\theta = \frac{y}{x} = \frac{-1}{-\sqrt{3}} = \frac{\sqrt{3}}{3},\ \theta = \frac{\pi}{6} \text{ 或 } \frac{7\pi}{6},$$

因为 P 点在第Ⅲ象限，且 $r > 0$，所以 $\theta = \frac{7\pi}{6}$．于是，点 P 的极坐标是 $\left(2, \frac{7\pi}{6}\right)$．

二、曲线的极坐标方程

如同在直角坐标系中用变量 x，y 的方程表示平面曲线一样，在极坐标系中，用 r，θ 的方程表示平面曲线，这种方程称为**极坐标方程**．

例 4 求过点 $A(2,0)$ 且垂直极轴的直线的极坐标方程．

解 建立极坐标系，如图 3－31 所示，在所求直线上任取一点 $P(r,\theta)$，连接 OP，则

$$OP = r,\ \angle AOP = \theta.$$

在 $\mathrm{Rt}\triangle POA$ 中，$\cos\theta = \frac{2}{r}$，所以，$r\cos\theta = 2$ 是所求直线的极坐标方程．

例 5 求圆心在原点，半径是 3 的圆的极坐标方程．

解 建立极坐标系，如图 3－32 所示，在圆上任取一点 P，坐标是 $(2,\theta)$，即 $r = 2$ 为所求圆的极坐标方程．

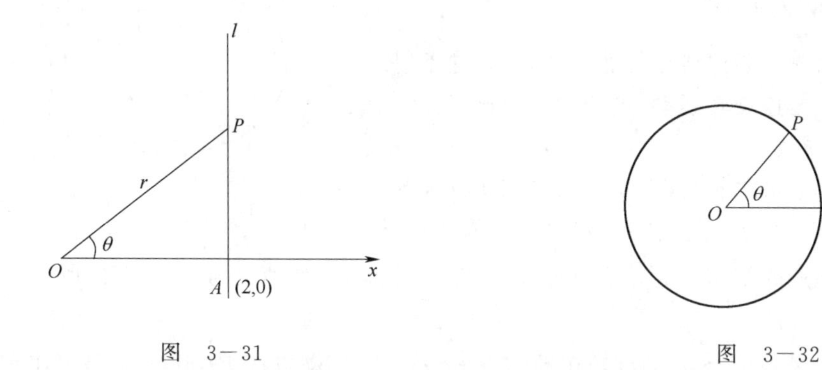

图 3－31　　　　图 3－32

例 6 求圆心在 $\left(a, \frac{\pi}{2}\right)$，半径为 a 的圆的极坐标方程．

解 建立极坐标系，如图 3－33 所示，设圆上任意一点 $P(r,\theta)$，$OP = r$，$\angle xOP = \theta$，在

Rt△POA 中，有 $\cos\angle POA=\dfrac{OP}{OA}=\dfrac{r}{2a}$，所以 $\cos\left(\dfrac{\pi}{2}-\theta\right)=\dfrac{r}{2a}$，即 $\sin\theta=\dfrac{r}{2a}$，因此，$r=2a\sin\theta$ 为所求圆的极坐标方程．

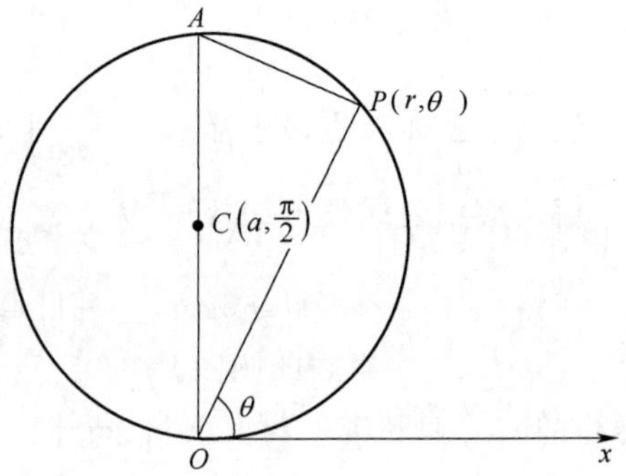

图 3－33

在极坐标系下，$\theta=k$（常数）是过原点的直线方程，$r=a$（常数）是圆心在原点，半径是 a 的圆的方程．

例 7 将直角坐标方程 $x^2+y^2=2ax$ 化为极坐标方程．

解 应用公式(3－20)，得

$$(r\cos\theta)^2+(r\sin\theta)^2=2ar\cos\theta,$$

化简，得

$$r=2a\cos\theta,$$

这是以$(a,0)$为圆心，a 为半径的圆的极坐标方程．

例 8 作出方程 $r=a(1+\cos\theta)(a>0)$ 的图形．

解 因为 $r=a(1+\cos\theta)(a>0)$ 是周期函数，故取 $\theta\in[-\pi,\pi]$，同时 $r=a(1+\cos\theta)$ 是偶函数，关于极轴对称，利用其对称性作出 $\theta\in[0,\pi]$ 的部分图形．

取 $\theta\in[0,\pi]$，把 θ 与 r 的部分对应值列于表 3－2.

表 3－2

θ	0	$\frac{\pi}{6}$	$\frac{\pi}{4}$	$\frac{\pi}{3}$	$\frac{\pi}{2}$	$\frac{2\pi}{3}$	$\frac{3\pi}{4}$	$\frac{5\pi}{6}$	π
r	$2a$	$1.87a$	$1.71a$	$1.5a$	a	$0.5a$	$0.29a$	$0.13a$	0

描点连线，得到 $\theta\in[0,\pi]$ 时的曲线，再利用对称性得到 $\theta\in[-\pi,0]$ 时的曲线，如图 3－34 所示，这样的曲线称为**心形线**．

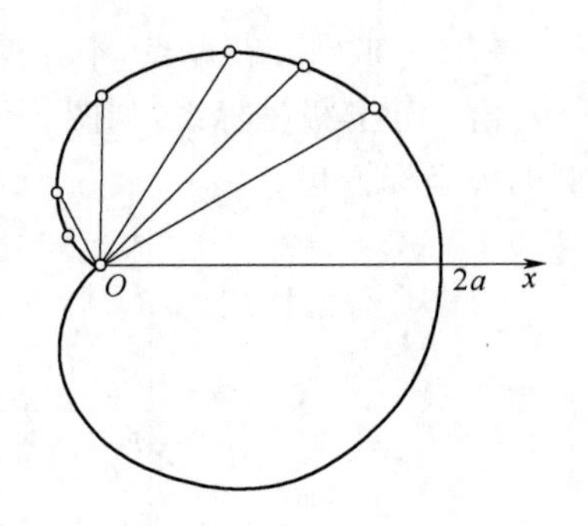

图 3－34

三、等速螺线方程及应用

设一个动点沿着一条射线作等速运动，同时这条射线又绕着它的端点作等角速旋转运动，这个动点的轨迹称为**等速螺线**(**或阿基米德螺线**)．

建立等速螺线的极坐标方程，如图 3－35 所示，设点 O 为射线的端点，以点 O 为极点，射线 l 的初始位置为极轴，建立极坐标系．设动点的初始位置是 $P_0(r_0,0)$，点 P 沿射线 l 作速度为 v 的移动，所以

$$r=r_0+vt,$$

而射线 l 绕 O 点作角速度是 w 的旋转运动，有 $\theta=wt$．由于动点从 P_0 到达 P 是等速直线运动与等角速度旋转运动的合成．消去时间 t，得

$$r=r_0+\frac{v}{w}\theta$$

令 $a=\frac{v}{w}$，得

$$r=r_0+a\theta.$$

这就是所求轨迹的方程，即**等速螺线的极坐标方程**.

在机械传动过程中，经常需要把旋转运动变成直线运动，凸轮是实现这种运动变化的重要部件，而常用凸轮的轮廓线就是等速螺线的一部分.

例 9 如图 3－36 所示，一凸轮的轮廓线由 CDE 和 ABC 两段曲线组成. C 为启动时从动杆与凸轮的接触点，凸轮轴心 O 与 C 点的距离是 100 mm. 当凸轮按箭头方向作等角速转动时，要求 CDE 段推动从动杆向右作等速直线运动，其最大推程为 10 mm；当从动杆接触到轮廓线上点 E 时，由于弹簧的作用从动杆就向左移动到 A，开始与凸轮的 ABC 段相接触，从动杆接触 AC 段时不动，试求凸轮的轮廓线 ABC 段和 CDE 段的极坐标方程.

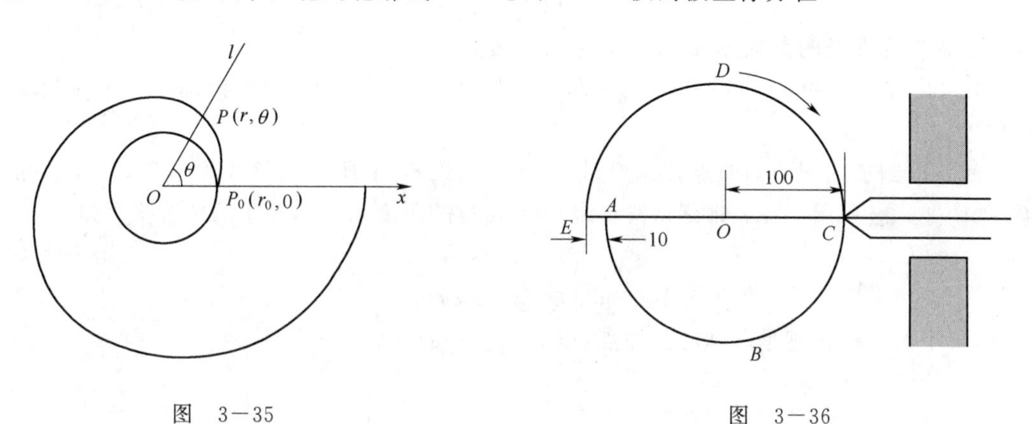

图 3－35 图 3－36

解 取凸轮轴心 O 为极点，以 OC 为极轴，建立极坐标系. 因为 CDE 段的作用是将凸轮的等角速运动转化为从动杆的等速直线运动，故曲线为等速螺线. 设 CDE 段的极坐标方程为

$$r=r_0+a\theta,$$

由于点 $C(100,0)$ 和 $E(110,\pi)$ 在曲线上，因此将这两个点的坐标代入上述方程，求得

$$r_0=100,\ a=\frac{10}{\pi},$$

所以 CDE 段的极坐标方程是

$$r=100+\frac{10}{\pi}\theta.$$

因为从动杆接触 ABC 段时不动，故 ABC 段应为半径为 100，圆心在极点的圆弧，它的极坐标方程是

$$r=100,\ \theta\in[\pi,2\pi].$$

四、参数方程

直角坐标方程与极坐标方程都可以用位置变量 x,y 或 r,θ 来描述点的运动轨迹(曲线)，但在实际问题中常常需要借助第三个变量来表达. 例如，飞机在飞行的过程中需要知道某一时刻 t 时飞机的位置，位置变量 x,y 或 r,θ 又都是时间 t 的函数，这样就引出了参数方程.

例 10 在平面上运动的质点位置由如下方程给出，试识别质点所走的路径并描述该运动.

$$\begin{cases}x=\sqrt{t}\\ y=t\end{cases}\quad t\geqslant 0.$$

解　通过消去第三个变量时间 t 来识别质点所走的路径，得 $y=x^2$，因此，质点的位置坐标满足 $y=x^2$，所以质点沿抛物线运动.

但要注意，质点的路径不是整个抛物线，而只是抛物线的一半，质点的横坐标 x 永远不会是负的，当 $t=0$ 时质点从(0,0)出发，当 t 增大时质点在第Ⅰ象限攀升，如图 3－37 所示.

从上例可知，借助时间 t 的质点的运动方程提供的质点信息更全面，不仅有运动轨迹，还有每一时间点的位置.

定义　设曲线上任一点的坐标 (x,y) 都用同一变量 t 的函数表示，即

$$\begin{cases}x=f(t)\\ y=g(t)\end{cases},$$

这个方程称为**曲线的参数方程**，变量 t 称为**参数**.

例 11　圆形跑道的半径为 r，划线车以角速度 w 在跑道上前行，试确定在 t 时刻划线车的位置.

解　以跑道的圆心为原点，圆心与划线车的出发点 A 所在的直线为 x 轴，建立直角坐标系，如图 3－38 所示. 在 t 时刻划线车绕 O 点转过的角度为 ωt，车子的位置坐标是

$$\begin{cases}x=r\cos\omega t\\ y=r\sin\omega t\end{cases},$$

显然，车子的运动轨迹是以圆心为原点，以 r 为半径的圆.

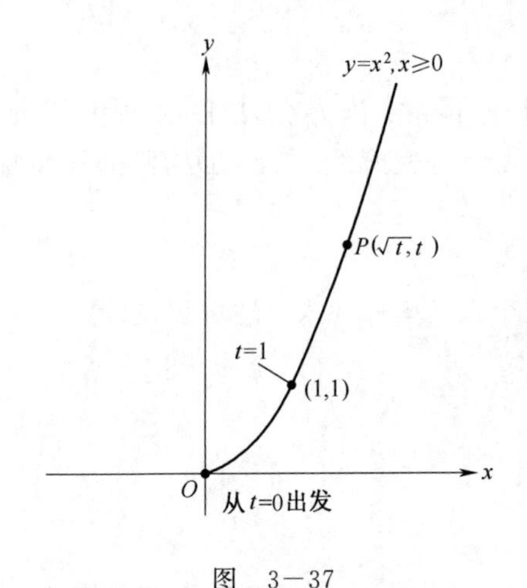

图　3－37

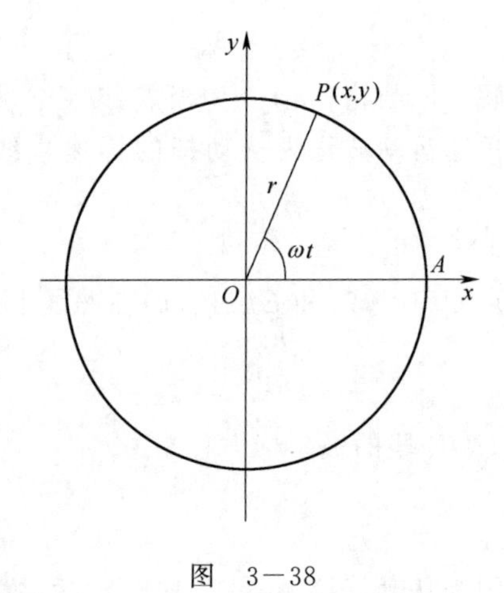

图　3－38

若令 $\omega t=\theta$，这个方程可写成

$$\begin{cases}x=r\cos\theta,\\ y=r\sin\theta\end{cases}$$

这就是圆的一种方程，称为**圆的参数方程**.

在实际问题中，选择什么样的变量为参数很重要，它的选择可以使问题简化. 如前面在建立等速螺线的极坐标方程时，是以时间 t 为参数很方便的给出等速螺线的参数方程 $\begin{cases}r=r_0+vt\\ \theta=\omega t\end{cases}$，然后，消去 t 而得到的极坐标方程.

五、圆的渐开线与摆线

在机械工业中，经常使用一些曲线的参数方程，在机械设计与加工中最常用的是圆的渐开线与摆线．

1. 圆的渐开线及其参数方程

将一根没有弹性的绳子绕在一个固定的圆盘上，在绳的外端系一支笔，将绳子拉紧，保持绳子与圆相切而逐渐展开，那么铅笔画出的曲线就称为**圆的渐开线**，定圆称为渐开线的**基圆**，如图3－39所示.在自然界里有许多渐开线的例子，例如，一只鹰的嘴，一条鲨鱼的背鳍，等等．

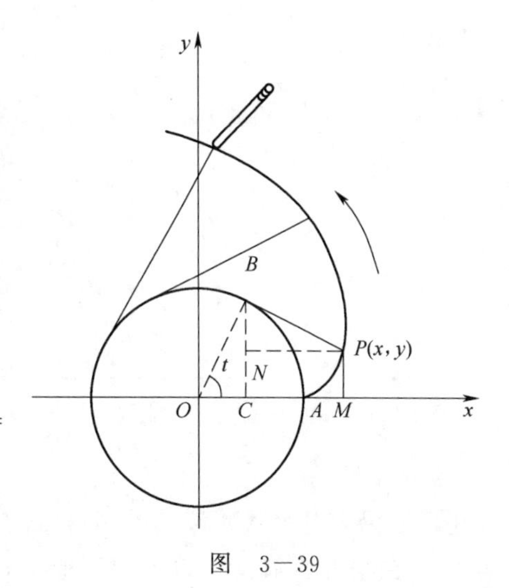

图 3－39

如图3－39所示，设A为圆的渐开线的起始点，以基圆的圆心为原点，连接OA的直线为x轴，建立直角坐标系．设基圆的半径为r，点P是渐开线上任意一点，PB是基圆的切线．设$\angle AOB=t$(rad)为参数，由渐开线的定义知，$PB=AB=rt$．过点B作BC垂直x轴，垂足为C；过点P作PM垂直x轴，$PN\perp BC$，则$\angle NBP=t$，于是

$$\begin{aligned}x&=OM=OC+CM=OC+NP\\&=OB\cos t+PB\sin t\\&=r\cos t+rt\sin t\\&=r(\cos t+t\sin t),\end{aligned}$$

$$\begin{aligned}y&=MP=CN=CB-NB\\&=OB\sin t-PB\cos t\\&=r\sin t-rt\cos t\\&=r(\sin t-t\cos t),\end{aligned}$$

所以，圆的渐开线的参数方程为

$$\begin{cases}x=r(\cos t+t\sin t)\\y=r(\sin t-t\cos t)\end{cases}，t\text{ 为参数}.$$

在机械传动中，传动动力的齿轮大多采用的是圆的渐开线作为齿廓线，这种齿轮具有啮合传动平稳、强度好、磨损少、制造和装配较方便等优点．

例12 有一标准的渐开线齿轮，齿轮的齿廓线的基圆直径为22 mm，求齿廓所在的渐开线的参数方程．

解 因为基圆的直径为22 mm，所以基圆的半径为11 mm，因此齿廓线的渐开线的参数方程为

$$\begin{cases}x=11(\cos t+t\sin t)\\y=11(\sin t-t\cos t)\end{cases}.$$

2. 摆线及其参数方程

摆线是数学中众多的迷人曲线之一．它的定义是：一个圆沿一直线缓慢地滚动，则圆上一

固定点所经过的轨迹称为**摆线**(或**旋轮线**). 这个圆称为摆线的**生成圆**,直线称为摆线的**基准线**.

如图 3-40 所示,设摆线的基准线与生成圆相切的初始切点为坐标原点 O,基准线为 x 轴,圆的滚动方向为 x 轴的正向,建立直角坐标系. 设圆的半径为 r,在摆线上任取一点 P,设 $\angle PBA=t(\text{rad})$,得到摆线的参数方程

$$\begin{cases}x=r(t-\sin t)\\y=r(1-\cos t)\end{cases}.$$

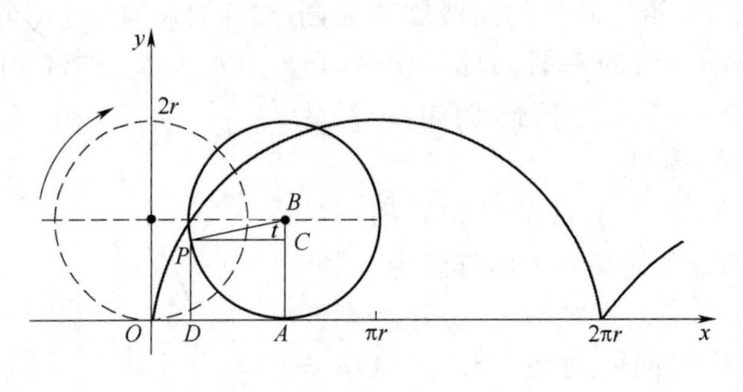

图 3-40

生成圆沿着基准线每滚动一周形成的摆线称为摆线的**一拱**,显然,一拱的拱宽是 $2\pi r$,拱高是 $2r$. 在精度要求较高的机械工业中,如钟表和仪表业等广泛采用摆线作为齿轮的齿廓线,这种齿轮具有传动精度高、耐磨损的优点.

关于摆线还有一个有趣的事实:最速降线问题,在一个斜面上,摆两条轨道,一条是直线,一条是曲线,起点高度以及终点高度都相同. 两个质量、大小一样的小球同时从起点向下滑落,曲线的小球反而先到终点. 这条曲线叫**最速降线**,这条最速降线就是一条摆线.

习 题 3-4

1. 思考并回答下列问题:

(1)什么是极坐标? 极坐标与直角坐标的互换公式是什么?

(2)为什么要建立极坐标? 举例说明.

(3)如何建立极坐标方程?

(4)你能写出几种曲线的极坐标方程?

(5)机械传动中的凸轮的轮廓线是什么曲线? 写出此曲线方程,并解释每个参量的含义.

(6)什么是参数方程? 参数方程与直角坐标方程比较增加了什么有用的信息? 举例说明.

(7)写出圆、椭圆、圆的渐开线、摆线的参数方程,并解释各个参量的含义.

2. 把下列各点的极坐标化成直角坐标:

$$A\left(2,\frac{\pi}{6}\right),B\left(4,-\frac{\pi}{2}\right),C\left(5,-\frac{3\pi}{4}\right),D\left(1,\frac{2\pi}{3}\right).$$

3. 把下列各点的直角坐标化成极坐标:

$$A(2,-2\sqrt{3});\quad B(0,4);\quad C(3,0);\quad D(3,-3).$$

4. 把下列极坐标方程化为直角坐标方程：

(1)$r\cos\theta=4$；　(2)$r=3$；　(3)$\theta=\dfrac{\pi}{4}$；　(4)$r=4a\sin\theta$.

5. 求圆心在(2,0)，半径是2的圆的极坐标方程.

6. 将下列参数方程化成普通方程，并指明方程表示的曲线：

(1)$\begin{cases}x=3-t\\y=2t\end{cases}$；　(2)$\begin{cases}x=\dfrac{1}{2}t^2\\y=\dfrac{1}{4}t\end{cases}$；　(3)$\begin{cases}x=3+\cos t\\y=-2+\sin t\end{cases}$.

7. 已知一齿轮的齿廓线为圆的渐开线，它的基圆直径为300 mm，写出此齿廓线所在的圆的渐开线的参数方程.

8. 已知摆线的生成圆的直径是80 mm，写出摆线的参数方程，并求其一拱的拱高和拱宽.

第四章　函数、极限与连续

问题导入

大家知道行驶中的两辆车的安全紧随距离吗？大家知道双曲线的渐近线如何找到，而其他曲线的渐近线如何找到呢？曲线的切线是在工程技术中经常用的问题，如何解决？学习了本章内容后上述问题就可以迎刃而解．

学习目标

(1)进一步认识和理解函数；

(2)熟悉基本初等函数的图像、性质；

(3)熟悉复合函数的复合过程，具有分解复合函数的能力；

(4)了解数学建模的基本过程，能建立简单的函数模型；

(5)了解极限的概念，对无穷大量与无穷小量有一定的认识；

(6)具有简单极限的运算能力；

(7)知道函数的连续与间断；

(8)会求曲线的渐近线与切线方程．

本章是学习微积分的基础．微积分的主要研究对象是函数，研究的方法是极限，极限是有别于初等函数中诸多概念的一个重要概念之一．极限不仅是数学的一个重要概念，同时还是一种重要的数学方法和思想．它与初等函数中诸多概念的区别在于它蕴涵着一种动态的、辩证的思维.极限的方法贯穿于整个微积分学．

第一节　函　　数

在我们周围，变化无处不在，如足球比赛中的一次传球所经过的路线；水的沸点的温度的变化等等．这些变化的现象可以用数学语言进行有效地描述，并能精确地预测将发生什么．足球比赛中的一次传球所经过的路线随着时间的变化而变化；水的沸点的温度的变化随着海拔的高度的变化而变化．上述例子的共同特点是：一个量的变化随着其他量的变化而变化，这样的变化可以用函数来刻画．函数是用数学语言来表述现实世界变化的主要工具．足球的位置、水的沸点温度分别取决于时间和海拔的高度，称其为因变量，时间和海拔高度称为自变量.这种依赖关系称为函数关系．

一、函数的概念

1. 函数的定义

定义 1　对于一个集合 D 中的每一个元素指定另一个集合 R 中唯一确定的一个元素与

之对应，称这种对应规则为**函数**．这就类似于对每个允许的输入指定唯一一个确定的输出的机器，如图 4－1 所示，输入量的集合构成了函数的定义域，输出量的集合构成了函数的值域．

在这种定义下，D 是函数的定义域，R 是包含值域的一个集合.如图 4－2 所示，图 4－2(a)是从集合 D 到集合 R 的函数，而图 4－2(b)不是函数．

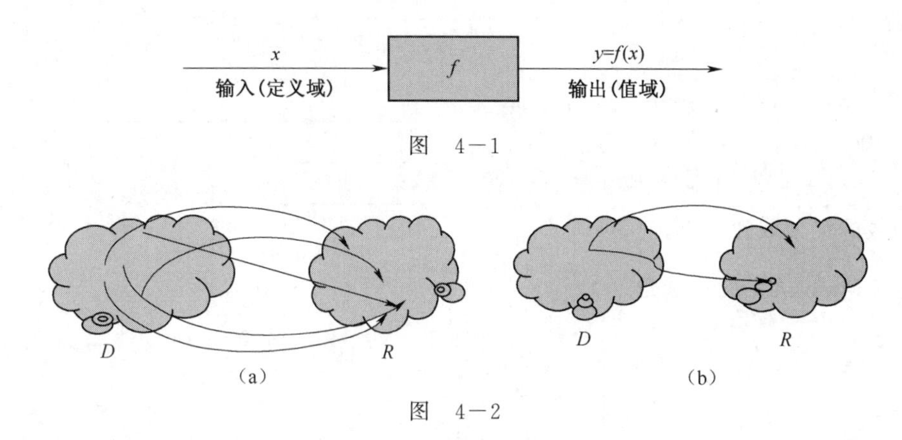

图　4－1

图　4－2

输入量称为**自变量**，一般用 x 表示；输出量称为**因变量**，一般用 y 表示；产生输出量的过程称为**函数**，一般用 f 表示．记作：

$$y = f(x), x \in D.$$

也称 y 是 x 的函数.

例如，水的沸点 F 是海拔高度 h 的函数，记作：$F = f(h)$，$h \geqslant 0$.

若对于确定的 $x_0 \in D$ 通过对应规则 f，函数 y 有唯一确定的值 y_0 与之相对应，则称 y_0 为 $y = f(x)$ 在 x_0 处的**函数值**，记作：

$$y_0 = y\big|_{x=x_0} = f(x_0).$$

函数值的集合称为函数的**值域**，记作 M.

若函数在某个区间上的每点都有定义，则称这个函数在该区间上有定义．

例 1　已知 $f(x) = x^2 + 1$，求：(1)$f(2)$；(2)$f(x_0)$；(3)$f(x + \Delta x)$；(4)$f(x + \Delta x) - f(x)$．

解　(1) $f(2) = 2^2 + 1 = 5$；

(2)$f(x_0) = (x_0)^2 + 1$；

(3)$f(x + \Delta x) = (x + \Delta x)^2 + 1 = x^2 + 2x\Delta x + (\Delta x)^2 + 1$；

(4)$f(x + \Delta x) - f(x) = x^2 + 2x\Delta x + (\Delta x)^2 + 1 - x^2 - 1 = 2x\Delta x + (\Delta x)^2$.

2. 函数的两个要素

函数的对应规则和定义域是函数的两个要素，而函数的值域是它们的派生要素．

例 2　由圆的面积公式　$s = \pi r^2$ 知 s 是 r 的函数，定义域为 $r > 0$.

这个定义域是由问题背景决定，否则该问题无意义．

若函数 $y = \pi x^2$ 没有赋予具体的问题背景，则它的定义域是整个实数域，也就是公式 $y = \pi x^2$ 有意义的自变量的取值范围．这种无问题背景或无规定的定义域称为**自然定义域**或**形式定义域**．

注：具有具体问题背景或规定的定义域须在函数后明确指出．

函数的定义域一般用区间或区间组合表示．区间有开有闭，有有限有无限．区间的端点称为区间的**边界点**，区间内的点称为区间的**内点**，如图 4－3 所示，(a,b)，$[a,b]$是有限区间，$[a,+\infty)$，$(-\infty,a)$是无限区间．

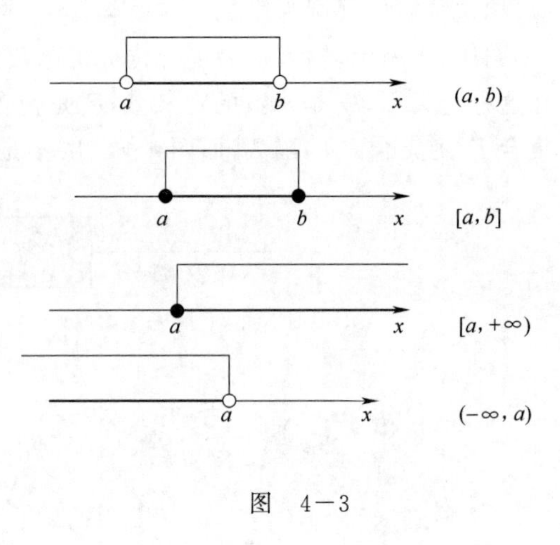

图 4－3

例 3 求下列函数的定义域与值域：

(1) $y=1+\arcsin(x+1)$；

(2) $y=\dfrac{1}{\sqrt{1-x^2}}$.

解 因为 $y=\arcsin x$ 的定义域是$[-1,1]$，所以$-1\leqslant x+1\leqslant 1$，所以$-2\leqslant x\leqslant 0$，因此此函数的定义域为$[-2,0]$；

因为 $y=\arcsin x$ 的值域是 $\left[-\dfrac{\pi}{2},\dfrac{\pi}{2}\right]$，所以 $1-\dfrac{\pi}{2}\leqslant y\leqslant 1+\dfrac{\pi}{2}$，因此此函数的值域为 $\left[1-\dfrac{\pi}{2},1+\dfrac{\pi}{2}\right]$．

(2) 因为 $1-x^2>0$，所以 $-1<x<1$，因此此函数的定义域为$(-1,1)$；

因为 $\sqrt{1-x^2}\leqslant 1$，所以 $y=\dfrac{1}{\sqrt{1-x^2}}$ 的最小值是 1，而当 x 从左边越来越接近数值 1 或从右边越来越接近数值-1 时，y 的值就越来越大，所以此函数的值域是 $[1,+\infty)$，如表 4－1 所示．也可以通过图形观察得到，如图 4－4 所示．

表 4－1

x	± 0.9	± 0.99	± 0.999	± 0.9999	…
$y=f(x)$	2.294	7.088 8	22.366 3	70.712 45	…

例 4 下列各组函数相同吗？请说明理由．

(1) $f(x)=\cos x$，$g(x)=\cos(2\pi+x)$；

(2) $y=\pi x^2$，$s=\pi r^2$；

(3) $f(x)=x+2$，$g(x)=\dfrac{x^2-4}{x-2}$；

(4) $f(x)=x+1$，$g(x)=x$.

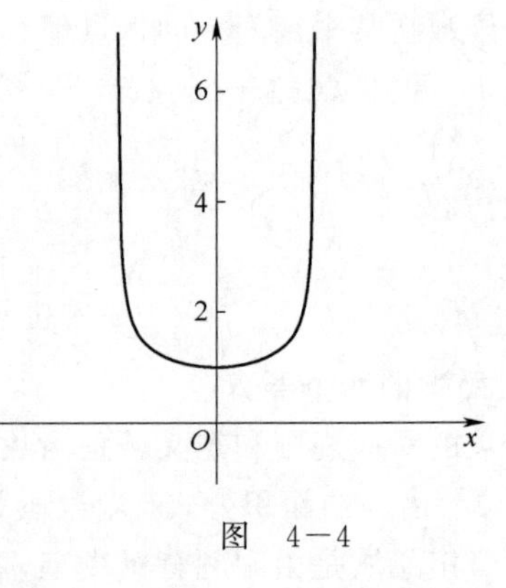

图 4－4

解 依据函数的定义，(1)(2)相同；(3)因定义域不同，所以函数不同；(4)因对应法则不同，所以函数不同．

注：判断两个函数是否相同的方法是看这两个函数的定义域和对应法则是否相同．

3. 函数的表示形式

在不同的情况下，函数的表示形式也不同．常用的有以下三种：

(1)解析法，也称公式法：用一个公式 $y=f(x)$ 表示函数，如例 1、例 2 中的函数．其优点是便于理论推导、精确计算和预测．

(2)列表法:将一些自变量的值和与其对应的因变量的值列成数表的形式,如三角函数表等.其优点是可以方便查阅已知自变量的函数值.

例 5 设汽车司机在不同的车速下的平均反应距离(从司机发现问题到踩刹车动作开始,车行进的距离),如表 4-2 所示,即平均反应距离随着车速的变化而变化的函数关系.

表 4-2

车速/(km/h)	20	25	30	35	40	45	50	55	60	65
平均反映距离/m	6.7	8.5	9.1	11.9	13.4	15.2	16.8	18.6	20.1	21.9

(3)图像法:用图像表示函数,直观形象,可以看出函数的变化趋势.有时对于用解析式给出的函数,也要画出它的图像,通过几何直观的方法来帮助了解函数的性质.

例 6 磁电式转速记录仪表记录的曲线表示被测机床主轴的转速随时间变化而变化的函数关系,如图 4-5 所示.

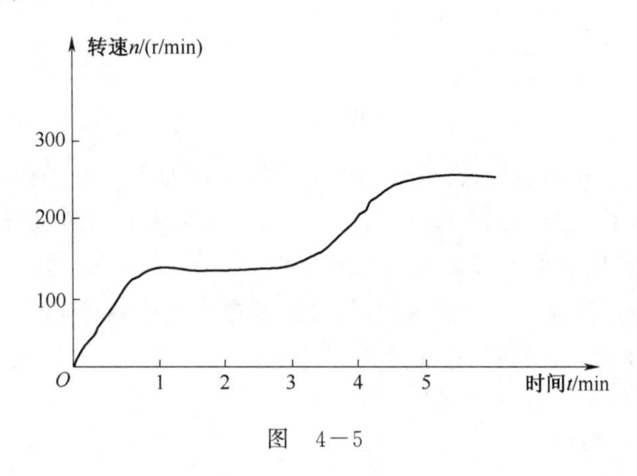

图 4-5

二、函数的重要特性

1. 函数的单调性

定义 2 设函数 $f(x)$ 在区间 I 内有定义,若在区间 I 内任取两点 x_1, x_2,当 $x_1 < x_2$ 时:

(1)有 $f(x_1) < f(x_2)$,则称函数 $f(x)$ 在区间 I 内是**单调增函数**,称区间 I 为函数 $f(x)$ 的**增区间**;

(2)有 $f(x_1) > f(x_2)$,则称函数 $f(x)$ 在区间 I 内是**单调减函数**,称区间 I 为函数 $f(x)$ 的**减区间**.

从图 4-6(a)可以看出,对于函数 $y=x^2$,$(-\infty,0)$ 是减区间,$(0,+\infty)$ 是增区间.

从图 4-6(b)可以看出,函数 $y=x^3$ 在定义域$(-\infty,+\infty)$内为单调增函数.

单调增(减)函数统称为单调函数,单调函数也称一对一函数,这样的函数有反函数.

2. 函数的奇偶性(对称性)

奇函数与偶函数的图形具有对称性的表征.

定义 3 设 I 为关于原点对称的区间,若对于任意 $x \in I$,都有

$$f(-x)=f(x)\text{(或 } f(-x)=-f(x)\text{)},$$

则称 $f(x)$ 是**偶函数**(或**奇函数**).

例如,$y=x^2$ 是偶函数,$y=x^3$ 是奇函数;又如,$y=\cos x$ 是偶函数,$y=\sin x$,$y=\tan x$

是奇函数．

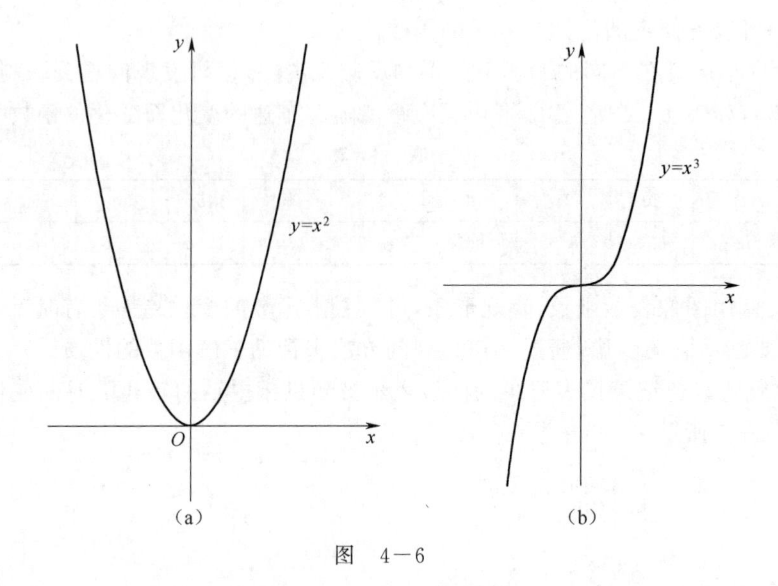

图　4－6

偶函数的图形关于 y 轴对称，奇函数的图形关于原点对称．对于偶函数，因为 $f(-x)=f(x)$，所以当点 (x,y) 在该图形上时，点 $(-x,y)$ 也一定在该图形上；对于奇函数，因为 $f(-x)=-f(x)$，所以当点 (x,y) 在该图形上时，点 $(-x,-y)$ 也一定在该图形上．

有些函数既不是奇函数也不是偶函数，称之为**非奇非偶函数**，如 $y=x+1$.

例 7　判断下列函数的奇偶性：

(1) $f(x)=x^2+1$；

(2) $g(x)=x^3+x$；

(3) $h(x)=x^2+x$.

解　(1)偶函数，因为 $f(-x)=(-x)^2+1=x^2+1=f(x)$，所以 $f(x)=x^2+1$ 是偶函数；

(2)奇函数，因为 $g(-x)=(-x)^3+(-x)=-x^3-x=-(x^3+x)=-g(x)$，所以 $g(x)=x^3+x$ 是奇函数；

(3)非奇非偶函数，因为 $h(-x)=(-x)^2+(-x)=x^2-x$，它既不等于 $h(x)$ 也不等于 $-h(x)$，所以 $h(x)=x^2+x$ 是非奇非偶函数．

3. 函数的周期性

定义 4　若存在一个非零的实数 T，使得在定义域内的每一个 x，有 $f(x+T)=f(x)$ 成立，则称 $f(x)$ 为**周期函数**．最小正数 T 为函数 $f(x)$ 的**周期**．例如，函数 $\sin x$，$\cos x$ 为周期函数，周期是 2π.

4. 函数的有界性

定义 5　设函数 $f(x)$ 在区间 I 内有定义，若存在一个正数 M，当 $x\in I$ 时，都有

$$|f(x)|\leqslant M$$

成立，则称函数 $f(x)$ 在 I 上**有界**，若不存在这样的正数 M，则称函数 $f(x)$ 在 I 上**无界**．

例如，$f(x)=\sin x$ 在定义域$(-\infty,+\infty)$内有界，因为对于任意 $x\in(-\infty,+\infty)$，都有 $|\sin x|\leqslant 1$ 成立．又如，$f(x)=x^3$ 在定义域$(-\infty,+\infty)$内无界，但是，$f(x)=x^3$ 在$[1,2]$上有界，因为对于任意 $x\in[1,2]$，$|x^3|\leqslant 8$.

注：在讨论一个函数是否有界时，应同时指出其自变量的取值范围．

5. 函数的其他特性

要想充分认识函数，除上述四个特性外，还应了解何时函数值等于零(也称为函数的零点)、函数的变化率等，这些将在下面的章节中陆续介绍．

三、分段函数

在定义域中不同区间用不同的公式来定义的函数称为**分段函数**．

例 8　画出下列函数的图像．

$$f(x)=\begin{cases}-x & \text{当 } x<0 \\ x^2 & \text{当 } 0\leqslant x\leqslant 1 \\ 1 & \text{当 } x>1\end{cases}.$$

解　函数 $f(x)$ 的值由三个不同公式给出，当 $x<0$ 时，$y=-x$；当 $0\leqslant x\leqslant 1$ 时，$y=x^2$，当 $x>1$ 时，$y=1$. 但这是一个函数，其定义域是整个实数集 $\boldsymbol{R}$，其图像如图 4－7所示．

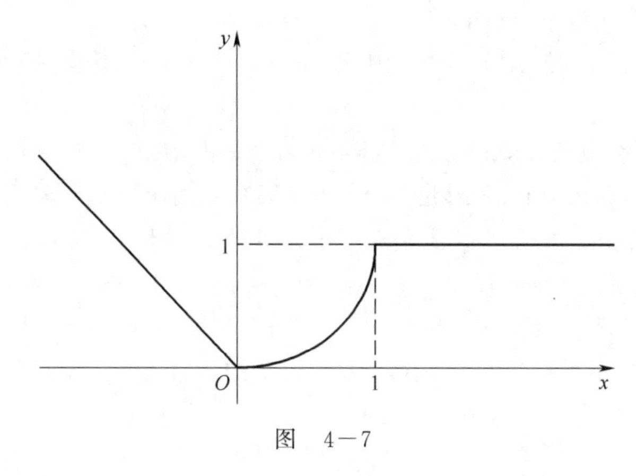

图　4－7

例 9　绝对值函数 $y=|x|$ 是由两个公式分段定义的，即

$$y=|x|=\begin{cases}-x & \text{当 } x<0 \\ x & \text{当 } x\geqslant 0\end{cases}.$$

例 10　游客乘电梯从底层到电视塔顶层观光，电梯于每个整点的第 5 分钟、25 分钟、55 分钟从底层起行．假设一游客在早八点的第 x 分钟到达底层候梯处，等待时间为 T，建立 T 与 x 的函数关系．

解　这是一个分段函数，游客等待电梯的时间计算需分成 4 段进行，每一段的计算方法也有不同，即

$$T=\begin{cases}5-x & \text{当 } 0\leqslant x\leqslant 5 \\ 25-x & \text{当 } 5<x\leqslant 25 \\ 55-x & \text{当 } 25<x\leqslant 55 \\ 65-x & \text{当 } 55<x\leqslant 60\end{cases}.$$

四、复合函数

假定函数 g 的某些输出值可以作为函数 f 的输入，这样就可以把 g 和 f 联系起来构造一

个新函数．这个新函数的输入是 x ，最终的输出是 $f(g(x))$ ，称这样的函数为 f 和 g 的**复合函数**．

例如，$y=\sqrt{1-x^2}$ ，可以想象先计算 $1-x^2$ 的值，令 $u=1-x^2$，紧接着将结果 u 开算术平方根，需满足 $1-x^2\geqslant 0$．函数 y 是函数 $u=g(x)=1-x^2$ 和函数 $f(u)=\sqrt{u}$ 的复合函数，此函数的定义域是$[-1,1]$，称 u 为**中间变量**．

例 11　已知 $f(x)=x^2$，$g(x)=x+1$，求 $f(g(x))$，$f(g(2))$．

解　用 $g(x)$ 的表达式代替 $f(x)$ 表达式中的 x．

$$f(x)=x^2,$$

$$f(g(x))=(g(x))^2=(x+1)^2,$$

在 x 处带入 2，得

$$f(g(2))=(2+1)^2=9.$$

例 12　指出下列复合函数的复合过程：

(1) $y=\sin^2 x$；　(2) $y=\cos x^2$；　(3) $y=(3x-1)^4$．

解　(1)令 $u=\sin x$ ，那么 $y=u^2$．因此，$y=\sin^2 x$ 是由函数 $y=u^2$ 和 $u=\sin x$ 复合而成．

(2)令 $u=x^2$，那么 $y=\cos u$.因此，$y=\cos x^2$ 是由函数 $y=\cos u$ 和 $u=x^2$ 复合而成．

(3)令 $u=3x-1$，那么 $y=u^4$.因此，$y=(3x-1)^4$ 是由函数 $y=u^4$ 和 $u=3x-1$ 复合而成.

注意：不是任意两个函数都可以复合成一个函数的．例如，在实数范围内，$y=\arcsin u$ 与 $u=2+x^2$ 就不能复合成 $y=\arcsin(2+x^2)$ ，因为 $y=\arcsin(2+x^2)$ 不是函数，实数范围内无论 x 取何值，都无相应的 y 值对应．

函数 $f(x)$ 与 $g(x)$ 可以复合成函数 $f(g(x))$ 的条件是：$g(x)$ 的值域与 $f(x)$ 的定义域有交集，且交集不是空集．

五、初等函数

初等函数在工程技术中经常遇到，它们也是微积分研究的主要对象．初等函数是由基本初等函数组成的．

1. 基本初等函数

基本初等函数是指常量函数、幂函数、指数函数、对数函数、三角函数和反三角函数．

(1)常量函数

$y=c$（c 为常数），它的定义域是整个实数集 **R**，如图 4－8 所示．

(2)幂函数

$y=x^\mu$（μ 是常数），常见的几种幂函数为 $y=x$，$y=x^2$，$y=x^3$，$y=\sqrt{x}$，$y=\sqrt[3]{x}$，$y=\dfrac{1}{x}$，$y=\dfrac{1}{x^2}$，$y=x^{\frac{2}{3}}$，$y=x^{\frac{3}{2}}$，其图像分别如图 4－9～图 4－17 所示．

(3)指数函数

形如 $y=a^x$($a>0$ 且 $a\neq 1$ 的常数)的函数称为以 a 为底的**指数函数**，如图 4－18 所示.

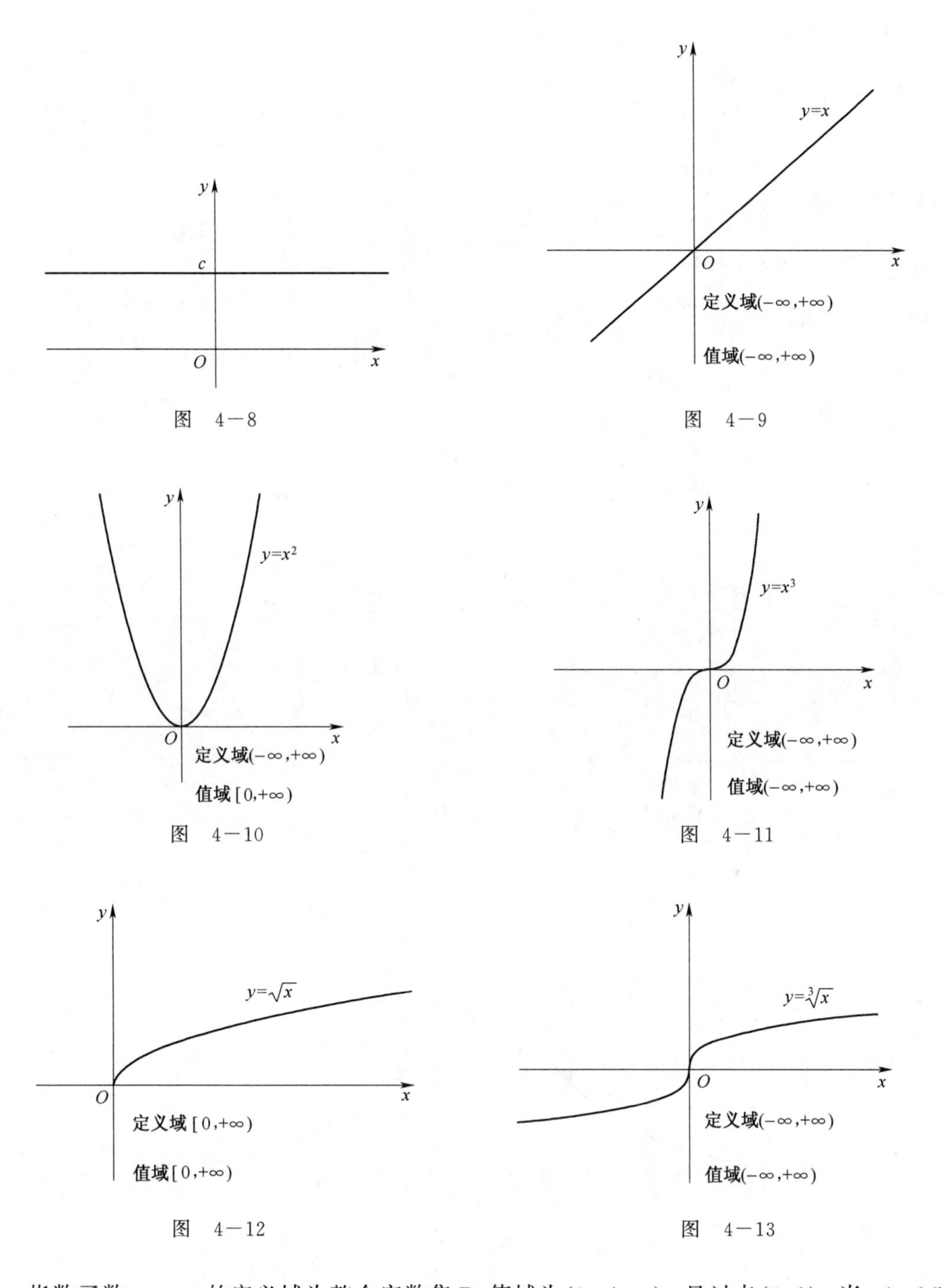

图　4－8

图　4－9

图　4－10

图　4－11

图　4－12

图　4－13

指数函数 $y=a^x$ 的定义域为整个实数集 **R**,值域为$(0,+\infty)$,且过点$(0,1)$. 当 $a>1$ 时,函数在其定义域内为增函数,当 $x>0$ 时,$y>1$;当 $0<a<1$ 时,函数在其定义域内为减函数,当 $x>0$ 时,$0<y<1$.

例 13　观察 $y=2^x$,$y=\mathrm{e}^x$,$y=10^x$ 的图像(见图 4－19),比较函数值的大小.

解　观察图像可知,这三个指数函数的定义域均为实数集 **R**,且在定义域内它们均为增函数. 当 $x=0$ 时,它们的函数值均为 1,即均过点$(0,1)$;当 $x<0$ 时,$2^x>\mathrm{e}^x>10^x$ 成立. 当

$x>0$ 时，$2^x<\mathrm{e}^x<10^x$ 成立.

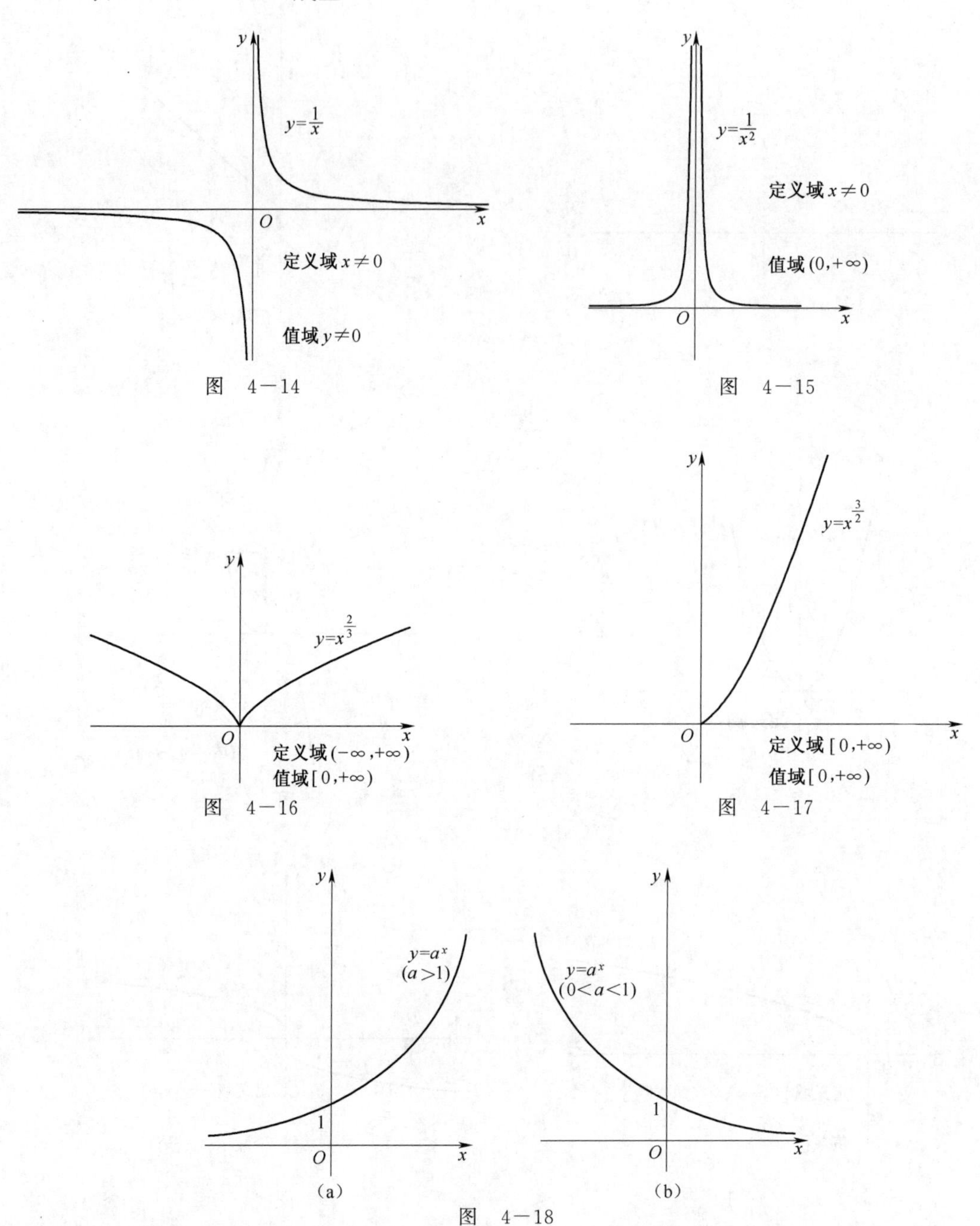

图 4－14

图 4－15

图 4－16

图 4－17

(a)

(b)

图 4－18

例 14 观察 $y=2^{-x}$，$y=3^{-x}$ 的图像(见图 4－20)，比较函数值的大小.

解 $2^{-x}=\left(\frac{1}{2}\right)^x$，$3^{-x}=\left(\frac{1}{3}\right)^x$，当 $x<0$ 时，$2^{-x}>3^{-x}$，当 $x>0$ 时，$2^{-x}<3^{-x}$.

指数函数的应用很广泛，如指数函数模型 $y=p_0\mathrm{e}^{kx}$，当 $k>0$ 时，$y=p_0\mathrm{e}^{kx}$ 为指数增长，当 $k<0$ 时，$y=p_0\mathrm{e}^{kx}$ 为指数衰减.

令 $y_1=p_0\mathrm{e}^{kx_1}$，$y_2=p_0\mathrm{e}^{kx_2}$，$\frac{y_2}{y_1}=\frac{p_0\mathrm{e}^{kx_2}}{p_0\mathrm{e}^{kx_1}}=\mathrm{e}^{k(x_2-x_1)}=\mathrm{e}^{k\Delta x}=b$ (常数).

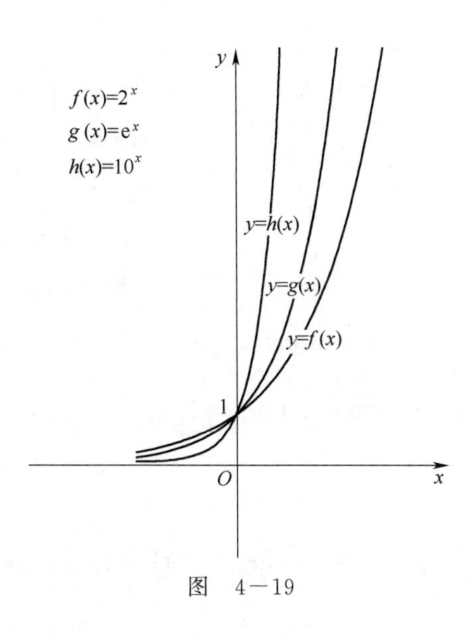

图　4－19

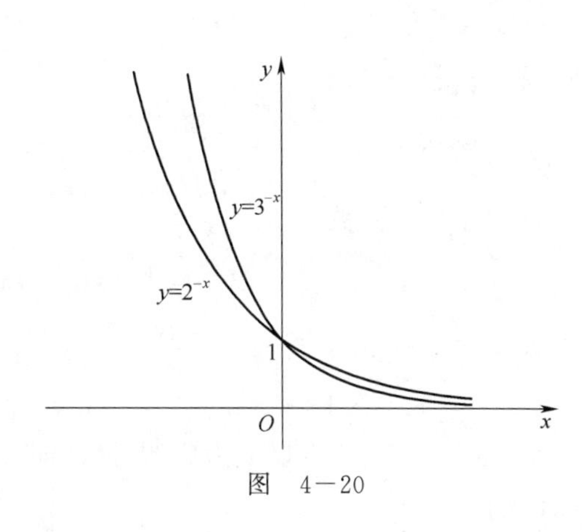

图　4－20

由此可知，在自变量之差相等的前提下，相邻的两个因变量之比为常数的数据模型，一般是指数函数模型.

符合指数函数模型的实际问题很多．如在复利的条件下，储蓄存款的增长，细菌数的增加，放射性物质的衰减等．在现实中，一般用自然指数函数模型，即 $y=p_0\mathrm{e}^{kx}$．

(4)对数函数

指数函数 $y=a^x(a>0,a\neq1)$ 在其定义域内为单调函数(一对一函数)，因而就有反函数 $y=\log_a x(a>0,a\neq1)$．

形如 $y=\log_a x(a>0,a\neq1)$ 的函数称为以 a 为底的**对数函数**．它的定义域是 $(0,+\infty)$，值域是 $(-\infty,+\infty)$．

例如，$y=\log_2 x$，$y=\log_{10}x$，$y=\log_{\mathrm{e}}x$ 都是对数函数，它们分别是指数函数 $y=2^x$，$y=10^x$，$y=\mathrm{e}^x$ 的反函数．

$y=\log_{10}x$ 称为**常用对数**，简记为 $y=\lg x$；$y=\log_{\mathrm{e}}x$ 称为**自然对数**，简记为 $y=\ln x$．

因为 $y=a^x$ 与 $y=\log_a x$ 互为反函数，所以它们的图像关于直线 $y=x$ 对称．只要作出 $y=a^x$ 的图像，利用对称性就可以得到 $y=\log_a x$ 的图像，如图 4－21 和图 4－22 所示．

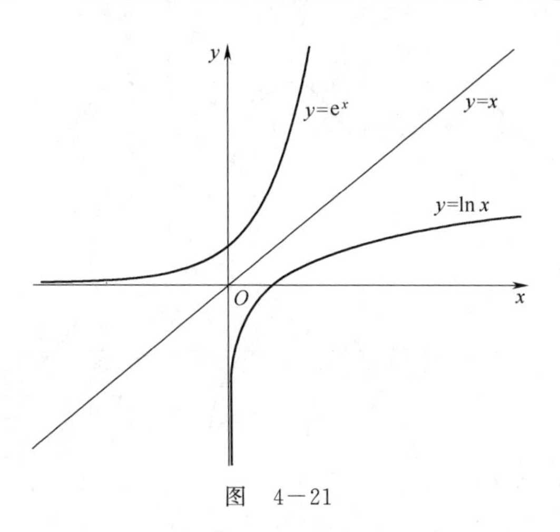

图　4－21

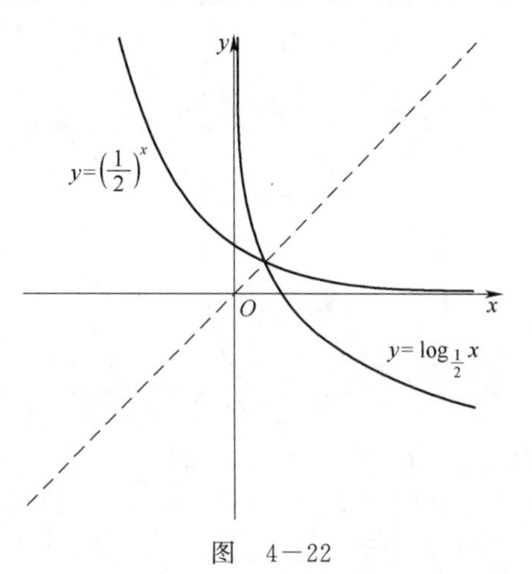

图　4－22

观察图 4－21 和图 4－22 知：当 $a>1$ 时，函数 $y=\log_a x$ 在定义域内是单调增函数，当 $0<a<1$ 时，函数 $y=\log_a x$ 在定义域内是单调减函数；无论 a 如何取值，$y=\log_a x$ 均过点(1,0).

对数函数常用的运算公式：

① $a^{\log_a x}=x, a>0, a\neq 1, x>0$；

② $\log_a a^x=x, a>0, a\neq 1, x>0$；

③换底公式：$\log_a x=\dfrac{\ln x}{\ln a}(a>0, a\neq 1)$；

④对于任意实数 $x>0, y>0$，有

$$\ln(x\cdot y)=\ln x+\ln y\ ,\ \ln\frac{x}{y}=\ln x-\ln y\ ,\ \ln x^y=y\ln x(x>0).$$

例 15 解方程．

① $2^x=5$； ② $\ln x=2$.

解 ①"＝"两边取以 2 为底的对数，即 $\log_2 2^x=\log_2 5$，得 $x=\log_2 5$，所以原方程的解是 $x=\log_2 5$.

②"＝"两边取以 e 为底的指数，即 $e^{\ln x}=e^2$，得 $x=e^2$，所以原方程的解是 $x=e^2$.

(5)三角函数

常见三角函数的基本信息如表 4－3 所示.

表 4－3

三角函数	表达式	定义域	值域	奇偶性	周期性	单调性
正弦函数	$y=\sin x$	$(-\infty,+\infty)$	$[-1,1]$	奇	2π	在定义域内无单调性
余弦函数	$y=\cos x$	$(-\infty,+\infty)$	$[-1,1]$	偶	2π	在定义域内无单调性
正切函数	$y=\tan x$	$\left(k\pi-\dfrac{\pi}{2},k\pi+\dfrac{\pi}{2}\right)$，$k\in\mathbf{Z}$	$(-\infty,+\infty)$	奇	π	在 $\left(k\pi-\dfrac{\pi}{2},k\pi+\dfrac{\pi}{2}\right)$，$k\in\mathbf{Z}$ 内单调增加
余切函数	$y=\cot x$	$(k\pi,(k+1)\pi)$，$k\in\mathbf{N}$	$(-\infty,+\infty)$	奇	π	在 $(k\pi,(k+1)\pi)$，$k\in\mathbf{N}$ 内单调减少

常见三角函数的图像如图 4－23 所示．

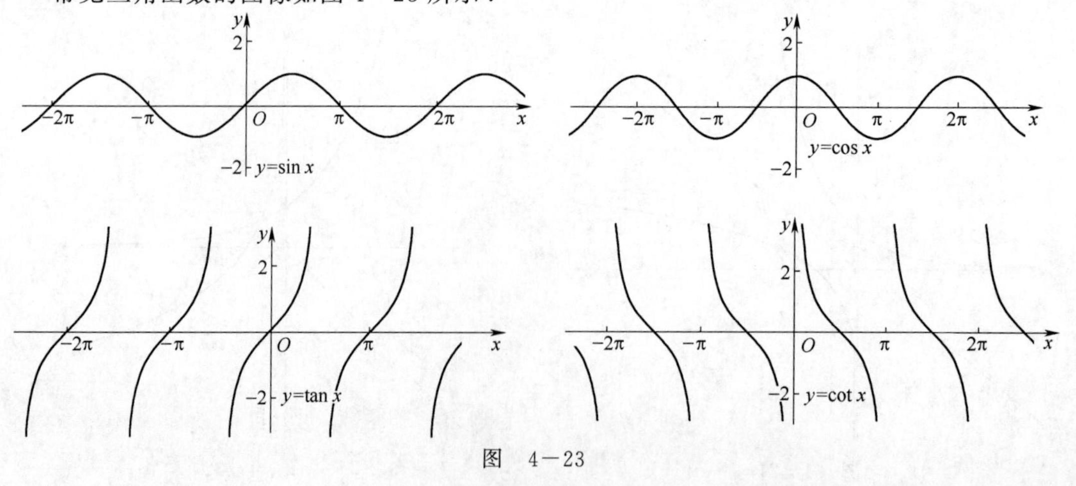

图 4－23

(6)反三角函数

常见反三角函数的基本信息如表 4－4.

表　4－4

反三角函数	表达式	定义域	值域	奇偶性	单调性
反正弦函数	$y=\arcsin x$	$[-1,1]$	$\left[-\frac{\pi}{2},\frac{\pi}{2}\right]$	奇函数	单调增加
反余弦函数	$y=\arccos x$	$[-1,1]$	$[0,\pi]$	非奇非偶	单调减少
反正切函数	$y=\arctan x$	$(-\infty,+\infty)$	$\left(-\frac{\pi}{2},\frac{\pi}{2}\right)$	奇函数	单调增加
反余切函数	$y=\text{arccot}\, x$	$(-\infty,+\infty)$	$(0,\pi)$	非奇非偶	单调减少

常见反三角函数的图像如图 4－24 所示.

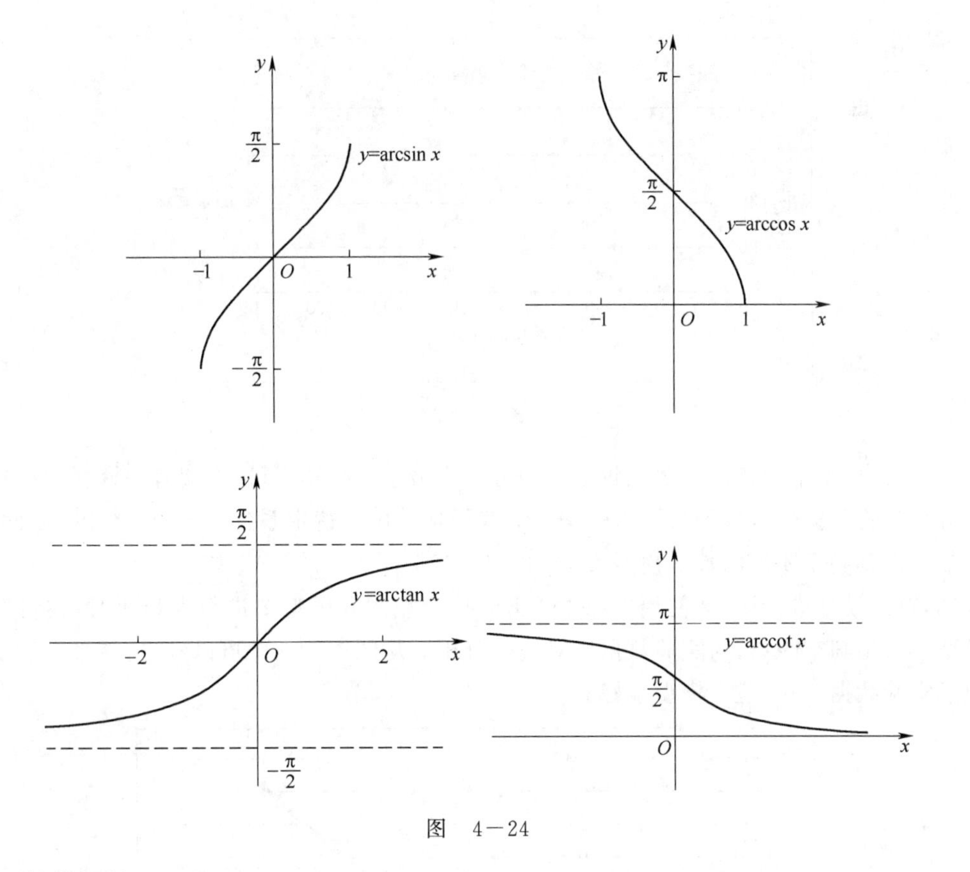

图　4－24

2. 初等函数

由基本初等函数经过有限次的四则运算和有限次的复合所构成的并由一个公式表达的函数称为**初等函数**. 这类函数是微积分讨论的主要对象.

例如，$y=\dfrac{\cos 3x}{x^2-1}$，$f(x)=2x^3+x\ln(x+1)$ 均为初等函数，而分段函数不是初等函数，如

$$y=\begin{cases}x+1 & x<0\\ x^2-1 & x\geqslant 0\end{cases}$$不是初等函数．

六、函数的应用

例 16 刹车距离是踩下刹车后汽车所走的距离．利用表 4－5 的数据建立刹车距离与车速之间的关系模型．

表 4－5

车速 v/(km/h)	20	40	60	80	100	120
刹车距离 s/m	2	7.9	17.7	31.5	49.2	70.9

解 (1)数据分析，估测模型.使用 Excel 进行数据分析，可以画散点图，如图 4－25 所示，依据散点图估测模型为二次曲线

$$s=av^2$$

式中，a 是待定系数.

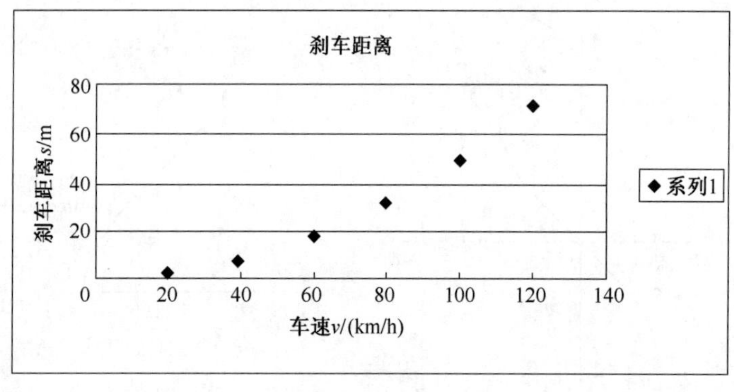

图 4－25

(2)估计模型中的待定系数比较准确的方法为最小二乘法(可以查阅有关资料)，比较粗的估计方法为将数据代入模型公式求平均值．我们估计出的待定系数 $a=0.004\ 96$. 因此，依据上述数据得到刹车距离的数学模型为 $s=0.004\ 96v^2$.

(3)对此模型进行评价，使用 Excel 画出数据散点图和模型图进行直观比对，或将车速代入模型中求出刹车距离，与实验数据比对进行分析．从图 4－26 中可以看出，该模型能很好地反映了实验数据，说明这个模型很好．

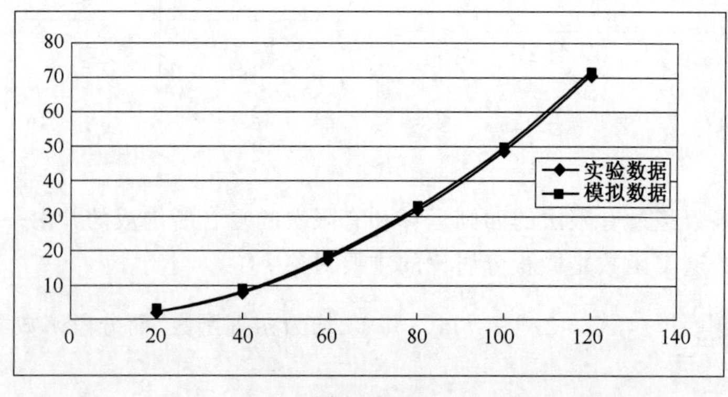

图 4－26

(4)预测当车速为 110 km/h 时，刹车距离是多少？

将 $v=110$ 带入该模型，得 60 m.

习　题　4－1

1. 回答下列问题：

(1)什么是函数？举例并指出它的定义域和值域.

(2)什么是奇函数？什么偶函数？它们具有什么特征？分别给出奇函数、偶函数和非奇非偶函数的例子，并画出它们的图形.

(3)什么是分段函数？举例并画出其图形.

(4)在什么条件下一个函数和另一个函数可以复合？复合的次序重要吗？为什么？给出复合函数的例子.

(5)什么是指数函数？给出例子.指数函数的指数运算法则是什么？指数函数与幂函数有什么区别？

(6)什么是对数函数？对数运算法则是什么？什么是自然对数函数？$y=\ln x$ 的定义域、值域分别是什么？它的图形具有什么特征？

2. 求下列函数指定点的值：

(1)$y=7x-4$，(a) $y|_{x=0}$，(b) $y|_{x=-3}$，(c) $y|_{x=t}$，(d) $y|_{x=u-1}$；

(2)$f(x)=\sqrt{x+5}$，(a)$f(-4)$，(b)$f(11)$，(c)$f(x_0+\Delta x)$，(d)$f(t+1)$；

(3)$f(x)=x^3$，(a) $\dfrac{f(x)-f(1)}{x-1}$，(b) $\dfrac{f(x+\Delta x)-f(x)}{\Delta x}$；

(4)$f(x)=\begin{cases}2x+1 & 当\ x<1\\ 2x-1 & 当\ x\geqslant 1\end{cases}$，(a)$f(-1)$，(b)$f(0)$，(c)$f(2)$，(d)$f(t^2+1)$.

3. 求下列函数的定义域与值域：

(1)$f(x)=x^2-4$；　　(2)$y=\sqrt{16-x^2}$；

(3)$f(x)=\dfrac{x+2}{x-4}$；　　(4)$y=\arctan(x-1)$；

(5)$f(t)=\sin(\omega t+\varphi)$；　　(6)$y=\dfrac{1}{|x-3|}$.

4. 判断下列函数的奇偶性：

(1)$y=x^2+1$；　　(2)$y=x^5-x^3-x$；

(3)$y=1-\cos x$；　　(4) $y=1-\sin x$；

(5)$y=x+\cos x$；　　(6) $y=\dfrac{x^4+1}{x^3+2x}$.

5. 写出下列复合函数的复合过程：

(1)$y=\arcsin 5x$；　　(2)$y=\ln(x-2)$；

(3)$y=e^{\cos 3x}$；　　(4)$y=(2x+3)^2$；

(5)$y=\sin^3 x$；　　(6)$y=\tan x^2$.

6. 求下列函数的反函数：

(1)$y=3x+1$；　　(2)$y=e^x$；

(3)$y=\frac{1}{x-1}$；　　　　　(4) $y=\log_2(x+1)$.

7. 指数和对数函数的代数运算：

(1)$e^{\ln 2}$；　　　　　(2)$e^{\ln(x^2+y^2)}$；

(3)$e^{-\ln x^2}$；　　　　　(4)$2\ln\sqrt{e}$；

(5)$\ln(\ln e^e)$；　　　　　(6)$\ln e^{(-x^2-y^2)}$；

(7)$\ln(e^{2\ln x})$；　　　　　(8)$\ln(xy)$；

(9)$\ln\frac{x}{y}$.

8. 构建模型.

(1)为检测汽车对道路条件作出的反应，须对各种荷载下弹簧的伸展进行建模，表 4－6 是实验数据.

表 4－6

x 单位质量	0	1	2	3	4	5	6	7	8	9	10
y 弹簧伸长尺寸/cm	0	2.2	4.4	6.7	9.0	11.2	13.3	15.5	17.8	20	22.2

(a)构建一个弹簧伸长与单位质量数目的关系的数学模型；(b)预测 12 个单位质量下弹簧的伸长尺寸.

(2)汽车安全紧随距离的数学模型的构造，利用司机的反应距离加刹车距离来构建安全紧随距离的数学模型．若对安全紧随距离的规则要求是汽车和前面的汽车之间允许有 2 s 的时间，这个时间安全吗？实验数据如表 4－7 所示.

表 4－7

车速/(km/h)	20	30	40	50	60	70
反应距离/m	22	33	44	55	66	77
刹车距离/m	20	40	72	118	182	266

通过此例，说说你对酒驾的看法.

(3)查阅相关资料，举出某一药物在人体血液中的浓度与事件的变化的关系模型.

第二节　极限的概念

极限是高等数学(微积分)区别于初等数学的基本概念之一，它是微积分的基础概念．在微积分中几乎所有重要概念(无穷小量、连续、导数、定积分等)都是用极限来定义的．极限不仅是一个数学概念，而且是数学的一种重要思想和方法．极限是指函数(因变量)在自变量的某种变化过程中，逐渐趋于一个稳定的数值的过程.

一、当 $x\to x_0$ 时，函数 $f(x)$ 的极限

1. 极限的概念

例 1　已知函数 $f(x)=\frac{x^2-1}{x-1}$，观察当自变量 x 越来越接近 1 时，函数 $f(x)$ 发生什么

样的变化．

解　很容易看出函数 $f(x)=\dfrac{x^2-1}{x-1}$ 在 $x=1$ 处无定义．

当 $x\neq 1$ 时，$f(x)=\dfrac{x^2-1}{x-1}$ 与 $g(x)=x+1$ 是一样的．$f(x)$ 的图像如图 4－27 所示．

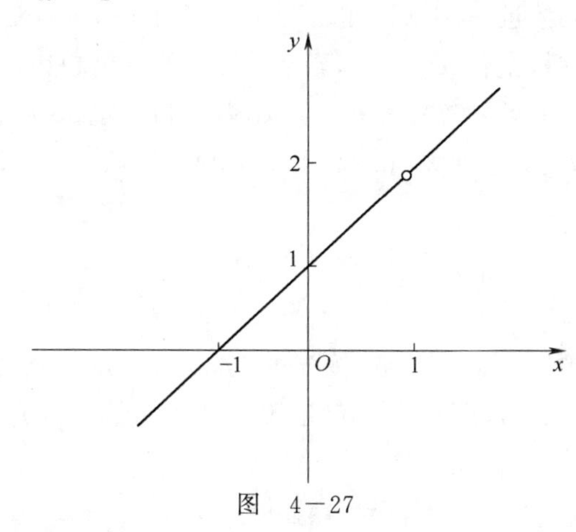

图　4－27

我们再来观察一组函数 $f(x)$ 在 $x=1$ 附近的数据，如表 4－8 所示．

表　4－8

x	0.9	0.99	0.999 9	…	1.000 01	1.000 1	1.01	1.1
$f(x)$	1.9	1.99	1.999 9	…	2.000 01	2.000 1	2.01	2.1

从函数图像和数据表可以观察到，当 x 越来越接近 1 时，函数 $f(x)$ 越来越接近数值 2.

例 2　观察函数 $f(x)=\begin{cases}-x & 当\ x<0\\ x^2 & 当\ 0\leqslant x\leqslant 1\\ 1 & 当\ x>1\end{cases}$，当 x 越来越接近 1 时，函数的变化如何？

解　如本章第一节中图 4－7 所示，当 x 越来越接近 1 时，函数 $f(x)$ 越来越接近数值 1.

在给出极限的定义之前，介绍一个概念：称开区间 $(x_0-\delta,x_0+\delta)$ 为以 x_0 为中心，以 $\delta(\delta>0)$ 为半径的**邻域**，记作 $U(x_0,\delta)$；$(x_0-\delta,x_0)U(x_0,x_0+\delta)$ 称为以 x_0 为中心，以 $\delta(\delta>0)$ 为半径的**空心邻域**(在这个邻域内不含 x_0 点)，记作 $U(\mathring{x}_0,\delta)$．

定义 1(描述性)　设函数 $f(x)$ 在 $U(\mathring{x}_0,\delta)$ 有定义，若当自变量 x 无限接近 x_0 时，函数 $f(x)$ 无限接近于某一个常数 A，则称当 x 趋近于 x_0 时函数 $f(x)$ 的**极限**存在，且极限值为 A. 记作

$$\lim_{x\to x_0} f(x)=A.$$

由极限的定义可知，例 1 和例 2 的极限都是存在的，分别记作

$$\lim_{x\to 1}\frac{x^2-1}{x-1}=2,$$

$$\lim_{x\to 1} f(x)=1.$$

例 3　观察符号函数 $f(x)=\operatorname{sgn} x=\begin{cases}-1 & 当\ x<0\\ 0 & 当\ x=0\\ 1 & 当\ x>0\end{cases}$，当 $x\to 0$ 时函数的变化．

解 当 x 从 0 的左侧无限接近 0 时，函数 $\operatorname{sgn} x$ 无限接近 -1，当 x 从 0 的右侧无限接近 0 时，函数 $\operatorname{sgn} x$ 无限接近 1，不符合极限的定义，所以当 $x \to 0$ 时，函数 $\operatorname{sgn} x$ 的极限不存在．记作：$\lim\limits_{x\to 0}\operatorname{sgn} x$ 不存在．但此函数的单侧极限是存在的．

2. 单侧极限的概念

当 x 从 x_0 的左侧无限接近 x_0 时，记作 $x \to x_0^-$，函数 $f(x)$ 的变化趋势称为**左极限**；当 x 从 x_0 的右侧无限接近 x_0 时，记作 $x \to x_0^+$，函数 $f(x)$ 的变化趋势称为**右极限**．

定义 2 设函数 $f(x)$ 在 $(x_0-\delta, x_0)$ 有定义，若当自变量 x 从左侧无限接近 x_0 时，函数 $f(x)$ 无限接近于某一个常数 A，则称当 x 趋近于 x_0 时，函数 $f(x)$ 的**左极限**存在，且极限值为 A. 记作

$$\lim_{x\to x_0^-} f(x)=A.$$

同样可以定义右极限：

定义 3 设函数 $f(x)$ 在 $(x_0, x_0+\delta)$ 有定义，若当自变量 x 从右侧无限接近 x_0 时，函数 $f(x)$ 无限接近于某一个常数 A，则称当 x 趋近于 x_0 时，函数 $f(x)$ 的**右极限**存在，且极限值为 A. 记作

$$\lim_{x\to x_0^+} f(x)=A.$$

由左右极限的定义可知，例 1 至例 3 的左右极限分别表示为：

$$\lim_{x\to 1^-}\frac{x^2-1}{x-1}=2,\ \lim_{x\to 1^+}\frac{x^2-1}{x-1}=2.$$

$$\lim_{x\to 1^-}x^2=1,\ \lim_{x\to 1^+}1=1.$$

$$\lim_{x\to 0^-}\operatorname{sgn} x=\lim_{x\to 0^-}(-1)=-1,\ \lim_{x\to 0^+}\operatorname{sgn} x=\lim_{x\to 0^+}1=1.$$

通过上述观察可知函数的左右极限与函数极限的关系．

定理 1 $\lim\limits_{x\to x_0} f(x)=A$ 的充分必要条件是 $\lim\limits_{x\to x_0^-} f(x)=\lim\limits_{x\to x_0^+} f(x)=A$．

例 4 判断函数 $f(x)=\begin{cases}-x & \text{当 } x<0\\ x^2 & \text{当 } 0\leqslant x\leqslant 1\\ 1 & \text{当 } x>1\end{cases}$ 的极限 $\lim\limits_{x\to 0}f(x)$ 是否存在？

解 因为 $\lim\limits_{x\to 0^-} f(x)=\lim\limits_{x\to 0^-}(-x)=0$，$\lim\limits_{x\to 0^+} f(x)=\lim\limits_{x\to 0^+}x^2=0$，所以 $\lim\limits_{x\to 0}f(x)=0$.

二、当 $x\to\infty$ 时函数 $f(x)$ 的极限

例 5 观察函数 $f(x)=\dfrac{1}{x}$ 当 $|x|$ 无限增大时函数值的变化．

解 函数 $f(x)$ 的图像如图 4－28 所示.

观察函数 $f(x)=\dfrac{1}{x}$ 的图像，发现当 $|x|$ 无限增大时，函数 $f(x)=\dfrac{1}{x}$ 无限接近数值 0.

记作：$\lim\limits_{x\to\infty}\dfrac{1}{x}=0$.

注：$|x|$ 无限增大包含当 $x>0$ 时 x 沿 x 轴正向无限增大，当 $x<0$ 时 x 沿 x 轴负向无限增大．

例 6 观察函数 $y=\arctan x$ 当 $|x|$ 无限增大时函数值的变化．

解 函数图像如图 4—29 所示，观察函数 $y=\arctan x$ 的图像，当 x 沿 x 轴正向无限增大，函数 $y=\arctan x$ 无限接近 $\frac{\pi}{2}$，当 x 沿 x 轴负向无限增大，函数 $y=\arctan x$ 无限接近 $-\frac{\pi}{2}$. 这说明当 $|x|$ 无限增大时，函数的极限不存在.

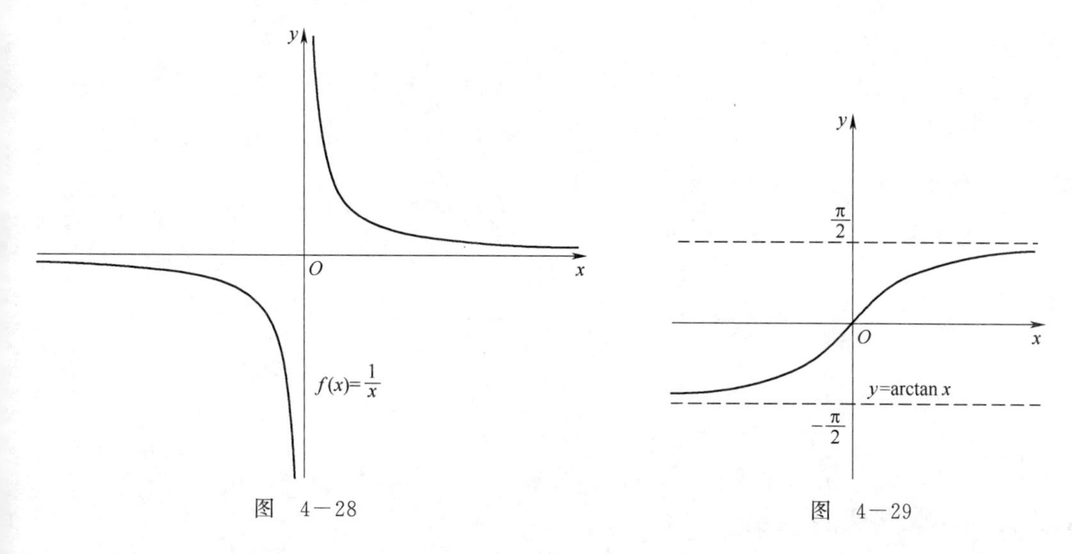

图 4—28　　图 4—29

定义 4 设函数 $f(x)$ 在 $|x|>M(M>0)$ 内有定义，若当 $|x|$ 无限增大时，相应的函数值无限接近于一个常数 A，则称 A 为 $x\to\infty$ 时函数 $f(x)$ 的极限. 记作

$$\lim_{x\to\infty} f(x)=A .$$

设函数 $f(x)$ 在 $(M,+\infty)(M>0)$ 内有定义，若当 x 无限增大时，相应的函数值无限接近于一个常数 A，则称 A 为 $x\to+\infty$ 时函数 $f(x)$ 的极限. 记作

$$\lim_{x\to+\infty} f(x)=A.$$

例如，$\lim\limits_{x\to+\infty}\arctan x=\frac{\pi}{2}$.

设函数 $f(x)$ 在 $(-\infty,a)$，(a 为一个实数)内有定义，若当 x 沿 x 轴负向无限增大时，相应的函数值无限接近于一个常数 A，则称 A 为 $x\to-\infty$ 时函数 $f(x)$ 的极限. 记作

$$\lim_{x\to-\infty} f(x)=A .$$

例如，$\lim\limits_{x\to-\infty}\arctan x=-\frac{\pi}{2}$.

定理 2 $\lim\limits_{x\to\infty} f(x)=A$ 的充分必要条件是 $\lim\limits_{x\to-\infty} f(x)=\lim\limits_{x\to+\infty} f(x)=A$.

一般地，若 $\lim\limits_{x\to\infty} f(x)=A$ ，则直线 $y=A$ 是函数 $y=f(x)$ 图像的水平渐近线.

例如，$y=\frac{\pi}{2}$，$y=-\frac{\pi}{2}$ 是函数 $y=\arctan x$ 图像的两条水平渐近线.

例 7 观察函数 $y=\mathrm{e}^x$ 的图像(见图 4—30)，求：(1) $\lim\limits_{x\to-\infty}\mathrm{e}^x$ (2) $\lim\limits_{x\to+\infty}\mathrm{e}^x$ (3) $\lim\limits_{x\to\infty}\mathrm{e}^x$.

解 (1) $\lim\limits_{x\to-\infty}\mathrm{e}^x=0$；

(2) $\lim\limits_{x\to+\infty}\mathrm{e}^x=+\infty$；

(3) $\lim\limits_{x\to\infty} e^x$ 不存在.

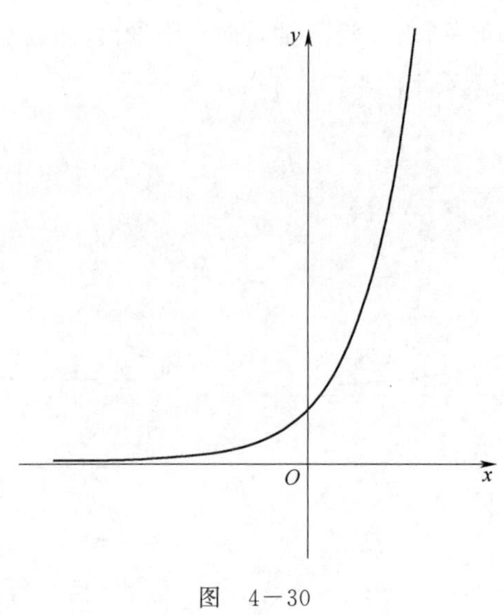

图 4－30

三、无穷小量与无穷大量

1. 无穷小量的概念

定义 5 极限为零的变量称为**无穷小量**,简称**无穷小**. 即若函数 $f(x)$ 在自变量的某种变化趋势下的极限为零,则称函数 $f(x)$ 在自变量的这种变化趋势下为**无穷小量**(简称**无穷小**).

例如,因 $\lim\limits_{x\to 0}\sin x=0$,所以函数 $\sin x$ 在 $x\to 0$ 时为无穷小量. 再如,因 $\lim\limits_{x\to\infty}\frac{1}{x}=0$,所以函数 $\frac{1}{x}$ 在 $x\to\infty$ 时为无穷小量. 由定义和例子可知,无穷小是变量的一种变化状态,而不是变量自身的大小. 通常的无穷小量用小写的希腊字母表示,如 α,β,γ 等.

例 8 判断下列函数在自变量 x 怎样的变化趋势下为无穷小量.

(1) $y=e^{-x}$;　　(2) $y=\frac{1}{x-1}$;

(3) $y=x-1$;　　(4) $y=\arctan x$.

解 (1)因为 $\lim\limits_{x\to+\infty} e^{-x}=0$,所以当 $x\to+\infty$ 时, e^{-x} 是无穷小量;

(2)因为 $\lim\limits_{x\to\infty}\frac{1}{x-1}=0$,所以当 $x\to\infty$ 时, $\frac{1}{x-1}$ 是无穷小量;

(3)因为 $\lim\limits_{x\to 1}(x-1)=0$,所以当 $x\to 1$ 时, $x-1$ 是无穷小量;

(4)因为 $\lim\limits_{x\to 0}\arctan x=0$,所以当 $x\to 0$ 时, $\arctan x$ 是无穷小量.

2. 无穷小量的性质

(1)有限个无穷小的代数和仍为无穷小.

例 9 计算 $\lim\limits_{x\to 0}(x^2+\sin x)$.

解 因为当 $x\to 0$ 时, $x^2,\sin x$ 均为无穷小,所以当 $x\to 0$ 时, $x^2+\sin x$ 为无穷小,因此, $\lim\limits_{x\to 0}(x^2+\sin x)=0$.

(2)有界函数与无穷小的乘积是无穷小.

例 10 计算 $\lim\limits_{x\to\infty}\dfrac{\sin x}{x}$.

解 因为 $\lim\limits_{x\to\infty}\dfrac{1}{x}=0$,而 $\sin x$ 为有界函数,所以 $\lim\limits_{x\to\infty}\dfrac{\sin x}{x}=0$.

(3)常数与无穷小之积是无穷小.

(4)有限个无穷小之积仍为无穷小.

3. 无穷小量与函数极限的关系

定理 3 在自变量的同一变化过程 $x\to x_0(x\to\infty)$ 中,函数 $f(x)$ 具有极限 A 的充分必要条件是 $f(x)=A+\alpha$,其中 α 是无穷小.

例 11 当 $x\to\infty$ 时,将函数 $f(x)=\dfrac{x+1}{x}$ 写成其极限值与一个无穷小的和.

解 因为 $\lim\limits_{x\to\infty}\left(\dfrac{x+1}{x}\right)=\lim\limits_{x\to\infty}\left(1+\dfrac{1}{x}\right)=1$, $f(x)=\dfrac{x+1}{x}=1+\dfrac{1}{x}$,而 $\lim\limits_{x\to\infty}\dfrac{1}{x}=0$, 即当 $x\to\infty$ 时, $\dfrac{1}{x}$ 是无穷小,所以 $f(x)=1+\dfrac{1}{x}$ 是极限值 1 和无穷小 $\dfrac{1}{x}$ 之和.

4. 无穷大量

若在自变量的某一变化过程中,对应函数的绝对值 $|f(x)|$ 无限增大,则称函数 $f(x)$ 为在自变量的这一变化过程中的**无穷大量**(简称**无穷大**).

例如,因为 $\lim\limits_{x\to\infty}x^2=\infty$,所以当 $x\to\infty$ 时, x^2 是无穷大量;

因为 $\lim\limits_{x\to0^+}\dfrac{1}{x}=+\infty$,所以当 $x\to0^+$ 时, $\dfrac{1}{x}$ 是正无穷大量;

因为 $\lim\limits_{x\to0^-}\dfrac{1}{x}=-\infty$,所以当 $x\to0^-$ 时, $\dfrac{1}{x}$ 是负无穷大量.

一般地说,若 $\lim\limits_{x\to x_0}f(x)=\infty$,则直线 $x=x_0$ 是函数 $y=f(x)$ 图形的垂直渐近线.

例如, $x=0$ 是 $y=\dfrac{1}{x}$ 的垂直渐近线.

定理 4 在自变量的同一变化过程中,若 $f(x)$ 是无穷大,则 $\dfrac{1}{f(x)}$ 为无穷小;反之,若 $f(x)$ 是无穷小,且 $f(x)\neq0$,则 $\dfrac{1}{f(x)}$ 为无穷大.

例 12 在自变量怎样的变化过程中,下列函数为无穷大、无穷小?

(1) $y=x-1$; (2) $y=\dfrac{1}{x-1}$;

(3) $y=e^x$; (4) $y=\ln x$.

解 (1)因为 $\lim\limits_{x\to1}(x-1)=0$,所以当 $x\to1$ 时, $y=x-1$ 是无穷小;因为 $\lim\limits_{x\to\infty}(x-1)=\infty$, 所以当 $x\to\infty$ 时, $y=x-1$ 是无穷大.

(2)因为当 $x\to\infty$ 时, $y=x-1$ 是无穷大,所以 $\dfrac{1}{x-1}$ 在 $x\to\infty$ 时为无穷小;因为当 $x\to1$ 时, $y=x-1$ 是无穷小,所以 $\dfrac{1}{x-1}$ 在 $x\to1$ 时为无穷大.

(3)因为 $\lim\limits_{x\to-\infty} e^x=0$,所以当 $x\to-\infty$ 时,$y=e^x$ 是无穷小;因为 $\lim\limits_{x\to+\infty} e^x=+\infty$,所以当 $x\to+\infty$ 时,$y=e^x$ 是正无穷大.

(4)因为 $\lim\limits_{x\to1}\ln x=0$,所以当 $x\to1$ 时,$y=\ln x$ 是无穷小;因为 $\lim\limits_{x\to+\infty}\ln x=+\infty$,所以当 $x\to+\infty$ 时,$y=\ln x$ 是正无穷大;因为 $\lim\limits_{x\to0^+}\ln x=-\infty$,所以当 $x\to0^+$ 时,$y=\ln x$ 是负无穷大;故当 $x\to0^+$ 和 $x\to+\infty$ 时,$y=\ln x$ 均为无穷大.

习 题 4-2

1. 思考并回答下列问题:

(1) $\lim\limits_{x\to x_0} f(x)=A$ 取决于函数 $f(x)$ 在 $x=x_0$ 的状态吗?举例说明.

(2)单侧极限与极限是什么关系?什么时候用单侧极限来计算极限或判断极限的存在性?给出例子.

(3) $\lim\limits_{x\to-\infty} f(x)=A$ 和 $\lim\limits_{x\to+\infty} f(x)=A$ 的意思是什么?它们与 $\lim\limits_{x\to\infty} f(x)=A$ 是什么关系?给出例子说明.

(4)无穷小量的含义是什么?它是越来越小的量吗?它是零吗?举例说明.

(5)无穷小量的性质有哪些?两个无穷小的商一定是无穷小吗?举例说明.

(6)无穷小量与无穷大量是什么关系?给出例子.

2. 画出函数 $f(x)$ 的图形,并讨论下列问题:(1) $f(x)$ 的定义域和值域;(2) $f(x)$ 在 $x=-1,0,1$ 处的极限、单侧极限.

$$f(x)=\begin{cases}1 & \text{当 } x\leqslant-1\\ -x & \text{当 } -1<x<0\\ 1 & \text{当 } x=0\\ -x & \text{当 } 0<x<1\\ 1 & \text{当 } x\geqslant1\end{cases}.$$

3. 讨论当 $x\to0$ 时函数 $f(x)=\dfrac{x}{|x|}$ 的极限是否存在.

4. 观察并写出下列函数的极限:

(1) $\lim\limits_{x\to0}\sin x$;　　(2) $\lim\limits_{x\to\infty}\sin x$;

(3) $\lim\limits_{x\to\frac{\pi}{2}^+}\tan x$;　　(4) $\lim\limits_{x\to+\infty}\arctan x$;

(5) $\lim\limits_{x\to-\infty} e^x$;　　(6) $\lim\limits_{x\to0^+}\ln x$

5. 函数 $f(x)=\dfrac{x+1}{x-1}$ 在什么条件下是无穷小?在什么条件下是无穷大?

6. 利用无穷小与无穷大的性质求下列极限:

(1) $\lim\limits_{x\to2}(x-2)\sin\dfrac{1}{x-2}$;　　(2) $\lim\limits_{x\to+\infty}\dfrac{1}{x}e^{-x}$;

(3) $\lim\limits_{x\to+\infty}\left(\dfrac{1}{x^2}-\dfrac{1}{2^x}\right)$.

第三节 极限的运算

极限运算是本课程的基本运算之一，极限运算类型多，并有一定的规律与技巧，需要适当做一些练习，才能掌握．

一、极限的四则运算法则

在下面的结论中，记号 lim 下面没有自变量的变化过程，实际上是对 $x \to x_0$ 及 $x \to \infty$ 都成立．

定理 1 若 $\lim f(x)=A$，$\lim g(x)=B$，则有：

(1) $\lim[f(x) \pm g(x)]=\lim f(x) \pm \lim g(x)=A \pm B$；

(2) $\lim f(x) \cdot g(x)=\lim f(x) \cdot \lim g(x)=A \cdot B$；

(3)若有 $B \neq 0$，则

$$\lim \frac{f(x)}{g(x)}=\frac{\lim f(x)}{\lim g(x)}=\frac{A}{B}.$$

下面只证(2)，其他类似．

证 (2)因为 $\lim f(x)=A$，$\lim g(x)=B$，由无穷小与极限的关系定理知

$$f(x)=A+\alpha, \quad g(x)=B+\beta,$$

式中，α，β 为无穷小．于是

$$f(x) \cdot g(x)=(A+\alpha)(B+\beta)=AB+\alpha B+\beta A+\alpha\beta,$$

由无穷小的性质知 $\alpha B+\beta A+\alpha\beta$ 是无穷小，再由无穷小与极限的关系定理，得

$$\lim f(x) \cdot g(x)=A \cdot B=\lim f(x) \cdot \lim g(x),$$

证毕．

注：定理中的(1)(2)可以推广到有限个函数情形中去．

例如，如果 $\lim f(x)$，$\lim g(x)$，$\lim h(x)$ 都存在，那么有

$$\lim[f(x)+g(x)-h(x)]=\lim f(x)+\lim g(x)-\lim h(x);$$

$$\lim f(x) \cdot g(x) \cdot h(x)=\lim f(x) \cdot \lim g(x) \cdot \lim h(x).$$

定理中的(2)有下列两个推论：

推论 1 若 $\lim f(x)$ 存在，而 c 为常数，则

$$\lim cf(x)=c\lim f(x);$$

推论 2 若 $\lim f(x)$ 存在，而 n 为正整数，则

$$\lim[f(x)]^n=[\lim f(x)]^n.$$

例 1 求 $\lim\limits_{x \to 1}(x^2+3x-1)$.

解 $\lim\limits_{x \to 1}(x^2+3x-1)=\lim\limits_{x \to 1} x^2+\lim\limits_{x \to 1} 3x-\lim\limits_{x \to 1} 1$

$$=(\lim_{x \to 1} x)^2+3\lim_{x \to 1} x-1$$

$$=1^2+3 \cdot 1-1=3.$$

例 2 求 $\lim\limits_{x \to 2}\dfrac{x^2+5}{x-3}$.

解 因为 $\lim\limits_{x \to 2}(x-3)=-1 \neq 0$，所以

$$\lim_{x\to 2}\frac{x^2+5}{x-3}=\frac{\lim\limits_{x\to 2}(x^2+5)}{\lim\limits_{x\to 2}(x-3)}=\frac{\lim\limits_{x\to 2}x^2+\lim\limits_{x\to 2}5}{\lim\limits_{x\to 2}x-\lim\limits_{x\to 2}3}=\frac{2^2+5}{2-3}=-9.$$

通过上述两个例题可以看出，求有理式（多项式）函数或有理分式函数在 $x\to x_0$ 时的极限，只要将 x_0 代入函数即可，但带入后分母不能为零．

设多项式函数

$$p_n(x)=a_nx^n+a_{n-1}x^{n-1}+\cdots+a_1x+a_0,$$

则
$$\begin{aligned}\lim_{x\to x_0}p_n(x)&=\lim_{x\to x_0}(a_nx^n+a_{n-1}x^{n-1}+\cdots+a_1x+a_0)\\&=a_n(\lim_{x\to x_0}x)^n+a_{n-1}(\lim_{x\to x_0}x)^{n-1}+\cdots+a_1(\lim_{x\to x_0}x+a_0)\\&=a_nx_0^n+a_{n-1}x_0^{n-1}+\cdots+a_1x_0+a_0\\&=p_n(x_0)\end{aligned}$$

设有理分式函数

$$F(x)=\frac{P(x)}{Q(x)},$$

式中，$P(x)$，$Q(x)$ 为多项式函数，于是

$$\lim_{x\to x_0}P(x)=P(x_0),\ \lim_{x\to x_0}Q(x)=Q(x_0)\neq 0,$$

$$\lim_{x\to x_0}F(x)=\lim_{x\to x_0}\frac{P(x)}{Q(x)}=\frac{\lim\limits_{x\to x_0}P(x)}{\lim\limits_{x\to x_0}Q(x)}=\frac{P(x_0)}{Q(x_0)}=F(x_0).$$

需特别注意：若分母为零，即 $Q(x_0)=0$，则关于函数商的极限运算法则不能使用．

例 3 求 $\lim\limits_{x\to 2}\dfrac{x^2-4}{x-2}$．

解 当 $x\to 2$ 时，分母分子的极限均为零，这时不能分别求分子分母的极限，需要约掉分子分母的公因式 $x-2$，所以

$$\lim_{x\to 2}\frac{x^2-4}{x-2}=\lim_{x\to 2}\frac{(x+2)(x-2)}{x-2}=\lim_{x\to 2}(x+2)=4.$$

例 4 求 $\lim\limits_{h\to 0}\dfrac{(x+h)^2-x^2}{h}$．

解 $\lim\limits_{h\to 0}\dfrac{(x+h)^2-x^2}{h}=\lim\limits_{h\to 0}\dfrac{2hx+h^2}{h}=\lim\limits_{h\to 0}\dfrac{h(2x+h)}{h}=\lim\limits_{h\to 0}(2x+h)=2x.$

例 5 求 $\lim\limits_{x\to -1}\dfrac{3x^2+2}{x^2-1}$．

解 因为分母的极限 $\lim\limits_{x\to -1}(x^2-1)=0$，不能用商的极限运算法则．但因

$$\lim_{x\to -1}\frac{x^2-1}{3x^2+2}=\frac{\lim\limits_{x\to -1}(x^2-1)}{\lim\limits_{x\to -1}(3x^2+2)}=\frac{(-1)^2-1}{3\cdot(-1)^2+2}=0,$$

故由无穷大与无穷小的关系得

$$\lim_{x\to -1}\frac{3x^2+2}{x^2-1}=\infty.$$

例 6 求 $\lim\limits_{x\to \infty}\dfrac{3x^2+2}{x^2-1}$．

解 先用 x^2 去除分子和分母，然后求极限：

$$\lim_{x\to\infty}\frac{3x^2+2}{x^2-1}=\lim_{x\to\infty}\frac{3+\dfrac{2}{x^2}}{1-\dfrac{1}{x^2}}=\frac{\lim\limits_{x\to\infty}\left(3+\dfrac{2}{x^2}\right)}{\lim\limits_{x\to\infty}\left(1-\dfrac{1}{x^2}\right)}=\frac{3}{1}=3.$$

例 7 求 $\lim\limits_{x\to\infty}\dfrac{x^2+x}{x^3+3x-1}$.

解 先用 x^3 去除分子和分母，然后求极限：

$$\lim_{x\to\infty}\frac{x^2+x}{x^3+3x-1}=\lim_{x\to\infty}\frac{\dfrac{1}{x}+\dfrac{1}{x^2}}{1+\dfrac{3}{x^2}-\dfrac{1}{x^3}}=\frac{\lim\limits_{x\to\infty}\left(\dfrac{1}{x}+\dfrac{1}{x^2}\right)}{\lim\limits_{x\to\infty}\left(1+\dfrac{3}{x^2}-\dfrac{1}{x^3}\right)}=\frac{0}{1}=0.$$

例 8 求 $\lim\limits_{x\to\infty}\dfrac{x^3+3x-1}{x^2+x}$.

解 利用例 7 的结果，得

$$\lim_{x\to\infty}\frac{x^3+3x-1}{x^2+x}=\infty.$$

例 6 至例 8 是下面一般情形的特例，

$$\lim_{x\to\infty}\frac{a_nx^n+a_{n-1}x^{n-1}+\cdots+a_1x+a_0}{b_mx^m+b_{m-1}x^{m-1}+\cdots+b_1x+b_0}=\begin{cases}\infty & \text{当 } n>m\\ \dfrac{a_n}{b_m} & \text{当 } n=m\\ 0 & \text{当 } n<m\end{cases}.$$

例 9 求 $\lim\limits_{x\to1}\left(\dfrac{1}{1-x}-\dfrac{3}{1-x^3}\right)$.

解 呈现 $(\infty-\infty)$ 的形式，先通分，再求极限：

$$\begin{aligned}\lim_{x\to1}\left(\frac{1}{1-x}-\frac{3}{1-x^3}\right)&=\lim_{x\to1}\frac{x^2+x-2}{(1-x)(x^2+x+1)}\\&=\lim_{x\to1}\frac{(x+2)(x-1)}{(1-x)(x^2+x+1)}\\&=\lim_{x\to1}\left(-\frac{x+2}{x^2+x+1}\right)=-1.\end{aligned}$$

例 10 求 $\lim\limits_{x\to0}\dfrac{x}{\sqrt{1+x}-1}$.

解 先将分母有理化，再求极限：

$$\begin{aligned}\lim_{x\to0}\frac{x}{\sqrt{1+x}-1}&=\lim_{x\to0}\frac{x(\sqrt{1+x}+1)}{(\sqrt{1+x}-1)(\sqrt{1+x}+1)}\\&=\lim_{x\to0}\frac{x(\sqrt{1+x}+1)}{x}\\&=\lim_{x\to0}(\sqrt{1+x}+1)=2.\end{aligned}$$

二、两个重要极限

1. 夹逼定理

设函数 $f(x)$，$g(x)$，$h(x)$ 在 $U(\hat{x}_0,\delta)$ 内有定义，且 $g(x)\leqslant f(x)\leqslant h(x)$，若

$$\lim_{x\to x_0} g(x)=A,\ \lim_{x\to x_0} h(x)=A,$$

则

$$\lim_{x\to x_0} f(x)=A.$$

2. 第一重要极限 $\lim\limits_{x\to 0}\dfrac{\sin x}{x}=1$.

下面证明此结论.

画一个单位圆，如图 4－31 所示.

取 $\angle AOC=x(\text{rad})$，$AB=\sin x$，$CD=\tan x$. 由图得 $S_{\triangle AOC}<S_{\text{扇形}AOC}<S_{\triangle DOC}$，即

$$\frac{1}{2}\sin x<\frac{1}{2}x<\frac{1}{2}\tan x,$$

得

$$\sin x<x<\tan x$$

不等号各边都除以 $\sin x$，得

$$1<\frac{x}{\sin x}<\frac{\tan x}{\sin x}$$

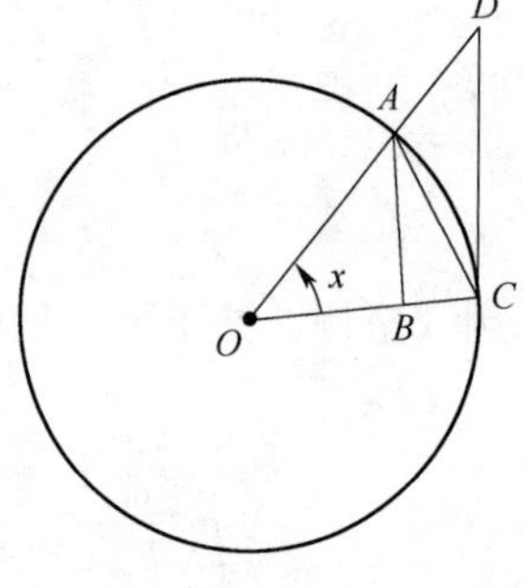

图 4－31

取倒数，得

$$\cos x<\frac{\sin x}{x}<1,$$

上式在第一象限成立，同时，在第四象限也成立，即用 $-x$ 代替 x，$\cos x$ 与 $\dfrac{\sin x}{x}$ 都不变.

因为 $\lim\limits_{x\to 0}\cos x=1$，$\lim\limits_{x\to 0}1=1$，由夹逼定理，得

$$\lim_{x\to 0}\frac{\sin x}{x}=1$$

证毕.

由图 4－32 也可以看出这个重要极限成立.

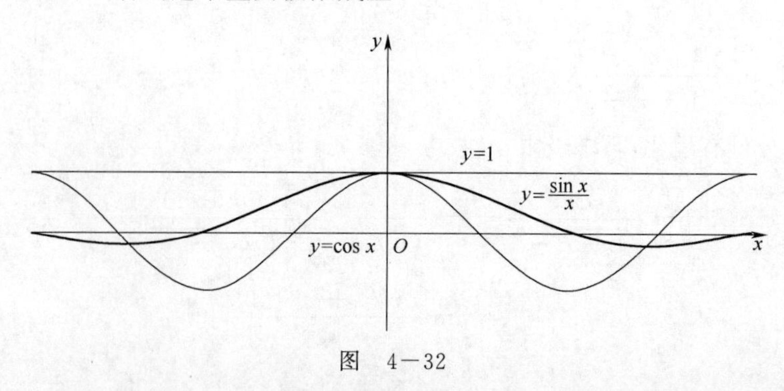

图 4－32

例 11　求 $\lim\limits_{x\to 0}\dfrac{\tan x}{x}$.

解　$\lim\limits_{x\to 0}\dfrac{\tan x}{x}=\lim\limits_{x\to 0}\left(\dfrac{\sin x}{x}\cdot\dfrac{1}{\cos x}\right)=\lim\limits_{x\to 0}\dfrac{\sin x}{x}\cdot\lim\limits_{x\to 0}\dfrac{1}{\cos x}=1.$

例 12　求 $\lim\limits_{x\to 0}\dfrac{\sin 5x}{2x}$.

解　设 $u=5x$，$x=\dfrac{u}{5}$，当 $x\to 0$ 时，$u\to 0$，则

$$\lim_{x\to 0}\frac{\sin 5x}{2x}=\lim_{u\to 0}\frac{\sin u}{2\cdot\dfrac{u}{5}}=\lim_{u\to 0}\frac{5}{2}\cdot\frac{\sin u}{u}=\frac{5}{2}\lim_{u\to 0}\frac{\sin u}{u}=\frac{5}{2}.$$

例 13　求 $\lim\limits_{x\to 0}\dfrac{\sin^2 x}{x^2}$.

解　$\lim\limits_{x\to 0}\dfrac{\sin^2 x}{x^2}=\lim\limits_{x\to 0}\left(\dfrac{\sin x}{x}\right)^2=\left(\lim\limits_{x\to 0}\dfrac{\sin x}{x}\right)^2=1^2=1.$

例 14　求 $\lim\limits_{x\to 0}\dfrac{1-\cos x}{\dfrac{x^2}{2}}$.

解　$\lim\limits_{x\to 0}\dfrac{1-\cos x}{\dfrac{x^2}{2}}=\lim\limits_{x\to 0}\dfrac{2\sin^2\dfrac{x}{2}}{\dfrac{x^2}{2}}=\lim\limits_{x\to 0}\dfrac{\sin^2\dfrac{x}{2}}{\left(\dfrac{x}{2}\right)^2}=\lim\limits_{\frac{x}{2}\to 0}\left(\dfrac{\sin\dfrac{x}{2}}{\dfrac{x}{2}}\right)^2=1^2=1.$

3. 第二重要极限 $\lim\limits_{x\to\infty}\left(1+\dfrac{1}{x}\right)^x=\mathrm{e}$

超越数 e 无论在数学还是在实际问题中都有重要作用，如物体的冷却、放射元素的衰变、计算火箭的速度等都用到 e. 又如，“将一个数分成若干等份，要使各等份乘积最大，怎么分？”要解决这个问题便要同 e 打交道．答案是：使等分的各份尽可能接近 e 值．

关于 $\lim\limits_{x\to\infty}\left(1+\dfrac{1}{x}\right)^x=\mathrm{e}$ 我们不进行理论证明．列出函数 $y=\left(1+\dfrac{1}{x}\right)^x$ 的部分函数值(见表 4－9)来看函数的变化趋势．

表　4－9

x	…	−100 000	−1 000	−10	1	10	1 000	100 000	…
$\left(1+\frac{1}{x}\right)^x$	…	2.718 295	2.719 64	2.867 97	2	2.594	2.716 924	2.718 268	…

从表 4－9 可以看出，当 $x\to\infty$ 时，函数 $\left(1+\dfrac{1}{x}\right)^x$ 的极限存在且是 e，即

$$\lim_{x\to\infty}\left(1+\frac{1}{x}\right)^x=\mathrm{e}$$

我们观察此极限，发现它是 1^∞ 型的极限．

例 15　求 $\lim\limits_{x\to\infty}\left(1+\dfrac{2}{x}\right)^x$.

解　所求极限为 1^∞ 型，令 $1+\dfrac{2}{x}=1+\dfrac{1}{u}$，$x=2u$，当 $x\to\infty$ 时，$u\to\infty$，则

$$\lim_{x\to\infty}\left(1+\frac{2}{x}\right)^{x}=\lim_{u\to\infty}\left(1+\frac{1}{u}\right)^{2u}=\lim_{u\to\infty}\left[\left(1+\frac{1}{u}\right)^{u}\right]^{2}=\left[\lim_{u\to\infty}\left(1+\frac{1}{u}\right)\right]^{2}=\mathrm{e}^{2}.$$

例 16 求 $\lim\limits_{x\to\infty}\left(1-\frac{1}{x}\right)^{x}$.

解 令 $1-\frac{1}{x}=1+\frac{1}{u}$, $x=-u$,当 $x\to\infty$ 时, $u\to\infty$,则

$$\lim_{x\to\infty}\left(1-\frac{1}{x}\right)^{x}=\lim_{u\to\infty}\left(1+\frac{1}{u}\right)^{-u}=\left[\lim_{u\to\infty}\left(1+\frac{1}{u}\right)^{u}\right]^{-1}=\mathrm{e}^{-1}=\frac{1}{\mathrm{e}}.$$

令 $\frac{1}{x}=z$, $x=\frac{1}{z}$,当 $x\to\infty$ 时, $z\to 0$,则

$$\lim_{x\to\infty}\left(1+\frac{1}{x}\right)^{x}=\lim_{z\to 0}(1+z)^{\frac{1}{z}}=\mathrm{e}.$$

因此,第二重要极限还有另外一种形式:

$$\lim_{z\to 0}(1+z)^{\frac{1}{z}}=\mathrm{e}.$$

例 17 求 $\lim\limits_{x\to 0}(1-x)^{\frac{1}{x}}$.

解 令 $1-x=1+u$, $x=-u$,当 $x\to 0$ 时, $u\to 0$,则

$$\lim_{x\to 0}(1-x)^{\frac{1}{x}}=\lim_{u\to 0}(1+u)^{\frac{1}{-u}}=[\lim_{u\to 0}(1+u)^{\frac{1}{u}}]^{-1}=\mathrm{e}^{-1}=\frac{1}{\mathrm{e}}.$$

三、无穷小的比较

我们已经知道,两个无穷小的和、差及乘积仍为无穷小. 但两个无穷小的商却会出现不同的情况.例如,当 $x\to 0$ 时, $2x$, x^2, $\sin x$ 均为无穷小,而

$$\lim_{x\to 0}\frac{x^2}{2x}=0,\ \lim_{x\to 0}\frac{2x}{x^2}=\infty,\ \lim_{x\to 0}\frac{\sin x}{2x}=\frac{1}{2}.$$

两个无穷小的比的极限不同反映了不同的无穷小趋于零的速度不同,如图 4—33 所示.

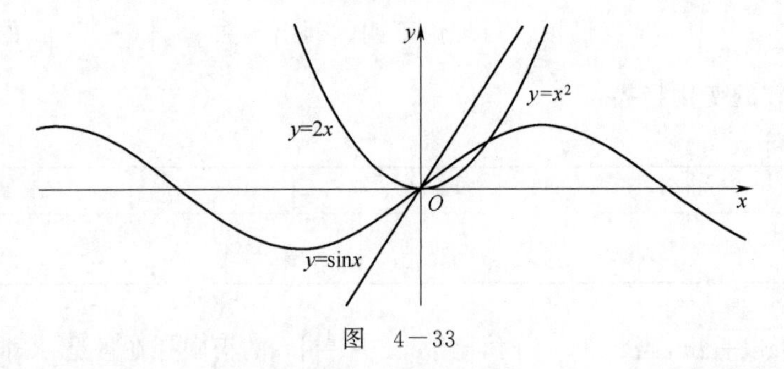

图 4—33

在 $x\to 0$ 的过程中, $x^2\to 0$ 的速度比 $2x\to 0$ 快一些, $2x\to 0$ 比 $x^2\to 0$ 慢一些. $x\to 0$ 与 $\sin x\to 0$ 的速度相当. 为比较无穷小趋于零的快慢,我们引入无穷小量的阶的概念.

定义 设在自变量的某一变化过程中, α, β 均为无穷小,且在自变量的这一变化过程中有

$$\lim\frac{\beta}{\alpha}=C\quad(C\text{ 为常数}).$$

(1)若 $C=0$,则称 β 是比 α **高阶的无穷小**,记作 $\beta=o(\alpha)$(此时也称 α 是比 β **低阶的无穷小**);

(2)若 $C \neq 0$,则称 β 与 α 是**同阶无穷小**,特别是若 $C=1$,则称 β 与 α 是**等价无穷小**,记作 $\alpha \sim \beta$.

例如,因为 $\lim\limits_{x \to 0} \dfrac{x^2}{2x}=0$,而当 $x \to 0$ 时,$2x$,x^2 均为无穷小,所以当 $x \to 0$ 时 x^2 是比 $2x$ 高阶的无穷小,即 $x^2=o(2x)(x \to 0)$;

因为 $\lim\limits_{n \to \infty} \dfrac{\frac{1}{n}}{\frac{1}{n^2}}=\infty$,即 $\lim\limits_{n \to \infty} \dfrac{\frac{1}{n^2}}{\frac{1}{n}}=0$,所以当 $n \to \infty$ 时,$\dfrac{1}{n}$ 是比 $\dfrac{1}{n^2}$ 低阶的无穷小;

因为 $\lim\limits_{x \to 0} \dfrac{\sin x}{2x}=\dfrac{1}{2}$,所以当 $x \to 0$ 时,$\sin x$ 与 $2x$ 是同阶无穷小;

因为 $\lim\limits_{x \to 0} \dfrac{\sin x}{x}=1$,所以当 $x \to 0$ 时,$\sin x$ 与 x 是等价无穷小,记作

$$\sin x \sim x(x \to 0).$$

因为 $\lim\limits_{x \to 0} \dfrac{1-\cos x}{\frac{x^2}{2}}=1$,所以当 $x \to 0$ 时,$1-\cos x$ 与 $\dfrac{x^2}{2}$ 是等价无穷小,记作

$$1-\cos x \sim \frac{x^2}{2}(x \to 0).$$

等价无穷小在求一些两个无穷小之比的极限时可以简化求极限的过程.

定理 2 若 $\alpha \sim \alpha'$,$\beta \sim \beta'$,且 $\lim \dfrac{\alpha'}{\beta'}$ 存在,则

$$\lim \frac{\alpha}{\beta}=\lim \frac{\alpha'}{\beta'}.$$

证 $\lim \dfrac{\alpha}{\beta}=\lim \dfrac{\alpha}{\beta} \cdot \dfrac{\alpha'}{\beta'} \cdot \dfrac{\beta'}{\alpha'}=\lim \dfrac{\beta'}{\beta} \cdot \lim \dfrac{\alpha}{\alpha'} \cdot \lim \dfrac{\alpha'}{\beta'}=\lim \dfrac{\alpha'}{\beta'}$.

此定理表明,求两个无穷小之比的极限时,分子及分母都可以用等价无穷小来代替.因此,如果用来代替的无穷小选择的恰当可以使计算简化.

例 18 求 $\lim\limits_{x \to 0} \dfrac{\tan x}{\sin 2x}$.

解 当 $x \to 0$ 时,$\tan x \sim x$,$\sin 2x \sim 2x$,所以

$$\lim_{x \to 0} \frac{\tan x}{\sin 2x}=\lim_{x \to 0} \frac{x}{2x}=\frac{1}{2}.$$

例 19 $\lim\limits_{x \to 0} \dfrac{\sin x}{x^2+3x}$.

解当 $x \to 0$ 时 $\sin x \sim x$,x^2+3x 与其自身是等价无穷小,所以

$$\lim_{x \to 0} \frac{\sin x}{x^2+3x}=\lim_{x \to 0} \frac{x}{x^2+3x}=\lim_{x \to 0} \frac{x}{x(x+3)}=\lim_{x \to 0} \frac{1}{x+3}=\frac{1}{3}.$$

要熟记以下常见的几个等价无穷小.

当 $x \to 0$ 时,$x \sim \sin x$,$\sin nx \sim nx$,$\tan nx \sim nx$,$\arcsin x \sim x$,$\arctan x \sim x$,

$$1-\cos x \sim \frac{x^2}{2},\ \ln(1+x) \sim x,\ \mathrm{e}^x-1 \sim x,\ \sqrt{1+x} \sim 1+\frac{1}{2}x.$$

习 题 4-3

1. 思考并回答下列问题：

(1)计算极限有哪些法则与方法？给出应用的例子．

(2)计算 $\lim\limits_{\theta\to 0}\dfrac{\sin\theta}{\theta}$. 这里的 θ 用什么单位度量？弧度还是角度．请给出理由．

(3)计算 $\lim\limits_{x\to\infty}\left(1+\dfrac{1}{x}\right)^x$.

(4) 什么是等价无穷小？在求极限的过程中，什么情况下可以用等价无穷小替换？使用它的好处是什么？给出例子．

2. 设 $\lim\limits_{x\to x_0}f(x)=-3$，$\lim\limits_{x\to x_0}g(x)=0$，求下列极限：

(1) $\lim\limits_{x\to x_0}4f(x)$；　(2) $\lim\limits_{x\to x_0}[f(x)]^2$；

(3) $\lim\limits_{x\to x_0}f(x)\cdot g(x)$；　(4) $\lim\limits_{x\to x_0}\dfrac{f(x)}{g(x)-3}$；

(5) $\lim\limits_{x\to x_0}[f(x)+g(x)]$；　(6) $\lim\limits_{x\to x_0}\cos[g(x)]$；

(7) $\lim\limits_{x\to x_0}|f(x)|$.

3. 求下列极限：

(1) $\lim\limits_{x\to 1}(x^2-4x+5)$；　(2) $\lim\limits_{x\to 1}\dfrac{3x+1}{x+5}$；

(3) $\lim\limits_{x\to 2}\dfrac{x^2-3x+2}{x-2}$；　(4) $\lim\limits_{x\to 1}\dfrac{1-\sqrt{x}}{1-x}$；

(5) $\lim\limits_{x\to a}\dfrac{x^2-a^2}{x^4-a^4}$；　(6) $\lim\limits_{s\to 0}\dfrac{(x+s)^2-x^2}{s}$；

(7) $\lim\limits_{x\to 0}\dfrac{(x+s)^2-x^2}{s}$；　(8) $\lim\limits_{x\to 0}\dfrac{\dfrac{1}{2+x}-\dfrac{1}{2}}{x}$；

(9) $\lim\limits_{x\to\infty}\dfrac{7x-3}{3x+7}$；　(10) $\lim\limits_{x\to\infty}\dfrac{2x^2-3}{3x^2+7}$；

(11) $\lim\limits_{x\to\infty}\dfrac{x^2+6}{x+7}$；　(12) $\lim\limits_{x\to\infty}\dfrac{1}{3x^2+7}$；

(13) $\lim\limits_{x\to\infty}\dfrac{x+\sin x+2\sqrt{x}}{x+\sin x}$　(14) $\lim\limits_{x\to\infty}\dfrac{\sin 3x}{x}$；

(15) $\lim\limits_{x\to 0}\dfrac{\sin 3x}{x}$；　(16) $\lim\limits_{x\to 0}\dfrac{\tan 3x}{2x}$；

(17) $\lim\limits_{x\to 0}\dfrac{\sin 3x}{\sin 2x}$；　(18) $\lim\limits_{x\to 0}\dfrac{1-\cos x}{2x^2}$；

(19) $\lim\limits_{\theta\to 0}\dfrac{1-\cos\theta}{\theta}$；　(20) $\lim\limits_{x\to\infty}\left(1-\dfrac{2}{x}\right)^x$；

(21) $\lim\limits_{x\to 0}(1+2x)^{\frac{1}{x}}$；　(22) $\lim\limits_{x\to 0}\dfrac{\arcsin x}{\tan 2x}$；

(23) $\lim\limits_{x\to 0}\dfrac{\sin x^5}{(\sin x)^3}$；　　(24) $\lim\limits_{x\to 0}\dfrac{\ln(1+x)}{\sin 3x}$.

第四节　函数的连续性

在自然界中，有许多现象都是连续变化的．如气温的变化、植物的生长变化、汽车的运动、药物在人体血液中的浓度变化等．它们都有一个特征，即当时间有一个微小变化，我们关注的量的变化也很微小．这种特征称为**连续**．

事实上，在19世纪人们尚未认识到非连续的问题，认为所有事物的变化都是连续的．直到20世纪20年代物理学家才发现非连续的现象，这时，人们才真正开始研究函数的连续问题.如何用数学语言描述函数的连续性，连续函数具有什么样的性质，是本节研究的主要内容．

一、函数连续的概念

1. 函数在一点的连续

例1　观察函数 $f(x)$的图像(见图4－34)，判断当 $x=0,1,2,3,4,5$ 时函数的连续性．

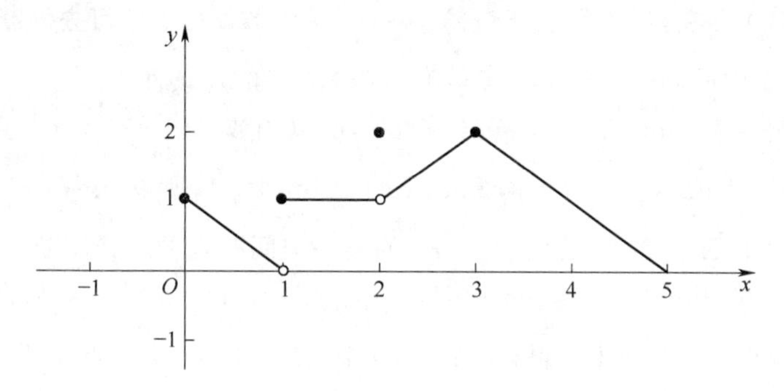

图　4－34

$$f(x)=\begin{cases}1-x & \text{当 } 0\leqslant x<1\\ 1 & \text{当 } 1\leqslant x<2\\ 2 & \text{当 } x=2\\ x-1 & \text{当 } 2<x<3\\ 5-x & \text{当 } 3\leqslant x\leqslant 5\end{cases}$$

解　在区间$[0,5]$内只有在 $x=1,2$ 两点函数的图像是断开的，其他点都是连着的，即只有 $x=1,2$ 两点函数不连续(也称间断)，其他点均连续．

定义1　设函数 $f(x)$ 在 x_0 的某个邻域内有定义，若

$$\lim_{x\to x_0}f(x)=f(x_0)$$

则称函数 $f(x)$ 在 x_0 **点连续**．

若函数 $f(x)$ 在区间 $(x_0-\delta,x_0]$ 有定义，且有

$$\lim_{x\to x_0^-}f(x)=f(x_0),$$

则称函数 $f(x)$ 在 x_0 点**左连续**．

若函数 $f(x)$ 在区间 $[x_0,x_0+\delta)$ 有定义，且有

$$\lim_{x \to x_0^+} f(x) = f(x_0),$$

则称函数 $f(x)$ 在 x_0 点**右连续**.

函数 $f(x)$ 在 x_0 点连续的充分必要条件是函数 $f(x)$ 在 x_0 点既左连续又右连续.

由连续的定义可知,函数 $f(x)$ 在 x_0 点连续必须同时满足以下三个条件:

(1) $f(x)$ 在 x_0 点及其附近有定义;

(2) $\lim\limits_{x \to x_0} f(x)$ 存在;

(3) $\lim\limits_{x \to x_0} f(x) = f(x_0)$.

如果以上三个条件中有一个条件不满足,则点 x_0 就称为函数 $f(x)$ 的**间断点**.

定义 2(间断点的分类) 设 x_0 是函数 $f(x)$ 的一个间断点,若当 $x \to x_0$ 时,$f(x)$ 的左右极限都存在,则称 x_0 是函数 $f(x)$ 的**第一类间断点**;否则,称 x_0 是函数 $f(x)$ 的**第二类间断点**.

对第一类间断点还可分成:

(1)当 $\lim\limits_{x \to x_0^-} f(x)$ 与 $\lim\limits_{x \to x_0^+} f(x)$ 都存在,但是不相等时,称 x_0 是函数 $f(x)$ 的**跳跃间断点**.

(2)当 $\lim\limits_{x \to x_0} f(x)$ 存在,但不等于 $f(x_0)$,称 x_0 是函数 $f(x)$ 的**可去间断点**.

例 2 判断例 1 中的函数 $f(x)$ 在 $x=0,1,2,3,5$ 点的连续性.

解 因为 $f(0)=1, \lim\limits_{x \to 0^+}(1-x)=1=f(0)$,所以函数 $f(x)$ 在 $x=0$ 点右连续.

因为 $\lim\limits_{x \to 1^-} f(x) = \lim\limits_{x \to 1^-}(1-x)=0, \lim\limits_{x \to 1^+} f(x) = \lim\limits_{x \to 1^+} 1 = 1$,所以 $\lim\limits_{x \to 1} f(x)$ 不存在,因此,函数 $f(x)$ 在 $x=1$ 点间断,$x=1$ 是函数 $f(x)$ 的第一类间断点的跳跃间断点.

因为 $f(2)=2$,由 $\lim\limits_{x \to 2^-} f(x) = \lim\limits_{x \to 2^-} 1 = 1, \lim\limits_{x \to 2^+} f(x) = \lim\limits_{x \to 2^+}(x-1)=1$,得 $\lim\limits_{x \to 2} f(x) = 1 \neq f(2)$,所以,函数 $f(x)$ 在 $x=2$ 点间断,$x=2$ 是函数 $f(x)$ 的第一类间断点的可去间断点.

因为 $f(3)=5-3=2, \lim\limits_{x \to 3^-} f(x) = \lim\limits_{x \to 3^-}(x-1)=2, \lim\limits_{x \to 3^+} f(x) = \lim\limits_{x \to 3^+}(5-x)=2$,所以 $\lim\limits_{x \to 3} f(x) = 2 = f(3)$,因此函数 $f(x)$ 在点 $x=3$ 处连续.

因为 $f(5)=5-5=0, \lim\limits_{x \to 5^-}(5-x)=0=f(5)$,所以函数 $f(x)$ 在 $x=5$ 点左连续.

例 3 当 k 为何值时,函数 $f(x)$ 在 $x=0$ 点连续?

$$f(x) = \begin{cases} \dfrac{\sin x}{x} & 当 x \neq 0 \\ k & 当 x = 0 \end{cases}.$$

解 由题设可知,函数函数 $f(x)$ 在 $x=0$ 的某个邻域内有定义,且 $f(0)=k$;因为 $\lim\limits_{x \to 0} f(x) = \lim\limits_{x \to 0} \dfrac{\sin x}{x} = 1$,由连续的定义得:当 $k=1$ 时,函数 $f(x)$ 在 $x=0$ 点连续.

例 4 判断下列函数在指定点的连续性:

(1) $y=\tan x, x=\dfrac{\pi}{2}$; (2) $y=\sin\dfrac{1}{x}, x=0$.

解 因为上述函数在指定点都无定义,所以都不连续,即指定点为该函数的间断点,又因为 $\lim\limits_{x \to \frac{\pi}{2}^-} \tan x = +\infty, \lim\limits_{x \to 0^-} \sin\dfrac{1}{x}$ 不存在,所以这些点均为第二类间断点.

2. 函数在区间的连续

若函数 $f(x)$ 在开区间 (a,b) 内每一点都连续，则称 $f(x)$ 在开区间 (a,b) 内**连续**，(a,b) 称为函数 $f(x)$ 的**连续区间**.

若函数 $f(x)$ 在 (a,b) 内连续，且在左端点 a 右连续，在右端点 b 左连续，则称 $f(x)$ 在闭区间 $[a,b]$ 上连续.

连续函数的图像是一条连续不断的曲线.

显然，基本初等函数在其定义域内均连续.

二、连续函数的性质与应用

1. 连续函数的运算

定理　若函数 $f(x)$ 和 $g(x)$ 都在点 x_0 处连续，则

(1) $f(x)\pm g(x)$；　(2) $f(x)\cdot g(x)$；　(3) $\dfrac{f(x)}{g(x)}(g(x_0)\neq 0)$；　(4) $f[g(x)]$ 也都在点 x_0 处连续.

由上述定理可得：**初等函数在其定义域内都是连续的.**

2. 利用函数的连续性求极限

(1)若 $f(x)$ 在点 x_0 处连续，则有

$$\lim_{x\to x_0} f(x)=f(x_0),$$

即求初等函数在定义区间内一点的极限时，只要求函数在该点的函数值即可.

例 5　求下列函数的极限：

(1) $\lim\limits_{x\to\frac{\pi}{4}}\tan x$；　(2) $\lim\limits_{x\to\frac{\pi}{2}}\ln\sin x$

(3) $\lim\limits_{x\to 0}\sqrt{1-x^2}$；　(4) $\lim\limits_{x\to 1}\dfrac{x^2-2x+5}{x^2+7}$.

解　(1) $\lim\limits_{x\to\frac{\pi}{4}}\tan x=\tan\dfrac{\pi}{4}=1$；

(2) $\lim\limits_{x\to\frac{\pi}{2}}\ln\sin x=\ln\sin\dfrac{\pi}{2}=\ln 1=0$；

(3) $\lim\limits_{x\to 0}\sqrt{1-x^2}=\sqrt{1-0^2}=1$；

(4) $\lim\limits_{x\to 1}\dfrac{x^2-2x+5}{x^2+7}=\dfrac{1^2-2\cdot 1+5}{1^2+7}=\dfrac{4}{8}=\dfrac{1}{2}$.

(2)设有复合函数 $f(\varphi(x))$，若 $\lim\limits_{x\to x_0}\varphi(x)=a$，而函数 $f(u)$ 在 $u=a$ 处连续，则

$$\lim_{x\to x_0} f(\varphi(x))=f(\lim_{x\to x_0}\varphi(x))=f(a).$$

例 6　求下列极限：

(1) $\lim\limits_{x\to\infty}e^{\frac{1}{x}}$；　(2) $\lim\limits_{x\to 0}\ln\dfrac{\sin x}{x}$.

解　(1) $\lim\limits_{x\to\infty}e^{\frac{1}{x}}=e^{\lim\limits_{x\to\infty}\frac{1}{x}}=e^0=1$；

(2) $\lim\limits_{x\to 0}\ln\dfrac{\sin x}{x}=\ln\lim\limits_{x\to 0}\dfrac{\sin x}{x}=\ln 1=0$.

3. 闭区间连续函数的性质

性质1 闭区间连续函数一定有最大值与最小值.

性质2(介值定理) 若函数 $f(x)$ 在闭区间 $[a,b]$ 上连续,且 $f(a)\neq f(b)$, u 是介于 $f(a)$, $f(b)$ 之间的任何一个值,则至少存在一点 $r\in(a,b)$,使得 $f(r)=u$.

性质3(零点存在定理) 若函数 $f(x)$ 在闭区间 $[a,b]$ 上连续,且 $f(a)$, $f(b)$ 异号,即 $f(a)\cdot f(b)<0$,则至少存在一点 $c\in(a,b)$,使得 $f(c)=0$. $x=c$ 称为函数 $f(x)$ 的**零点**,也称为方程 $f(x)=0$ 的一个根.

例7 证明方程 $x^3+x^2-1=0$ 在(0,1)内至少有一个实根.

证 设函数 $f(x)=x^3+x^2-1$,函数 $f(x)=x^3+x^2-1$ 在[0,1]上连续,且 $f(0)=-1<0$, $f(1)=1>0$,它们异号,根据零点存在定理,在0和1之间至少存在一点 $c(0<c<1)$,使得 $f(c)=0$,即 $c^3+c^2-1=0$,这说明方程 $x^3+x^2-1=0$ 在(0,1)内至少有一个实根 c.

还可以画图验证一下,如图4-35所示.

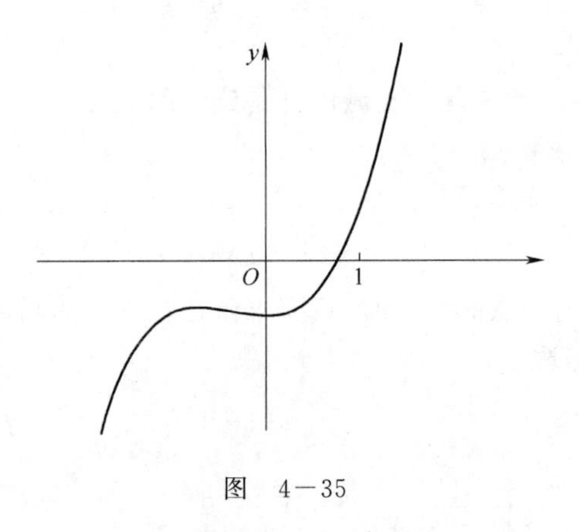

图 4-35

习 题 4-4

1. 思考并回答下列问题:

(1)若函数 $f(x)$ 在 $x=x_0$ 处连续须满足什么条件?什么是间断点?给出例子.

(2)函数在一点左连续、右连续是什么意思?连续与单侧连续之间是什么关系?举例说明.

(3)函数在区间上连续是什么意思?

(4)初等函数具有什么样的连续性?

(5)闭区间上的连续函数有什么性质?举例说明.

2. 画出函数 $f(x)$ 的图形,详细讨论 $f(x)$ 在 $x=-1,0,1$ 处的连续性和单侧连续性,并指出谁是间断点,并说明理由.

$$f(x)=\begin{cases}0 & 当\ x\leqslant -1\\ x^2 & 当\ -1<x<0\\ 2x & 当\ 0\leqslant x<1\\ 1 & 当\ x=1\\ -2x+4 & 当\ x>1\end{cases}.$$

3. 求下列极限：

(1) $\lim\limits_{x\to\infty}2^{\frac{1}{x}}$；　　(2) $\lim\limits_{x\to\frac{\pi}{2}}\ln\sin x$；

(3) $\lim\limits_{x\to\pi}\sin(\pi-\sin x)$；　　(4) $\lim\limits_{\theta\to\frac{\pi}{4}}(\sin2\theta)^2$.

4. 求下列函数的间断点：

(1) $y=\dfrac{x^2-4}{x-2}$；　　(2) $y=\dfrac{1}{1+x}$；

(3) $y=\begin{cases}x+1 & 当\ x>1\\ x-1 & 当\ x\leqslant 1\end{cases}$.

5. 求下列函数的连续区间：

(1) $f(x)=\mathrm{e}^{-x}$；　　(2) $f(x)=\dfrac{1}{\sqrt{x-1}}$；

(3) $f(x)=\tan x$；　　(4) $f(x)=\dfrac{\sin x}{x}$.

6. 证明方程 $x^3-x-1=0$ 在 1 与 2 之间至少有一个实根.

第五节　极限的应用

一、曲线的渐近线

定义 1　若曲线 C 上的点 M 沿着曲线无限地远离原点时，点 M 与某一直线 L 的距离趋于零，则称直线 L 是曲线 C 的一条**渐近线**.

例如，$y=0$，$x=1$ 是曲线 $y=\dfrac{1}{x-1}$ 的两条渐近线，如图 4—36 所示.

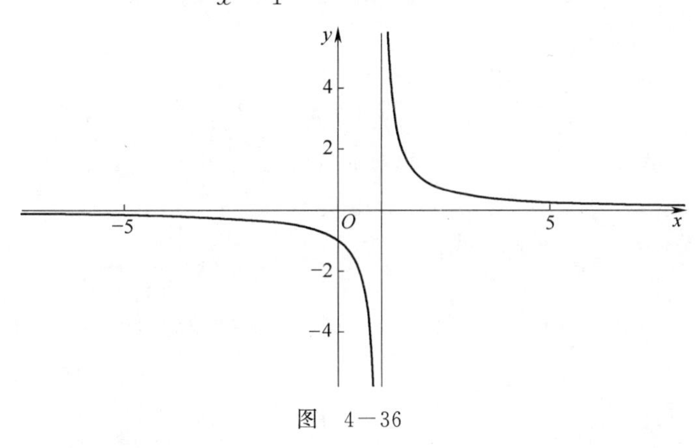

图　4—36

1. 水平渐近线和垂直渐近线

若 $\lim\limits_{\substack{x\to+\infty\\(x\to-\infty)}}f(x)=b$，则直线 $y=b$ 是曲线 $y=f(x)$ 的水平渐近线.

若 $\lim\limits_{\substack{x\to x_0^+\\(x\to x_0^-)}}f(x)=\infty$，则直线 $x=x_0$ 是曲线 $y=f(x)$ 的垂直直渐近线.

例 1 求曲线 $y=\dfrac{1}{x-2}+1$ 的渐近线．

解 因为 $\lim\limits_{x\to\infty}\left(\dfrac{1}{x-2}+1\right)=1$，所以 $y=1$ 是曲线 $y=\dfrac{1}{x-2}+1$ 的一条水平渐近线；因为 $\lim\limits_{x\to 2}\left(\dfrac{1}{x-2}+1\right)=\infty$，所以 $x=2$ 是曲线 $y=\dfrac{1}{x-2}+1$ 的一条垂直渐近线．

2. 斜渐近线

若 $\lim\limits_{\substack{x\to+\infty\\(x\to-\infty)}}[f(x)-(kx+b)]=0$，其中 k,b 为常数，则直线 $y=kx+b$ 是曲线 $y=f(x)$ 的斜渐近线．

如何求常数 k 和 b？

第一步：求 $k=\lim\limits_{\substack{x\to+\infty\\(x\to-\infty)}}\dfrac{f(x)}{x}$；

第二步：求 $b=\lim\limits_{\substack{x\to+\infty\\(x\to-\infty)}}[f(x)-kx]$．

例 2 求曲线 $y=\dfrac{x^3}{x^2+2x-3}$ 的渐近线．

解 因为 $\lim\limits_{x\to-3}\dfrac{x^3}{x^2+2x-3}=\lim\limits_{x\to-3}\dfrac{x^3}{(x+3)(x-1)}=\infty$，

$$\lim_{x\to 1}\frac{x^3}{x^2+2x-3}=\lim_{x\to 1}\frac{x^3}{(x+3)(x-1)}=\infty,$$

所以 $x=-3,x=1$ 是曲线 $y=\dfrac{x^3}{x^2 2x-3}$ 的两条垂直渐近线；

因为 $k=\lim\limits_{x\to\infty}\dfrac{y}{x}=\lim\limits_{x\to\infty}\dfrac{\dfrac{x^3}{x^2+2x-3}}{x}=\lim\limits_{x\to\infty}\dfrac{x^3}{x^3+2x^2-3x}=1$，

$$b=\lim_{x\to\infty}(y-kx)=\lim_{x\to\infty}\left(\frac{x^3}{x^2+2x-3}-x\right)=\lim_{x\to\infty}\frac{-2x^2+3x}{x^2+2x-3}=-2,$$

所以 $y=x-2$ 是曲线 $y=\dfrac{x^3}{x^2+2x-3}$ 的斜渐近线．

例 3 求曲线 $y=\dfrac{x^2}{1+x}$ 的渐近线．

解 因为 $\lim\limits_{x\to-1}\dfrac{x^2}{1+x}=\infty$，所以直线 $x=-1$ 为曲线的垂直渐近线．又因为 $\lim\limits_{x\to\infty}\dfrac{f(x)}{x}=\lim\limits_{x\to\infty}\dfrac{x}{1+x}=1$，即 $k=1$，$\lim\limits_{x\to\infty}[f(x)-kx]=\lim\limits_{x\to\infty}\dfrac{-x}{1+x}=-1$，即 $b=-1$，所以曲线的斜渐近线为 $y=x-1$（见图 4-37）．

二、曲线的切线

1. 曲线割线与平均变化率

设曲线方程 $y=f(x)$，连接曲线上两点 $P(x_1,y_1)$，$Q(x_2,y_2)$ 的直线 L 称为该曲线的一

条**割线**，如图 4－38 所示．该割线的斜率

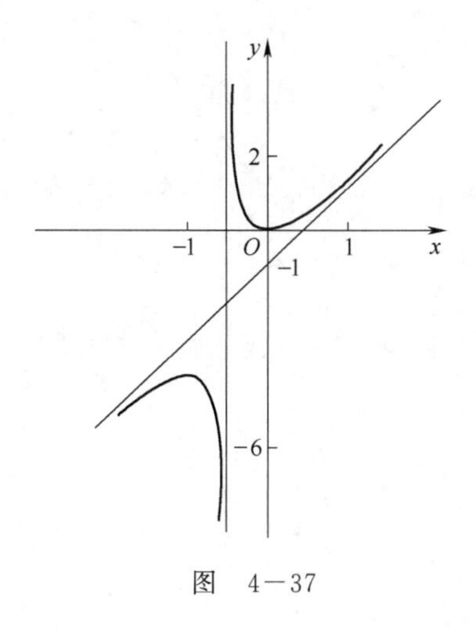

图　4－37

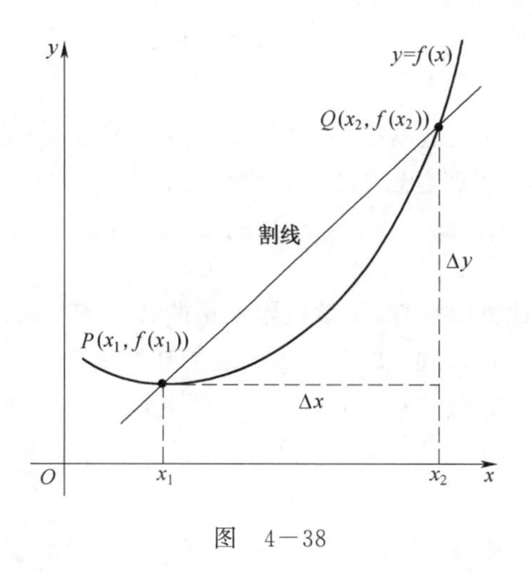

图　4－38

$$k=\frac{\Delta y}{\Delta x}=\frac{f(x_2)-f(x_1)}{x_2-x_1}.$$

定义 2　函数 $y=f(x)$ 关于 x 在区间 $[x_1,x_2]$ 上的平均变化率为

$$\frac{\Delta y}{\Delta x}=\frac{f(x_2)-f(x_1)}{x_2-x_1}.$$

平均变化率在几何上就是割线的斜率．

2. 平面曲线的切线

知道圆的切线是与圆有唯一交点的直线，但对于一般的平面曲线的切线就不能这样定义，观察图 4－39，左图直线 L 与曲线 C 只有一个交点，但直线 L 不是曲线 C 上的切线，右图直线 L 与曲线 C 有三个交点，而直线 L 是曲线 C 上过 P 点的切线．

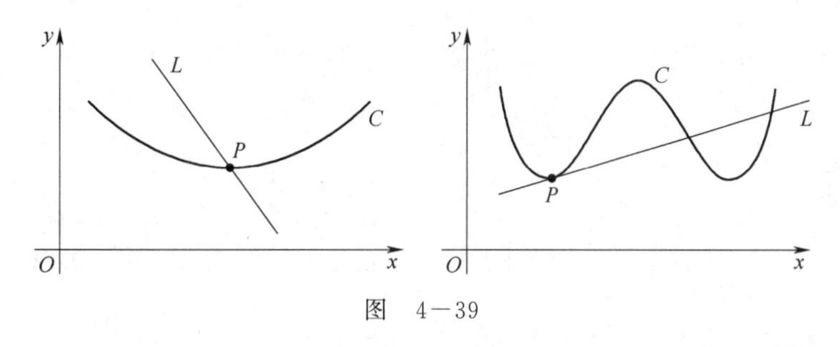

图　4－39

定义 3　在曲线 C 上 P 点的附近再取一点 Q，当点 Q 沿着曲线 C 向 P 点靠近时，割线 PQ 的极限位置就是曲线 C 上 P 点的**切线**，如图 4－40 所示．

从平面曲线的切线的定义可知，研究平面曲线的切线需用一种动态处理问题的方法，即极限法．该方法从已知的内容入手，先在 P 附近取一个点 $Q(x_0+h, f(x_0+h))$，求割线 PQ 的斜率

$$k=\frac{\Delta y}{\Delta x}=\frac{f(x_2)-f(x_1)}{x_2-x_1}$$

$$= \frac{f(x_0+h)-f(x_0)}{x_0+h-x_0}$$

$$= \frac{f(x_0+h)-f(x_0)}{h},$$

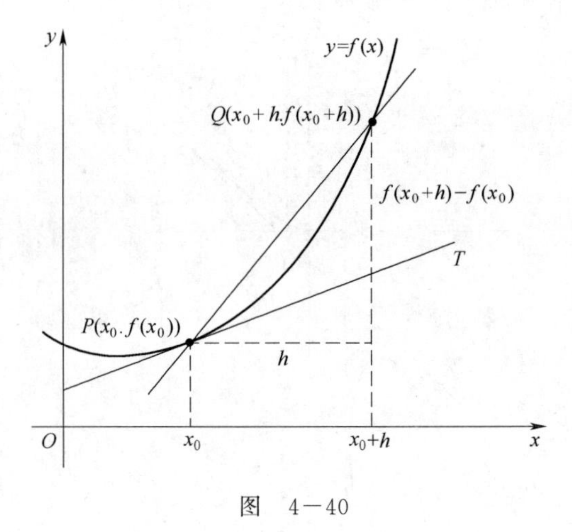

图 4-40

然后求割线斜率的极限,即当点 Q 沿着曲线 C 向 P 点趋近($h\to 0$)时

$$\lim_{h\to 0}\frac{\Delta y}{\Delta x}=\lim_{h\to 0}\frac{f(x_0+h)-f(x_0)}{h}.$$

若此极限存在,则该极限就是曲线在 P 点的斜率 k ,即曲线 C 上过 P 点的切线斜率.

利用直线的点斜式,得曲线 C 上过 P 点的切线方程

$$y-y_0=k(x-x_0).$$

例 4 求抛物线 $y=x^2$ 在点(2,4)的切线方程.

解 (1)在点(2,4)附近取一点($2+h$,$(2+h)^2$),求割线的斜率

$$\frac{\Delta y}{\Delta x}=\frac{f(x_2)-f(x_1)}{x_2-x_1}=\frac{(x_0+h)^2-2^2}{h}=\frac{4h+h^2}{h}=4+h;$$

(2)求极限

$$k=\lim_{h\to 0}\frac{\Delta y}{\Delta x}=\lim_{h\to 0}(4+h)=4;$$

(3)写出切线方程

$$y-4=4(x-2),$$

整理,得

$$y=4x-4.$$

求过曲线 $y=f(x)$ 上点(x_0,y_0) 的切线方程的步骤如下:

(a)计算 $\Delta y=f(x_0+\Delta x)-f(x_0)$;

(b)计算 $\dfrac{\Delta y}{\Delta x}=\dfrac{f(x_0+\Delta x)-f(x_0)}{\Delta x}$;

(c)计算 $k=\lim\limits_{\Delta x\to 0}\dfrac{\Delta y}{\Delta x}=\lim\limits_{\Delta x\to 0}\dfrac{f(x_0+\Delta x)-f(x_0)}{\Delta x}$;

(d)若极限存在,则所求切线方程为 $y-y_0=k(x-x_0)$.

例 5 求曲线 $y=x-2x^2$ 在 $x=1$ 处的切线方程.

解 $f(1)=-1, f(1+\Delta x)=1+\Delta x-2\,(1+\Delta x)^2=-1-3\Delta x+2\,(\Delta x)^2$,

$$\Delta y=f(x_0+\Delta x)-f(x_0)=-1-3\Delta x+2\,(\Delta x)^2+1=-3\Delta x+2\,(\Delta x)^2,$$

$$\frac{\Delta y}{\Delta x}=\frac{f(x_0+\Delta x)-f(x_0)}{\Delta x}=\frac{-3\Delta x+2\,(\Delta x)^2}{\Delta x}=-3+2\Delta x$$

$$k=\lim_{\Delta x\to 0}\frac{\Delta y}{\Delta x}=\lim_{\Delta x\to 0}\frac{f(x_0+\Delta x)-f(x_0)}{\Delta x}=\lim_{\Delta x\to 0}(-3+2\Delta x)=-3,$$

切线方程为

$$y+1=-3(x-1)$$

整理，得

$$y=-3x+2.$$

习　题　4－5

1. 思考并回答下列问题：

(1)什么是水平渐近线、垂直渐近线和斜渐近线？给出例子．

(2)什么是从 $x=a$ 到 $x=b$ 的区间上的函数 $y=f(x)$ 的平均变化率？

(3)曲线 $y=f(x)$ 过 $x=x_0$ 点的切线方程如何求得？

2. 求下列函数曲线的渐近线：

(1)$y=2+\dfrac{1}{x}$；　　(2)$y=\dfrac{1+x^2}{x}$；

(3)$y=\ln(1+x)$；　　(4)$y=\dfrac{x}{x^2-1}$；

(5)$y=\dfrac{1}{x-1}$；　　(6) $y=\dfrac{3}{x^2-4x-5}$.

3. 求下列函数在给定区间的平均变化率：

(1)$f(x)=x^2+1,[-1,1]$；　　(2)$v(t)=\sqrt{4t+1}$，$[0,2]$；

(3)$y=\cos x,\left[\dfrac{\pi}{3},\dfrac{\pi}{2}\right]$.

4. 求下列函数曲线在指定点的切线方程：

(1) $y=4x$,(1,4)；　　(2) $y=\dfrac{1}{x},\left(\dfrac{1}{2},2\right)$；

(3) $y=3x^2-1,x=1$.

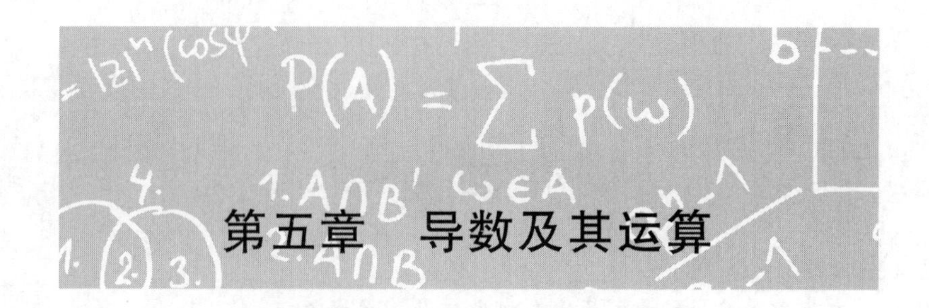

第五章　导数及其运算

问题导入

导数是微积分的一个精髓概念，它来源于许多实际问题的变化率，如物体运动的速度，切线的斜率，交流电的电流强度，细菌的繁殖率等等。导数的应用非常广泛，思考下面两个具体问题：

你能计算出从起步开始用多长时间汽车可以到达 120 km/h 吗？你在爬山时，如何通过量化的方法判断前面这段坡路是否好爬？这些问题在学习了这一章后将得到解决．

学习目标

(1)理解导数概念的基本思想及其在曲线的切线、物体运动的速度和加速度、交流电的电流强度等实际问题中的应用．

(2)具有利用求导公式计算各类函数的导数的能力．

第一节　导数的概念

一、两个引例

微分学中最基本的概念是“导数”．导数来源于许多实际问题的变化率．它描述了非均匀变化现象的变化快慢程度．下面介绍实际生活中两个典型例子：切线与速度．

1. 曲线的切线斜率

我们回顾一下前面极限应用的例子，求曲线的切线斜率．如图 5－1 所示，已知曲线 $y=f(x)$ 上一点 $N(x_0,y_0)$，过 N 点的切线的斜率

$$k=\tan\alpha=\lim_{\Delta x\to 0}\tan\varphi=\lim_{\Delta x\to 0}\frac{\Delta y}{\Delta x}=\lim_{\Delta x\to 0}\frac{f(x_0+\Delta x)-f(x_0)}{\Delta x}.$$

2. 变速直线运动的瞬时速度

速度是用于描述物体运动快慢的概念．对于匀速运动，可由公式

$$速度=\frac{路程}{时间}$$

得出．然而，在实际问题中，运动是非匀速的．因此，上述公式只能表示物体在某一路程中的平均速度．但是，物体在运动过程中任一时刻的速度(即所谓的瞬时速度)是不同的，为了能精确刻画物体的运动，下面讨论描述这种瞬时速度．

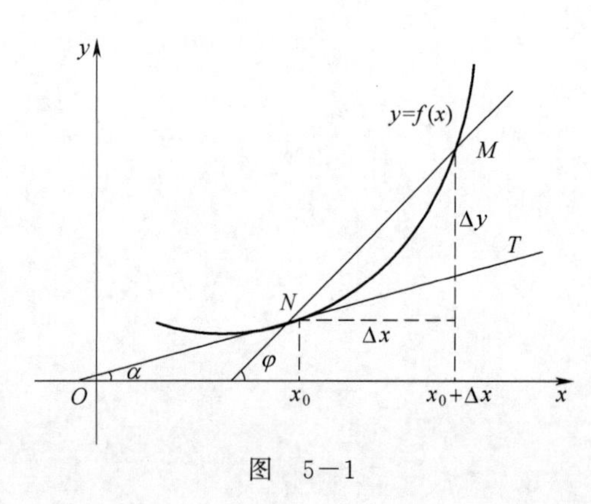

图　5－1

设一物体作变速直线运动，以它的运动直线为数轴，则对于每一个时刻 t，物体所在位置对应数轴上的一个坐标 s．显然，s 是 t 的函数：

$$s=s(t),$$

现在考察物体在任一时刻 t_0 的瞬时速度 $v(t_0)$．

在 t_0 时刻物体的位置为 $s(t_0)$．经过 Δt 时刻后，物体的位置为 $s(t_0+\Delta t)$．设物体在时间段 $[t_0,t_0+\Delta t]$ 内所经过的路程为 Δs，则有：

$$\Delta s=s(t_0+\Delta t)-s(t_0),$$

于是物体在时间段 $[t_0,t_0+\Delta t]$ 内的平均速度 $\bar{v}$ 为

$$\bar{v}=\frac{\Delta s}{\Delta t}=\frac{s(t_0+\Delta t)-s(t_0)}{\Delta t}.$$

平均速度 $\bar{v}$ 并不是时刻 t_0 的瞬时速度 $v(t_0)$，但是当 Δt 很短时，有

$$\bar{v}\approx v(t_0).$$

显然，Δt 越小则上式的近似程度越好，即 $\frac{\Delta s}{\Delta t}$ 越接近 $v(t_0)$．也就是说，当 $\Delta t\to 0$ 时，$\frac{\Delta s}{\Delta t}$ 无限接近 $v(t_0)$，根据极限的概念，有

$$v(t_0)=\lim_{\Delta t\to 0}\frac{\Delta s}{\Delta t}=\lim_{\Delta t\to 0}\frac{s(t_0+\Delta t)-s(t_0)}{\Delta t},$$

这就是该物体在时刻 t_0 的瞬时速度 $v(t_0)$．

上面所讨论的两个问题，一个是几何问题，一个是物理问题．但是，当抛开它们的具体意义而只考虑其中的数量关系时，就会发现它们在本质上是一样的，均为因变量的增量 Δy 与自变量的增量 Δx 之比，当自变量的增量 Δx 趋于 0 时的极限 $\lim\limits_{\Delta x\to 0}\frac{\Delta y}{\Delta x}$．也都是关于函数在一个区间的平均变化率，通过极限方法而得到函数在一点的变化率．这就是微分学中最重要的一个概念：导数．

二、导数的定义

1. 函数在一点的导数

定义 设函数 $y=f(x)$ 在点 x_0 的某个邻域内有定义，当自变量 x 在 x_0 处取得增量 Δx（$x_0+\Delta x$ 仍在该邻域内）时，相应的函数 y 取得增量 $\Delta y=f(x_0+\Delta x)-f(x_0)$；如果

$$\lim_{\Delta x\to 0}\frac{\Delta y}{\Delta x}=\lim_{\Delta x\to 0}\frac{f(x_0+\Delta x)-f(x_0)}{\Delta x}$$

存在，则称函数 $y=f(x)$ 在 x_0 处**可导**，并称这个极限为函数 $y=f(x)$ 在 x_0 处的**导数**．记作

$$y'|_{x=x_0},\ f'(x_0),\ \frac{\mathrm{d}y}{\mathrm{d}x}|_{x=x_0},\ \frac{\mathrm{d}f(x)}{\mathrm{d}x}|_{x=x_0},$$

即

$$y'|_{x=x_0}=\lim_{\Delta x\to 0}\frac{\Delta y}{\Delta x}=\lim_{\Delta x\to 0}\frac{f(x_0+\Delta x)-f(x_0)}{\Delta x}.$$

函数在 x_0 点处的导数也称为函数在 x_0 点的**导数值**．

若令 $\Delta x=h$，则导数的定义可变为

$$f'(x_0)=\lim_{h\to 0}\frac{f(x_0+h)-f(x_0)}{h};$$

若令 $x=x_0+\Delta x$，当 $\Delta x\to 0$ 时导数的定义可变为

$$f'(x_0)=\lim_{x\to x_0}\frac{f(x)-f(x_0)}{x-x_0}.$$

上述两例中，曲线 $y=f(x)$ 在 x_0 点的切线斜率 $k=\tan\alpha=f'(x_0)=y'|_{x=x_0}=\frac{\mathrm{d}y}{\mathrm{d}x}|_{x=x_0}$，变速直线运动在 t_0 时刻的瞬时速度 $v(t_0)=s'(t_0)=\frac{\mathrm{d}s}{\mathrm{d}t}|_{t=t_0}$.

非恒定电流(如交流电)在某时刻 t 的导数就是此时刻的电流强度，即

$$i=q'(t)=\frac{\mathrm{d}q}{\mathrm{d}t}.$$

电容器上的电流强度为单位时间内电容两端电压的变化，即

$$i_C=C\frac{\mathrm{d}u_C}{\mathrm{d}t}.$$

经济学中的导数用了一个特殊的词汇：边际．例如，产品的生产成本 $C(q)$ 是所生产产品数量 q 的函数，生产的边际成本是成本关于生产水平的变化率，就是成本对产量的导数，即边际成本$=\frac{\mathrm{d}C}{\mathrm{d}q}$．同样有边际收入、边际利润、边际税率等．

2. 左右导数

根据函数 $y=f(x)$ 在点 x_0 处的导数定义知道导数是一种极限，由单侧极限的定义知，若左极限

$$\lim_{\Delta x\to 0^-}\frac{\Delta y}{\Delta x}=\lim_{\Delta x\to 0^-}\frac{f(x_0+\Delta x)-f(x_0)}{\Delta x}$$

存在，则称其为函数 $y=f(x)$ 在 x_0 点的**左导数**，记作 $f'_-(x_0)$；若右极限

$$\lim_{\Delta x\to 0^+}\frac{\Delta y}{\Delta x}=\lim_{\Delta x\to 0^+}\frac{f(x_0+\Delta x)-f(x_0)}{\Delta x}$$

存在，则称其为函数 $y=f(x)$ 在 x_0 点的**右导数**，记作 $f'_+(x_0)$.

由单侧极限与极限的关系知：函数在 x_0 点可导的充分必要条件是函数在 x_0 点的左右导数存在且相等．

例 1　判断 $y=|x|$ 在 $x=0$ 点的可导性．

解　函数 $y=|x|$ 在 $x=0$ 点的右导数

$$f'_+(0)=\lim_{\Delta x\to 0^+}\frac{\Delta y}{\Delta x}=\lim_{\Delta x\to 0^+}\frac{f(0+\Delta x)-f(0)}{\Delta x}=\lim_{\Delta x\to 0^+}\frac{\Delta x}{\Delta x}=1,$$

函数 $y=|x|$ 在 $x=0$ 点的左导数

$$f'_-(0)=\lim_{\Delta x\to 0^-}\frac{\Delta y}{\Delta x}=\lim_{\Delta x\to 0^-}\frac{f(0+\Delta x)-f(0)}{\Delta x}=\lim_{\Delta x\to 0^-}\frac{-\Delta x}{\Delta x}=-1,$$

函数 $y=|x|$ 在 $x=0$ 点的左右导数存在，但是不相等，所以，函数 $y=|x|$ 在 $x=0$ 点不可导．

3. 区间可导和导函数

如果函数 $y=f(x)$ 在某个开区间(a,b)内每一点 x 处均可导，则称函数 $y=f(x)$ 在区间(a,b)内可导．

若函数 $y=f(x)$ 在某一区间内每一点均可导，则在该区间内每取一个自变量 x 的值，就可得到一个唯一对应的导数值，这就构成了一个新的函数，这个新函数称为原函数 $y=f(x)$

的导函数,记作

$$y',f'(x),\frac{\mathrm{d}y}{\mathrm{d}x},\frac{\mathrm{d}f(x)}{\mathrm{d}x}.$$

导函数简称为导数．用极限表示为

$$f'(x)=\lim_{\Delta x\to 0}\frac{\Delta y}{\Delta x}=\lim_{\Delta x\to 0}\frac{f(x+\Delta x)-f(x)}{\Delta x}$$

或

$$f'(x)=\lim_{h\to 0}\frac{f(x+h)-f(x)}{h}.$$

三、求导举例

用导数定义求导,可分如下三个步骤：

第一步:求因变量的增量 Δy；

第二步:求比值$\dfrac{\Delta y}{\Delta x}$；

第三步:求比值的极限 $\lim\limits_{\Delta x\to 0}\dfrac{\Delta y}{\Delta x}$.

例 2　求 $f(x)=c$(c 为常数) 的导数.

解　(1)$\Delta y=f(x+\Delta x)-f(x)=c-c=0$

(2) $\dfrac{\Delta y}{\Delta x}=\dfrac{0}{\Delta x}=0$；

(3) $\lim\limits_{x\to 0}\dfrac{\Delta y}{\Delta x}=0$.

故$(c)'=0$,即常数的导数等于 0.

例 3　求函数 $f(x)=x^3$ 的导数．

解　(1)$\Delta y=f(x+\Delta x)-f(x)=(x+\Delta x)^3-x^3=3x^2\Delta x+3x(\Delta x)^2+(\Delta x)^3$；

(2) $\dfrac{\Delta y}{\Delta x}=3x^2+3x\Delta x+(\Delta x)^2$；

(3) $\lim\limits_{\Delta x\to 0}\dfrac{\Delta y}{\Delta x}=\lim\limits_{\Delta x\to 0}[3x^2+3x\Delta x+(\Delta x)^2]=3x^2$.

故有 $\dfrac{\mathrm{d}}{\mathrm{d}x}x^3=(x^3)'=3x^2$.

一般地,幂函数 $y=x^\alpha$(α 是常实数)的导数公式为 $\dfrac{\mathrm{d}}{\mathrm{d}x}x^\alpha=(x^\alpha)'=\alpha x^{\alpha-1}$.

例 4　求函数 $f(x)=\sin x$ 的导数．

解　(1)$\Delta y=f(x+\Delta x)-f(x)=\sin(x+\Delta x)-\sin x=2\cos\left(x+\dfrac{\Delta x}{2}\right)\sin\dfrac{\Delta x}{2}$；

(2) $\dfrac{\Delta y}{\Delta x}=\dfrac{2\cos\left(x+\dfrac{\Delta x}{2}\right)\sin\dfrac{\Delta x}{2}}{\Delta x}$；

(3) $\lim\limits_{\Delta x\to 0}\dfrac{\Delta y}{\Delta x}=\lim\limits_{\Delta x\to 0}\dfrac{2\cos\left(x+\dfrac{\Delta x}{2}\right)\sin\dfrac{\Delta x}{2}}{\Delta x}=\cos x$.

故有 $\frac{\mathrm{d}}{\mathrm{d}x}\sin x=(\sin x)'=\cos x$.

类似地，可求得 $(\cos x)'=-\sin x$.

例 5 求函数 $f(x)=\log_a x(a>0,a\neq 1)$ 的导数.

解 (1) $\Delta y=f(x+\Delta x)-f(x)=\log_a(x+\Delta x)-\log_a x=\log_a\left(1+\frac{\Delta x}{x}\right)$；

(2) $\frac{\Delta y}{\Delta x}=\frac{\log_a\left(1+\frac{\Delta x}{x}\right)}{\Delta x}$；

(3) $$\lim_{\Delta x\to 0}\frac{\Delta y}{\Delta x}=\lim_{\Delta x\to 0}\frac{\log_a\left(1+\frac{\Delta x}{x}\right)}{\Delta x}=\lim_{\Delta x\to 0}\frac{1}{x}\cdot\frac{x}{\Delta x}\log_a\left(1+\frac{\Delta x}{x}\right)$$

$$=\frac{1}{x}\lim_{\Delta x\to 0}\log_a\left(1+\frac{\Delta x}{x}\right)^{\frac{x}{\Delta x}}=\frac{1}{x}\log_a \mathrm{e}=\frac{1}{x\ln a}.$$

即对数函数 $\log_a x(a>0,a\neq 1)$ 的导数为 $\frac{\mathrm{d}y}{\mathrm{d}x}=\frac{\mathrm{d}}{\mathrm{d}x}\log_a x=(\log_a x)'=\frac{1}{x\ln a}$；特别地，当 $a=\mathrm{e}$ 时，有 $(\ln x)'=\frac{1}{x}$.

例 6 求函数 $y=a^x(a>0,a\neq 1)$ 的导数.

解 (1) $\Delta y=f(x+\Delta x)-f(x)=a^{x+\Delta x}-a^x$；

(2) $\frac{\Delta y}{\Delta x}=\frac{a^{x+\Delta x}-a^x}{\Delta x}=a^x\cdot\frac{a^{\Delta x}-1}{\Delta x}$.

设 $a^{\Delta x}-1=t$，移项并取以 a 为底的对数，有 $\Delta x=\log_a(1+t)$，且当 $\Delta x\to 0$ 时，$t\to 0$；

(3) $$\lim_{\Delta x\to 0}\frac{\Delta y}{\Delta x}=\lim_{\Delta x\to 0}a^x\cdot\frac{a^{\Delta x}-1}{\Delta x}=\lim_{t\to 0}a^x\ \frac{t}{\log_a(1+t)}=a^x\lim_{t\to 0}\frac{1}{\log_a(1+t)^{\frac{1}{t}}}$$

$$=a^x\ \frac{1}{\log_a \mathrm{e}}=a^x\ln a.$$

也就是说，指数函数 $a^x(a>0,a\neq 1)$ 的导数为 $\frac{\mathrm{d}y}{\mathrm{d}x}=\frac{\mathrm{d}}{\mathrm{d}x}a^x=(a^x)'=a^x\ln a$；特别地，当 $a=\mathrm{e}$ 时，有 $(\mathrm{e}^x)'=\mathrm{e}^x$.

例 7 已知某物体的运动方程是 $s=t^2-2t+1$，求该物体从 $t=4$ s 到 $t=4.1$ s 这段时间的平均速度和在 $t=4$ s 和 $t=4.1$ s 时的瞬时速度 .

解 先计算从 t 到 $t+\Delta t$ 这段时间的平均速度：

$$\bar{v}=\frac{\Delta s}{\Delta t}=\frac{(t+\Delta t)^2-2(t+\Delta t)+1-(t^2-2t+1)}{\Delta t}$$

$$=\frac{2t\Delta t-2\Delta t+(\Delta t)^2}{\Delta t}$$

$$=2t-2+\Delta t,$$

将 $t=4$ s 和 $\Delta t=4.1-4=0.1$ s 代入上式，得

$$\bar{v}=\frac{\Delta s}{\Delta t}=6.1\ (\mathrm{m/s}),$$

所以，该物体从 $t=4$ s 到 $t=4.1$ s 这段时间的平均速度是 6.1 m/s.

再求物体在任一时刻 t 的速度：

$$\begin{aligned} v=s'(t)&=\lim_{\Delta t\to 0}\frac{\Delta s}{\Delta t}\\ &=\lim_{\Delta t\to 0}(2t-2+\Delta t)\\ &=2t-2, \end{aligned}$$

所以，$v|_{t=4}=6$ m/s，$v|_{t=4.1}=6.2$ m/s，因此，该物体在 $t=4$ s 时刻的瞬时速度是 6 m/s，在 $t=4.1$ s 时刻的瞬时速度是 6.2 m/s.

四、导数的几何意义

函数 $y=f(x)$ 在 x_0 处的导数 $f'(x_0)$ 在几何上表示曲线 $y=f(x)$ 在点 $M(x_0,y_0)$ 处的切线斜率，即 $f'(x_0)=\tan\alpha$，α 为切线与 x 轴正向的夹角.

由直线的点斜式方程，可得点 $M(x_0,y_0)$ 处的切线方程为

$$y-y_0=f'(x_0)(x-x_0),$$

相应点处的法线方程为

$$y-y_0=-\frac{1}{f'(x_0)}(x-x_0).$$

例 8 求曲线 $y=\cos x$ 在点 $\left(\frac{\pi}{4},\frac{\sqrt{2}}{2}\right)$ 处的切线方程和法线方程.

解 由 $(\cos x)'=-\sin x$ 及导数的几何意义可知，所求切线的斜率为

$$k=y'|_{x=\frac{\pi}{4}}=(-\sin x)|_{x=\frac{\pi}{4}}=-\frac{\sqrt{2}}{2},$$

相应的法线斜率为

$$k_1=-\frac{1}{y'\left(\frac{\pi}{4}\right)}=\sqrt{2},$$

切线方程为
$$y-\frac{\sqrt{2}}{2}=-\frac{\sqrt{2}}{2}\left(x-\frac{\pi}{4}\right);$$

法线方程为
$$y-\frac{\sqrt{2}}{2}=\sqrt{2}\left(x-\frac{\pi}{4}\right).$$

例 9 抛物线 $y=x^2$ 上一点 M 处的切线与 x 轴正向的夹角为 $\frac{\pi}{4}$，求该点坐标及切线方程.

解 由幂函数的导数公式可知，$(x^2)'=2x$，由导数的几何意义知 $2x=\tan\frac{\pi}{4}=1$，得 $x=\frac{1}{2}$，相应 $y=\frac{1}{4}$，得点 M 的坐标为 $\left(\frac{1}{2},\frac{1}{4}\right)$，切线方程为 $y-\frac{1}{4}=1\cdot\left(x-\frac{1}{2}\right)$，即 $y=x-\frac{1}{4}$.

五、函数的可导性与连续性的关系

定理 若函数 $y=f(x)$ 在点 x 可导，则 $y=f(x)$ 在点 x 处必连续.

该定理的逆命题不成立，即若函数 $y=f(x)$ 在点 x 处连续，则 $y=f(x)$ 在点 x 处不一定可导.

例 10 讨论函数 $f(x)=\begin{cases}\sqrt{x} & \text{当 } 0\leqslant x<1 \\ 2x-1 & \text{当 } 1\leqslant x<+\infty\end{cases}$ 在 $x=1$ 处的连续性和可导性．

解 先讨论连续性，$\lim\limits_{x\to 1^-}f(x)=\lim\limits_{x\to 1^-}\sqrt{x}=1$，而 $\lim\limits_{x\to 1^+}f(x)=\lim\limits_{x\to 1^+}(2x-1)=1$，即在 $x=1$ 点的左、右极限都存在且相等，$\lim\limits_{x\to 1}f(x)=1$，故 $\lim\limits_{x\to 1}f(x)=f(1)$，因此函数 $f(x)$ 在 $x=1$ 点是连续的．

再讨论可导性，看函数 $f(x)$ 在 $x=1$ 点的左、右导数：

$$f'_-(1)=\lim_{\Delta x\to 0^-}\frac{f(1+\Delta x)-f(1)}{\Delta x}=\lim_{\Delta x\to 0^-}\frac{\sqrt{1+\Delta x}-1}{\Delta x}=\lim_{\Delta x\to 0^-}\frac{1}{\sqrt{1+\Delta x}+1}=\frac{1}{2}$$

$$f'_+(1)=\lim_{\Delta x\to 0^+}\frac{f(1+\Delta x)-f(1)}{\Delta x}=\lim_{\Delta x\to 0^+}\frac{2(1+\Delta x)-1-1}{\Delta x}=\lim_{\Delta x\to 0^+}\frac{2(\Delta x)}{\Delta x}=2$$

即左、右导数都存在但不相等，由可导的充要条件知 $f(x)$ 在 $x=1$ 处不可导．
综上所述，函数 $f(x)$ 在 $x=1$ 处连续但不可导.

习 题 5－1

1. 思考并回答下列问题：

(1)什么是函数 $f(x)$ 的导数？

(2)导数的几何意义指的是一点的导数，还是导函数？

(3)函数的平均变化率和瞬时变化率之间是什么关系？给出例子．

(4)研究运动时导数的含义是什么？已知物体的位置函数如何求其速度？

(5)导数和单侧导数有怎样的关系？举例说明．

(6)函数在开区间可导的含义是什么？

(7)函数在一点的可导性与函数在该点的连续性有怎样的关系？

(8)研究运动时导数的含义是什么？已知物体的位置函数如何求其速度？

(9)给出导数应用的例子．

2. 根据导数定义，求下列函数在给定点处的导数：

(1) $y=3x, x_0=1$；　　(2) $y=\sqrt{x}, x_0=2$.

3. 设 $f'(x_0)=A$，求下列各极限的值：

(1) $\lim\limits_{x\to x_0}\dfrac{f(x)-f(x_0)}{x-x_0}$；　　(2) $\lim\limits_{h\to 0}\dfrac{f(x_0-h)-f(x_0)}{h}$；

(3) $\lim\limits_{\Delta x\to 0}\dfrac{f(x_0+2\Delta x)-f(x_0)}{\Delta x}$；　　(4) $\lim\limits_{h\to 0}\dfrac{f(x_0+h)-f(x_0-h)}{h}$

4. 已知物体的运动规律为 $s=\dfrac{1}{2}t^3$，(s 的单位是 m，t 的单位是 s)，求该物体在 $t=4$ s 时的速度．

5. 将一个物体以初速度 v_0 垂直上抛，经过 t 秒后，物体上升高度为 $h(t)=v_0t-\dfrac{1}{2}gt^2$.

求：(1) 物体从 t_0 时刻到 $t_0+\Delta t$ 时刻所经过的距离 Δh 及平均速度 $\bar{v}$；

(2) 物体在 t_0 时刻的瞬时速度 $v(t_0)$；

(3) 物体经过多长时间到达最高点;

(4) 写出 $h(t)$ 的定义域.

6. 求下列函数的导数:

(1) 设 $y=10$,求 y',$y'(-2)$,$y'(10)$;

(2) 设 $y=x^2$,$y=\sqrt{x}$,$y=\frac{1}{\sqrt[4]{x^3}}$,$y=\frac{x^3}{x^{\frac{2}{3}}}$,$y=x^{0.7}$,$y=x^a\cdot x^b$,求$\frac{dy}{dx}$;

(3) 设 $y=\lg x$,$y=\log_{\frac{1}{2}}x$,$y=\log_3 x$,求$\frac{dy}{dx}$;

(4) 设 $y=2^x$,$y=10^{-x}$,$y=a^x\cdot e^x$,求 y'.

7. 求曲线 $y=\cos x$ 上点$\left(\frac{\pi}{3},\frac{1}{2}\right)$处的切线和法线方程.

8. 设曲线 $y=x^3$ 在点 $M(x_0,y_0)$ 处切线斜率为 3,则该点坐标是多少?

第二节　求导法则与公式

从导数定义可以直接求出一些简单函数的导数,但是对于比较复杂的函数,若用导数的定义来求它们的导数就很困难.这一节介绍一些求导的基本法则和公式,据此可以简捷地求出许多初等函数的导数.这些法则和公式很重要,需要通过练习正确熟练地掌握它们.

一、函数求导的四则运算法则

设函数 $u=u(x)$,$v=(x)$,$w=w(x)$ 在点 x 处可导,$u'=u'(x)$,$v'=v'(x)$ 和 $w'=w'(x)$,则

法则 1　函数代数和的求导法则

$$[u\pm v]'=u'\pm v'.$$

此法则可以推广到有限个可导函数中去,即有限个可导函数之和(差)的导数等于这有限个函数各自的导数的和(差),即 $(u+v-w)'=u'+v'-w'$.

例 1　求函数 $y=x-\sqrt{x}+\sin x+2$ 的导数.

解

$$\begin{aligned}y'&=\left(x-\sqrt{x}+\sin x+2\right)'\\&=x'-\left(\sqrt{x}\right)'+(\sin x)'+2'\\&=1-\frac{1}{2\sqrt{x}}+\cos x.\end{aligned}$$

例 2　$y=x^3+\cos x-\sin\frac{\pi}{2}$,求$\frac{dy}{dx}$和$\frac{dy}{dx}\big|_{x=\frac{\pi}{2}}$.

解

$$\frac{dy}{dx}=(x^3)'+(\cos x)'-\left(\sin\frac{\pi}{2}\right)'=3x^2-\sin x,$$

$$\frac{dy}{dx}\Big|_{x=\frac{\pi}{2}}=3\left(\frac{\pi}{2}\right)^2-\sin\frac{\pi}{2}=\frac{3}{4}\pi^2-1.$$

注: 求$\frac{dy}{dx}\big|_{x=\frac{\pi}{2}}$是先求导函数,再将 $x=\frac{\pi}{2}$ 代入导数表达式.

法则 2　函数积的求导法则

$$(uv)'=u'v+uv'.$$

即两个可导函数乘积的导数等于第一个因子的导数与第二个因子的乘积，加上第一个因子与第二个因子的导数的乘积．

推论 求导数时常数因子可以提到导数符号外面，即 $(cu)'=cu'$．

例 3 求下列函数 $y=2x^3-3x^5+4$ 的导数．

解 $y'=(2x^3-3x^5+4)'=(2x^3)'-(3x^5)'+4'=6x^2-15x^4$.

例 4 $y=\mathrm{e}^x(\sin x+\cos x)$，求 y'.

解
$$\begin{aligned}y'&=(\mathrm{e}^x)'(\sin x+\cos x)+\mathrm{e}^x(\sin x+\cos x)'\\&=\mathrm{e}^x(\sin x+\cos x)+\mathrm{e}^x(\cos x-\sin x)\\&=2\mathrm{e}^x\cos x.\end{aligned}$$

例 5 人体对一定剂量药物的反应有时可用

$$R=M^2\left(\frac{C}{2}-\frac{M}{3}\right)$$

来表示，其中 C 是正常数，M 是血液中吸收的一定量的药物，R 表示血压的变化(mmHg)，$\frac{\mathrm{d}R}{\mathrm{d}M}$ 表示人体对药物的敏感性．求人体对该药物的敏感性．

解 $\frac{\mathrm{d}R}{\mathrm{d}M}=2M\left(\frac{C}{2}-\frac{M}{3}\right)+M^2\left(-\frac{1}{3}\right)=MC-M^2$.

例 6 某散热器生产厂家在生产 8～30 台散热器的情况下的生产成本(元)为

$$C(q)=q^3-6q^2+15q,$$

问每天生产 10 台的情况下，多生产一台的成本是多少？

解 先计算边际成本，

$$C'(q)=(q^3)'-(6q^2)'+(15q)'=3q^2-12q+15,$$

当 $q=10$ 时的边际成本就是生产 10 台的情况下多生产一台的成本．

$$C'(q)\big|_{q=10}=3\times10^2-12\times10+15=195\ (\text{元}),$$

因此，每天生产 10 台的情况下，多生产一台的成本是 195 元．

法则 3 函数商的求导法则

$$\left(\frac{u}{v}\right)'=\frac{u'v-uv'}{v^2}.$$

两个可导函数之商的导数，等于分子的导数与分母的乘积减去分母的导数与分子的乘积，再除以分母的平方．

特别地，

$$\left(\frac{1}{v}\right)'=-\frac{v'}{v^2}.$$

例 7 求函数 $y=\frac{x^2-1}{x^2+1}$ 的导数.

解
$$\begin{aligned}y'&=\frac{(x^2-1)'(x^2+1)-(x^2-1)(x^2+1)'}{(x^2+1)^2}\\&=\frac{2x(x^2+1)-2x(x^2-1)}{(x^2+1)^2}=\frac{4x}{(x^2+1)^2}.\end{aligned}$$

例 8 $y=\tan x$,求 y'.

解 $y'=\left(\dfrac{\sin x}{\cos x}\right)'=\dfrac{(\sin x)'\cos x-\sin x(\cos x)'}{\cos^2 x}=\dfrac{\cos^2 x+\sin^2 x}{\cos^2 x}=\dfrac{1}{\cos^2 x}=\sec^2 x$,

即 $(\tan x)'=\dfrac{1}{\cos^2 x}=\sec^2 x$.

类似可得$(\cot x)'=-\dfrac{1}{\sin^2 x}=-\csc^2 x$

例 9 $y=\sec x$,求 y'.

解 $y'=\left(\dfrac{1}{\cos x}\right)'=\dfrac{(1)'\cos x-1(\cos x)'}{\cos^2 x}=\dfrac{\sin x}{\cos^2 x}=\dfrac{1}{\cos x}\dfrac{\sin x}{\cos x}=\sec x\ \tan x$,

即 $(\sec x)'=\sec x\ \tan x$.

类似可得$(\csc x)'=-\csc x\ \cot x$.

二、复合函数的求导法则

设函数 $y=f(u)$,$u=\varphi(x)$,即 y 是 x 的一个复合函数 $y=f(\varphi(x))$. 如果 $u=\varphi(x)$ 在点 x 处有导数$\dfrac{\mathrm{d}u}{\mathrm{d}x}=\varphi'(x)$,$y=f(u)$ 在对应点 u 处有导数$\dfrac{\mathrm{d}y}{\mathrm{d}u}=f'(u)$,则复合函数 $y=f(\varphi(x))$ 在点 x 处的导数也存在,且

$$\frac{\mathrm{d}y}{\mathrm{d}x}=f'(u)\varphi'(x)=\frac{\mathrm{d}y}{\mathrm{d}u}\frac{\mathrm{d}u}{\mathrm{d}x},$$

或记为 $y'_x=y'_u\cdot u'_x$.

本法则还可推广到有限次复合的情形:如 $y=f(u)$,$u=\varphi(v)$,$v=\psi(x)$,则 $y=f(\varphi(\psi(x))]$ 的导数为$\dfrac{\mathrm{d}y}{\mathrm{d}x}=\dfrac{\mathrm{d}y}{\mathrm{d}u}\cdot\dfrac{\mathrm{d}u}{\mathrm{d}v}\cdot\dfrac{\mathrm{d}v}{\mathrm{d}x}$.

例 10 $y=(1+2x)^{30}$,求$\dfrac{\mathrm{d}y}{\mathrm{d}x}$.

解 设 $y=u^{30}$,$u=1+2x$,则

$$\frac{\mathrm{d}y}{\mathrm{d}x}=\frac{\mathrm{d}y}{\mathrm{d}u}\frac{\mathrm{d}u}{\mathrm{d}x}=\frac{\mathrm{d}}{\mathrm{d}u}(u^{30})\cdot\frac{\mathrm{d}}{\mathrm{d}x}(1+2x)=30u^{29}\cdot 2=60(1+2x)^{29}.$$

运用复合函数求导法则的关键在于设好中间变量．先把复合函数正确地分解为几个简单的函数,再使用复合函数求导法则求导．

例 11 $y=\cos nx$,求$\dfrac{\mathrm{d}y}{\mathrm{d}x}$.

解 设 $y=\cos u$,$u=nx$,则

$$\frac{\mathrm{d}y}{\mathrm{d}x}=\frac{\mathrm{d}y}{\mathrm{d}u}\cdot\frac{\mathrm{d}u}{\mathrm{d}x}=\frac{\mathrm{d}}{\mathrm{d}u}(\cos u)\cdot\frac{\mathrm{d}}{\mathrm{d}x}(nx)=-\sin u\cdot n=-n\sin nx.$$

例 12 $y=\ln\tan x$,求$\dfrac{\mathrm{d}y}{\mathrm{d}x}$.

解 设 $y=\ln u$,$u=\tan x$,则

$$\frac{dy}{dx}=\frac{dy}{du}\cdot\frac{du}{dx}=\frac{d}{du}(\ln u)\cdot\frac{d}{dx}(\tan x)$$
$$=\frac{1}{u}\cdot\sec^2 x=\frac{\cos x}{\sin x}\cdot\frac{1}{\cos^2 x}$$
$$=\frac{1}{\sin x\cos x}.$$

当比较熟练后，可不把中间变量的关系写出来，只要把这些关系默记着就可以了．这样更为简捷．

例 13　$y=e^{x^3}$，求 y'.

解　$y'=(e^{x^3})'=e^{x^3}\cdot 3x^2=3x^2e^{x^3}$.

例 14　$y=\sin\frac{2x}{1+x^2}$，求$\frac{dy}{dx}$.

解
$$\frac{dy}{dx}=\cos\frac{2x}{1+x^2}\cdot\left(\frac{2x}{1+x^2}\right)'=\cos\frac{2x}{1+x^2}\cdot\frac{(2x)'(1+x^2)-2x(1+x^2)'}{(1+x^2)^2}$$
$$=\cos\frac{2x}{1+x^2}\cdot\frac{2(1+x^2)-4x^2}{(1+x^2)^2}=\frac{2(1-x^2)}{(1+x^2)^2}\cos\frac{2x}{1+x^2}.$$

例 15　$y=\sqrt[3]{1-2x^2}$，求 y'.

解　$y'=\frac{1}{3}(1-2x^2)^{-\frac{2}{3}}\cdot(1-2x^2)'=\frac{1}{3}(1-2x^2)^{-\frac{2}{3}}\cdot(-4x)=\frac{-4x}{3\sqrt[3]{(1-2x^2)^2}}$.

例 16　求 $y=\ln(x+\sqrt{x^2+a^2})$ 的导数．

解
$$y'=\frac{1}{x+\sqrt{x^2+a^2}}\cdot(x+\sqrt{x^2+a^2})'=\frac{1}{x+\sqrt{x^2+a^2}}[(x)'+(\sqrt{x^2+a^2})']$$
$$=\frac{1}{x+\sqrt{x^2+a^2}}\left[1+\frac{1}{2}(x^2+a^2)^{-\frac{1}{2}}\cdot(x^2+a^2)'\right]$$
$$=\frac{1}{x+\sqrt{x^2+a^2}}\left[1+\frac{1}{2}(x^2+a^2)^{-\frac{1}{2}}\cdot 2x\right]$$
$$=\frac{1}{x+\sqrt{x^2+a^2}}\left[1+\frac{x}{\sqrt{x^2+a^2}}\right]=\frac{1}{\sqrt{x^2+a^2}}.$$

例 17　$y=\ln\cos(e^x)$，求 y'.

解
$$y'=\frac{1}{\cos e^x}\cdot(\cos e^x)'=\frac{1}{\cos e^x}\cdot(-\sin e^x)\cdot(e^x)'$$
$$=\frac{1}{\cos e^x}(-\sin e^x)e^x=-e^x\cdot\tan e^x.$$

例 18　已知质点作简谐运动时的运动方程为 $s=A\sin\left(\frac{2\pi}{T}t\right)$，其中 A 是振幅，T 是周期，求质点在 $t=\frac{T}{4}$ 时的运动速度．

解　质点在 t 时刻的运动速度为
$$v=\frac{ds}{dt}=\frac{d}{dt}\left[A\sin\left(\frac{2\pi}{T}t\right)\right]=A\cdot\frac{2\pi}{T}\cos\left(\frac{2\pi}{T}t\right),$$

所以当 $t=\frac{T}{4}$ 时的运动速度为

$$v\big|_{t=\frac{T}{4}}=A\cdot\frac{2\pi}{T}\cos\left(\frac{2\pi}{T}\cdot\frac{T}{4}\right)=0.$$

例 19 一物体沿 x 轴运动使其在任何时刻的位置函数由 $x(t)=\cos(t^2+1)$ 给出，求物体运动的速度 .

解 $v_x=\frac{\mathrm{d}x}{\mathrm{d}t}=-\sin(t^2+1)(t^2+1)'=-2t\sin(t^2+1)$.

例 20 已知 $i_L=I_{\mathrm{Lm}}\sin\omega t$ ，求 $\frac{\mathrm{d}i_L}{\mathrm{d}t}$.

解 $\frac{\mathrm{d}i_L}{\mathrm{d}t}=\frac{\mathrm{d}I_{L\mathrm{m}}\sin\omega t}{\mathrm{d}t}=I_{L\mathrm{m}}\cos\omega t\cdot\frac{\mathrm{d}\omega t}{\mathrm{d}t}=I_{L\mathrm{m}}\omega\cos\omega t=I_{L\mathrm{m}}\omega\sin(\omega t+90^\circ)$.

三、隐函数及其求导法

前面讨论的函数都是以形如 $y=f(x)$ 出现的，这种形式的函数称为**显函数** . 但实际问题中，函数的形式往往是通过方程 $F(x,y)=0$ 来表示的，用这种表示形式的函数称为**隐函数** . 例如，$x^2+y^2=1$，$x+y^3-1=0$，$x^2-y+5=0$ 等所决定的函数都是隐函数 .

有些隐函数可以表示成显函数的形式，例如由方程 $x^2-y+5=0$ 解出 y，得显函数 $y=x^2+5$. 把一个隐函数化成显函数，称为**隐函数的显化** . 但是，有的隐函数的显化很困难，甚至是不可能的 .

在各种问题中，有时要计算隐函数的导数 . 这就需要一种方法，直接由方程计算出它所决定的隐函数的导数 . 例如，求过圆 $x^2+y^2=1$ 上一点 $\left(\frac{1}{2},\frac{\sqrt{3}}{2}\right)$ 切线的斜率 . 下面举例介绍解决这类问题的方法 .

例 21 求过圆 $x^2+y^2=1$ 上一点 $\left(\frac{1}{2},\frac{\sqrt{3}}{2}\right)$ 切线的斜率 .

解 将方程 $x^2+y^2=1$ 的两边对 x 求导，注意 y 是 x 的函数，所以 y^2 是 x 的复合函数 . 按照复合函数求导法则，得

$$(x^2)'+(y^2)'=1',$$
$$2x+2yy'=0,$$

解出 y'，得

$$y'=-\frac{x}{y},$$

由导数的几何意义知，过圆 $x^2+y^2=1$ 上一点 $\left(\frac{1}{2},\frac{\sqrt{3}}{2}\right)$ 切线的斜率

$$k=y'\big|_{\left(\frac{1}{2},\frac{\sqrt{3}}{2}\right)}=-\frac{\frac{1}{2}}{\frac{\sqrt{3}}{2}}=-\frac{\sqrt{3}}{3}.$$

由上例知隐函数求导的方法是：

(1)方程 $F(x,y)=0$ 两边对 x 求导；

(2)解出 y'.

例 22 求由方程 $y\ln x - e^x + e^y = 0$ 所确定的隐函数的导数 y'.

解 方程两边对 x 求导,应注意 y 是 x 的函数,应用复合函数求导法则,有

$$y'\ln x + y\frac{1}{x} - e^x + e^y y' = 0,$$

解出

$$y' = \frac{e^x - \dfrac{y}{x}}{e^y + \ln x}.$$

注:因为有的隐函数不易显化,故隐函数的导数 $y' = \dfrac{dy}{dx}$ 的结果中往往含有因变量 y.

例 23 求曲线 $3y^2 = x^2(x+1)$ 在(2,2)处的切线方程.

解 方程两边对 x 求导,得

$$6yy' = 3x^2 + 2x,$$

解出

$$y' = \frac{3x^2 + 2x}{6y},$$

$$y'|_{(2,2)} = \frac{16}{12} = \frac{4}{3},$$

故切线的方程为

$$y - 2 = \frac{4}{3}(x - 2),$$

即

$$4x - 3y - 2 = 0.$$

例 24 在图 5-2 所示的引擎中,一个 7 cm 的连杆固定在半径为 3 cm 的曲柄上.曲轴以 200 r/min 的速度作逆时针旋转,求当 $\theta = \dfrac{\pi}{3}$ 时,活塞的运动速度 $\dfrac{dx}{dt}$.

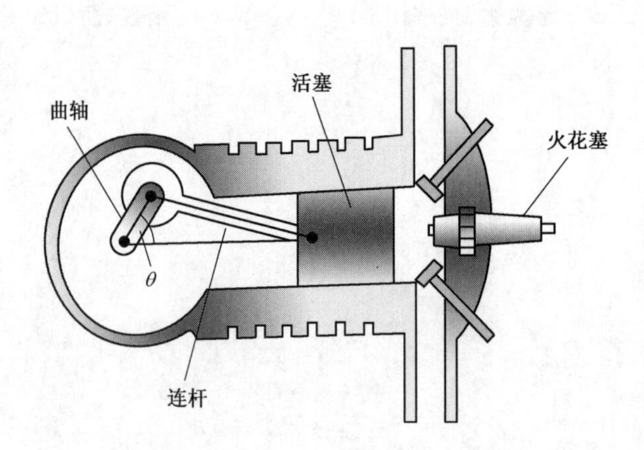

图 5-2

解 设活塞的运动距离为 x,连杆与曲轴的长如图 5-3 所示.曲轴绕连杆运动的速度是

$$\frac{\mathrm{d}\theta}{\mathrm{d}t}=200\cdot 2\pi=400\pi\ (\mathrm{rad/min}),$$

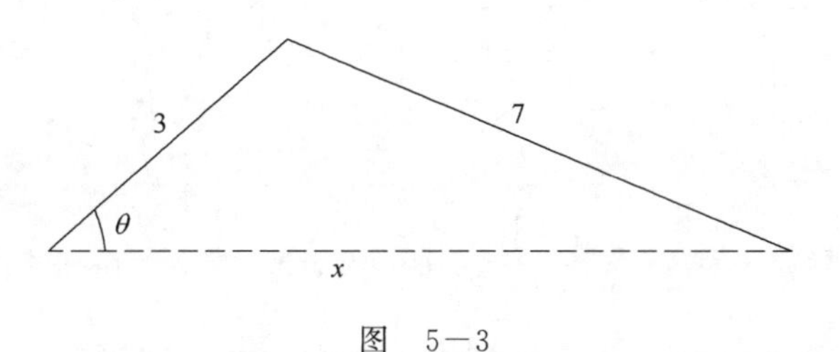

图 5—3

由余弦定理可得到 x 与 θ 的关系为

$$7^2=3^2+x^2-6x\cos\theta\ ,$$

方程两边对时间 t 求导,x 和 θ 都是时间 t 的函数,得

$$0=2x\frac{\mathrm{d}x}{\mathrm{d}t}-6\left(\frac{\mathrm{d}x}{\mathrm{d}t}\cos\theta-x\sin\theta\frac{\mathrm{d}\theta}{\mathrm{d}t}\right),$$

整理,得

$$\frac{\mathrm{d}x}{\mathrm{d}t}=\frac{6x\sin\theta}{6\cos\theta-2x}\cdot\frac{\mathrm{d}\theta}{\mathrm{d}t}\ ,$$

当 $\theta=\frac{\pi}{3}$ 时,将 $\theta=\frac{\pi}{3}$ 代入 $7^2=3^2+x^2-6x\cos\theta$,求出 x 的值.

$$7^2=3^2+x^2-6x\cos\frac{\pi}{3},$$

整理,得

$$x^2-3x-40=0,$$

解得
$$x_1=8\ ,\ x_2=-5\ (舍去),$$

得到当 $\theta=\frac{\pi}{3}$ 时, $x=8$.

所以,当 $x=8$ 和 $\theta=\frac{\pi}{3}$ 时,活塞的速度是

$$\frac{\mathrm{d}x}{\mathrm{d}t}=\frac{6\cdot 8\sin\frac{\pi}{3}}{6\cos\frac{\pi}{3}-2\cdot 8}\cdot 400\pi\approx -4\ 018(\mathrm{cm/min})$$

即活塞的速度是每分钟 -4018 cm.

四、由参数方程所确定的函数导数

参数方程 $\begin{cases}x=x(t)\\y=y(t)\end{cases}$ 通过参数 t 确定 y 是 x 的函数. 例如, $\begin{cases}x=a\cos\theta\\y=a\sin\theta\end{cases}$ $(0\leqslant\theta\leqslant 2\pi)$确定了以原点为圆心,$a$ 为半径的圆周曲线 $x^2+y^2=a^2$.

对于由参数方程 $\begin{cases}x=x(t)\\y=y(t)\end{cases}$ 确定的函数,有时消去参变量 t 而得到 y 和 x 的直接对应关系 $y=f(x)$ 有一定难度,要想求出 y 对 x 的导数 $\frac{\mathrm{d}y}{\mathrm{d}x}$,可以直接由参数方程求出.

设 $x=x(t)$，$y=y(t)$ 关于 t 可导，且 $x'(t)\neq 0$，t 可以看作 x 与 y 之间的中间变量，那么 y 是 x 的复合函数．由复合函数的求导法则，有

$$\frac{\mathrm{d}y}{\mathrm{d}x}=\frac{\mathrm{d}y}{\mathrm{d}t}\cdot\frac{\mathrm{d}t}{\mathrm{d}x}=\frac{\mathrm{d}y}{\mathrm{d}t}\cdot\frac{1}{\frac{\mathrm{d}x}{\mathrm{d}t}}=\frac{\frac{\mathrm{d}y}{\mathrm{d}t}}{\frac{\mathrm{d}x}{\mathrm{d}t}}=\frac{y'_t(t)}{x'_t(t)}.$$

例 25 求椭圆的参数方程 $\begin{cases}x=a\cos t\\ y=b\sin t\end{cases}$ 所确定的函数 $y=f(x)$ 的导数 $\frac{\mathrm{d}y}{\mathrm{d}x}$.

解 $y'_t(t)=b\cos t$，$x'_t(t)=-a\sin t$，故

$$\frac{\mathrm{d}y}{\mathrm{d}x}=\frac{y'_t(t)}{x'_t(t)}=\frac{b\cos t}{-a\sin t}=-\frac{b}{a}\cot t.$$

例 26 求 $\begin{cases}x=a\cos^3 t\\ y=a\sin^3 t\end{cases}$ 确定的函数 $y=f(x)$ 的导数 $\frac{\mathrm{d}y}{\mathrm{d}x}$.

解 $y'_t(t)=3a\sin^2 t\cdot\cos t$，$x'_t(t)=-3a\cos^2 t\cdot\sin t$，故

$$\frac{\mathrm{d}y}{\mathrm{d}x}=\frac{y'_t(t)}{x'_t(t)}=\frac{3a\ \sin^2 t\cos t}{-3a\ \cos^2 t\sin t}=-\frac{\sin t}{\cos t}=-\tan t.$$

例 27 求摆线 $\begin{cases}x=a(t-\sin t)\\ y=a(1-\cos t)\end{cases}$ 在 $t=\frac{\pi}{2}$ 时曲线上的点的切线方程．

解 当 $t=\frac{\pi}{2}$ 时，摆线上的点为 $p\left[\left(\frac{\pi}{2}-1\right)a,a\right]$，$y'_t(t)=a\sin t$，$x'_t(t)=a(1-\cos t)$，故

$$\frac{\mathrm{d}y}{\mathrm{d}x}=\frac{y'_t(t)}{x'_t(t)}=\frac{a\sin t}{a(1-\cos t)}=\frac{\sin t}{1-\cos t},$$

由导数的几何意义知点 P 处切线的斜率为

$$k=\frac{\mathrm{d}y}{\mathrm{d}x}\Big|_{t=\frac{\pi}{2}}=\frac{\sin t}{1-\cos t}\Big|_{t=\frac{\pi}{2}}=1,$$

故点 P 处的切线方程为

$$y-a=x-\left(\frac{\pi}{2}-1\right)a,$$

即
$$y=x+\left(2-\frac{\pi}{2}\right)a.$$

五、高阶导数

1. 高阶导数的定义

定义 函数 $y=f(x)$ 的导数 $y'=f'(x)$ 仍是 x 的函数，函数 $y'=f'(x)$ 的导数称为函数 $y=f(x)$ 的**二阶导数**，记作 y'' 或 $\frac{\mathrm{d}^2y}{\mathrm{d}x^2}$，也可理解为 $(y')'=y''$，$\frac{\mathrm{d}}{\mathrm{d}x}\left(\frac{\mathrm{d}y}{\mathrm{d}x}\right)=\frac{\mathrm{d}^2y}{\mathrm{d}x^2}$.

依此类推，二阶导数 y'' 的导数称为 $f(x)$ 的**三阶导数**，记为 y'''；三阶导数 y''' 的导数称为 $f(x)$ 的四阶导数，记为 $y^{(4)}$ 或 $f^{(4)}(x)$，…，$(n-1)$ 阶导数的导数称为 $f(x)$ 的 n 阶导数，记为 $y^{(n)}$，$f^{(n)}(x)$，$\frac{\mathrm{d}^ny}{\mathrm{d}x^n}$.

2. 高阶导数的计算

由于高阶导数是在上一阶导数的基础上再次求导．故求高阶导数时，需要逐阶求导，具体方法与前面所学的一阶导数的计算相同．

例 28 $y=ax+b$，求 y''.

解 $y'=a$，$y''=(a)'=0$.

例 29 已知某一物体的运动规律是 $s=20+3t^3-5t^2$，问：当时间 $t=1$ s 时，该物体的加速度是多少？

解 位移的导数是速度，速度的导数是加速度，即位移的二阶导数就是加速度．

$$v=\frac{\mathrm{d}s}{\mathrm{d}t}=(20+3t^3-5t^2)'=9t^2-10t,$$

$$a=\frac{\mathrm{d}^2s}{\mathrm{d}t^2}=(20+3t^3-5t^2)''=(9t^2-10t)'=18t-10,$$

$$a\big|_{t=1}=18\cdot 1-10=8(\mathrm{m/s^2}),$$

所以，当时间 $t=1$ s 时，该物体的加速度是 8 $\mathrm{m/s^2}$.

例 30 设 $S=\sin\omega t$，求 S''_t.

解 $S'_t=\omega\cos\omega t$，$S''_t=-\omega^2\sin\omega t$.

例 31 $y=\mathrm{e}^x$，求 $y^{(n)}$.

解 $y'=\mathrm{e}^x$，$y''=(\mathrm{e}^x)'=\mathrm{e}^x$，$y'''=\mathrm{e}^x$，…，$y^{(n)}=\mathrm{e}^x$.

例 32 求 $y=\sin x$ 的 n 阶导数．

解 $y=\sin x$，$y'=\cos x=\sin\left(x+\dfrac{\pi}{2}\right)$，

$$y''=-\sin x=\sin\left(x+\frac{\pi}{2}\cdot 2\right),$$

$$y'''=-\cos x=\sin\left(x+\frac{\pi}{2}\cdot 3\right),$$

$$y^{(4)}=\sin x=,\sin\left(x+\frac{\pi}{2}\cdot 4\right),\cdots$$

依此类推，$y^{(n)}=\sin\left(x+n\cdot\dfrac{\pi}{2}\right)$.

习　题　5－2

1. 思考并回答下列问题：

(1)你知道哪些求导的法则？请举例．

(2)已知 $\sin x$，$\cos x$ 的导数，怎样求出 $\tan x$，$\cot x$，$\sec x$ 的导数？分别求出．

(3)复合函数的求导法则是什么？它如何应用？给出例子．

(4)什么是隐函数求导法？使用该方法的条件是什么？给出例子．

(5)参数方程的求导公式是什么？使用该公式的条件是什么？给出例子．

(6)什么是二阶导数、三阶导数？它们如何表示？如何计算？给出例子．

(7)物体运动的位置函数与加速度之间是什么关系？如果知道其位置函数，如何求加

速度？

2. 求下列函数的导数：

(1) $y=3x^4-\frac{1}{x^2}+\sin x$； (2) $y=\sqrt{x}+\cos x-5$；

(3) $y=3\cos x+\frac{1}{2}\sin x$； (4) $S=t^2(\ln t+\sqrt{t})$；

(5) $y=x^3\log_a x \quad (a>0,a\neq 1)$； (6) $y=x^2\tan x+10$；

(7) $y=\sec x+\csc x$； (8) $y=x^2\sec x$；

(9) $y=\frac{1}{x+\sin x}$； (10) $y=\frac{2-3x}{2+x}$

(11) $y=\frac{\tan x}{x}$； (12) $y=\frac{2x}{1-x^2}$

(13) $S=\frac{\sin t}{\sin t+\cos t}$； (14) $y=\frac{x\sin x}{1+\cos x}$.

3. 求下列函数的导数 $\frac{\mathrm{d}y}{\mathrm{d}x}$：

(1) $y=(1-3x^2)^4$； (2) $y=\ln\tan\frac{x}{2}$；

(3) $y=\sqrt{1+\sin^2 x}$； (4) $y=\mathrm{e}^{\arcsin x}$；

(5) $y=\mathrm{e}^{(1-2x)}\cos 4x$； (6) $y=\sqrt{\frac{1+\cos x}{1-\cos x}}$；

(7) $y=2^{\sin\frac{1}{x}}$； (8) $y=\ln\frac{x^3-1}{x^3+1}$；

(9) $y=\frac{x}{2}\sqrt{x^2+a^2}+\frac{a^2}{2}\ln(x+\sqrt{x^2+a^2})$； (10) $y=\arctan\frac{1-x}{1+x}+\arctan\frac{1+x}{1-x}$.

4. 求由下列方程所确定的隐函数 y 的导数 $\frac{\mathrm{d}y}{\mathrm{d}x}$：

(1) $y=\arcsin(x+y)$； (2) $y=1-x\mathrm{e}^y$；

(3) $xy=\mathrm{e}^{x+y}$； (4) $x^3+y^3-3axy=0$.

5. 求给定点处曲线的切线和法线方程：

(1) $x^2+2y^2=9$，$(1,2)$； (2) $xy+2x-5y=2$，$(3,2)$；

(3) $x+\sqrt{xy}=6$，$(4,1)$； (4) $(y-x)^2=2x+4$，$(6,2)$.

6. 求由下列参数方程所确定的函数 y 的导数 $\frac{\mathrm{d}y}{\mathrm{d}x}$：

(1) $\begin{cases}x=at^2\\ y=bt^2\end{cases}$； (2) $\begin{cases}x=\mathrm{e}^t\sin t\\ y=\mathrm{e}^t\cos t\end{cases}$；

(3) $\begin{cases}x=1-t^2\\ y=t-t^3\end{cases}$； (4) $\begin{cases}x=\theta(1-\sin\theta)\\ y=\theta\cos\theta\end{cases}$.

7. 求下列函数的二阶导数：

(1) $y=\sqrt{a^2-x^2}$； (2) $y=\tan x$；

(3) $y=\ln(1+x^2)$；　　(4) $y=x\cdot\sin x$；

(5) $y=\frac{e^x}{x}$；　　(6) $y=\frac{1}{1+x^3}$；

(7) $y=\cos^2 x\cdot\ln x$；　　(8) $y=x\cdot e^{x^2}$.

8. 已知汽车加速的过程中的运动规律是 $s=\frac{3}{2}t^2$，问从起步开始用多长时间可以加速到 100 km/h.

9. 已知电容两端的电压为 $u_C=U_{Cm}\sin\omega t$，求电容元件上的电流 $i_C=C\frac{du_C}{dt}$.

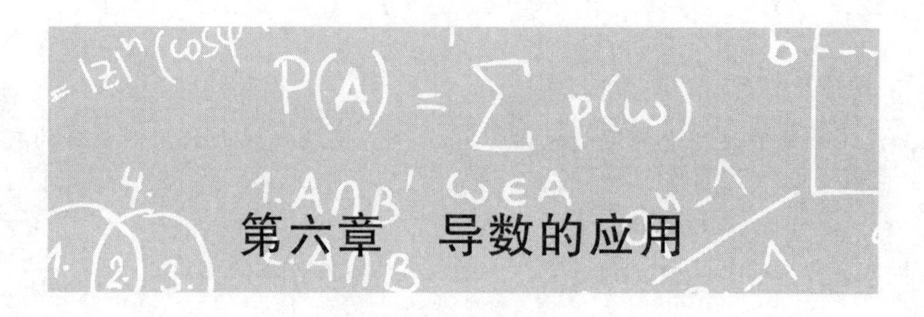

第六章　导数的应用

问题导入

导数在自然科学与工程技术上有着非常广泛的应用.本章主要以导数为工具研究函数的某些性态,如函数的单调性、极值、函数图形的形状及描绘、曲率及曲率半径的计算与应用;在此基础上介绍微分的概念和基本思想及微分的应用．重要的是还要解决一些现实的应用问题,例如,如何用一张矩形硬纸板,做出一个最大体积的纸盒?如何使得售出商品的利润最大?高速路如何铺设费用最低?等等.这类问题称为最优化问题,需要利用导数来解决．

学习目标

(1)掌握利用导数求函数单调区间和极值的方法;

(2)会判断曲线的形状并准确描绘函数图像;

(3)会计算曲线在一点的曲率及曲率半径;

(4)掌握求函数最值的方法及最优化问题的建模和计算;

(5)理解微分的基本概念和思想;

(6)掌握求函数微分的方法及微分在近似计算中的应用．

第一节　函数的单调性与极值

一、函数的单调性

单调性是函数的重要性态之一,表现函数递增和递减的状况,它能帮助人们研究函数的极值,分析函数的图像．下面介绍利用导数判定函数单调性的方法．

引例1　作直线运动的物体,若其速度 $v(t)=\dfrac{\mathrm{d}s}{\mathrm{d}t}>0$,则运动时间越长物体运动的路程 $s(t)$ 越大,即 $s(t)$ 是单调增加的．

引例2　若某商品的销售量 $Q(p)$ 关于价格 p 的导数 $Q'(p)<0$,则价格越高销售量越小,即 $Q(p)$ 是单调减少的．

定理1　设函数 $y=f(x)$ 在 $[a,b]$ 上连续,在 (a,b) 内可导．

(1)若在 (a,b) 内 $f'(x)>0$,则 $f(x)$ 在 $[a,b]$ 上单调增加．

(2) 若在 (a,b) 内 $f'(x)<0$,则 $f(x)$ 在 $[a,b]$ 上单调减少．

定理1的几何意义是:如果曲线 $y=f(x)$ 在某区间内的切线与 x 轴正向夹角 α 为锐角,切线的斜率大于零,即 $y=f(x)$ 在相应点处的导数大于零,则该曲线在该区间内上升,如

图 6－1(a)所示;如果这个夹角 α 为钝角,切线的斜率小于零,即 $y=f(x)$ 在相应点处的导数小于零,则该曲线在该区间内下降,如图 6－1(b)所示.

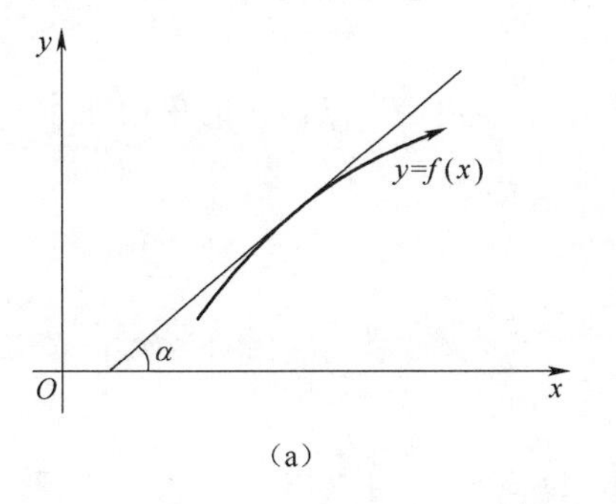

(a)

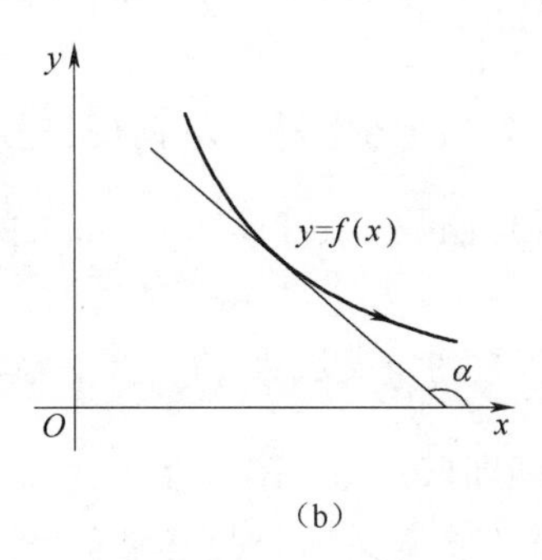

(b)

图　6－1

由定理 1 可知,研究可导函数的单调性,可根据其导数的正负情况予以确定.

例 1　确定函数 $f(x)=x^3-12x$ 的单调区间.

解　此函数的定义域为 $(-\infty,+\infty)$. 因为

$$f'(x)=3x^2-12=3(x+2)(x-2),$$

令 $f'(x)=0$, 得 $x=-2,2$,它们将定义域分为三个子区间 $(-\infty,-2)$,$(-2,2)$,$(2,+\infty)$. 列表分析如表 6－1 所示.

表　6－1

x	$(-\infty,-2)$	$(-2,2)$	$(2,+\infty)$
y'	+	−	+
y	↗	↘	↑

由定理 1,函数 $f(x)$ 在 $(-\infty,-2)$ 及 $(2,+\infty)$ 内,单调增加;在 $(-2,2)$ 内,单调减少.

例 2　讨论函数 $f(x)=\sqrt[3]{x^2}$ 的单调性.

解　此函数的定义域为 $(-\infty,+\infty)$.

当 $x\neq 0$ 时,这个函数的导数是

$$f'(x)=\frac{2}{3\sqrt[3]{x}},$$

当 $x=0$ 时,该函数的导数不存在. 在 $(-\infty,0)$ 内, $f'(x)<0$, 因此函数 $f(x)=\sqrt[3]{x^2}$ 在 $(-\infty,0)$ 内单调减少;在 $(0,+\infty)$ 内, $f'(x)>0$,因此函数 $f(x)=\sqrt[3]{x^2}$ 在 $(0,+\infty)$ 内单调增加. 函数的图像如图 6－2 所示.

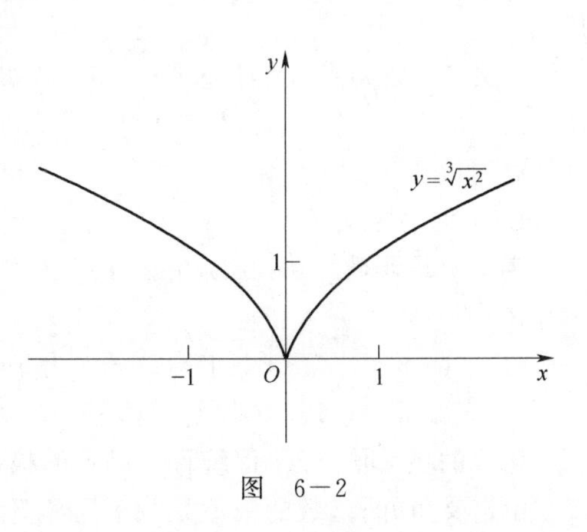

图　6－2

分析例 1 和例 2 知,只要用 $f'(x)=0$ 的点和 $f'(x)$ 不存在的点来划分函数 $f(x)$ 的定义区间,就能保证 $f'(x)$ 在各个部分区间内保持符号不变,这样函数 $f(x)$ 在每个部分区间内保持单调.由例 1 和例 2 可以总结出确定函数单调性的

一般步骤：

(1)确定函数的定义域；

(2)求出使 $f'(x)=0$ 和 $f'(x)$ 不存在的点，并以这些点为分界点，将定义域分成若干子区间；

(3)确定 $f'(x)$ 在各个子区间的符号，根据定理判定出 $f(x)$ 的单调性．

例3 确定函数 $f(x)=x-\frac{3}{2}x^{\frac{2}{3}}$ 的单调区间．

解 此函数的定义域为 $(-\infty,+\infty)$．因为 $f'(x)=1-x^{-\frac{1}{3}}=\frac{\sqrt[3]{x}-1}{\sqrt[3]{x}}$，令 $f'(x)=0$，得 $x=1$，当 $x=0$ 时，$f'(x)$ 不存在．

点 $x=0,1$ 将定义域分为三个子区间 $(-\infty,0)$、$(0,1)$、$(1,+\infty)$．列表分析如表 6－2 所示.

表 6－2

x	$(-\infty,0)$	$(0,1)$	$(1,+\infty)$
y'	+	－	+
y	↗	↘	↗

由定理 1，函数 $f(x)$ 在 $(-\infty,0)$ 及 $(1,+\infty)$ 内，单调增加；在 $(0,1)$ 内，单调减少．

说明：当函数在某区间内，仅个别点处的导数为零或不存在，而在其余各点处导数均大于(或小于)零时，此函数在该区间仍是单调增加(或减少)的．如 $y=x^3$，其定义域为 $(-\infty,+\infty)$．因为 $y'=3x^2$，当 $x=0$ 时，$y'=0$，当 $x\neq0$ 时，均有 $y'=3x^2>0$. 所以 $y=x^3$ 在 $(-\infty,+\infty)$ 上单调增加，如图 6－3 所示．

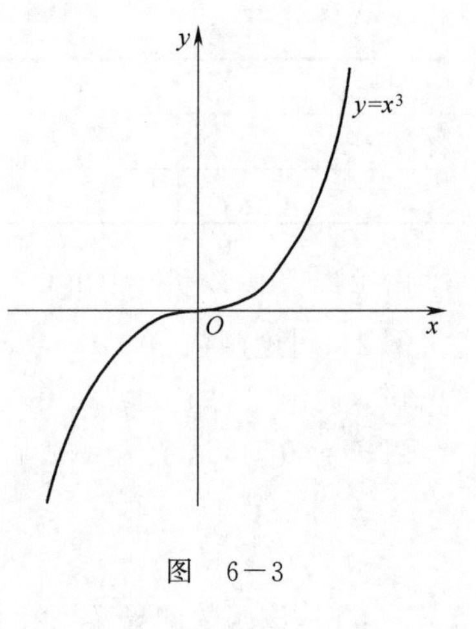

图 6－3

二、函数的极值

极值是函数的一种局部性态，它不仅可以帮助进一步把握函数的变化状况，为准确描绘函数图形提供不可缺少的信息，而且是研究函数的最大值和最小值问题的关键所在．

引例 3 2015 年 11 月 20 至 26 日，A 城市连续低温，其中 23 日气温为－12 ℃，为期间最低气温。而 2015 年 11 月该城市的最低气温为－15 ℃，可以说 23 日气温－12℃是 A 城市 11 月气温的极小值．

1. 极值的定义

定义 设函数 $y=f(x)$ 在 x_0 的某一邻域内有定义，如果对于该邻域内异于 x_0 的任意点 x 都有

(1) $f(x)<f(x_0)$，则称 $f(x_0)$ 为 $f(x)$ 的**极大值**，x_0 称为 $f(x)$ 的**极大值点**；

(2) $f(x)>f(x_0)$，则称 $f(x_0)$ 为 $f(x)$ 的**极小值**，x_0 称为 $f(x)$ 的**极小值点**．

函数的极大值、极小值统称为函数的**极值**，极大值点、极小值点统称为**极值点**．

由定义可知，函数的极值是一个局部概念．一个函数在所给的区间上可能有若干极大值

或极小值，而且极大值不一定比极小值大．如图 6－4 所示，函数 $f(x)$ 在点 x_1 和点 x_3 处取得极大值，在点 x_2 和点 x_4 处取得极小值，且极小值 $f(x_4)$ 大于极大值 $f(x_1)$．

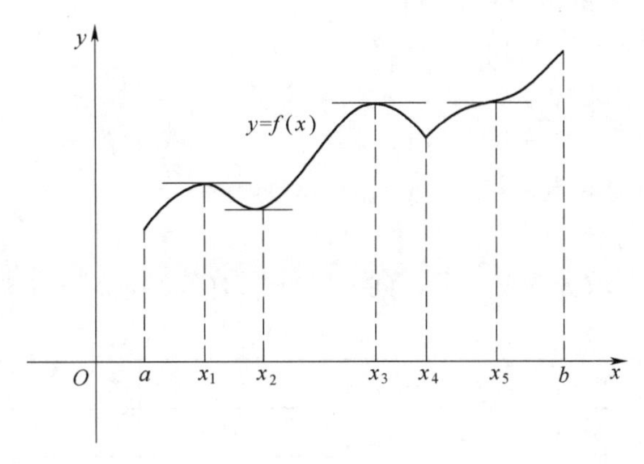

图 6－4

从图 6－4 中可看到，在函数的极值点处，如果函数是可导的，则有 $f'(x)=0$. 如当 $x=x_1, x=x_2, x=x_3$ 时，有 $f'(x)=0$. 在 $x=x_4$ 处，$f(x)$ 不可导．还可看到，$f'(x_5)=0$，但 x_5 却不是极值点．

2. 极值存在的必要条件

定理 2(极值存在的必要条件)　若函数 $f(x)$ 在 x_0 可导，且在 x_0 处取得极值，则 $f'(x_0)=0$.

使 $f'(x)=0$ 的点 x 称为函数的**驻点**．

定理 2 说明：若点 x_0 是函数 $f(x)$ 的极值点且可导，则点 x_0 必为驻点．但是，驻点却不一定是极值点，如图 6－4 中的点 x_5；而不可导的点仍有可能是极值点，如图 6－4 中的点 x_4. 函数的极值点只能在驻点和导数不存在的点中取得，但是驻点和导数不存在的点又不一定是极值点．如何判断所求函数的驻点和不可导点是否函数的极值点呢？如果是，其函数值是极大值还是极小值呢？下面给出判断极值的两个充分条件．

3. 极值的判别

定理 3(判别方法 I)　设函数 $f(x)$ 在点 x_0 的某一邻域内连续且可导(但 $f'(x_0)$ 可以不存在).

(1)若 $x<x_0$ 时，$f'(x)>0$；当 $x>x_0$ 时，$f'(x)<0$，则 $f(x)$ 在点 x_0 处取得极大值．

(2)若 $x<x_0$ 时，$f'(x)<0$；当 $x>x_0$ 时，$f'(x)>0$，则 $f(x)$ 在点 x_0 处取得极小值．

(3)若 x 从 x_0 的左侧变化到右侧时，$f'(x)$ 不变号，则 $f(x)$ 在 x_0 处无极值．

定理 3 的几何意义为：当 x 由小增大经过 x_0 点时，若 $f'(x)$ 由正变负，据定理 1，函数的图像由单调上升到单调下降，函数在 x_0 点达到极大值；若 $f'(x)$ 由负变正，函数的图像由单调下降到单调上升，函数在 x_0 点达到极小值；若 $f'(x)$ 不改变符号，函数的图像增减性不变，则函数在 x_0 点达不到极值．

运用定理 3 求函数极值的一般步骤是：

(1)确定定义域，求出函数 $f(x)$ 的导数 $f'(x)$；

(2)令 $f'(x)=0$，求出函数的驻点；

(3)找出 $f(x)$ 在定义域内的所有不可导点；

(4)考察 $f'(x)$ 在所求驻点及不可导点的两侧是否变号,确定极值点;

(5)求出极值点处的函数值,得到极值.

为方便起见,(4)、(5)两步可列表说明.

例 4 求函数 $f(x)=2x^3-9x^2+12x-3$ 的极值.

解 (1)此函数的定义域为 $(-\infty,+\infty)$,

$f'(x)=6x^2-18x+12=6(x-1)(x-2)$;

(2)令 $f'(x)=0$,得驻点 $x=1,2$;

(3)此函数无不可导点;

(4)两个驻点将定义域分为三个子区间 $(-\infty,1)$,$(1,2)$,$(2,+\infty)$,如表 6-3 所示.

表 6-3

x	$(-\infty,1)$	1	$(1,2)$	2	$(2,+\infty)$
y'	+	0	—	0	+
y	↗	极大值 2	↘	极小值 1	↗

(5)由表 6-3 可见:函数的极大值为 $f(1)=2$,极小值为 $f(2)=1$,其图像如图 6-5 所示.

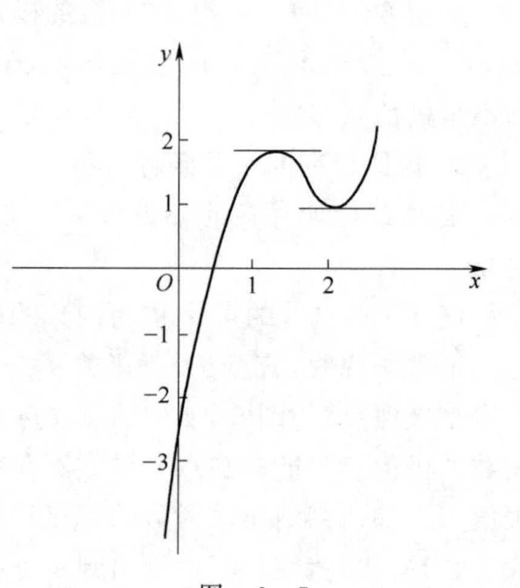

图 6-5

例 5 求 $y=(2x-5)\sqrt[3]{x^2}$ 的极值.

解 (1)此函数的定义域为$(-\infty,+\infty)$,

$$y=2x^{\frac{5}{3}}-5x^{\frac{2}{3}},$$

$$y'=\frac{10}{3}x^{\frac{2}{3}}-\frac{10}{3}x^{-\frac{1}{3}}=\frac{10}{3}(x^{\frac{2}{3}}-x^{-\frac{1}{3}})$$

$$=\frac{10(x-1)}{3\sqrt[3]{x}}.$$

(2)令 $y'=0$ 得驻点 $x=1$;

(3)当 $x=0$ 时,$f'(x)$ 不存在;

(4)驻点 $x=1$ 及不可导点 $x=0$ 将定义域分为三个子区间 $(-\infty,0)$,$(0,1)$,$(1,+\infty)$,如表 6-4 所示.

表 6-4

x	$(-\infty,0)$	0	$(0,1)$	1	$(1,+\infty)$
y'	+	不存在	—	0	+
y	↗	极大值 0	↘	极小值-3	↗

(5)由表可见:函数的极大值为 $f(0)=0$,极小值为 $f(1)=-3$.

定理 4(判别方法Ⅱ) 设函数 $f(x)$ 在点 x_0 处有二阶导数,且 $f'(x_0)=0$,$f''(x_0)\neq 0$,则:

(1)若 $f''(x_0)<0$,则 $f(x)$ 在点 x_0 取得极大值;

(2)若 $f''(x_0)>0$,则 $f(x)$ 在点 x_0 取得极小值.

例 6 求例 4 中函数 $f(x)=2x^3-9x^2+12x-3$ 的极值.

解 此函数的定义域为 $(-\infty,+\infty)$.

$$f'(x)=6x^2-18x+12=6(x-1)(x-2),$$

$$f''(x)=12x-18.$$

令 $f'(x)=0$，得两个驻点 $x_1=1,x_2=2$.

当 $x=1$ 时，$f''(1)=(12x-18)|_{x=1}=-6<0$，由定理 4，$x_1=1$ 是该函数的极大值点，极大值为 $f(1)=2$；

当 $x=2$ 时，$f''(2)=(12x-18)|_{x=2}=6>0$，由定理 4，$x_2=2$ 是该函数的极小值点，极小值为 $f(2)=1$.

这种方法比判别法 1 简单，但要记住这个定理并不太容易．在这里介绍一种简易的记忆图，记住这个定理就容易多了，只要记住图 6－6 所示的两个脸谱就行了．

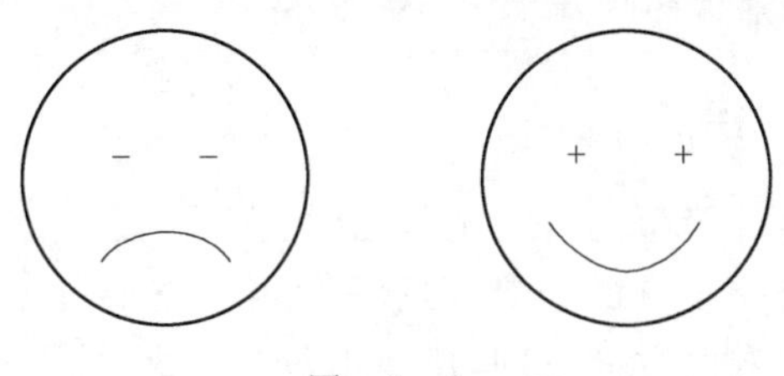

图　6－6

左边的哭脸眼睛闭着，是两个减号代表二阶导数为负，$f''(x)<0$，而下弯的嘴型表示取得极大值；右边的笑脸眼睛睁着，是两个加号代表二阶导数为正，$f''(x)>0$，微笑的嘴型表示取得极小值．

由定理 4 及例题可知，在函数 $f(x)$ 的驻点 x_0 处，$f''(x_0)\neq 0$，用判别法Ⅱ确定其是极大值点还是极小值点较为方便．但若 $f''(x_0)=0$，x_0 可能是极值点，也可能不是极值点．此时判别法Ⅱ失效，只能用判别法Ⅰ来判断．

习　题　6－1

1. 思考并回答下列问题：

(1)如何用导数求函数的单调区间和极值？

(2)什么叫驻点？驻点和不可导点与极值点的关系是什么？

(3)函数的极值与最值之间的区别与联系是什么？

2. 求下列函数的单调区间：

(1) $y=x^3-3x$；　　(2) $y=(x-1)x^{\frac{2}{3}}$；

(3) $y=e^x-x-1$；　　(4) $y=\dfrac{x^2}{1+x}$；

(5) $y=2x^2-\ln x$；　　(6) $y=\dfrac{10}{4x^3-9x^2+6x}$.

3. 证明函数 $y=x-\ln(1+x^2)$ 单调增加．

4. 求下列函数的极值：

(1) $f(x)=2x^2-x^4$；　　(2) $f(x)=\dfrac{2x}{1+x^2}$；

(3) $f(x)=x-\ln(1+x)$；　　(4) $f(x)=2x^3-3x^2-12x+14$；

(5) $f(x)=x^2\mathrm{e}^{-x}$ ；　　(6) $f(x)=\arctan x-\frac{1}{2}\ln(1+x^2)$.

第二节　图形的形状

函数的图像具有直观明了的特点,对于函数研究有着重要意义和广泛应用．前面已经研究了函数的单调性和极值,但是为了准确地描绘函数图形的形状,还需知道函数曲线的弯曲方向及不同弯曲方向的分界点,即曲线的凹凸性和拐点．此外,还应当了解曲线无限远离坐标原点时的变化状况,即曲线的渐近线问题．

一、曲线的凹凸性和拐点

引例　设图 6－7 为某种股票的价格走势曲线,在 AB 段和 BC 段虽然曲线都是上升的趋势,即股票价格都是单调增加的,但曲线的弯曲方向不同,反映出股票价格增加的规律是不同的。从图中可看出,在 AB 段曲线上升得越来越慢,而在 BC 段曲线上升得越来越快．

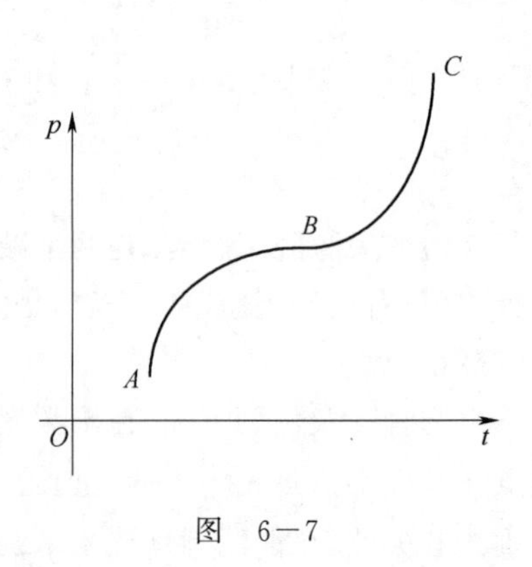

图　6－7

定义 1　若曲线 $f(x)$ 在区间 (a,b) 内曲线段总位于其上任一点处切线的上方,则称曲线在 (a,b) 内是**凹的**(也称**上凹**),如图 6－8 所示;若曲线总位于其上任一点处切线的下方,则称曲线在 (a,b) 内是**凸的**(也称**下凹**),如图 6－9 所示．

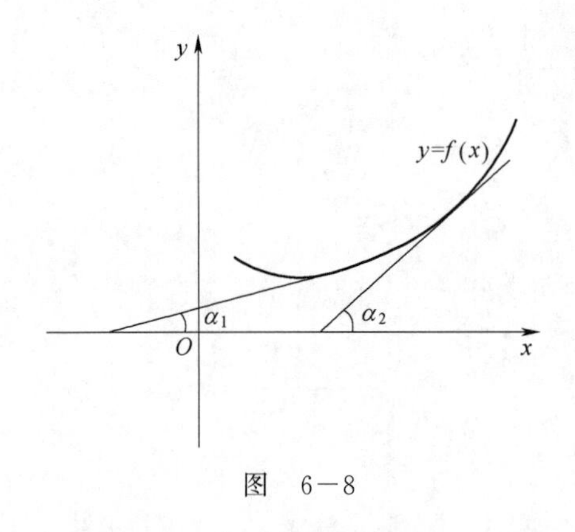

图　6－8

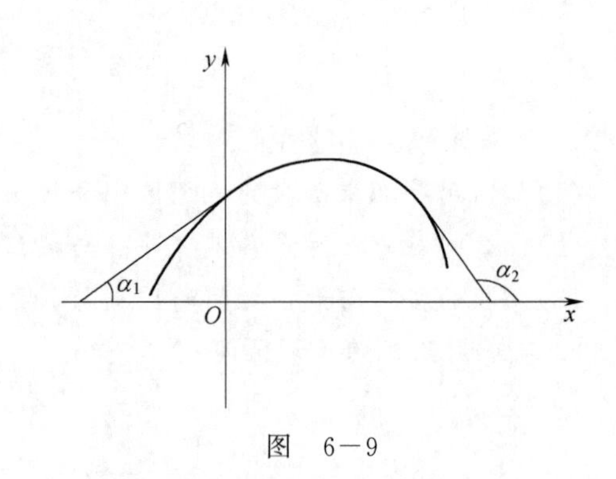

图　6－9

可用二阶导数来判定曲线的凹凸性．

定理　设 $y=f(x)$ 在 $[a,b]$ 上连续,在 (a,b) 内具有一阶和二阶导数,则有:

(1)若在 (a,b) 内, $f''(x)>0$,则曲线 $y=f(x)$ 在 $[a,b]$ 上是凹的;

(2)若在 (a,b) 内, $f''(x)<0$,则曲线 $y=f(x)$ 在 $[a,b]$ 上是凸的．

定理的几何意义是:设曲线的切线与 x 轴的正向夹角为 α ,则当 $f''(x)>0$ 时, $f'(x)$ 单调增加,由导数的几何意义知, $\tan\alpha$ 从小变大,从图 6－8 中可见曲线是凹的;反之,当 $f''(x)<0$ 时, $f'(x)$ 单调减少, $\tan\alpha$ 从大变小,从图 6－9 中可见曲线是凸的．

该定理也可参照图 6－6 所示的笑脸和哭脸图来记忆．

定义 2 曲线凹弧与凸弧的分界点称为曲线的**拐点**.

拐点是曲线凹凸的分界点,所以拐点左右附近 $f''(x)$ 必然异号,因此曲线拐点的横坐标 x_0 只可能是使 $f''(x)=0$ 的点或 $f''(x)$ 不存在的点.

由上可得求曲线凹向与拐点的步骤:

(1)求函数的二阶导数 $f''(x)$;

(2)求出使 $f''(x)=0$ 的点和 $f''(x)$ 不存在的点;

(3)用上述点将定义域分成若干小区间,考查每个小区间上 $f''(x)$ 的符号,并判断凹凸性;

(4)若 $f''(x)$ 在点 x_0 两侧异号,则 $(x_0, f(x_0))$ 是拐点,否则不是.

例 1 求曲线 $y=2x^4-4x^3+1$ 的凹凸区间与拐点.

解 函数的定义域为 $(-\infty,+\infty)$.

$$y'=8x^3-12x^2,$$

$$y''=24x^2-24x=24x(x-1),$$

令 $y''=0$,得 $x_1=0$,$x_2=1$.

列表讨论(见表 6−5)其中⌢,⌣分别表示曲线的凸与凹.

表 6−5

x	$(-\infty,0)$	0	$(0,1)$	1	$(1,+\infty)$
y''	+	0	−	0	+
y	⌣	拐点(0,1)	⌢	拐点(1,−1)	⌣

由表 6−5 可知,曲线在 $(-\infty,0)$ 及 $(1,+\infty)$ 上是凹的,在 $(0,1)$ 上是凸的,曲线有两个拐点 $(0,1)$ 和 $(1,-1)$.

例 2 求曲线 $y=2+(x-4)^{\frac{1}{3}}$ 的凹凸区间与拐点.

解 函数的定义域为 $(-\infty,+\infty)$.

$$y'=\frac{1}{3}(x-4)^{-\frac{2}{3}},$$

$$y''=-\frac{2}{9}(x-4)^{-\frac{5}{3}}=-\frac{2}{9\sqrt[3]{(x-4)^5}},$$

y'' 在定义域内恒不为零.而 $x=4$ 时,y'' 不存在.

当 $x\in(-\infty,4)$ 时,$y''>0$,函数曲线是凹的;

当 $x\in(4,+\infty)$ 时,$y''<0$,函数曲线是凸的.

又 $y(4)=2$,因此点 $(4,2)$ 是曲线的拐点,如图 6−10 所示.

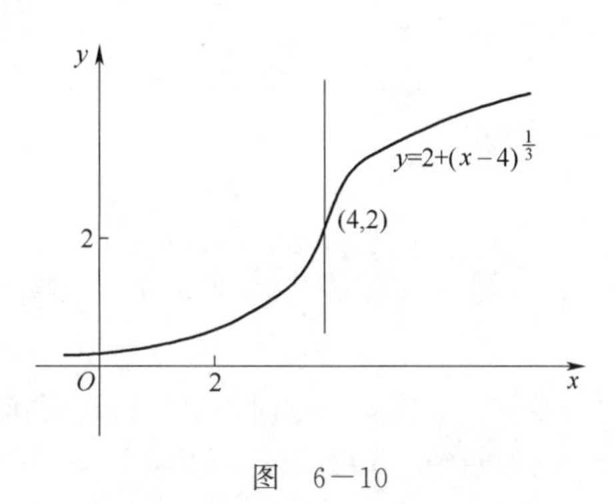

图 6−10

从图 6−10 可看出,$(4,2)$ 是函数曲线的拐点,且在这点处的切线垂直于 x 轴,故一阶导数与二阶导数都不存在.

二、函数图形的描绘

中学里学过的描点作图法,只适用于简单的平面曲线(如直线、抛物线),对于一般的平面曲线，由于所取的点有限，一些关键点如极值点、拐点等，就有可能漏掉，曲线的单调性、凹凸性等重要性态也难以准确地显示出来．通过前面对函数各种性态的讨论，可总结出描绘函数图像的步骤：

(1)确定函数的定义域、值域，并考察其奇偶性和周期性；

(2)讨论函数的单调性、极值点和极值；

(3)讨论函数图形的凹凸区间和拐点；

(4)确定曲线的渐近线；

(5)讨论与坐标轴的交点；

(6)根据讨论结果描绘函数图像．

例 3 讨论函数 $y=e^{-x^2}$ 的性态，并作出其图像．

解 (1)定义域为 $(-\infty,+\infty)$，是偶函数，可只考虑 $x>0$ 的情况.

(2) $y'=-2xe^{-x^2}$，令 $y'=0$，得驻点 $x=0$. 当 $x<0$ 时，$y'>0$，这时函数单调增加；当 $x>0$ 时，$y'<0$，这时函数单调减少，因此函数在 $x=0$ 点达到极大值 1.

(3) $y''=2(2x^2-1)e^{-x^2}$，令 $y''=0$，得 $x=\pm\dfrac{1}{\sqrt{2}}$，当 $0<x<\dfrac{1}{\sqrt{2}}$ 时，$y''<0$，这时曲线是凸的；当 $x>\dfrac{1}{\sqrt{2}}$ 时，$y''>0$，这时曲线是凹的.

将上面结果列表如表 6－6 所示.

表 6－6

x	0	$\left(0,\frac{1}{\sqrt{2}}\right)$	$\frac{1}{\sqrt{2}}$	$\left(\frac{1}{\sqrt{2}},+\infty\right)$
y'	0	－	－	－
y''	－	－	0	＋
y	极大值 1	下降，凸	拐点$\left(\frac{1}{\sqrt{2}},e^{-\frac{1}{2}}\right)$	下降，凹

(4)因为 $\lim\limits_{x\to\infty}e^{-x^2}=0$，所以直线 $y=0$ 是曲线的水平渐近线.

(5)当 $x=0$ 时，$y=1$，曲线过点$(0,1)$;.

(6)根据上述讨论作出函数的图像，如图 6－11 所示．

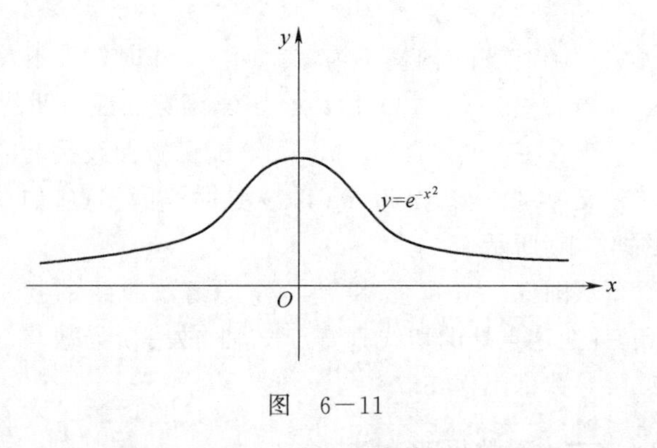

图 6－11

例 4 讨论函数 $y=\dfrac{(x-3)^2}{4(x-1)}$ 的性态，并作出其图像．

解 (1) 定义域为 $(-\infty,1)$ 与 $(1,+\infty)$.

(2) $y'=\dfrac{(x-3)(x+1)}{4(x-1)^2}$，令 $y'=0$，得驻点 $x=-1$，$x=3$. 函数的不可导点为 $x=1$.

当 $x<-1$ 或 $x>3$ 时，$y'>0$，这时函数严格递增；当 $-1<x<1$ 或 $1<x<3$ 时，$y'<0$，这时函数严格递减，因此函数在 $x=-1$ 点达到极大值 -2，在 $x=3$ 点达到极小值 0.

(3) $y''=\dfrac{2}{(x-1)^3}$，当 $x<1$ 时，$y''<0$，这时曲线是凸的；当 $x>1$ 时，$y''>0$，这时曲线是凹的.

将上面结果列表如表 6－7 所示.

表　6－7

x	$(-\infty,-1)$	-1	$(-1,1)$	$(1,3)$	3	$(3,+\infty)$
y'	+	0	−	−	0	+
y''	−	−	−	+	+	+
y	上升，凸	极大值－2	下降，凸	下降，凹	极小值 0	上升，凹

(4)因为 $\lim\limits_{x\to1}\dfrac{(x-3)^2}{4(x-1)}=\infty$，所以直线 $x=1$ 是曲线的垂直渐近线；又因为

$$\lim_{x\to\infty}\frac{f(x)}{x}=\lim_{x\to\infty}\frac{(x-3)^2}{4(x-1)}=\frac{1}{4},$$

$$\lim_{x\to\infty}[f(x)-kx]=\lim_{x\to\infty}\left[\frac{(x-3)^2}{4(x-1)}-\frac{1}{4}x\right]=\lim_{x\to\infty}\frac{-5x+9}{4(x-1)}=-\frac{5}{4},$$

所以直线 $y=\dfrac{1}{4}x-\dfrac{5}{4}$ 是曲线的斜渐近线.

(5)曲线与 x 轴交于点(3,0)，与 y 轴交于点 $\left(0,-\dfrac{9}{4}\right)$.

(6)根据上述讨论作出函数的图像，如图 6－12 所示.

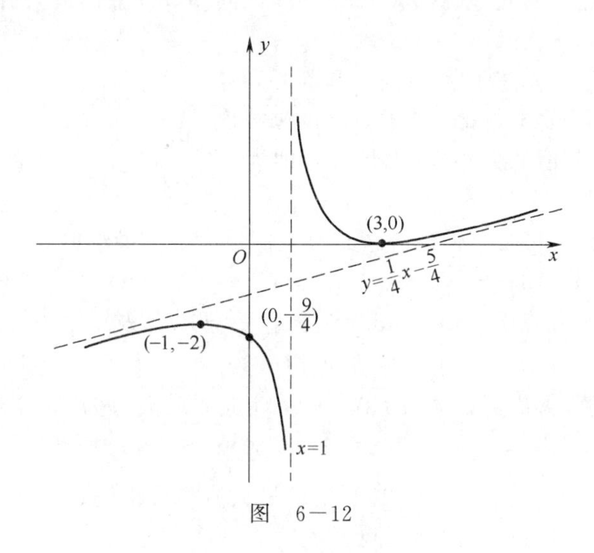

图　6－12

习　题　6－2

1. 思考并回答下列问题：

(1)什么是拐点？如何求曲线的凹凸区间和拐点？

(2)概述描绘函数图形的一般步骤.

(3)从函数的导数可以得知函数图形的什么信息？

2. 求下列函数的凹凸区间与拐点：

(1) $y=x^3-6x^2+9x+1$；　　(2) $y=x^4-6x^2-5$；

(3) $y=\ln(x^2+1)$；　　(4) $y=x^2+\dfrac{1}{x}$.

3. 证明曲线 $y=(2x-3)^4+8$ 无拐点.

4. 问 a,b 为何值时，点(1,3)为曲线 $y=ax^3+bx^2$ 的拐点.

5. 讨论下列函数的性态，并作出它们的图像：

(1) $y=3x-x^3$；　　(2) $y=\dfrac{x^2}{1+x}$；

(3) $y=(x-1)x^{\frac{3}{2}}$；　　(4) $y=\dfrac{2x-1}{(x-1)^2}$.

第三节　建模与最优化

在实践中，常会遇到在一定条件下怎样使成本最低、利润最大、效率最高、性能最好、进程最快等问题，目的是寻求解决某个问题的最优方案，也就是通常所说的最优化问题. 在许多场合，这些问题往往可归结为求一个函数在给定区间上的最大值或最小值问题.

由函数的极值定义知道，极值是局部性概念，而函数的最大值与最小值则是对整个定义域或指定区间而言的. 由前面讨论可知：闭区间上的连续函数一定存在最大值和最小值，函数 $f(x)$ 的最大值与最小值只可能在$[a,b]$ 的端点或(a,b)内的极值点处取得，而只有驻点和不可导点有可能是极值点. 因此，求函数 $f(x)$ 在闭区间$[a,b]$ 上的最大值与最小值，可按如下步骤进行：

(1) 求出 $f(x)$ 在$[a,b]$内的所有驻点和不可导点；

(2) 求出各驻点、不可导点及区间端点处的函数值；

(3)比较上述各函数值的大小，其中最大者即为 $f(x)$ 在$[a,b]$ 上的最大值，最小者为最小值.

例 1　求 $f(x)=x^4-8x^2+2$ 在$[-1,3]$上的最大值与最小值.

解　$f'(x)=4x^3-16x=4x(x-2)(x+2)$.

令　$f'(x)=0$，得驻点 $x_1=0$，　$x_2=2$，$x_3=-2$(舍去).

计算出 $f(0)=2$，$f(2)=-14$，再算出 $f(-1)=-5$，$f(3)=11$.

比较这四个函数值，得出函数 $f(x)$ 在$[-1,3]$ 上的最大值为 $f(3)=11$，最小值为 $f(2)=-14$.

例 2　求 $f(x)=\sqrt[3]{2x-x^2}$ 在$[-1,4]$上的最大值与最小值.

解　$f'(x)=\dfrac{2-2x}{3(2x-x^2)^{\frac{2}{3}}}=\dfrac{2(1-x)}{3\sqrt[3]{(2x-x^2)^2}}$

令 $f'(x)=0$，得驻点 $x=1$.

函数的不可导点为 $x=0$，$x=2$.

计算出 $f(0)=0$，$f(1)=1$，$f(2)=0$，再算出 $f(-1)=-\sqrt[3]{3}$，$f(4)=-2$.

比较这五个函数值，得出函数 $f(x)$ 在$[-1,4]$上的最大值为 $f(1)=1$，最小值为 $f(4)=-2$.

在利用数学方法解决实际问题时，即建立数学模型时（简称建模），首先要分析问题中涉及的数量关系，根据所给条件建立目标函数．如果函数 $f(x)$ 在某区间内可导且只有一个驻点 x_0，又根据实际问题本身可知，$f(x)$ 的最大值（或最小值）一定存在，则可断定此驻点 x_0 处的函数值 $f(x_0)$ 是实际问题所要求的最大值（或最小值）.

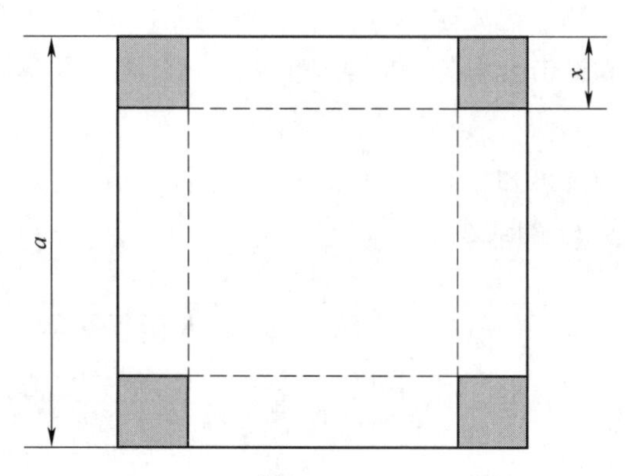

图　6－13

例 3　从一块边长为 a 的正方形铁皮的四角上截去同样大小的正方形（见图 6－13），然后沿虚线把四边折起来做成一个无盖的盒子，问要截去多大的小方块，可使盒子的容积最大？

解　设所截小正方形的边长为 x，则折成盒子的容积为

$$V=x(a-2x)^2,\ x\in\left(0,\frac{a}{2}\right),$$

$$V'=2(a-2x)(-2)x+(a-2x)^2=(a-2x)(a-6x).$$

令 $V'=0$，在区间 $\left(0,\dfrac{a}{2}\right)$ 内，只有一个驻点 $x=\dfrac{a}{6}$，

$$V''=-2(a-6x)-6(a-2x)=24x-8a,\ V''\left(\frac{a}{6}\right)=-4a<0.$$

所以，当 $x=\dfrac{a}{6}$ 时，V 有最大值，即从四角各截去一边长为 $\dfrac{a}{6}$ 的小正方形，可使盒子的容积最大．

例 4　某房地产公司有 50 套公寓要出租，当租金定为每月 180 元时，公寓会全部租出去．当租金每月增加 10 元时，就有一套公寓租不出去，而租出去的房子每月需花费 20 元的整修维护费．试问房租定为多少可获得最大利润？

解　设房租为每月 x 元，租出去的房子有 $50-\dfrac{x-180}{10}$ 套，则每月总利润为

$$L(x)=(x-20)\left(50-\frac{x-180}{10}\right),$$

即

$$L(x)=(x-20)\left(68-\frac{x}{10}\right),$$

$$L'(x)=\left(68-\frac{x}{10}\right)+(x-20)\left(-\frac{1}{10}\right)=70-\frac{x}{5},$$

令 $L'(x)=0$，得 $x=350$，因为 $x=350$ 为唯一驻点，且最大利润一定存在，所以当 $x=350$ 时取得最大值．故当每套公寓租金定为 350 元时可获得最大利润，最大利润

$$L(x)=(350-20)\left(68-\frac{350}{10}\right)=10\ 890(元).$$

例 5　敌人乘汽车从河的北岸 A 处以 1 km/min 的速度向正北逃窜，同时我军摩托车从河的南岸 B 处向正东追击（见图 6－14），速度为 2 km/min. 问我军摩托车何时射击最好？

解　首先建立敌我相距函数关系，设 t 为我军从 B 处发起追击至射击的时间(单位：min)，则敌我相距函数

$$s(t)=\sqrt{(0.5+t)^2+(4-2t)^2}\ ,$$

由题意可知，当敌我相距最近时射击最好，因而可归结为求 $s(t)$ 的最小值.

$$s'(t)=\frac{5t-7.5}{\sqrt{(0.5+t)^2+(4-2t)^2}}\ ,$$

令 $s'(t)=0$，得唯一驻点 $t=1.5$，由题意知在 $t=1.5$ 时取得最小值. 故我军从 B 处发起追击后 1.5 min 射击最好.

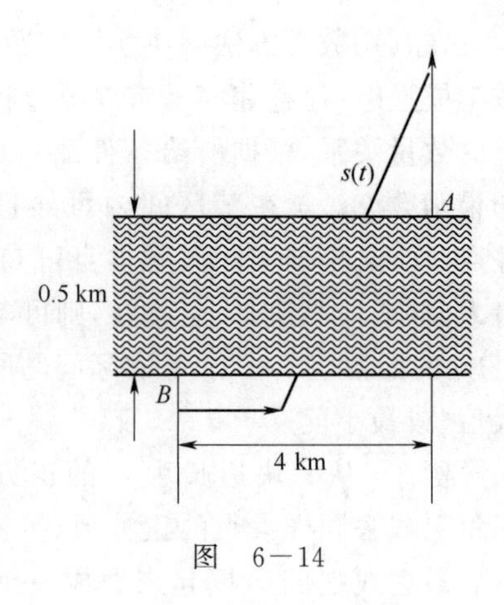

图　6—14

例 6　要设计一个容积为 500 mL 的圆柱形容器，当底面半径与高之比为多少时容器所用材料最少？

解　设其底面半径为 r，高为 h，则其表面积为

$$S=2\pi rh+2\pi r^2\ ,$$

容积为

$$V=\pi r^2h=500,$$

即 $h=\dfrac{500}{\pi r^2}$，代入 $S=2\pi rh+2\pi r^2$，得表面积

$$S=\frac{1\,000}{r}+2\pi r^2,$$

求导得

$$S'=-\frac{1\,000}{r^2}+4\pi r,$$

令 $S'=0$，得唯一驻点 $r=\left(\dfrac{500}{2\pi}\right)^{\frac{1}{3}}$，因为此问题的最小值一定存在，故此驻点即为最小值点，将 $r=\left(\dfrac{500}{2\pi}\right)^{\frac{1}{3}}$ 代入 $\pi r^2h=500$，得 $h=\left(\dfrac{2\,000}{\pi}\right)^{\frac{1}{3}}$，即 $\dfrac{r}{h}=\dfrac{1}{2}$. 故当底面半径与高之比为 1∶2 时，容器所用材料最少.

习　题　6-3

1. 思考并回答下列问题.

(1)在什么情况下函数存在最值？

(2)怎样求出闭区间上连续函数的最大(小)值？

(3)什么是最优化问题？解决最优化问题的步骤是怎样的？

2. 求下列函数在给定区间上的最大值与最小值：

(1) $f(x)=x^5-5x^4+5x^3+1,\ x\in[-1,2]$；

(2) $f(x)=\sqrt{x}\ln x,\ x\in\left[\dfrac{1}{9},1\right]$；

(3) $f(x)=x+\sqrt{1-x},\ x\in[-5,1]$；

(4) $f(x)=\dfrac{x^2}{1+x}$, $x\in\left[-\dfrac{1}{2},1\right]$.

3. 把长为 l 的线段截为两段,问如何截可使这两段线为边所组成的矩形面积最大?

4. 用长 6 m 的铝合金料加工一日字形窗框,问它的长和宽分别为多少时,才能使窗户面积最大?最大面积是多少?

5. 要做一个底面为矩形的带盖的盒子,其体积为 72 cm^3,其底边成 1∶2 的关系,问各边的长怎样才能使表面积最小?

6. 设生产某种产品 q 个单位的总成本为 $C(q)=q^2+10q+400$,问 q 为多少时平均成本最低?最低平均成本是多少?

7. 人在雨中行走,速度不同可能导致淋雨量有很大不同,即淋雨量是人行走速度的函数,记淋雨量为 y,行走速度为 x,并设它们之间的函数关系为 $y=x^3-6x^2+9x+4$,求其淋雨量最小时的行走速度.

8. 生产某种产品 q 个单位的费用为 $C(q)=10q+300$,收入函数为 $R(q)=18q-0.2q^2$,问每批生产多少个单位,才能使利润最大?

9. 某商品的需求量 q 是价格 p 的函数 $q(p)=75-p^2$,问价格为何值时,总收益最大?最大收益是多少?

第四节　微分与线性化

在实际问题中,当分析变化过程时,常常要通过微小的局部变化来寻找整体的变化规律,因此需要研究变量的微小的改变量.一般来说,计算函数增量的精确值是比较烦琐的,实际应用中往往只需计算出它的近似值,微分概念由此产生.

引例　设一正方形金属薄片受温度变化的影响,其边长从 x_0 变化到 $x_0+\Delta x$,则薄片面积大约改变了多少?

一、微分的定义

前面我们学习了导数的概念,用记号 $\dfrac{\mathrm{d}y}{\mathrm{d}x}$ 表示 y 关于 x 的导数,现在引进新变量 $\mathrm{d}y$ 和 $\mathrm{d}x$,如果它们的比值存在,那么它们的比值就等于导数.因为 $\dfrac{\mathrm{d}y}{\mathrm{d}x}=f'(x)$,所以 $\mathrm{d}y=f'(x)\mathrm{d}x$.

定义　设函数 $y=f(x)$ 可导,称 $\mathrm{d}y$ 为函数的**微分**,并且有

$$\mathrm{d}y=f'(x)\mathrm{d}x.$$

$\mathrm{d}x$ 称为**自变量 x 的微分**.若 $f(x)=x$,则自变量的微分等于自变量的增量,即 $\mathrm{d}x=\Delta x$,因而函数 $y=f(x)$ 的微分又可以记作 $\mathrm{d}y=f'(x)\Delta x$.

由微分定义可看出,函数的微分与导数之间存在着密切的联系.由于 $\dfrac{\mathrm{d}y}{\mathrm{d}x}=f'(x)$,即函数的微分 $\mathrm{d}y$ 与自变量的微分 $\mathrm{d}x$ 之商等于该函数的导数.因此,导数又称"微商".并且若函数 $f(x)$ 在点 x 处可导,则函数 $f(x)$ 在点 x 处一定可微分,反之亦成立,即函数在一点处可微与可导是等价的.

例 1 求函数 $y=\sin(2x-1)$ 的微分 $\mathrm{d}y$.

解 由微分定义 $\mathrm{d}y=f'(x)\mathrm{d}x$，求函数的微分只需计算函数的导数，再乘以自变量的微分 $\mathrm{d}x$.

$$\mathrm{d}y=[\sin(2x-1)]'\mathrm{d}x=\cos(2x-1)(2x-1)'\mathrm{d}x=2\cos(2x-1)\mathrm{d}x.$$

例 2 计算 $y=x^2$ 在 $x=1,\Delta x=0.1$ 和 0.01 时的增量 Δy 及微分 $\mathrm{d}y$.

解 $\Delta y=(x+\Delta x)^2-x^2=2x\Delta x+(\Delta x)^2,\mathrm{d}y=2x\Delta x$.

当 $x=1,\Delta x=0.1$ 时，

$$\Delta y=2\times1\times0.1+0.1^2=0.21,\mathrm{d}y=2\times1\times0.1=0.2;$$

当 $x=1,\Delta x=0.01$ 时，$\Delta y=2\times1\times0.01+0.01^2=0.020\,1,\mathrm{d}y=2\times1\times0.01=0.02$.

由上述计算可看出：函数的微分 $\mathrm{d}y$ 是函数增量 Δy 的主要部分，可作为 Δy 的近似值，即 $\mathrm{d}y\approx\Delta y$，并且 $|\Delta x|$ 越小，近似程度越好.

回到引例，正方形面积和边长的函数关系为 $s=x^2$，则 $\mathrm{d}s=2x\Delta x$，当 $x=x_0$ 时，$\mathrm{d}s=2x_0\Delta x$，因为 $|\Delta x|$ 很小，所以 $\Delta s\approx\mathrm{d}s=2x_0\Delta x$，即面积大约改变了 $2x_0\Delta x$.

二、微分的几何意义

函数 $y=f(x)$ 的图形为一条曲线，对于 x_0，曲线上有一个确定的点 $M(x_0,y_0)$，当 x 有微小增量 Δx 时，得到曲线上另一点 $N(x_0+\Delta x,y_0+\Delta y)$，直线 MT 是过 M 点的曲线的切线，如图 6－15 所示，可知 $MQ=\Delta x,NQ=\Delta y$，$PQ=MQ\cdot\tan\alpha=\Delta xf'(x_0)=\mathrm{d}y$，

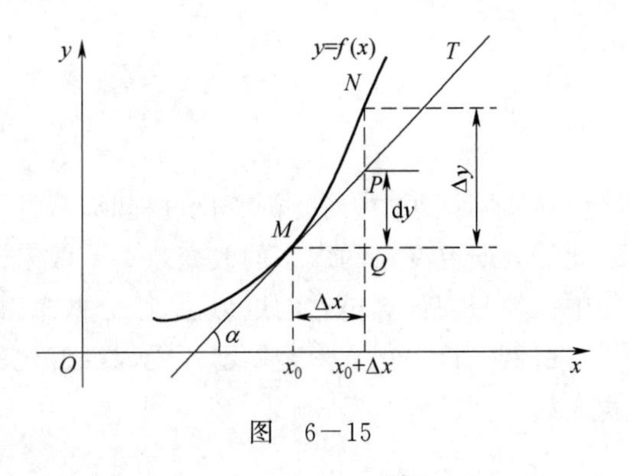

图 6－15

即当 Δy 是曲线上点的纵坐标的增量时，$\mathrm{d}y$ 就是曲线的切线上点的纵坐标的相应增量. 另外，当 $|\Delta x|$ 很小时，$|\Delta y-\mathrm{d}y|$ 比 $|\Delta x|$ 小得多. 因此在计算时，可把小段曲线近似看作直线段，用一点处切线纵坐标的增量近似代替该点原来曲线纵坐标的增量，即 $\mathrm{d}y\approx\Delta y$.

三、微分的运算法则

由求导的运算法则，即可得到微分的运算法则，归纳总结如下：

1. 函数的和、差、积、商的微分法则

为方便表示，记 $u(x)=u,v(x)=v$.

(1) $\mathrm{d}(u\pm v)=\mathrm{d}u\pm\mathrm{d}v$;

(2) $\mathrm{d}(cu)=c\,\mathrm{d}u$ (c 为常数);

(3) $\mathrm{d}(uv)=u\,\mathrm{d}v+v\,\mathrm{d}u$;

(4) $\mathrm{d}\left(\dfrac{u}{v}\right)=\dfrac{v\,\mathrm{d}u-u\,\mathrm{d}v}{v^2}$.

2. 复合函数的微分法则

设 $y=f(u),u=u(x)$，则复合函数 $y=f(u(x))$ 的导数为 $\dfrac{\mathrm{d}y}{\mathrm{d}x}=f'(u)u'(x)$.

由 $\mathrm{d}y=f'(u)u'(x)\mathrm{d}x$，而 $u'(x)\mathrm{d}x=\mathrm{d}u$，故 $\mathrm{d}y=f'(u)\mathrm{d}u$.

由此可见，不论 u 是自变量，还是中间变量，微分形式 $\mathrm{d}y=f'(u)\mathrm{d}u$ 保持不变，这一性质称为**微分形式的不变性**.

例 3 设 $y=\cos\sqrt{x}$，求 $\mathrm{d}y$.

解 方法一 $y'=-\sin\sqrt{x}\,\dfrac{1}{2\sqrt{x}}$，$\mathrm{d}y=\dfrac{-\sin\sqrt{x}}{2\sqrt{x}}\cdot\mathrm{d}x$.

方法二 $\mathrm{d}y=\mathrm{d}\cos\sqrt{x}=-\sin\sqrt{x}\,\mathrm{d}\sqrt{x}=-\dfrac{\sin\sqrt{x}}{2\sqrt{x}}\cdot\mathrm{d}x$.

例 4 设 $y=e^{\sin x}$，求 $\mathrm{d}y$.

解 $\mathrm{d}y=\mathrm{d}e^{\sin x}=e^{\sin x}\mathrm{d}\sin x=e^{\sin x}\cos x\,\mathrm{d}x$.

例 5 设 $x^2+2xy-y^2=a^2$，求 $\mathrm{d}y$ 及 $\dfrac{\mathrm{d}y}{\mathrm{d}x}$.

解

$$\mathrm{d}(x^2+2xy-y^2)=\mathrm{d}(a^2),$$
$$2x\mathrm{d}x+2y\mathrm{d}x+2x\mathrm{d}y-2y\mathrm{d}y=0,$$
$$(x+y)\mathrm{d}x=(y-x)\mathrm{d}y,$$
$$\mathrm{d}y=\frac{x+y}{y-x}\mathrm{d}x,$$
$$\frac{\mathrm{d}y}{\mathrm{d}x}=\frac{x+y}{y-x}.$$

四、函数的线性化与近似计算

由于函数的微分是函数增量的主要部分，在实际问题中，经常利用微分作近似计算.

当 $|\Delta x|$ 很小时，$\Delta y\approx f'(x_0)\Delta x=\mathrm{d}y$，或 $f(x_0+\Delta x)-f(x_0)\approx f'(x_0)\Delta x$，上式还可表示为 $f(x_0+\Delta x)\approx f(x_0)+f'(x_0)\Delta x$.

令 $x_0+\Delta x=x$，则有 $f(x)\approx f(x_0)+f'(x_0)\Delta x$，或

$$f(x)\approx f(x_0)+f'(x_0)(x-x_0). \tag{6-1}$$

式(6-1)的左侧是 x 的非线性函数，右侧是 x 的线性函数.这是在 x_0 附近用一个线性函数近似代替 $f(x)$.称这样的代替为 $f(x)$ 在 x_0 处的**线性化**.

几何解释：在 x_0 附近用 $f(x)$ 在 x_0 点的切线近似代替曲线 $y=f(x)$.这种处理问题的方法称为**局部线性化**.这种方法在机械加工、建筑施工等方面有着广泛的应用.

例 6 求在 $x=2$ 附近可以近似代替函数 $y=x^2-2x+3$ 的线性函数.

解 $f'(x)=2x-2$，$f(2)=3$，$f'(2)=2$.

因为
$$f(x)\approx f(x_0)+f'(x_0)(x-x_0),$$
$$f(x)\approx f(2)+f'(2)(x-2)=3+2(x-2)=2x-1,$$

所以在 $x=2$ 附近可以近似代替函数 $y=x^2-2x+3$ 的线性函数是 $2x-1$.

即在 $x=2$ 附近 $x^2-2x+3\approx 2x-1$.

特别地，当 $x_0=0$ 时 $\quad f(x)\approx f(0)+f'(0)x$.

当 $x\to 0$ 时， 可以推得：

$$\sqrt[n]{1+x}\approx 1+\frac{x}{n}; \tag{6-2}$$

$$e^x \approx 1+x; \tag{6-3}$$

$$\ln(1+x) \approx x; \tag{6-4}$$

$$\sin x \approx x\ (x\ \text{为弧度}); \tag{6-5}$$

$$\tan x \approx x\ (x\ \text{为弧度}). \tag{6-6}$$

例 7 计算 $\sqrt[3]{1.02}$ 的近似值.

解 设 $f(x)=\sqrt[3]{x}$, $x=1.02$, $x_0=1$, $\Delta x=0.02$.

由公式 $f(x_0+\Delta x) \approx f(x_0)+f'(x_0)(x-x_0)$, 得

$$\sqrt[3]{x} \approx \sqrt[3]{x_0}+\frac{1}{3}x_0^{-\frac{2}{3}}(x-x_0), \tag{6-7}$$

所以
$$\sqrt[3]{1.02} \approx \sqrt[3]{1}+\frac{1}{3}\times 1\times 0.02=1+\frac{2}{300}=1+\frac{1}{150}=\frac{151}{150}.$$

例 8 计算 $\sin 60°15'$.

解
$$60°15'=\frac{\pi}{3}+\frac{15}{60}\cdot\frac{\pi}{180}=\frac{\pi}{3}+\frac{\pi}{720}.$$

设 $f(x)=\sin x$, $x=\frac{\pi}{3}+\frac{\pi}{720}$, $x_0=\frac{\pi}{3}$, $\Delta x=\frac{\pi}{720}$, 由公式 $f(x_0+\Delta x) \approx f(x_0)+f'(x_0)(x-x_0)$, 得

$$\sin x \approx \sin x_0+\cos x_0(x-x_0), \tag{6-8}$$

$$\sin 60°15' \approx \sin\frac{\pi}{3}+\cos\frac{\pi}{3}\cdot\frac{\pi}{720}=\frac{\sqrt{3}}{2}+\frac{1}{2}\cdot\frac{\pi}{720} \approx 0.866\,0+0.002=0.866\,2.$$

观察式子(6−1)～(6−7)可看出,左边为 x 的非线性函数,右边为 x 的线性函数,可利用微分的意义和公式将非线性函数转化为线性函数,做线性化处理,使计算过程得到简化.

例 9 用于研磨水泥原料用的铁球直径为 40 mm,使用一段时间后,其直径缩小了 0.2 mm,试估计铁球体积的减少量.

解 根据题目要求,这是求函数增量的近似值问题.因为铁球的直径发生变化之后,铁球的体积也随之变化,所以可归结为计算球的体积 $V=\frac{4}{3}\pi R^3$ 的增量的近似值问题.

因为
$$V'=\left(\frac{4}{3}\pi R^3\right)'=4\pi R^2,$$

所以
$$\Delta V \approx V'\Delta R=4\pi R^2\Delta R,$$

铁球体积改变量的近似值为

$$\Delta V \approx 4\pi R^2\Delta R\Big|_{\Delta R=-0.1}^{R=20} \approx 4\times 3.14\times 20^2\times(-0.1)=-502.40(\text{mm}^3),$$

其中,负号表示铁球的体积减少.

习 题 6−4

1. 思考并回答下列问题:

(1)函数微分的定义是什么?怎样计算?

(2)微分的几何意义?微分 dy 和函数增量 Δy 之间的关系是怎样的?

(3)微分的近似计算一般用于什么地方?

2. 计算函数 $y=x^3+x+1$ 在 $x=2$ 处当 $\Delta x=1,0.1$ 时的 Δy 和 $\mathrm{d}y$.

3. 求下列函数的微分：

(1)$y=3\sqrt{x}-\frac{1}{x}$；　(2) $y=\sin\sqrt{x}$；

(3)$y=x\mathrm{e}^{-x^2}$；　(4)$y=\frac{1-\sin x}{1+\sin x}$；

(5)$y=[\ln(1-x)]^2$；　(6) $y=\tan^2(1+x^2)$；

(7)$y=3^{\ln\cos x}$；　(8)$y=\arctan\sqrt{\ln x-1}$.

4. 求下列函数的微分：

(1)$x^2+y^2=3$；　(2)$y=\sin(x+y)$；

(3)$\mathrm{e}^y-x=xy$；　(4)$\ln y-\frac{x}{y}=1$.

5. 将适当的函数填入下列括号中,使等式成立.

(1)d(　　)$=2\mathrm{d}x$；　(2)d(　　)$=x\mathrm{d}x$；

(3)d(　　)$=\frac{1}{1+x^2}\mathrm{d}x$；　(4)d(　　)$=\frac{1}{x}\mathrm{d}x$；

(5)d(　　)$=\cos 2x\mathrm{d}x$；　(6)d(　　)$=\frac{1}{\sqrt{x}}\mathrm{d}x$；

(7)d(　　)$=\sec^2 x\mathrm{d}x$；　(8)d(　　)$=\frac{1}{\sqrt{1-x^2}}\mathrm{d}x$.

6. 求下列函数在 $x=0$ 处的附近可以用来近似代替的线性函数.

(1)$y=\sin x$；　(2)$y=\cos x$；

(3)$y=(1+x)^3$；　(4)$y=x^2-2x+3$.

7. 利用微分求下列数的近似值：

(1)$\sin 31°$；　(2) $\sqrt[3]{998}$；　(3) $\ln 0.98$；　(4)$\mathrm{e}^{1.01}$.

8. 某公司销售一种商品,收入函数为 $R=36x-\frac{x^2}{20}$,其中 x 为公司一天的销售量(单位：个),如果公司某天的销售量从 250 个增加到 260 个,试估计这天公司收入的增加量.

第五节　曲率及其应用

工程技术和现实生活中,许多问题都要考虑曲线上各处的弯曲程度．如在建筑工程梁的设计中,对梁的弯曲程度必须有一定限制．数学上用“曲率”这一概念来描述曲线的弯曲程度．

引例　我们坐汽车时,对于公路拐弯在车里是有感觉的．我们说这个弯大,那个弯小,通常是从两个方面说的:一是指公路的方向改变的大小,如原来向北最后拐向东了,我们说方向改变了90°;另一方面是指在多远的路程上改变了这个角度．如果两个弯都是改变了90°,但一个是在 10 m 内改变的,一个是在 1 000 m 内改变的,就说前者比后者弯曲得厉害．由此可见,弯曲程度是由方向改变的大小以及在多长一段距离上改变的这两个因素所决定的．

考察图 6－16 所示平面光滑曲线，会发现弧段 $\overset{\frown}{PQ}$ 与 $\overset{\frown}{QR}$ 的长度相差不多而弯曲程度不同，当动点沿曲线从 P 点移至 Q 点时，切线转过的角度比动点从点 Q 移至点 R 时转角大得多，这为我们提供了一种衡量曲线弯曲程度的方法．

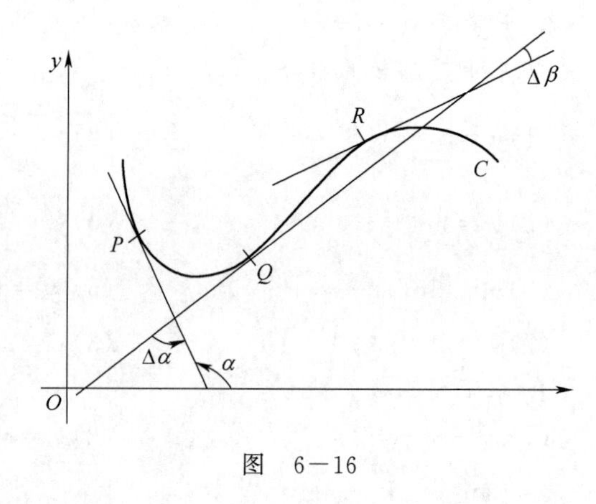

图 6－16

定义 1 设 $\alpha(t)$ 表示曲线在点 $P(x(t),y(t))$ 处切线的倾角，$\Delta\alpha=\alpha(t+\Delta t)-\alpha(t)$ 表示动点由点 P 移至点 Q 时切线倾角的增量．若 $\overset{\frown}{PQ}$ 之长为 Δs，则称 $\dfrac{\Delta\alpha}{\Delta s}$ 为弧段 $\overset{\frown}{PQ}$ 的**平均曲率**．如果极限 $K=\left|\lim\limits_{\Delta t\to 0}\dfrac{\Delta\alpha}{\Delta s}\right|=\left|\dfrac{\mathrm{d}\alpha}{\mathrm{d}s}\right|$ 存在，则称此极限 K 为曲线 C 在点 P 的**曲率**．

下面讨论如何计算曲率．

由于假设 C 为光滑曲线，故总有

$$\alpha(t)=\arctan\frac{y'(t)}{x'(t)}$$

或

$$\alpha(t)=\arctan\frac{x'(t)}{y'(t)};$$

又若 $x(t)$，$y(t)$ 二阶可导，则由弧微分公式

$$\mathrm{d}s=\sqrt{(\mathrm{d}x)^2+(\mathrm{d}y)^2}$$

可得

$$\frac{\mathrm{d}\alpha}{\mathrm{d}s}=\frac{\alpha'(t)}{s'(t)}=\frac{x'(t)y''(t)-x''(t)y'(t)}{\{[x'(t)]^2+[y'(t)]^2\}^{\frac{3}{2}}},$$

所以曲率公式为

$$K=\frac{|x'y''-x''y'|}{(x'^2+y'^2)^{\frac{3}{2}}}.$$

若曲线由 $y=f(x)$ 表示，即 $x=x$，$y=f(x)$，则 $x'=1$，$x''=0$，因此相应的曲率公式为

$$K=\frac{|y''|}{(1+y'^2)^{\frac{3}{2}}}.$$

例 1 求直线 $y=ax+b$ 的曲率．

解 因为 $y'=a$，$y''=0$，所以 $K=0$，即直线的弯曲程度为 0（直线不弯曲）．

例 2 求双曲线 $xy=1$ 在点(1,1)处的曲率．

解 由 $xy=1$，得 $y=\dfrac{1}{x}$，从而 $y'=-\dfrac{1}{x^2}$，$y''=\dfrac{2}{x^3}$．因此，$y'|_{x=1}=-1$，$y''|_{x=1}=2$．

将它们代入曲率公式，即得曲线 $xy=1$ 在点(1,1)处的曲率为

$$K=\frac{2}{[1+(-1)^2]^{\frac{3}{2}}}=\frac{1}{\sqrt{2}}.$$

定义 2 设已知曲线 C 在其上一点 P 处的曲率 $K\neq 0$，若过点 P 作一个半径为 $\dfrac{1}{K}$ 的圆，

使它在点 P 与曲线有相同的切线，并与曲线位于切线的同侧（见图 6－17），将这个圆称为曲线在点 P 的**曲率圆**或**密切圆**，其半径 $R=\frac{1}{K}$ 称为曲线在点 P 的**曲率半径**．

由曲率圆的定义可知，曲线在点 P 既与曲率圆有相同的切线，又与它有相同的曲率和相同的凹凸性．

例 3　设工件表面的截线为抛物线 $y=0.4x^2$（见图 6－18），现拟用砂轮磨削其内表面，问选用多大直径的砂轮比较合适？

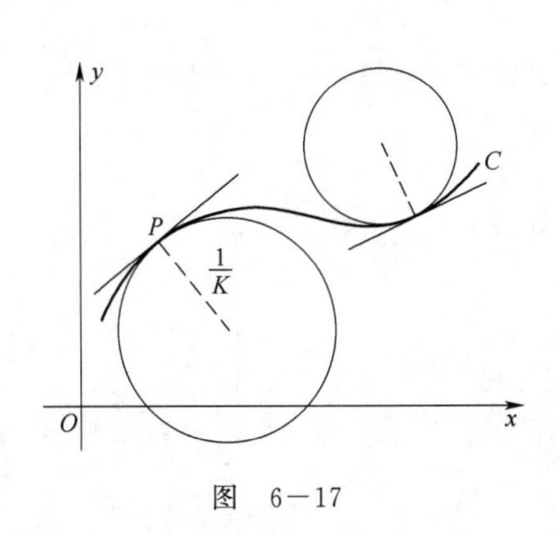

图　6－17

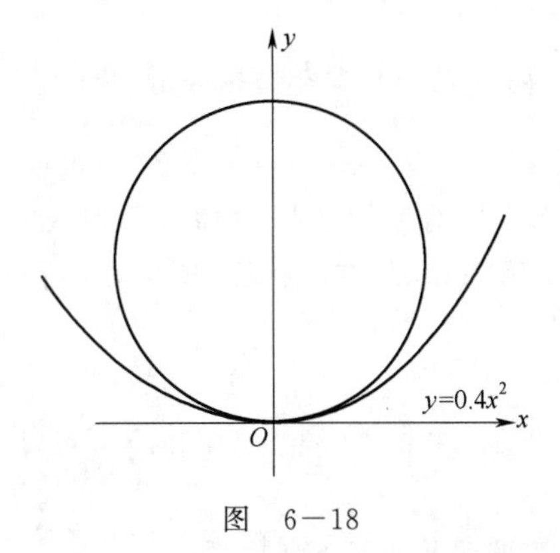

图　6－18

解　为了在磨削时不使砂轮与工件接触处附近的那部分工件磨去太多，砂轮的半径应小于或等于抛物线上各点处曲率半径中的最小值．为此，首先应计算其曲率半径的最小值，即曲率的最大值．

因为 $y'=0.8x$，$y''=0.8$，所以曲率

$$K=\frac{0.8}{(1+0.64x^2)^{\frac{3}{2}}}.$$

欲使曲率最大，应使上式分母最小，因此当 $x=0$ 时，曲率最大，且 $K=0.8$.
于是曲率半径的最小值为

$$R=\frac{1}{K}=\frac{1}{0.8}=1.25.$$

可见，应选半径不超过 1.25 单位长，即直径不超过 2.5 单位长的砂轮．

当然，本题也可以直接用公式

$$R=\frac{(1+y'^2)^{\frac{3}{2}}}{|y''|}$$

求得曲率半径的最小值．

例 4　飞机沿抛物线 $y=\frac{x^2}{4\,000}$（见图 6－19）作俯冲飞行，在原点 O 处的速度为 $v=400$ m/s，飞行员的体重 70 kg，求俯冲到原点时飞行员对座椅的压力．

解　在原点 O，飞行员受到两个力的作用，即重力 P 和座椅对飞行员的反力 Q，它们的合力 $Q-P$ 为飞行员随飞机俯冲到原点 O 时所需的向心力 F，即 $F=Q-P$ 或 $Q=F+P$．物体作匀速圆周运动时，向心力为 $\frac{mv^2}{R}$（R 为圆半径），O 点可看成曲线在这点的曲率圆上的

点，所以在这点向心力为 $F=\frac{mv^2}{R}$（R 为 O 点的曲率半径），因为

$$y'=\left.\frac{x}{2\ 000}\right|_{x=0},\ y''=\frac{1}{2\ 000},$$

故曲线在 O 点的曲率 $K=\frac{1}{2\ 000}$，曲率半径 $R=2\ 000\ \text{m}$，所以

$$F=\frac{70\times(400)^2}{2\ 000}=5\ 600\ (\text{N}),$$

$$Q=70\times 9.8+5\ 600=6\ 286\ (\text{N}),$$

因为飞行员对座椅的压力和座椅对飞行员的反力大小相等，方向相反，所以，飞行员对座椅的压力为 6 286 N.

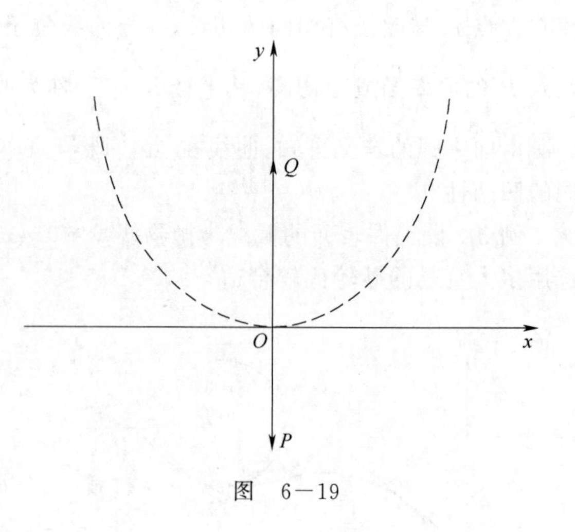

图 6－19

习 题 6－5

1. 思考并回答下列问题：

(1)曲率描述曲线的什么性状？和哪些因素有关？

(2)曲率的定义和计算公式是什么？

(3)什么叫曲率圆？什么叫曲率半径？如何计算曲率半径？

2. 求下列各曲线在指定点处的曲率及曲率半径：

(1) $xy=4$ 在点(2,2)；

(2) $y=\ln x$ 在点(1,0)；

(3) $y=x^3$ 在点(－1,－1)；

(4) 抛物线 $y=4x-x^2$ 在其顶点处.

3. 实验与观察：汽车在拐弯的过程中四个车轮的曲率一样吗？为什么？汽车哪个部位的曲率最小，哪个部位曲率最大？请解决下面的问题：要建造一个轿车的车库（见图 6－20），大门和车库的宽度至少是多少？

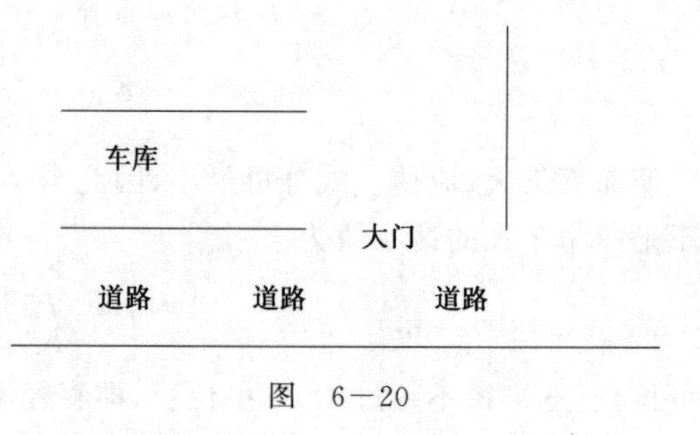

图 6－20

第七章 不定积分与微分方程

问题导入

以前学的运算都是成对出现的，如加法与减法、乘法与除法、指数与对数等，都是互逆运算．前面所学的求导运算是否也有逆运算呢？有——这就是我们下面要学的不定积分，即已知函数的导数（或微分）求原来的函数．不定积分是积分学的一个基本问题．积分在现实生活和专业学习中也是常用到的，如为了保证机械运动的平稳性，凸轮机构推杆常用的是等加速和等减速运动，知道加速度如何确定推杆的运动规律？学习这一章后这个问题可以容易地得到解决．

学习目标

（1）理解原函数与不定积分的概念，了解不定积分的性质，熟悉不定积分的基本公式，熟练掌握利用不定积分的性质和基本积分公式求不定积分的直接积分法；

（2）熟练掌握凑微分法求不定积分；

（3）熟练掌握分部积分法求不定积分；

（4）理解微分方程的基本概念；

（5）熟练掌握一阶微分方程的求解．

第一节 不定积分的概念和性质

一、原函数与不定积分

定义 1 已知函数 $f(x)$ 在某区间上有定义，如果存在函数 $F(x)$，使得它在该区间任一点处，都有关系式

$$F'(x)=f(x)\text{，或 } \mathrm{d}F(x)=f(x)\mathrm{d}x$$

成立，则称函数 $F(x)$ 是函数 $f(x)$ 在该区间上的一个**原函数**．

例如，因为 $(x^2)'=2x$ 或 $\mathrm{d}(x^2)=2x\mathrm{d}x$，所以函数 x^2 是函数 $2x$ 的一个原函数．

又因为

$$(x^2+1)'=2x,$$

$$(x^2-\sqrt{3})'=2x,$$

$$\left(x^2+\frac{1}{4}\right)'=2x,$$

$$(x^2+C)'=2x \quad (\text{其中 } C \text{ 为任意常数}),$$

所以 $x^2+1, x^2-\sqrt{3}, x^2+\frac{1}{4}, x^2+C$ 等都是 $2x$ 的原函数.

可见,一个函数如果存在原函数,其原函数并不是唯一的.

关于原函数,有如下两个定理.

定理 1 如果函数 $f(x)$ 有原函数,那么它就有无限多个原函数,并且其中任意两个原函数的差是常数.

证 定理要求证明下列两点.

(1) $f(x)$ 的原函数有无限多个.

设函数 $f(x)$ 的一个原函数为 $F(x)$,即 $F'(x)=f(x)$,设 C 为任意常数. 由于

$$[F(x)+C]'=F'(x)=f(x),$$

所以 $F(x)+C$ 也是 $f(x)$ 的原函数. 又因为 C 为任意常数,所以 $f(x)$ 有无限多个原函数.

(2) $f(x)$ 的任意两个原函数的差是常数.

设 $F(x)$ 和 $G(x)$ 都是 $f(x)$ 的原函数,根据原函数的定义,有

$$F'(x)=f(x), \quad G'(x)=f(x).$$

令
$$h(x)=F(x)-G(x),$$
于是有
$$h'(x)=[F(x)-G(x)]'=F'(x)-G'(x)=f(x)-f(x)=0,$$
所以
$$h(x)=C,$$
即
$$F(x)-G(x)=C.$$

从这个定理可以推得下面的结论:

如果 $F(x)$ 是 $f(x)$ 的一个原函数,那么 $F(x)+C$ 就是 $f(x)$ 的全体原函数,这里 C 为任意常数.

定理 2 如果函数 $f(x)$ 在闭区间 $[a,b]$ 上连续,那么函数 $f(x)$ 在该区间原函数必定存在.

定义 2 函数 $f(x)$ 的全体原函数 $F(x)+C$ 称为 $f(x)$ 的**不定积分**,记为

$$\int f(x)\mathrm{d}x=F(x)+C,$$

其中,$F'(x)=f(x)$,上式中的 $\int$ 称为**积分号**,$f(x)$称为**被积函数**,$f(x)\mathrm{d}x$ 称为**被积表达式**,x 称为**积分变量**,C 称为**积分常数**.

例 1 求 $\int x^2\mathrm{d}x$.

解 因为 $\left(\frac{1}{3}x^3\right)'=x^2$,所以 $\frac{1}{3}x^3$ 是 x^2 的一个原函数,因此

$$\int x^2\mathrm{d}x=\frac{1}{3}x^3+C.$$

例 2 求 $\int \frac{1}{1+x^2}\mathrm{d}x$.

解 因为 $(\arctan x)'=\frac{1}{1+x^2}$,所以 $\arctan x$ 是 $\frac{1}{1+x^2}$ 的一个原函数,因此

$$\int \frac{1}{1+x^2}\mathrm{d}x=\arctan x+C.$$

例 3　求 $\int \sin x\mathrm{d}x$.

解　因为 $(-\cos x)'=\sin x$，所以 $-\cos x$ 是 $\sin x$ 的一个原函数，从而有

$$\int \sin x\mathrm{d}x=-\cos x+C.$$

二、不定积分的几何意义

函数 $f(x)$ 的原函数 $F(x)$ 的图形称为函数 $f(x)$ 的**积分曲线**，不定积分的几何意义是函数 $f(x)$的全部积分曲线所组成的积分曲线族，其方程是 $y=F(x)+C$.

因为无论 C 取什么值，都有$[F(x)+C]'=f(x)$，因此这个曲线族里的所有积分曲线在横坐标 x 相同的点处的切线彼此平行，而这些切线有相同的斜率 $f(x)$，如图7－1 所示.

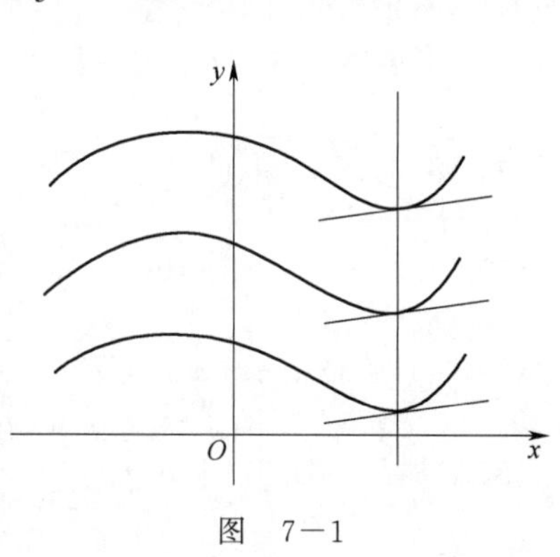

图　7－1

例 4　设曲线通过点(1,2)且其上任一点处的切线斜率等于这点横坐标的两倍，求此曲线的方程.

解　设所求曲线方程为 $y=f(x)$，由题设条件，过曲线上任意一点 (x,y) 的切线斜率为 $f'(x)=2x$，所以 $f(x)$ 是 $2x$ 的一个原函数.

因为　$\int 2x\mathrm{d}x=x^2+C$，故 $f(x)=x^2+C$.

又曲线 $f(x)$ 过点 $(1,2)$，有 $2=1^2+C$，即 $C=1$.

于是所求曲线方程为　$y=x^2+1$.

三、不定积分的性质

性质 1　求不定积分与求导数(或微分)互为逆运算.

$$\left(\int f(x)\mathrm{d}x\right)'=f(x) \text{ 或 } \mathrm{d}\left(\int f(x)\mathrm{d}x\right)=f(x)\mathrm{d}x,$$

$$\int f'(x)\mathrm{d}x=f(x)+C \quad \text{或} \quad \int \mathrm{d}f(x)=f(x)+C.$$

性质 2　不为零的常数因子可以提到积分号之前，即

$$\int kf(x)\mathrm{d}x=k\int f(x)\mathrm{d}x.$$

例如，$\int 2\mathrm{e}^x\mathrm{d}x=2\int \mathrm{e}^x\mathrm{d}x=2\mathrm{e}^x+C$.

性质 3　两个函数代数和的不定积分等于两个函数分别求不定积分的代数和，即

$$\int (f(x)\pm g(x))\mathrm{d}x=\int f(x)\mathrm{d}x\pm\int g(x)\mathrm{d}x.$$

例如，$\int (2x\mathrm{d}x+5\cos x)\mathrm{d}x=\int 2x\mathrm{d}x+\int 5\cos x\mathrm{d}x=x^2+5\sin x+C$.

该性质可以推广到任意有限多个函数的代数和的情形中，即

$$\int (f_1(x)\pm f_2(x)\pm\cdots\pm f_n(x))\mathrm{d}x=\int f_1(x)\mathrm{d}x\pm\int f_2(x)\mathrm{d}x\pm\cdots\pm\int f_n(x)\mathrm{d}x.$$

四、基本积分公式

由于求不定积分是求导的逆运算，所以由基本求导公式可以相应地得到基本积分公式：

(1) $\int \mathrm{d}x = x + C$；

(2) $\int x^{\alpha}\mathrm{d}x = \dfrac{1}{\alpha+1}x^{\alpha+1} + C \quad (\alpha \neq -1)$；

(3) $\int \dfrac{1}{x}\mathrm{d}x = \ln|x| + C$；

(4) $\int a^{x}\mathrm{d}x = \dfrac{1}{\ln a}a^{x} + C \quad (a>0, a\neq 1)$；

(5) $\int \mathrm{e}^{x}\mathrm{d}x = \mathrm{e}^{x} + C$；

(6) $\int \sin x\mathrm{d}x = -\cos x + C$；

(7) $\int \cos x\mathrm{d}x = \sin x + C$；

(8) $\int \dfrac{1}{\cos^{2}x}\mathrm{d}x = \int \sec^{2}x\mathrm{d}x = \tan x + C$；

(9) $\int \dfrac{1}{\sin^{2}x}\mathrm{d}x = \int \csc^{2}x\mathrm{d}x = -\cot x + C$；

(10) $\int \sec x\tan x\mathrm{d}x = \sec x + C$；

(11) $\int \csc x\cot x\mathrm{d}x = -\csc x + C$；

(12) $\int \dfrac{1}{1+x^{2}}\mathrm{d}x = \arctan x + C$；

(13) $\int \dfrac{1}{\sqrt{1-x^{2}}}\mathrm{d}x = \arcsin x + C$.

利用不定积分的性质和基本积分公式，可以求一些简单函数的不定积分.

例 5 求 $\int\left(2\sin x - \dfrac{3}{x} + \sqrt[3]{x}\right)\mathrm{d}x$.

解
$$\begin{aligned}\int\left(2\sin x - \frac{3}{x} + \sqrt[3]{x}\right)\mathrm{d}x &= 2\int\sin x\mathrm{d}x - 3\int\frac{1}{x}\mathrm{d}x + \int x^{\frac{1}{3}}\mathrm{d}x \\ &= -2\cos x - 3\ln|x| + \frac{1}{1+\frac{1}{3}}x^{\frac{1}{3}+1} + C \\ &= -2\cos x - 3\ln|x| + \frac{3}{4}x^{\frac{4}{3}} + C.\end{aligned}$$

注意：逐项积分后，每个不定积分都含有任意常数，由于任意常数的和差仍为任意常数，因此仅需最后加一个任意常数即可.

例 6 求 $\int\left(\dfrac{4}{x} + x^{4} + \dfrac{1}{x^{4}} + \sqrt[4]{x} + 4^{x} + \mathrm{e}^{4}\right)\mathrm{d}x$.

解　原式$=4\int\frac{1}{x}\mathrm{d}x+\int x^4\mathrm{d}x+\int x^{-4}\mathrm{d}x+\int x^{\frac{1}{4}}\mathrm{d}x+\int 4^x\mathrm{d}x+\mathrm{e}^4\int\mathrm{d}x$

$$=4\ln|x|+\frac{1}{5}x^5-\frac{1}{3}x^{-3}+\frac{1}{\frac{1}{4}+1}x^{\frac{1}{4}+1}+\frac{1}{\ln 4}4^x+\mathrm{e}^4x+C$$

$$=4\ln|x|+\frac{1}{5}x^5-\frac{1}{3x^3}+\frac{4}{5}x\sqrt[4]{x}+\frac{1}{2\ln 2}4^x+\mathrm{e}^4x+C.$$

五、基本积分公式的应用

在求不定积分时,往往需要对被积函数进行代数或三角恒等变形,然后才能利用基本积分公式求出结果.

例 7　求$\int\frac{x^4}{1+x^2}\mathrm{d}x$.

解　$\int\frac{x^4}{1+x^2}\mathrm{d}x=\int\frac{x^4-1+1}{1+x^2}\mathrm{d}x=\int\frac{(x^2+1)(x^2-1)+1}{1+x^2}\mathrm{d}x$

$$=\int(x^2-1)\mathrm{d}x+\int\frac{1}{1+x^2}\mathrm{d}x=\frac{1}{3}x^3-x+\arctan x+C.$$

例 8　求$\int 4^x\mathrm{e}^x\mathrm{d}x$.

解　$\int 4^x\mathrm{e}^x\mathrm{d}x=\int(4\mathrm{e})^x\mathrm{d}x=\frac{1}{\ln(4\mathrm{e})}(4\mathrm{e})^x+C$

$$=\frac{(4\mathrm{e})^x}{\ln 4+\ln\mathrm{e}}+C=\frac{4^x\mathrm{e}^x}{2\ln 2+1}+C.$$

例 9　求$\int\tan^2x\mathrm{d}x$.

解　$\int\tan^2x\mathrm{d}x=\int(\sec^2x-1)\mathrm{d}x=\int\sec^2x\mathrm{d}x-\int\mathrm{d}x$

$$=\tan x-x+C.$$

例 10　求$\int\frac{1}{x^2(1+x^2)}\mathrm{d}x$.

解　$\int\frac{1}{x^2(1+x^2)}\mathrm{d}x=\int\frac{(1+x^2)-x^2}{x^2(1+x^2)}\mathrm{d}x=\int\frac{1}{x^2}\mathrm{d}x-\int\frac{1}{1+x^2}\mathrm{d}x$

$$=-\frac{1}{x}-\arctan x+C.$$

习　题　7－1

1. 思考并回答下列问题:

(1)不定积分运算与求导运算之间的关系是什么?

(2)一个函数若有原函数,它有多少个?通过具体的实例给出解释.

(3)不定积分是什么?你能写出几个基本积分公式?

(4)你会用基本积分公式求函数的不定积分吗？

2. 填空题：

(1)若 $F(x)$ 是 $f(x)$ 的一个原函数，则 $f(x)$ 的全体原函数为________.

(2) $\int \frac{\mathrm{d}}{\mathrm{d}x}(\arctan x)\mathrm{d}x =$________.

(3) $\mathrm{d}\int f(x)\mathrm{d}x =$________.

(4) $\int \mathrm{d}\sin(-x) =$________.

(5) $\frac{d}{\mathrm{d}x}\int f(x)\mathrm{d}x =$________.

3. 求下列不定积分：

(1) $\int (1-2x^2)\,\mathrm{d}x$；

(2) $\int (2^x + x^2)\,\mathrm{d}x$；

(3) $\int \left(\frac{x}{3} - \frac{1}{x} + \frac{1}{x^2} - \frac{6}{x^4}\right)\mathrm{d}x$；

(4) $\int \frac{\mathrm{d}h}{\sqrt{2gh}}$；

(5) $\int \frac{2x^2}{x^2+1}\mathrm{d}x$

(6) $\int \left(2\mathrm{e}^x + \frac{3}{x}\right)\mathrm{d}x$

(7) $\int \left(\frac{3}{1+x^2} - \frac{2}{\sqrt{1-x^2}}\right)\mathrm{d}x$

(8) $\int a^t\left(1+\frac{\sin t}{a^t}\right)\mathrm{d}t$

(9) $\int e^x\left(3^x - \frac{\mathrm{e}^{-x}}{\sqrt{1-x^2}}\right)\mathrm{d}x$；

(10) $\int \cos^2\frac{x}{2}\mathrm{d}x$；

(11) $\int \frac{\cos 2x}{\sin x + \cos x}\mathrm{d}x$

(12) $\int \left(\frac{\sin x}{2} + \frac{1}{\sin^2 x}\right)\mathrm{d}x$；

(13) $\int \frac{1+2x^2}{x^2(1+x^2)}\mathrm{d}x$；

(14) $\int \left(\sin\frac{\theta}{2} + \cos\frac{\theta}{2}\right)^2\mathrm{d}\theta$；

(15) $\int (2^x + 3^x)^2\,\mathrm{d}x$；

(16) $\int \frac{x^2}{1+x^2}\mathrm{d}x$.

第二节　换元积分法

利用直接积分法能计算的积分是有限的，必须进一步研究不定积分的求法．本节所介绍的换元积分法，是把复合函数求导法则反过来应用于不定积分，并通过适当的变量替换(换元)，把某些不定积分化成基本积分公式表中所列的形式，再计算出最终结果．

一、第一类换元积分法(凑微分法)

定理 1　若已知 $\int f(x)\mathrm{d}x = F(x)+C$，$\varphi(x)$ 是可微函数，则有

$$\int f(\varphi(x))\varphi'(x)\mathrm{d}x = F(\varphi(x)) + C.$$

证　由题设可知 $F'(x)=f(x)$，设 $u=\varphi(x)$，根据复合函数求导法则，得

$$\frac{\mathrm{d}}{\mathrm{d}x}F(\varphi(x))=\frac{\mathrm{d}F(u)}{\mathrm{d}u}\cdot\frac{\mathrm{d}u}{\mathrm{d}x}=f(u)\varphi'(x)=f(\varphi(x))\varphi'(x),$$

因此
$$\int f(\varphi(x))\varphi'(x)\mathrm{d}x=F(\varphi(x))+C.$$

证毕.

由于 $\varphi'(x)\mathrm{d}x=\mathrm{d}(\varphi(x))=\mathrm{d}u$，所以

$$\int f(\varphi(x))\varphi'(x)\mathrm{d}x=F(\varphi(x))+C;$$

也可写成

$$\int f(u)\,\mathrm{d}u=F(u)+C.$$

由上述过程可以看出,若将积分变量 x 换成关于 x 的一个可微函数 $u=\varphi(x)$，则原式仍然成立,因此该定理也称为**积分形式不变性定理**,这样大大扩充了基本积分公式的使用范围.

运用定理1求不定积分关键是“凑微分”,这种先“凑”微分,再作变量替换而后使用基本积分公式积分的方法称为**第一类换元积分法**,也称**凑微分法**.

例1　求 $\int(2x+1)^4\mathrm{d}x$.

解　$\int(2x+1)^4\mathrm{d}x=\frac{1}{2}\int(2x+1)^4(2x+1)'\mathrm{d}x$

$$\xlongequal{\text{凑微分}}\frac{1}{2}\int(2x+1)^4\mathrm{d}(2x+1)\xlongequal{\text{设 }u=2x+1}\frac{1}{2}\int u^4\mathrm{d}u$$

$$=\frac{1}{2}\times\frac{1}{5}u^5+C=\frac{1}{10}u^5+C\xlongequal{\text{还原}}\frac{1}{10}(2x+1)^5+C.$$

例2　求 $\int\sin 2x\mathrm{d}x$.

解　方法一

$$\int\sin 2x\mathrm{d}x=\frac{1}{2}\int\sin 2x(2x)'\mathrm{d}x=\frac{1}{2}\int\sin 2x\mathrm{d}(2x)$$

$$\xlongequal{\text{设 }u=2x}\frac{1}{2}\int\sin u\mathrm{d}u=-\frac{1}{2}\cos u+C$$

$$\xlongequal{\text{还原}}-\frac{1}{2}\cos 2x+C.$$

方法二

$$\int\sin 2x\mathrm{d}x=2\int\sin x\cos x\mathrm{d}x=2\int\sin x\mathrm{d}(\sin x)$$

$$\xlongequal{\text{设 }u=\sin x}2\int u\mathrm{d}u=u^2+C$$

$$\xlongequal{\text{还原}}\sin^2x+C.$$

可以由三角公式 $\sin^2x=\frac{1-\cos 2x}{2}$ 证明,解法(1)和解法(2)的结果仅差一个常数.

例3　求 $\int x\mathrm{e}^{-x^2}\mathrm{d}x$.

解

$$\int x\mathrm{e}^{-x^2}\mathrm{d}x=\int x\mathrm{e}^{-x^2}\ \frac{\mathrm{d}(-x^2)}{-2x}=-\frac{1}{2}\int\mathrm{e}^{-x^2}(-x^2)'\mathrm{d}(x)=-\frac{1}{2}\int\mathrm{e}^{-x^2}\mathrm{d}(-x^2)$$

$$\xlongequal{设\ u=-x^2}-\frac{1}{2}\int\mathrm{e}^{u}\mathrm{d}u=-\frac{1}{2}\mathrm{e}^{u}+C\xlongequal{还原}-\frac{1}{2}\mathrm{e}^{-x^2}+C.$$

例 4 求 $\int x\sqrt{3-x^2}\,\mathrm{d}x$.

解 $\int x\sqrt{3-x^2}\,\mathrm{d}x=-\frac{1}{2}\int(3-x^2)^{\frac{1}{2}}\mathrm{d}(3-x^2)$

$$=-\frac{1}{2}\cdot\frac{1}{\frac{1}{2}+1}(3-x^2)^{\frac{1}{2}+1}+C=-\frac{1}{3}(3-x^2)^{\frac{3}{2}}+C$$

$$=-\frac{1}{3}(3-x^2)\sqrt{3-x^2}+C.$$

例 5 求 $\int\frac{1}{x^2}\mathrm{e}^{\frac{1}{x}}\mathrm{d}x$.

解 $\int\frac{1}{x^2}\mathrm{e}^{\frac{1}{x}}\mathrm{d}x=-\int\mathrm{e}^{\frac{1}{x}}\mathrm{d}\left(\frac{1}{x}\right)=-\mathrm{e}^{\frac{1}{x}}+C.$

例 6 求 $\int\frac{\cos\sqrt{x}}{\sqrt{x}}\mathrm{d}x$.

解 $\int\frac{\cos\sqrt{x}}{\sqrt{x}}\mathrm{d}x=2\int\cos\sqrt{x}\,\mathrm{d}(\sqrt{x})=2\sin\sqrt{x}+C.$

例 7 求 $\int\frac{\mathrm{e}^x}{1+\mathrm{e}^x}\mathrm{d}x$.

解 $\int\frac{\mathrm{e}^x}{1+\mathrm{e}^x}\mathrm{d}x=\int\frac{1}{1+\mathrm{e}^x}\mathrm{d}(1+\mathrm{e}^x)=\ln(1+\mathrm{e}^x)+C.$

例 8 求 $\int\frac{\mathrm{d}x}{x\sqrt{1-\ln^2x}}$.

解 $\int\frac{\mathrm{d}x}{x\sqrt{1-\ln^2x}}=\int\frac{1}{\sqrt{1-\ln^2x}}\mathrm{d}(\ln x)=\arcsin(\ln x)+C.$

凑微分法求不定积分灵活性比较大,需要多作练习,注意总结一些规律性的东西,熟记下面常用的几种凑微分形式十分必要.

(1) $a\,\mathrm{d}x=\mathrm{d}(ax+b)$;　　(2) $x\,\mathrm{d}x=\frac{1}{2a}\mathrm{d}(ax^2+b)$;

(3) $\frac{1}{\sqrt{x}}\mathrm{d}x=2\mathrm{d}(\sqrt{x})$　　(4) $\frac{1}{x^2}\mathrm{d}x=-\mathrm{d}\left(\frac{1}{x}\right)$;

(5) $\mathrm{e}^x\mathrm{d}x=\mathrm{d}(\mathrm{e}^x)$;　　(6) $\frac{1}{x}\mathrm{d}x=\mathrm{d}(\ln x)$;

(7) $\cos x\,\mathrm{d}x=\mathrm{d}(\sin x)$　　(8) $\sin x\,\mathrm{d}x=-\mathrm{d}(\cos x)$;

(9) $\sec^2x\,\mathrm{d}x=\mathrm{d}(\tan x)$　　(10) $\frac{1}{1+x^2}\mathrm{d}x=\mathrm{d}(\arctan x)$

(11) $\frac{1}{\sqrt{1-x^2}}\mathrm{d}x=\mathrm{d}(\arcsin x)$.

有时还需要先用代数运算、三角变换对被积函数作适当变形才能积分.

例 9　求 $\int \tan x\mathrm{d}x$.

解　$\int \tan x\mathrm{d}x=\int \frac{\sin x}{\cos x}\mathrm{d}x=\int \frac{\sin x}{\cos x}\frac{\mathrm{d}(\cos x)}{(-\sin x)}=-\int \frac{1}{\cos x}\mathrm{d}(\cos x)$

$=-\ln|\cos x|+C$.

例 10　求 $\int \sin^2 x\mathrm{d}x$.

解　$\int \sin^2 x\mathrm{d}x=\int \frac{1-\cos 2x}{2}\mathrm{d}x=\frac{1}{2}\left(\int \mathrm{d}x-\int \cos 2x\mathrm{d}x\right)$

$=\frac{1}{2}x-\frac{1}{4}\int \cos 2x\mathrm{d}(2x)=\frac{1}{2}x-\frac{1}{4}\sin 2x+C$.

例 11　求 $\int \frac{2x+1}{x^2+4x+5}\mathrm{d}x$.

解　$\int \frac{2x+1}{x^2+4x+5}\mathrm{d}x=\int \frac{2x+4-3}{x^2+4x+5}\mathrm{d}x$

$=\int \frac{2x+4}{x^2+4x+5}\mathrm{d}x-3\int \frac{1}{1+(x+2)^2}\mathrm{d}x$

$=\int \frac{1}{x^2+4x+5}\mathrm{d}(x^2+4x+5)-3\int \frac{1}{1+(x+2)^2}\mathrm{d}(x+2)$

$=\ln|x^2+4x+5|-3\arctan(x+2)+C$.

例 12　求 $\int \frac{1}{x^2-x-6}\mathrm{d}x$.

解　$\int \frac{1}{x^2-x-6}\mathrm{d}x=\int \frac{1}{(x-3)(x+2)}\mathrm{d}x$

$=\frac{1}{5}\int\left(\frac{1}{x-3}-\frac{1}{x+2}\right)\mathrm{d}x$

$=\frac{1}{5}\left(\int \frac{1}{x-3}\mathrm{d}x-\int \frac{1}{x+2}\mathrm{d}x\right)$

$=\frac{1}{5}\left[\int \frac{1}{x-3}\mathrm{d}(x-3)-\int \frac{1}{x+2}\mathrm{d}(x+2)\right]$

$=\frac{1}{5}(\ln|x-3|-\ln|x+2|)+C$

$=\frac{1}{5}\ln\left|\frac{x-3}{x+2}\right|+C$.

二、第二类换元积分法

第一类换元积分法虽然应用比较广泛,但对于某些积分,如 $\int \sqrt{a^2-x^2}\mathrm{d}x$,$\int \frac{1}{1+\sqrt{3-x}}\mathrm{d}x$,$\int \frac{1}{\sqrt{x^2+a^2}}\mathrm{d}x$ 等,就不一定适合,为此介绍第二类换元积分法.

定理 2　设 $x=\varphi(t)$ 是单调可微函数,且 $\varphi'(t)\neq 0$,若 $\int f(\varphi(t))\varphi'(t)\mathrm{d}t=\Phi(t)+C$,则

$$\int f(x)\mathrm{d}x=\Phi(\varphi^{-1}(x))+C.$$

将 $\int f(x)\mathrm{d}x=\Phi(\varphi^{-1}(x))+C$ 改写为便于应用的形式，即

$$\begin{aligned}\int f(x)\mathrm{d}x&=\int f(\varphi(t))\varphi'(t)\mathrm{d}t \qquad [\text{令 } x=\varphi(t)]\\&=\Phi(t)+C\\&=\Phi[\varphi^{-1}(x)]+C \quad (\text{还原}).\end{aligned}$$

例 13 求 $\int\frac{1}{1+\sqrt{3-x}}\mathrm{d}x$.

解 设 $t=\sqrt{3-x}$ ，则 $x=3-t^2$，$\mathrm{d}x=-2t\mathrm{d}t$

$$\begin{aligned}\int\frac{1}{1+\sqrt{3-x}}\mathrm{d}x&=-\int\frac{2t}{1+t}\mathrm{d}t=-2\int\frac{t+1-1}{1+t}\mathrm{d}t\\&=-2\int\left(1-\frac{1}{1+t}\right)\mathrm{d}t=-2(t-\ln|1+t|)+C\\&=-2(\sqrt{3-x}-\ln|1+\sqrt{3-x}|)+C.\end{aligned}$$

注意：在最后的结果中必须代入 $t=\sqrt{3-x}$ ，返回到原积分变量 x.

例 14 求 $\int\frac{\mathrm{d}x}{(1+\sqrt[3]{x})\sqrt{x}}$.

解 设 $t=\sqrt[6]{x}$ ，则 $x=t^6$， $\mathrm{d}x=6t^5\mathrm{d}t$，

$$\begin{aligned}\int\frac{\mathrm{d}x}{(1+\sqrt[3]{x})\sqrt{x}}&=\int\frac{6t^5}{(1+t^2)t^3}\mathrm{d}t=6\int\frac{t^2}{1+t^2}\mathrm{d}t=6\int\frac{t^2+1-1}{1+t^2}\mathrm{d}t\\&=6\int(1-\frac{1}{1+t^2})\mathrm{d}t=6(t-\arctan t)+C\\&=6(\sqrt[6]{x}-\arctan\sqrt[6]{x})+C.\end{aligned}$$

例 15 求 $\int\sqrt{a^2-x^2}\mathrm{d}x\ (a>0)$.

解 设 $x=a\sin t\left(-\frac{\pi}{2}<t<\frac{\pi}{2}\right)$，则 $\sqrt{a^2-x^2}=a\cos t$， $\mathrm{d}x=a\cos t\mathrm{d}t$，

$$\begin{aligned}\int\sqrt{a^2-x^2}\mathrm{d}x&=\int a\cos t\cdot a\cos t\mathrm{d}t=a^2\int\cos^2 t\mathrm{d}t=a^2\int\frac{1+\cos 2t}{2}\mathrm{d}t\\&=\frac{a^2}{2}\left(t+\frac{1}{2}\sin 2t\right)+C=\frac{a^2}{2}t+\frac{a^2}{4}\sin 2t+C=\frac{a^2}{2}t+\frac{a^2}{2}\sin t\cos t+C.\end{aligned}$$

因为 $x=a\sin t$，所以 $t=\arcsin\frac{x}{a}$，$\cos t=\sqrt{1-\sin^2 t}=\sqrt{1-\left(\frac{x}{a}\right)^2}=\frac{1}{a}\sqrt{a^2-x^2}$，

$$\int\sqrt{a^2-x^2}\mathrm{d}x=\frac{a^2}{2}\arcsin\frac{x}{a}+\frac{1}{2}x\sqrt{a^2-x^2}+C.$$

例 16 求 $\int\frac{\mathrm{d}x}{\sqrt{a^2+x^2}}\ (a>0)$.

解 设 $x=a\tan t\quad\left(-\frac{\pi}{2}<\frac{\pi}{2}\right)$，则 $\sqrt{x^2+a^2}=a\sqrt{\tan^2 t+1}=a\sec t$，$\mathrm{d}x=a\sec^2 t\,\mathrm{d}t$，

$$\int\frac{\mathrm{d}x}{\sqrt{a^2+x^2}}=\int\frac{a\sec^2 t}{a\sec t}\mathrm{d}t=\int\sec t\,\mathrm{d}t=\ln|\sec t+\tan t|+C$$

为了返回原积分变量，可由 $\tan t=\frac{x}{a}$ 作出辅助三角形，如图 7－2所示．

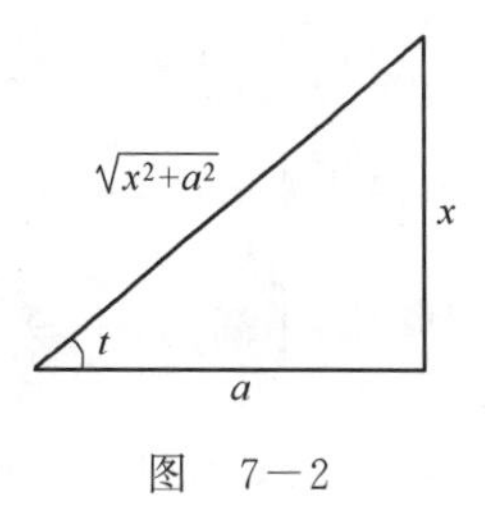

图 7－2

由图可得 $\qquad\sec t=\frac{1}{\cos t}=\frac{\sqrt{x^2+a^2}}{a}$，

所以$\int\frac{\mathrm{d}x}{\sqrt{a^2+x^2}}=\ln\left|\frac{\sqrt{a^2+x^2}}{a}+\frac{x}{a}\right|+C_1=$

$\ln\left|\frac{x+\sqrt{x^2+a^2}}{a}\right|+C_1=\ln\left|x+\sqrt{x^2+a^2}\right|+C$，

式中，$C=C_1-\ln a$．

例 17 求$\int\frac{\mathrm{d}x}{\sqrt{x^2-a^2}}\quad(a>0)$．

解 这里被积函数的定义域是 $x>a$ 和 $x<-a$．下面仅在 $x>a$ 内求解．

设 $x=a\sec t\quad\left(0<t<\frac{\pi}{2}\right)$，则

$\sqrt{x^2-a^2}=a\sqrt{\sec^2 t-1}=a\tan t\qquad\mathrm{d}x=a\sec t\cdot\tan t\,\mathrm{d}t$

所以 $\qquad\int\frac{\mathrm{d}x}{\sqrt{x^2-a^2}}=\int\frac{a\sec t\cdot\tan t}{a\tan t}\mathrm{d}t=\int\sec t\,\mathrm{d}t=\ln|\sec t+\tan t|+C_1$．

与前例相同，为了返回原积分变量，由 $\sec t=\frac{x}{a}$ 作出辅助三角形，如图 7－3 所示．

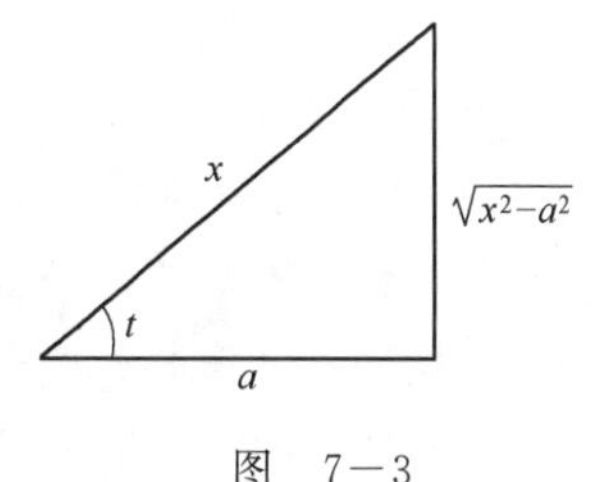

图 7－3

由图可得 $\tan t=\frac{\sqrt{x^2-a^2}}{a}$，

所以

$$\int\frac{\mathrm{d}x}{\sqrt{x^2-a^2}}=\ln\left|\frac{x}{a}+\frac{\sqrt{x^2-a^2}}{a}\right|+C_1=\ln\left|x+\sqrt{x^2-a^2}\right|+C,$$

式中，$C=C_1-\ln a$.

容易验证上述结果在 $x<-a$ 时亦成立．

第二类换元积分法是基本积分方法之一，使用第二换元积分法的关键在于选择适当的变换 $x=\varphi(t)$，消除被积式中的根号，最常见的形式有：

(1)被积函数中含有 $\sqrt[n]{ax+b}$，设 $t=\sqrt[n]{ax+b}$；

(2)被积函数中含有 $\sqrt[n_1]{x}$，$\sqrt[n_2]{x}$，设 $t=\sqrt[n]{x}$，n 为 n_1，n_2 的最小公倍数；

(3)被积函数中含有 $\sqrt{a^2-x^2}$，设 $x=a\sin t$

(4)被积函数中含有 $\sqrt{x^2+a^2}$，设 $x=a\tan t$；

(5)被积函数中含有 $\sqrt{x^2-a^2}$，设 $x=a\sec t$.

在作三角替换时,可以利用直角三角形的边角关系确定有关三角函数的关系,以返回原积分变量.

现将本节讲过的一些例题的结论可作为基本积分公式的补充如下,以后就可以直接引用.

(14) $\int \tan x\mathrm{d}x=-\ln|\cos x|+C$；

(15) $\int \cot x\mathrm{d}x=\ln|\sin x|+C$；

(16) $\int \sec x\mathrm{d}x=\ln|\sec x+\tan x|+C$；

(17) $\int \csc x\mathrm{d}x=\ln|\csc x-\cot x|+C$；

(18) $\int \frac{\mathrm{d}x}{a^2+x^2}=\frac{1}{a}\arctan\frac{x}{a}+C$；

(19) $\int \frac{\mathrm{d}x}{x^2-a^2}=\frac{1}{2a}\ln\left|\frac{x-a}{x+a}\right|+C$；

(20) $\int \frac{\mathrm{d}x}{\sqrt{a^2-x^2}}=\arcsin\frac{x}{a}+C$；

(21) $\int \frac{\mathrm{d}x}{\sqrt{x^2+a^2}}=\ln\left|x+\sqrt{x^2+a^2}\right|+C$；

(22) $\int \frac{\mathrm{d}x}{\sqrt{x^2-a^2}}=\ln\left|x+\sqrt{x^2-a^2}\right|+C$；

(23) $\int \frac{\mathrm{d}x}{\sqrt{a^2-x^2}}=\frac{a^2}{2}\arcsin\frac{x}{a}+\frac{x}{2}\sqrt{a^2-x^2}+C$.

习 题 7-2

1. 思考并回答下列问题：

(1)凑微分的目的是什么?

(2)凑微分的基本原理是什么?

(3)你能写出几种凑微分的形式?

(4)第二换元法的目的是什么?

(5)最常见的第二换元法的形式有几种?

2. 在下列各题等号右端的横线上填入适当的系数,使等号成立.

(1) $\mathrm{d}x=$________ $\mathrm{d}\left(\frac{x}{4}\right)$；　　(2) $x\mathrm{d}x=$________ $\mathrm{d}(x^2)$；

(3) $\mathrm{e}^{2x}\mathrm{d}x=$________ $\mathrm{d}(\mathrm{e}^{2x})$；　　(4) $\frac{\mathrm{d}x}{x}=$________ $\mathrm{d}(3-5\ln x)$；

(5) $\frac{1}{\sqrt{x}}\mathrm{d}x=$________ $\mathrm{d}(\sqrt{x})$　　(6) $\frac{1}{x^2}\mathrm{d}x=$________ $\mathrm{d}\left(\frac{1}{x}\right)$；

(7) $\int\frac{1}{\sqrt{1-x^2}}\mathrm{d}x=$________ $\mathrm{d}(1-\arcsin x)$；(8) $\sec^2 x\mathrm{d}x=$________ $\mathrm{d}(\tan x)$；

(9) $\cos\frac{x}{2}\mathrm{d}x=$______$\mathrm{d}\left(\sin\frac{x}{2}\right)$；

(10) $\frac{1}{1+9x^2}\mathrm{d}x=$______$\mathrm{d}(\arctan 3x)$.

3. 求下列不定积分：

(1) $\int(x+5)^4\mathrm{d}x$；

(2) $\int\frac{1}{1-2x}\mathrm{d}x$；

(3) $\int\frac{1}{\sqrt{2-3x}}\mathrm{d}x$；

(4) $\int\cos(2x+1)\mathrm{d}x$；

(5) $\int\mathrm{e}^{-x}\mathrm{d}x$；

(6) $\int x\sqrt{x^2+2}\,\mathrm{d}x$；

(7) $\int\frac{\mathrm{e}^{\sqrt{x}}}{\sqrt{x}}\mathrm{d}x$；

(8) $\int x^2\mathrm{e}^{x^3+1}\mathrm{d}x$；

(9) $\int\frac{x+1}{(x^2+2x+3)^{\frac{1}{4}}}\mathrm{d}x$；

(10) $\int\frac{x}{1+x^2}\mathrm{d}x$；

(11) $\int\frac{(\ln x)^2}{x}\mathrm{d}x$；

(12) $\int\frac{x^2-4}{x+1}\mathrm{d}x$

(13) $\int\frac{\mathrm{e}^{\arctan x}}{1+x^2}\mathrm{d}x$

(14) $\int\frac{1}{x^2}\sin\frac{1}{x}\mathrm{d}x$；

(15) $\int\frac{\mathrm{d}x}{4x^2-1}$；

(16) $\int\mathrm{e}^x\cos(\mathrm{e}^x)\mathrm{d}x$；

(17) $\int\frac{1}{x^2+3x-4}\mathrm{d}x$；

(18) $\int\frac{\sin x}{\cos^2 x}\mathrm{d}x$；

(19) $\int\frac{\sin x}{1+\cos x}\mathrm{d}x$；

(20) $\int\frac{\mathrm{d}x}{(\arcsin x)^2\sqrt{1-x^2}}$.

4. 求下列不定积分：

(1) $\int x\sqrt{x-1}\,\mathrm{d}x$；

(2) $\int\frac{x}{\sqrt{x-3}}\mathrm{d}x$；

(3) $\int\frac{\sqrt{x}}{1+x}\mathrm{d}x$；

(4) $\int\frac{\mathrm{d}x}{\sqrt{25-16x^2}}$；

(5) $\int\frac{\mathrm{d}x}{\sqrt{x}-\sqrt[3]{x^2}}$；

(6) $\int\frac{1}{\sqrt{1+\mathrm{e}^x}}\mathrm{d}x$；

(7) $\int\frac{x+1}{\sqrt{1-x^2}}\mathrm{d}x$；

(8) $\int\frac{1}{x^2\sqrt{x^2+1}}\mathrm{d}x$；

(9) $\int\frac{\sqrt{1-x^2}}{x}\mathrm{d}x$；

(10) $\int\frac{\sqrt{x^2-1}}{x}\mathrm{d}x$.

第三节　分部积分法

分部积分法是由两个函数乘积的求导法则推得的另一个求积分的方法，它主要解决某些被积函数为两类不同函数乘积的不定积分．

定理　设 $u=u(x)$，$v=v(x)$ 都是连续可微函数，则有分部积分公式

$$\int u(x)v'(x)\mathrm{d}x = u(x)v(x) - \int v(x)u'(x)\mathrm{d}x$$

或
$$\int u\mathrm{d}v = uv - \int v\mathrm{d}u.$$

证 函数 $u=u(x)$，$v=v(x)$ 都是连续可微函数，于是

$$[u(x)v(x)]' = u'(x)v(x) + u(x)v'(x),$$

移项得到
$$u(x)v'(x) = [u(x)v(x)]' - u'(x)v(x),$$

等式两边求不定积分，得到

$$\int u(x)v'(x)\mathrm{d}x = u(x)v(x) - \int v(x)u'(x)\mathrm{d}x,$$

或
$$\int u\mathrm{d}v = uv - \int v\mathrm{d}u.$$

证毕.

例 1 求 $\int x\cos x\mathrm{d}x$.

解 设 $u=x$ $\mathrm{d}v=\cos x\mathrm{d}x$，则 $\mathrm{d}u=\mathrm{d}x$，$v=\sin x$，由分部积分公式，得

$$\int x\cos x\mathrm{d}x = x\sin x - \int \sin x\mathrm{d}x = x\sin x + \cos x + C.$$

注意：本题若设 $u=\cos x$，$\mathrm{d}v=\mathrm{d}x$，则

$$\int x\cos x\mathrm{d}x = \frac{1}{2}x^2\cos x + \frac{1}{2}\int x^2\sin x\mathrm{d}x,$$

新得到的积分 $\int x^2\sin x\mathrm{d}x$ 比原积分更难求，因而应用分部积分法求不定积分时，关键在于恰当地选取 u 和 $\mathrm{d}v$，一般考虑如下两点：

(1) v 易于由 $\mathrm{d}v$ 直接求得；

(2) $\int v\mathrm{d}u$ 比 $\int u\mathrm{d}v$ 易于计算.

例 2 求 $\int \ln x\mathrm{d}x$.

解 设 $u=\ln x$，$\mathrm{d}v=\mathrm{d}x$，则 $\mathrm{d}u=\frac{1}{x}\mathrm{d}x$，$v=x$，所以

$$\int \ln x\mathrm{d}x = x\ln x - \int x\frac{1}{x}\mathrm{d}x = x\ln x - x + C.$$

当运用熟练后，分部积分的替换过程可以省略.

例 3 求 $\int x\arctan x\mathrm{d}x$.

解
$$\begin{aligned}\int x\arctan x\mathrm{d}x &= \frac{1}{2}\int \arctan x\mathrm{d}x^2\\ &= \frac{1}{2}x^2\arctan x - \frac{1}{2}\int \frac{x^2}{1+x^2}\mathrm{d}x\\ &= \frac{1}{2}x^2\arctan x - \frac{1}{2}\int \frac{x^2+1-1}{x^2+1}\mathrm{d}x\end{aligned}$$

$$=\frac{1}{2}x^2\arctan x-\frac{1}{2}\int\left(1-\frac{1}{1+x^2}\right)dx$$
$$=\frac{1}{2}x^2\arctan x-\frac{1}{2}x+\frac{1}{2}\arctan x+C$$
$$=\frac{1}{2}(x^2+1)\arctan x-\frac{1}{2}x+C.$$

例 4 求 $\int x^2e^x dx$.

解 $\int x^2e^x dx=\int x^2de^x=x^2e^x-\int 2xe^x dx$

$$=x^2e^x-2\int xde^x=x^2e^x-2xe^x+2\int e^x dx$$
$$=(x^2-2x+2)e^x+C.$$

例 5 求 $\int e^x\sin x dx$.

解 设 $u=\sin x, dv=e^x dx$，则 $du=\cos x dx, v=e^x$，由分部积分公式

$$\int e^x\sin x dx=e^x\sin x-\int e^x\cos x dx,$$

对右端积分 $\int e^x\cos x dx$ 再次使用分部积分公式.

设 $u=\cos x, dv=e^x dx$，则 $du=-\sin x dx, v=e^x$，由分部积分公式，得

$$\int e^x\cos x dx=e^x\cos x+\int e^x\sin x dx,$$

将该结果代入前一式，得

$$\int e^x\sin x dx=e^x\sin x-e^x\cos x-\int e^x\sin x dx,$$

于是得到一个关于所求积分 $\int e^x\sin x dx$ 的方程式，移项后即解出所求积分.

$$2\int e^x\sin x dx=e^x(\sin x-\cos x)+C_1,$$

所以
$$\int e^x\sin x dx=\frac{1}{2}e^x(\sin x-\cos x)+C,$$

式中，$C=\frac{C_1}{2}$.

为了便于掌握分部积分法，下面列出应用分部积分法常见的几种积分形式及 u 的选取方法.

(1) $\int x^ne^x dx, \int x^n\sin ax dx, \int x^n\cos ax dx$（$n$ 为正整数），可设 $u=x^n$.

(2) $\int x^n\ln x dx$，$\int x^n\arcsin x dx$，$\int x^n\arctan x dx$（$n\neq 1$，n 为整数），可设 $u=\ln x$，$\arcsin x$，$\arctan x$.

(3) $\int e^{ax}\sin bx dx$，$\int e^{ax}\cos bx dx$，可设 $u=e^{ax}$，$\sin bx$，$\cos bx$. 但是注意前后两次使用分部积分法时，两次设 u 的函数类型必须是同类.

例 6 求 $\int \arctan\sqrt{x}\,\mathrm{d}x$.

解 先用换元法,设 $t=\sqrt{x}$,则 $x=t^2$,$\mathrm{d}x=2t\,\mathrm{d}t$,所以

$$\begin{aligned}\int \arctan\sqrt{x}\,\mathrm{d}x &= 2\int t\arctan t\,\mathrm{d}t\\ &= \int \arctan t\,\mathrm{d}t^2 \quad \text{(用分部积分法)}\\ &= t^2\arctan t-\int\frac{t^2}{1+t^2}\mathrm{d}t\\ &= t^2\arctan t-\int\left(1-\frac{1}{1+t^2}\right)\mathrm{d}t\\ &= t^2\arctan t-t+\arctan t+C\\ &= x\arctan\sqrt{x}-\sqrt{x}+\arctan\sqrt{x}+C.\end{aligned}$$

例 7 求 $\int\frac{x}{\sqrt{x-1}}\mathrm{d}x$.

解 方法一 用凑微分法.

$$\begin{aligned}\int\frac{x}{\sqrt{x-1}}\mathrm{d}x &= \int\frac{x-1+1}{\sqrt{x-1}}\mathrm{d}x=\int\sqrt{x-1}\,\mathrm{d}x+\int\frac{1}{\sqrt{x-1}}\mathrm{d}x\\ &= \frac{2}{3}(x-1)^{\frac{3}{2}}+2\sqrt{x-1}+C.\end{aligned}$$

方法二 用换元法.

设 $\sqrt{x-1}=t$,则 $x=1+t^2$,$\mathrm{d}x=2t\,\mathrm{d}t$,所以

$$\begin{aligned}\int\frac{x}{\sqrt{x-1}}\mathrm{d}x &= \int\frac{1+t^2}{t}\cdot 2t\,\mathrm{d}t=2\int(1+t^2)\,\mathrm{d}t=2t+\frac{2}{3}t^3+C\\ &= \frac{2}{3}(x-1)^{\frac{3}{2}}+2\sqrt{x-1}+C.\end{aligned}$$

方法三 用分部积分法.

$$\begin{aligned}\int\frac{x}{\sqrt{x-1}}\mathrm{d}x &= \int x\,\mathrm{d}(2\sqrt{x-1})=2x\sqrt{x-1}-2\int\sqrt{x-1}\,\mathrm{d}x\\ &= 2x\sqrt{x-1}-\frac{4}{3}(x-1)^{\frac{3}{2}}+C.\end{aligned}$$

求不定积分的方法应灵活运用,切忌死套公式,学习中要注意不断积累经验.

习　题　7-3

1.思考并回答下列问题:

(1)分部积分的基本原理是什么?

(2)确定 u 的原则是什么?

(3)确定 u 的规律有哪些?

2.求下列不定积分：

(1) $\int x\sin x\mathrm{d}x$； (2) $\int \arctan x\mathrm{d}x$； (3) $\int (x-1)\sin 2x\mathrm{d}x$；

(4) $\int \frac{x}{\cos^2 x}\mathrm{d}x$； (5) $\int x\mathrm{e}^{-2x}\mathrm{d}x$； (6) $\int x^2\arctan x\mathrm{d}x$；

(7) $\int \ln(1+x^2)\mathrm{d}x$； (8) $\int x^2\sin\frac{x}{3}\mathrm{d}x$； (9) $\int x^2\mathrm{e}^{-x}\mathrm{d}x$；

(10) $\int \frac{x\arcsin x}{\sqrt{1-x^2}}\mathrm{d}x$； (11) $\int \mathrm{e}^{\sqrt{x}}\mathrm{d}x$； (12) $\int \frac{1}{\sqrt{x}}\arcsin\sqrt{x}\mathrm{d}x$；

(13) $\int \sin\sqrt{x}\mathrm{d}x$； (14) $\int \mathrm{e}^{-x}\cos\frac{x}{2}\mathrm{d}x$； (15) $\int \mathrm{e}^{2x}\sin x\mathrm{d}x$.

第四节 积分表的使用

通过前面的讨论可以看出，积分的计算比导数的计算灵活、复杂.为了使用方便，往往把常用的积分公式汇集成表，即积分表.积分表是按照被积函数的类型来编排的，求积分时，可根据被积函数的类型直接地或经过简单的变形后，在表中查得所需的结果.也可使用 MATLAB 软件计算．关于 MATLAB 软件的使用请参考第九章的相关内容。

本书附录 B 中有一个简单的积分表，可供查用.

例 1 求 $\int \frac{x}{(2+3x)^2}\mathrm{d}x$.

解 被积函数中含有 $a+bx$ ，在附录 B 积分简表(一)中查得公式(7)

$$\int \frac{x}{(a+bx)^2}\mathrm{d}x=\frac{1}{b^2}\left[\ln|a+bx|+\frac{a}{a+bx}\right]+C,$$

现令 $a=2, b=3$，所以

$$\int \frac{x}{(2+3x)^2}\mathrm{d}x=\frac{1}{9}\left[\ln|2+3x|+\frac{2}{2+3x}\right]+C.$$

例 2 求 $\int \frac{\mathrm{d}x}{2+9x^2}$.

解 被积函数中含有 $a+bx^2$，在积分简表(三)中查得公式(19)

$$\int \frac{\mathrm{d}x}{a+bx^2}=\frac{1}{\sqrt{ab}}\arctan\sqrt{\frac{b}{a}}x+C,$$

现令 $a=2, b=9$，代入得

$$\int \frac{\mathrm{d}x}{2+9x^2}=\frac{1}{\sqrt{18}}\arctan\sqrt{\frac{9}{2}}x+C=\frac{\sqrt{2}}{6}\arctan\frac{3\sqrt{2}}{2}x+C.$$

例 3 求 $\int x\sqrt{4+5x}\mathrm{d}x$.

解 被积函数中含有 $\sqrt{a+bx}$ ，在积分简表(二)中查得公式(12)

$$\int x\sqrt{a+bx}\mathrm{d}x=-\frac{2(2a-3bx)\sqrt{(a+bx)^3}}{15b^2}+C,$$

现令 $a=4, b=5$，代入得

$$\int x\sqrt{4+5x}\,\mathrm{d}x=-\frac{2(8-15x)\sqrt{(4+5x)^3}}{375}+C.$$

例 4 求 $\int\frac{\mathrm{d}x}{5-4\cos x}$.

解 被积函数中含有三角函数,在积分简表(九)中查得积分

$$\int\frac{\mathrm{d}x}{b+c\cos ax}.$$

现在 $a=1,b=5,c=-4$,因为 $b^2>c^2$,所以选择公式(61)

$$\int\frac{\mathrm{d}x}{b+c\cos ax}=\frac{2}{a\sqrt{b^2-c^2}}\arctan\frac{\sqrt{b^2-c^2}\sin ax}{c+b\cos ax}+C,$$

于是

$$\int\frac{\mathrm{d}x}{5-4\cos x}=\frac{2}{\sqrt{25-16}}\arctan\frac{\sqrt{25-16}\sin x}{-4+5\cos x}+C=\frac{2}{3}\arctan\frac{3\sin x}{5\cos x-4}+C.$$

例 5 求 $\int\frac{5+x^2}{\sqrt{x^2+4}}\mathrm{d}x$.

解 被积函数中含有 $\sqrt{x^2+a^2}$,在积分简表(四)中可找到它的同类积分的形式,先把被积函数拆成两项,再按公式(28)和(30)求得积分.

积分简表(五)中公式(28)和(30)如下:

$$\int\frac{1}{\sqrt{x^2+a^2}}\mathrm{d}x=\ln\left|x+\sqrt{x^2+a^2}\right|+C,$$

$$\int\frac{x^2}{\sqrt{x^2+a^2}}\mathrm{d}x=\frac{x}{2}\sqrt{x^2+a^2}-\frac{a^2}{2}\ln\left|x+\sqrt{x^2+a^2}\right|+C,$$

于是

$$\begin{aligned}\int\frac{5+x^2}{\sqrt{x^2+4}}\mathrm{d}x&=\int\frac{5}{\sqrt{x^2+4}}\mathrm{d}x+\int\frac{x^2}{\sqrt{x^2+4}}\mathrm{d}x\\&=5\ln\left|x+\sqrt{x^2+4}\right|+\frac{x}{2}\sqrt{x^2+4}-2\ln\left|x+\sqrt{x^2+4}\right|+C\\&=3\ln\left|x+\sqrt{x^2+4}\right|+\frac{x}{2}\sqrt{x^2+4}+C.\end{aligned}$$

例 6 求 $\int\frac{\mathrm{d}x}{x\sqrt{4x^2+9}}$.

解 这个积分不能在表中直接查到,需要先进行变量替换.

令 $2x=u$,则

$$\sqrt{4x^2+9}=\sqrt{u^2+3^2},\ x=\frac{1}{2}u,\mathrm{d}x=\frac{1}{2}\mathrm{d}u.$$

于是

$$\int\frac{\mathrm{d}x}{x\sqrt{4x^2+9}}=\int\frac{\frac{1}{2}\mathrm{d}u}{\frac{u}{2}\sqrt{u^2+3^2}}=\int\frac{\mathrm{d}u}{u\sqrt{u^2+3^2}}.$$

被积函数中含有 $\sqrt{x^2+a^2}$,在积分简表(四)中查到公式(32)

$$\int \frac{\mathrm{d}x}{x\sqrt{x^2+a^2}}=\frac{1}{a}\ln\frac{|x|}{a+\sqrt{x^2+a^2}}+C,$$

现在 $a=3$，x 相当于 u，于是

$$\int \frac{\mathrm{d}x}{x\sqrt{4x^2+9}}=\int \frac{\mathrm{d}u}{u\sqrt{u^2+3^2}}=\frac{1}{3}\ln\frac{|u|}{3+\sqrt{u^2+3^2}}+C=\frac{1}{3}\ln\frac{2|x|}{3+\sqrt{4x^2+9}}+C.$$

前面介绍了几种基本的积分方法，也讲了积分表的使用，求积分时究竟是直接计算，还是查表，或是两者结合使用，应该做具体分析，不能一概而论.

最后指出一点，连续函数的原函数是存在的，但有些却不能用初等函数表示，我们通常说这种积分积不出来.如看来很简单的积分 $\int \frac{\sin x}{x}\mathrm{d}x$，$\int \frac{\cos x}{x}\mathrm{d}x$，$\int \frac{1}{\ln x}\mathrm{d}x$，$\int \mathrm{e}^{-x^2}\mathrm{d}x$ 等，它们的结果都不能用初等函数表示.

习　题　7－4

1. 思考并回答下列问题：

(1)积分表是根据什么编排的？

(2)举例说明怎样查积分表.

(3)连续函数的积分是否都能用初等函数表示？

2. 利用积分表求下列不定积分：

(1) $\int \sqrt{3x^2-2}\,\mathrm{d}x$；　　(2) $\int \frac{\mathrm{d}x}{x\,(2-3x)^2}$；

(3) $\int \frac{1}{\cos^3 x}\mathrm{d}x$；　　(4) $\int x^4\ln x\,\mathrm{d}x$；

(5) $\int \frac{1}{3+8\sin x\cos x}\mathrm{d}x$；　　(6) $\int \frac{6-x^2}{\sqrt{x^2+9}}\mathrm{d}x$；

(7) $\int \sqrt{\frac{4-x}{3+x}}\,\mathrm{d}x$；　　(8) $\int \frac{\mathrm{d}x}{x\sqrt{9x^2+4}}$.

第五节　微分方程简介

一、微分方程的有关概念

在实践中有些实际问题，往往需要通过未知函数及其导数所满足的关系式去求未知函数，这种关系式就是微分方程.

例 1　某曲线在横坐标为 x 处的切线斜率为 $2x$，且通过点(1,2)，求此曲线方程.

解　设所求曲线方程为 $y=f(x)$，由题意知满足的关系式为

$$y'=2x,\qquad\text{(微分方程)}$$

此外还满足条件　　当 $x=1$ 时，$y=2$，(初始条件)

对方程 $y'=2x$ 两端积分

$$\int y'\mathrm{d}x=\int 2x\,\mathrm{d}x,$$

得

$$y=x^2+C \quad (\text{其中 C 为任意常数})\ (\text{微分方程的通解})$$

将条件 $x=1$，$y=2$ 代入上式，得

$$2=1^2+C$$

即 $C=1$. 把 $C=1$ 代入 $y=x^2+C$，即得所求曲线的方程为

$$y=x^2+1 \qquad (\text{微分方程的特解})$$

已知曲线的切线斜率函数和曲线上一点，可确定一条曲线方程.

例 2 一跳水运动员在 10 m 跳台上以 5 m/s 的速度跳起，做各种翻转动作，空气阻力忽略不计，问：运动员在空中的位置与时间的函数关系.

解 设运动员在空中位置对时间的变化规律为 $s=s(t)$，运动员只受到重力的作用，由导数的物理意义知 $s(t)$ 应满足下列关系式

$$\frac{\mathrm{d}^2 s}{\mathrm{d}t^2}=-10, (\text{微分方程})$$

此外，还应满足条件

$$\begin{cases} s|_{t=0}=10 \\ v|_{t=0}=\dfrac{\mathrm{d}s}{\mathrm{d}t}\Big|_{t=0}=5 \end{cases}, (\text{初始条件})$$

$$\frac{\mathrm{d}^2 s}{\mathrm{d}t^2}=-10,$$

$$\frac{\mathrm{d}s}{\mathrm{d}t}=\int\frac{\mathrm{d}^2 s}{\mathrm{d}t^2}\mathrm{d}t=\int -10\mathrm{d}t=-10t+C_1,$$

再一次积分，

$$s(t)=\int\frac{\mathrm{d}s}{\mathrm{d}t}\mathrm{d}t=\int(-10t+C_1)\mathrm{d}t=-5t^2+C_1t+C_2,$$

$$s=-5t^2+C_1t+C_2, (\text{微分方程的通解})$$

式中，C_1，C_2 为任意常数.

将条件 $\frac{\mathrm{d}s}{\mathrm{d}t}\big|_{t=0}=5$ 代入 $\frac{\mathrm{d}s}{\mathrm{d}t}=-10t+C_1$，得 $C_1=5$.

将条件 $s|_{t=0}=10$ 代入 $s=-5t^2+5t+C_2$，得 $C_2=10$.

把 C_1，C_2 的值代入 $s=-5t^2+C_1t+C_2$，得

$$s=-5t^2+5t+10. \qquad (\text{微分方程的特解})$$

即运动员在空中的位置与时间的关系为：$s=-5t^2+5t+10$.

例题中的方程 $\frac{\mathrm{d}y}{\mathrm{d}x}=2x$ 和 $\frac{\mathrm{d}^2 s}{\mathrm{d}t^2}=-10$ 都是含有未知函数的导数式. 把含有未知函数导数(或微分)的方程称为**微分方程**. 微分方程中出现的未知函数的导数的最高阶数，称为微分方程的阶. 如前面的例 1 中的方程 $\frac{\mathrm{d}y}{\mathrm{d}x}=2x$ 是一阶微分方程，例 2 中的 $\frac{\mathrm{d}^2 s}{\mathrm{d}t^2}=-10$ 是二阶微分方程.

如果把某个函数代入微分方程中，使其成为恒等式，则称此函数为微分方程的**解**. 如例 1

中的函数 $y=x^2+C$ 和 $y=x^2+1$ 都是微分方程 $\frac{dy}{dx}=2x$ 的解,例2中的函数 $s=-5t^2+C_1t+C_2$ 和 $s=-5t^2+5t+10$ 都是微分方程 $\frac{d^2s}{dt^2}=-10$ 的解.

微分方程的解有两种不同的形式.如果 n 阶微分方程其解中含有 n 个(独立的)任意常数,这样的解称为方程的**通解**.如果给通解中的任意常数一定值所得到的解称为**特解**.如前面例子中的 $y=x^2+C$ 和 $s=-5t^2+C_1t+C_2$ 分别是方程 $\frac{dy}{dx}=2x$ 和 $\frac{d^2s}{dt^2}=10$ 的通解,$y=x^2+1$ 和 $s=-5t^2+5t+10$ 分别是它们的特解.

用来确定特解的条件,称为**初始条件**.求微分方程满足初始条件的解的问题称为**初值问题**.例如,例1和例2中的 $x=1$ 时,$y=2$ 和 $s|_{t=0}=10$,$\frac{ds}{dt}|_{t=0}=5$ 为初始条件,这两个题目就是初值问题.

例3 验证 $y=Cx^2$ 是微分方程 $xy'=2y$ 的通解,并求满足条件 $y|_{x=1}=1$ 的特解.

解 因 $y=Cx^2$,则 $y'=2Cx$.

把 y 与 y' 代入方程 $xy'=2y$ 中,得

$$左边=x\cdot 2Cx=2Cx^2=2y=右边,$$

因此 $y=Cx^2$ 是 $xy'=2y$ 的通解.

将条件 $y|_{x=1}=1$ 代入 $y=Cx^2$ 中,得

$$C=1,$$

所以满足条件 $y|_{x=1}=1$ 的特解为

$$y=x^2.$$

对于给定的微分方程,如果其中的未知函数是一元函数,则函数方程中只出现未知函数对一个自变量的导数,这样的微分方程称为**常微分方程**.当未知函数是多元函数时,微分方程中必出现未知函数的偏导数,因而称为**偏微分方程**.在这里我们只讨论常微分方程.

自变量为 x 的 n 阶常微分方程的一般形式为

$$F(x,y,y',y''\cdots,y^{(n)})=0$$

当未知函数 y 及其各阶导数 $y',y''...,y^{(n)}$ 的次数都是一次时,称为 **n 阶线性微分方程**.

例4 指出下列微分方程哪个是线性的,哪个是非线性的,并指出它们的阶数.

(1) $y''+2y'+xy=x+1$;

(2) $y'^2+\sin y=0$;

(3) $y^{(4)}+2y''y'''+x^2=0$;

(4) $y''+2xy'+3x^2y=e^x$.

解 (1)为2阶线性微分方程;

(2)为1阶非线性微分方程;

(3)为4阶非线性微分方程;

(4)为2阶线性微分方程.

二、一阶微分方程的求解

1. 可分离变量的微分方程

形如

$$\frac{dy}{dx}=f(x)g(y)$$

的一阶微分方程,称为**可分离变量的微分方程**.

下面通过例题说明其解法.

例 5 求微分方程 $\frac{dy}{dx}=\frac{y}{x}$ 的通解.

解 分离变量,得

$$\frac{dy}{y}=\frac{1}{x}dx,$$

两边积分,得

$$\ln|y|=\ln|x|+\ln C_1 \quad (C_1>0),$$

从而

$$|y|=C_1|x|,$$

即

$$y=\pm C_1x=Cx \quad (令\ C=\pm C_1),$$

式中,C 为不为零的常数.

如果上式中的 $C=0$,则 $y=0$,显然也是方程的一个解.

所以原方程的通解为

$$y=Cx \quad (C\in\mathbf{R}).$$

注意:以后为了运算方便,凡遇上积分后是对数的情形,可以将绝对值号省略,而注意结果中的 C 是任意常数就可以了,如上例可省略如下:

分离变量后得

$$\frac{dy}{y}=\frac{dx}{x},$$

两边积分,得

$$\ln y=\ln x+\ln C,$$

通解为

$$y=Cx \quad (C\in\mathbf{R}).$$

例 6 求微分方程 $\frac{dy}{dx}=2xy$,满足 $y|_{x=0}=1$ 的特解.

解 分离变量,得

$$\frac{dy}{y}=2x\,dx,$$

两边积分,得

$$\ln y=x^2+\ln C,$$

整理得通解为

$$y=Ce^{x^2} \quad (C\in\mathbf{R}),$$

将 $y|_{x=0}=1$ 代入上式,得

$$C=1,$$

故所求特解为

$$y=e^{x^2}.$$

2. 一阶线性微分方程

形如

$$\frac{dy}{dx}+P(x)y=Q(x)$$

的方程，称为**一阶线性微分方程**，其中 $P(x)$，$Q(x)$ 为已知函数，当 $Q(x)=0$ 时，方程化为

$$\frac{dy}{dx}+P(x)y=0,$$

称为**一阶线性齐次微分方程**.

一阶线性微分方程的通解公式为

$$y=e^{-\int P(x)dx}\left[\int Q(x)e^{\int P(x)dx}dx+C\right].$$

例 7　求微分方程 $\frac{dy}{dx}+2xy=2xe^{-x^2}$ 的通解.

解　这是 $P(x)=2x$，$Q(x)=2xe^{-x^2}$ 的一阶线性非齐次微分方程.

由通解公式知，该方程的通解为

$$\begin{aligned}y&=e^{-\int P(x)dx}\left[\int Q(x)e^{\int P(x)dx}dx+C\right]\\&=e^{-\int 2xdx}\left[\int 2xe^{-x^2}e^{\int 2xdx}dx+C\right]\\&=e^{-x^2}(x^2+C),\end{aligned}$$

因此，该方程的通解为 $y=e^{-x^2}(x^2+C)$.

例 8　求方程 $\frac{dy}{dx}-y\tan x=\sec x$ 满足初始条件 $y|_{x=\pi}=-1$ 的特解.

解　这是 $P(x)=-\tan x$，$Q(x)=\sec x$ 的一阶线性非齐次微分方程，其通解为

$$\begin{aligned}y&=e^{-\int P(x)dx}\left[\int Q(x)e^{\int P(x)dx}dx+C\right]\\&=e^{\int \tan xdx}\left[\int \sec xe^{-\int \tan xdx}dx+C\right]\\&=e^{\int \frac{\sin x}{\cos x}dx}\left[\int \sec xe^{-\int \frac{\sin x}{\cos x}dx}dx+C\right]\\&=e^{-\ln\cos x}\left[\int \sec xe^{\ln\cos x}dx+C\right]\\&=\sec x\left[\int \sec x\cos xdx+C\right]\\&=\sec x(x+C).\end{aligned}$$

将初始条件 $x=\pi$ 时，$y=-1$ 代入，得 $C=1-\pi$，故所求的特解为

$$y=(x+1-\pi)\sec x.$$

习　题　7－5

1. 思考并回答下列问题：

(1)微分方程与代数方程的区别是什么？

(2)什么是初值问题？怎样解决它？举例说明.

(3)一阶线性微分方程的标准形式是怎样的？如何求解？

(4)如果知道一个沿直线运动的物体的加速度，如何求该物体的位置与时间的函数？要想

确定位置函数的具体形式,还需要知道什么?举例说明.

2. 指出下列微分方程的阶数,并指出哪些是线性的:

(1) $y'=x^2+5$;　　(2) $x^2\mathrm{d}y+y^2\mathrm{d}x=0$;

(3) $\dfrac{\mathrm{d}^2x}{\mathrm{d}^2y}+xy=0$;　　(4) $t\,(x')^2-2tx'+t=0$;

(5) $\dfrac{\mathrm{d}^4x}{\mathrm{d}t^4}+s=s^4$;　　(6) $y^{(5)}-2y'''+y'+2y=0$;

3. 验证 $y=cx+\dfrac{1}{c}$ 是方程 $x\left(\dfrac{\mathrm{d}y}{\mathrm{d}x}\right)^2-y\dfrac{\mathrm{d}y}{\mathrm{d}x}+1=0$ 的通解.

4. 一曲线通过 $(\mathrm{e}^2,3)$ 且在任一点处的切线斜率等于该点横坐标的倒数,求该曲线方程.

5. 已知曲线在点(x,y)处的切线斜率为 $3x^2$,且经过$(0,2)$点,求此曲线方程.

6. 在 80 m 的高度以 30 m/s 的速度向上抛一球,问:(1)球的位置对时间的函数(运动规律);(2)球多长时间落到地面.

7. 已知一动点在时刻 t 的速度为 $v=3t-2$,且 $t=0$ 时,$s=5$. 式求此动点的运动方程.

8. 汽车起步时做等加速运动,已知加速度是 3 m/s^2,问汽车用多长时间可到达 160 km/h,以及走了多远.

9. 求下列方程的通解:

(1) $(1+y^2)\,\mathrm{d}x-(1+x^2)\,\mathrm{d}y=0$;　　(2) $\mathrm{d}y-\sqrt{y}\,\mathrm{d}x=0$;

(3) $xy\,\mathrm{d}x=-\sqrt{1-x^2}\,\mathrm{d}y$;　　(4) $xy'-y\ln y=0$;

(5) $\dfrac{\mathrm{d}y}{\mathrm{d}x}+y=\mathrm{e}^{-x}$;　　(6) $(x+1)\,y'-2y=(x+1)^4$.

10. 求下列微分方程满足所给初始条件的特解:

(1) $\begin{cases}(y+3)\,\mathrm{d}x+\cot x\,\mathrm{d}y=0;\\ y\,|_{x=0}=1\end{cases}$;　　(2) $\begin{cases}y'\sin x=y\ln y\\ y\,|_{x=\frac{\pi}{2}}=\mathrm{e}\end{cases}$;

(3) $\begin{cases}\sqrt{1-x^2}\,y'=x\\ y\,|_{x=0}=0\end{cases}$;　　(4) $\begin{cases}y'=\mathrm{e}^{2x-y}\\ y\,|_{x=0}=0\end{cases}$;

(5) $\begin{cases}y'+y\cos x=\mathrm{e}^{-\sin x}\\ y\,|_{x=0}=0\end{cases}$;　　(6) $\begin{cases}\dfrac{\mathrm{d}y}{\mathrm{d}x}-4x=\mathrm{e}^{3t}\\ x\,|_{x=0}=0\end{cases}$.

第八章　定积分及其应用

问题导入

本章将讨论积分学的另一个基本问题——定积分．它无论在理论上还是实际应用上都有着重要的意义．例如，汽车的里程表就是这方面的一个应用．本章将由典型实例引入定积分的概念，讨论定积分的性质和计算方法，最后介绍定积分在实际中的应用．

学习目标

(1)熟练掌握微积分的基本公式；

(2)会计算简单的广义积分；

(3)掌握定积分的微元法；

(4)会用定积分求平面图形的面积；

(5)会用定积分解决一些实际问题．

第一节　定积分的概念及性质

一、两个典型例子

1. 曲边梯形的面积

在初等数学中，我们已经学会计算矩形、梯形、三角形和圆等平面图形的面积，但是一般图形的面积如何计算呢？为此，首先引进曲边梯形的概念．

设函数 $y=f(x)$ 在 $[a,b]$ 上连续且非负，由曲线 $y=f(x)$ 及直线 $x=a$，$x=b$ 和 $y=0$ 围成的平面图形称为**曲边梯形**(见图 8－1).

对于曲边梯形，若其曲边 $y=f(x)\neq c$，则曲边是变化的，显然不能直接按矩形的面积公式进行计算，但若将其分割成若干小曲边梯形，如图 8－2 所示，此时小曲边梯形的曲边的变化不大，可将每个小曲边梯形近似地视为矩形，用矩形的面积计算公式得到每个小曲边梯形面积的近似值．具体步骤如下：

(1) 分割．在区间 $[a,b]$ 内任意地插入 $n-1$ 个分点，

$$a=x_0<x_1<x_2<\cdots x_{n-1}<x_n=b,$$

把区间 $[a,b]$ 分成 n 个小区间

$$[x_0,x_1],\ [x_1,x_2],\ \cdots,[x_{n-1},x_n],$$

它们的长度依次为

$$\Delta x_1 = x_1 - x_0,\ \Delta x_2 = x_2 - x_1,\ \cdots, \Delta x_n = x_n - x_{n-1},$$

相应的曲边梯形被分割成 n 个小曲边梯形 $A_i(i=1,2,\cdots,n)$.

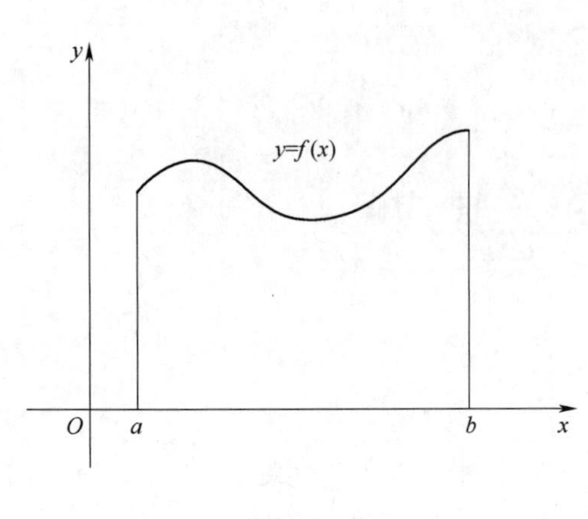

图 8-1

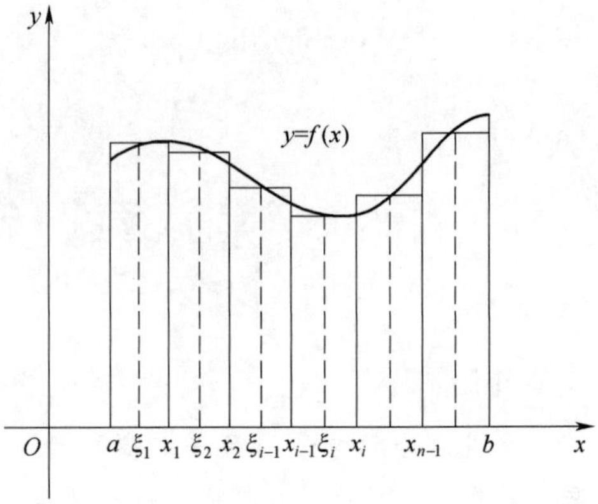

图 8-2

(2) 取近似. 当每个小区间 $[x_{i-1},x_i]$ 的长度很小时,每个小区间上的小曲边梯形的面积可以用矩形面积近似代替(小区间的长度越小,近似程度越高). 小矩形的宽为 Δx_i. 在小区间 $[x_{i-1},x_i]$ 上任取一点 $\xi_i \in [x_{i-1},x_i]$, 以 ξ_i 对应的函数值 $f(\xi_i)$ 作为小矩形的高(见图8-2),小矩形面积为

$$A_i = f(\xi_i)x_i.$$

(3) 求和. 将所有小矩形面积加起来 $\left(\sum_{i=1}^{n} f(\xi_i)x_i\right)$, 得到曲边梯形面积的近似值,即

$$A \approx \sum_{i=1}^{n} A_i = \sum_{i=1}^{n} f(\xi_i)\Delta x_i.$$

(4) 取极限. 由图 8-2 可以看出,区间分割得越细, $\sum_{i=1}^{n} f(\xi_i)x_i$ 的值与曲边梯形的面积越接近. 令每个区间长度的最大值趋近于零(即 $\lambda = \max\limits_{1 \leqslant i \leqslant n}\{\Delta x_i\}, \lambda \to 0$),取极限,得曲边梯形的面积

$$A = \lim_{\lambda \to 0}\sum_{i=1}^{n} A_i = \lim_{\lambda \to 0}\sum_{i=1}^{n} f(\xi_i)\Delta x_i.$$

可见,曲边梯形的面积是一个和式的极限.

2. 变速直线运动的路程

设某物体沿直线作变速运动,其速度 $v=v(t)$, 求此物体从时刻 $t=a$ 到时刻 $t=b$ 在这段时间内所经过的路程 s.

我们知道,对于匀速直线运动,有公式:路程=速度×时间,现在速度是变量,因此所求路程 s 不能直接按匀速直线运动的路程公式计算. 又因为在很短的一段时间里速度的变化很小,近似于匀速,所以可以用匀速直线运动的路程作为这段很短时间里路程的近似值,由此,可采用与求曲边梯形面积相仿的四个步骤来计算路程 s.

(1)分割. 把区间 $[a,b]$ 用 $n-1$ 个分点 $a=t_0<t_1<t_2<\cdots t_{n-1}<t_n=b$ 分成 n 个小区间 $[t_{i-1},t_i]$, 小区间长度记作 $\Delta t_i = t_i - t_{i-1}\ (i=1,2,\cdots,n)$.

(2)取近似．在 $[t_{i-1},t_i]$ 内任取一点 $\xi_i \in [t_{i-1},t_i]$，将变速运动的物体近似看作匀速 $v(\xi_i)$ 运动，在时间间隔 Δt_i 内所走的路程为 $\Delta s_i \approx v(\xi_i)\Delta t_i \quad (i=1,2,\cdots,n)$.

(3) 求和：
$$\sum_{i=1}^{n}\Delta s_i \approx \sum_{i=1}^{n} v(\xi_i)\Delta t_i.$$

(4) 取极限：　　记 $\lambda=\max\limits_{1\leqslant i\leqslant n}\{\Delta t_i\}$，令 $\lambda\to 0$，则
$$S=\lim_{\lambda\to 0}\sum_{i=1}^{n} v(\xi_i)\Delta t_i.$$

可见变速直线运动的路程也是一个和式的极限．

二、定积分的定义

从上述两个具体问题可以看到，它们的实际意义虽然不同，但它们归结成的数学模型却是一致的．就是说，处理这些问题所遇到的矛盾性质，解决问题的思想方法，以及最后所要计算的数学表达式都是相同的．在科学技术和实际生活中，还有许多问题可以归结为这种特定和式的极限，为此，抽象出定积分的概念．

定义　设函数 $y=f(x)$ 为 $[a,b]$ 上的有界函数，在区间 $[a,b]$ 中任意地插入 $n-1$ 个分点
$$a=x_0<x_1<x_2<\cdots x_{n-1}<x_n=b,$$
将区间 $[a,b]$ 分成 n 个小区间 $[x_{i-1},x_i]$ $(i=1,2,\cdots,n)$，小区间长度分别记作 $\Delta x_i=x_i-x_{i-1}$ $(i=1,2,\cdots,n)$，在 $[x_{i-1},x_i]$ 内任取一点 ξ_i，作和式
$$\sum_{i=1}^{n} f(\xi_i)\Delta x_i.$$

若当 $\lambda=\max\limits_{1\leqslant i\leqslant n}\{\Delta x_i\}$，$\lambda\to 0$ 时，上述和式的极限存在，且与区间 $[a,b]$ 的分法无关，与 ξ_i 的取法无关，则称此极限值为函数 $f(x)$ 在区间 $[a,b]$ 上的**定积分**，记为 $\int_a^b f(x)\mathrm{d}x$，即
$$\int_a^b f(x)\mathrm{d}x=\lim_{\lambda\to 0}\sum_{i=1}^{n} f(\xi_i)\Delta x_i.$$
式中，x 称为**积分变量**，$f(x)$ 称为**被积函数**，$f(x)\mathrm{d}x$ 称为**被积表达式**，$[a,b]$ 为**积分区间**，a 称为**积分下限**，b 称为**积分上限**．

根据定积分的定义，前面两个实例可分别写成如下的形式．

曲边梯形面积 A 等于其曲边 $y=f(x)$ 在其底所在区间 $[a,b]$ 上的定积分
$$A=\int_a^b f(x)\mathrm{d}x.$$
变速直线运动的物体所经过的路程 s 等于其速度 $v=v(t)$ 在时间区间 $[a,b]$ 上的定积分
$$s=\int_a^b v(t)\mathrm{d}t$$

关于定积分的定义，作以下几点说明：

(1)定积分是一种和式的极限，因此是一个数，这与不定积分不一样．

(2)定积分的结果仅与被积函数 $f(x)$ 和积分区间 $[a,b]$ 有关，而与积分变量用什么字母无关．如：$\int_a^b f(x)\mathrm{d}x=\int_a^b f(t)\mathrm{d}t$.

(3)在定积分定义中,实际假定了 $a<b$,为了今后使用方便,规定:

$$\text{当 } a=b \text{ 时}, \int_a^b f(x)\mathrm{d}x=0; \quad \text{当 } a>b \text{ 时}, \int_a^b f(x)\mathrm{d}x=-\int_b^a f(x)\mathrm{d}x.$$

(4)定积分的存在性:当 $f(x)$ 在 $[a,b]$ 上连续或只有有限个第一类间断点时,$f(x)$ 在 $[a,b]$ 上定积分存在(也称**可积**).

初等函数在其定义区间内都是可积的.

下面举一个用定义计算定积分的例子.

例 1 用定义计算 $\int_0^2 x^2\mathrm{d}x$.

解 被积函数 $y=x^2$ 在区间 $[0,2]$ 上连续,所以 x^2 在 $[0,2]$ 上可积.为了计算方便,把 $[0,2]$ 等分成 n 份(见图 8-3),每个小区间的长度为 $\Delta x_i=\dfrac{2}{n}$,在每个小区间 $[x_{i-1},x_i]$ 上选取左端点为 ξ_i,即 $\xi_i=\dfrac{2(i-1)}{n}$,于是和式为

$$\begin{aligned}\sum_{i=1}^{n} f(\xi_i)\Delta x_i &= \sum_{i=1}^{n} 4\left(\frac{i-1}{n}\right)^2 \times \frac{2}{n}=\frac{8}{n^3}\times\sum_{i=1}^{n}(i-1)^2=\frac{8}{n^3}[1^2+2^2+\cdots+(n-1)^2]\\ &=\frac{8}{n^3}\,\frac{(n-1)n(2n-1)}{6}=\frac{4}{3}\,\frac{(n-1)(2n-1)}{n^2},\end{aligned}$$

当 $\lambda=\max\{\Delta x_i\}$,$\lambda\to 0$,即 $n\to\infty$ 时,有

$$\int_0^2 x^2\mathrm{d}x=\lim_{\lambda\to 0}\sum_{i=1}^{n} f(\xi_i)\Delta x_i=\lim_{n\to\infty}\frac{4}{3}\,\frac{(n-1)(2n-1)}{n^2}=\frac{8}{3}.$$

三、定积分的几何意义

在前面的曲边梯形面积问题中,我们看到如果 $f(x)>0$,图形在 x 轴之上,积分值为正,有 $\int_a^b f(x)\mathrm{d}x=A$.如果 $f(x)<0$,图形在 x 轴下方,积分值为负,即 $\int_a^b f(x)\mathrm{d}x=-A$.如果 $f(x)$ 在 $[a,b]$ 上有正有负时,则积分值就等于曲线 $y=f(x)$ 在 x 轴之上方部分与在 x 轴下方部分面积的代数和,如图 8-4 所示,有 $\int_a^b f(x)\mathrm{d}x=A_1-A_2+A_3$.

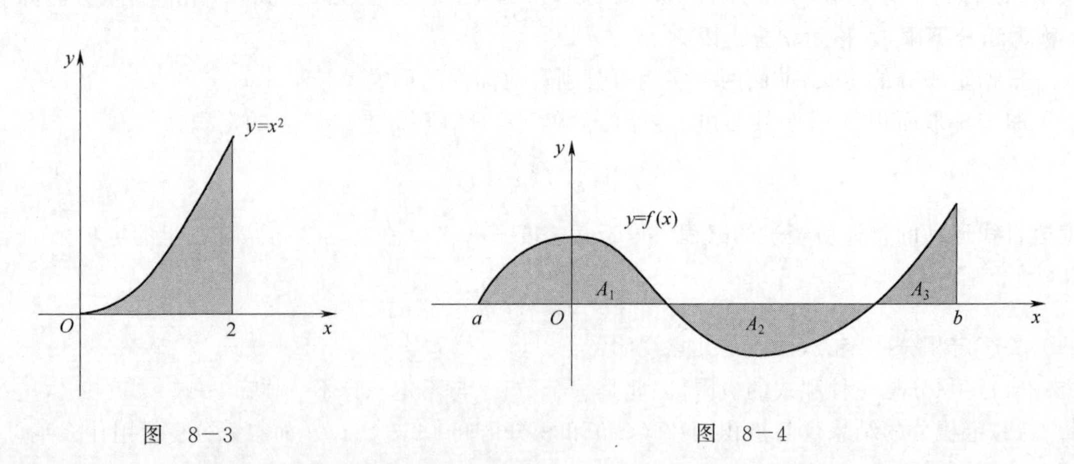

图 8-3　　　　图 8-4

总之,定积分 $\int_a^b f(x)\mathrm{d}x$ 在各种实际问题所代表的实际意义不同,但它的数值在几何上可用曲边梯形面积的代数和来表示,这就是定积分的几何意义.

例 2　利用定积分表示图 8-5 所示图形阴影部分的面积.

解　图 8—5(a)中的阴影部分的面积为　$A=\int_0^a x^2\mathrm{d}x$;

图 8—5(b)中的阴影部分的面积为　$A=\int_{-1}^2 x^2\mathrm{d}x$;

图 8—5(c)中的阴影部分的面积为　$A=\int_{-1}^0[(x-1)^2-1]\mathrm{d}x-\int_0^2[(x-1)^2-1]\mathrm{d}x$;

图 8—5(d)中的阴影部分的面积为　$A=\int_a^b \mathrm{d}x=b-a$.

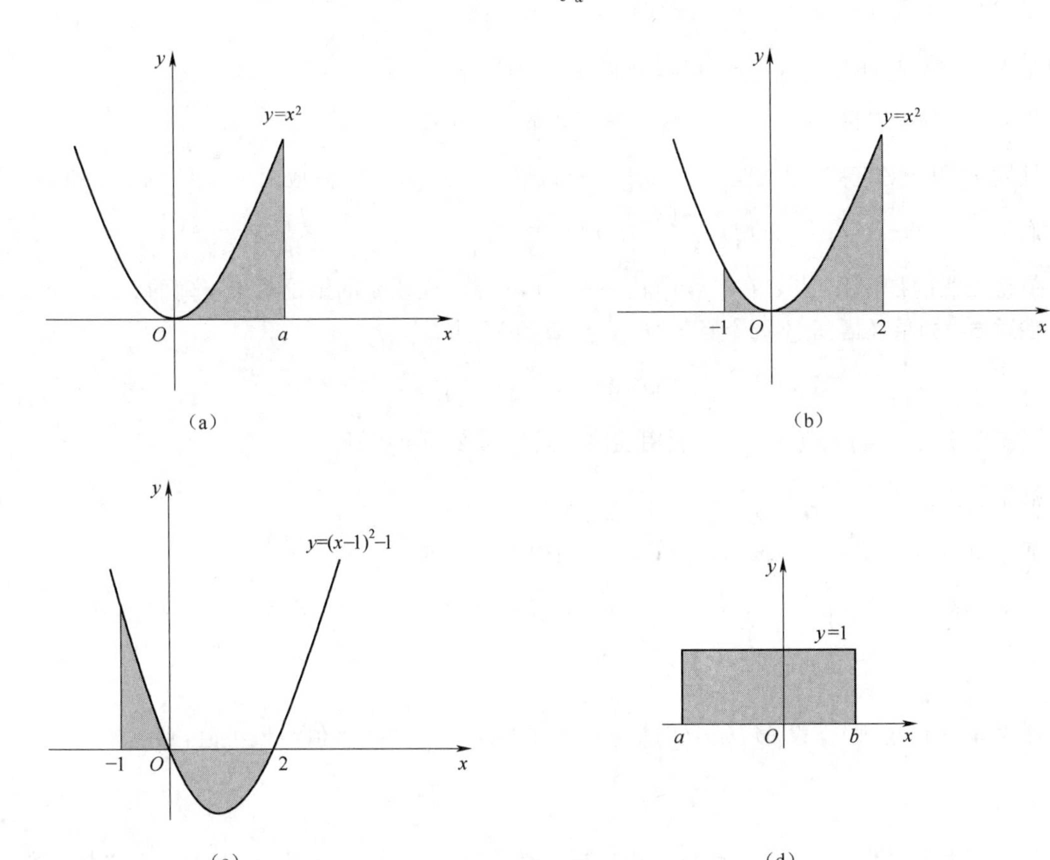

图　8—5

四、定积分的性质

按定积分的定义,即通过积分和的极限求定积分是十分困难的,必须寻求定积分的有效计算方法.下面介绍的定积分的基本性质有助于定积分的计算,也有助于对定积分的理解.假定函数在所讨论的区间上可积,则有如下性质.

性质 1　$\int_a^b[f(x)\pm g(x)]\mathrm{d}x=\int_a^b f(x)\mathrm{d}x\pm\int_a^b g(x)\mathrm{d}x.$

这就是说，两个函数的代数和的定积分等于它们的定积分的代数和．

证 $\int_a^b [f(x) \pm g(x)]\mathrm{d}x = \lim\limits_{\lambda \to 0}\sum\limits_{i=1}^{n}[f(\xi_i)\Delta x_i \pm g(\xi_i)]\Delta x_i$

$$= \lim_{\lambda \to 0}[\sum_{i=1}^{n} f(\xi_i)\Delta x_i \pm \sum_{i=1}^{n} g(\xi_i)\Delta x_i]$$

$$= \lim_{\lambda \to 0}\sum_{i=1}^{n} f(\xi_i)\Delta x_i \pm \lim_{\lambda \to 0}\sum_{i=1}^{n} g(\xi_i)\Delta x_i$$

$$= \int_a^b f(x)\mathrm{d}x \pm \int_a^b g(x)\mathrm{d}x.$$

性质 1 可推广到有限多个函数代数和的情况．

性质 2 $\int_a^b kf(x)\mathrm{d}x = k\int_a^b f(x)\mathrm{d}x$ （k 为常数）．

这就是说，被积函数的常数因子可以提到积分号外面．

性质 3 如果在区间 $[a,b]$ 上 $f(x) \equiv 1$，那么 $\int_a^b 1\mathrm{d}x = \int_a^b \mathrm{d}x = b - a$．

性质 4（积分对区间的可加性） 如果积分区间 $[a,b]$ 被点 c 分成两个区间 $[a,c]$ 和 $[c,b]$，那么 $\int_a^b f(x)\mathrm{d}x = \int_a^c f(x)\mathrm{d}x + \int_c^b f(x)\mathrm{d}x$．

值得注意的是：不论点 c 在 $[a,b]$ 内还是 $[a,b]$ 外，性质 4 的结论总是正确的．

性质 5 如果在区间 $[a,b]$ 上有 $f(x) \leqslant g(x)$，那么

$$\int_a^b f(x)\mathrm{d}x \leqslant \int_a^b g(x)\mathrm{d}x.$$

只需令 $F(x) = f(x) - g(x)$ 利用性质 4 及性质 2 即可得证．

推论 由性质 5 可得 $\left|\int_a^b f(x)\mathrm{d}x\right| \leqslant \int_a^b |f(x)|\mathrm{d}x$．

证 由 $-|f(x)| \leqslant f(x) \leqslant |f(x)|$，利用性质 5 得

$$-\int_a^b |f(x)|\mathrm{d}x \leqslant \int_a^b f(x)\mathrm{d}x \leqslant \int_a^b |f(x)|\mathrm{d}x,$$

即 $\left|\int_a^b f(x)\mathrm{d}x\right| \leqslant \int_a^b |f(x)|\mathrm{d}x$．

性质 6（估值定理） 设 M,m 分别是 $f(x)$ 在 $[a,b]$ 上的最大值与最小值，则

$$m(b-a) \leqslant \int_a^b f(x)\mathrm{d}x \leqslant M(b-a).$$

证 因为 $m \leqslant f(x) \leqslant M$（题设），由性质 5 得 $\int_a^b m\mathrm{d}x \leqslant \int_a^b f(x)\mathrm{d}x \leqslant \int_a^b M\mathrm{d}x$，再将常数因子提出，并利用 $\int_a^b \mathrm{d}x = b - a$，即可得证．

性质 7（定积分中值定理） 设 $f(x)$ 在区间 $[a,b]$ 上连续，则在区间 $[a,b]$ 上，至少存在一点 $\xi \in [a,b]$ 使得 $\int_a^b f(x)\mathrm{d}x = f(\xi)(b-a)$．

证 将性质 6 中不等式 $m(b-a) \leqslant \int_a^b f(x)\mathrm{d}x \leqslant M(b-a)$ 两边除以 $b-a$，得

$$m \leqslant u = \frac{1}{b-a}\int_a^b f(x)\mathrm{d}x \leqslant M.$$

设 $u=\frac{1}{b-a}\int_a^b f(x)\mathrm{d}x$，即 $m\leqslant u\leqslant M$，根据闭区间上连续函数的介值定理，在闭区间[a b]上至少存在一点 ξ，使 $f(\xi)=u$，即

$$f(\xi)=u=\frac{1}{b-a}\int_a^b f(x)\mathrm{d}x,$$

$$\int_a^b f(x)\mathrm{d}x=f(\xi)(b-a)\ (a\leqslant\xi\leqslant b).$$

定积分中值定理有明显的几何意义：以连续曲线 $y=f(x)$（$a\leqslant x\leqslant b, f(x)\geqslant 0$）为曲边的曲边梯形面积，等于以 $f(\xi)$ 为高，以 $(b-a)$ 为底的矩形的面积(见图 8－6)．

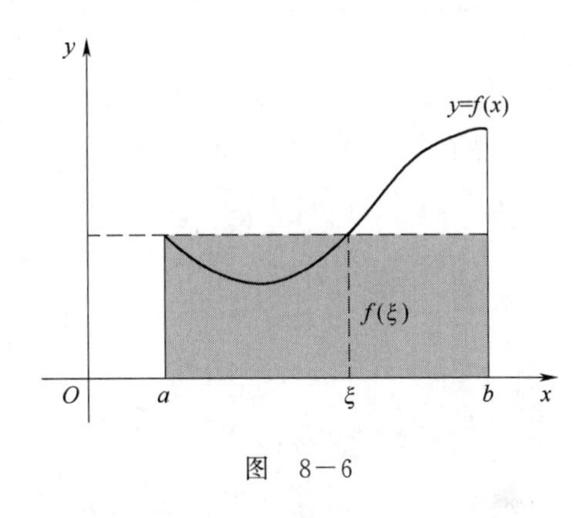

图 8－6

从几何角度容易看出，数值 $u=\frac{1}{b-a}\int_a^b f(x)\mathrm{d}x$ 表示连续曲线 $y=f(x)$ 在 $[a,b]$ 上的平均高度，也就是函数 $y=f(x)$ 在 $[a,b]$ 上的平均值，这是有限个数的平均值概念的拓广，即连续函数 $f(x)$ 在 $[a,b]$ 上的平均值 $=\frac{1}{b-a}\int_a^b f(x)\mathrm{d}x$．

例 3 估计定积分 $\int_{-1}^1 \mathrm{e}^{-x^2}\mathrm{d}x$ 的值．

解 利用性质 6 来估计．

先求被积函数 $f(x)=\mathrm{e}^{-x^2}$ 的最大值 M 和最小值 m．因为 $f'(x)=-2x\mathrm{e}^{-x^2}$，由 $f'(x)=0$，得驻点 $x=0$，比较函数在驻点及区间端点处的值

$$f(0)=1, f(-1)=\frac{1}{\mathrm{e}}, f(1)=\frac{1}{\mathrm{e}},$$

所以

$$M=1\ ,\ m=\frac{1}{\mathrm{e}},$$

于是

$$\frac{1}{\mathrm{e}}\times 2\leqslant\int_{-1}^1 \mathrm{e}^{-x^2}\mathrm{d}x\leqslant 1\times 2,$$

即

$$\frac{2}{\mathrm{e}}\leqslant\int_{-1}^1 \mathrm{e}^{-x^2}\mathrm{d}x\leqslant 2.$$

习 题 8－1

1. 思考题：

(1)定积分是什么？它的几何意义是什么？

(2)定积分的基本思想是什么？

(3)什么样的函数一定可积？

2. 利用定积分的几何意义，判断下列定积分的值是正的还是负的(不必计算)．

(1) $\int_0^{\frac{\pi}{2}}\sin x\mathrm{d}x$；　(2) $\int_{-\frac{\pi}{2}}^0\sin x\cos x\mathrm{d}x$；　(3) $\int_{-1}^2 x^2\mathrm{d}x$．

3. 利用定积分表示图 8—7 中阴影部分的面积：

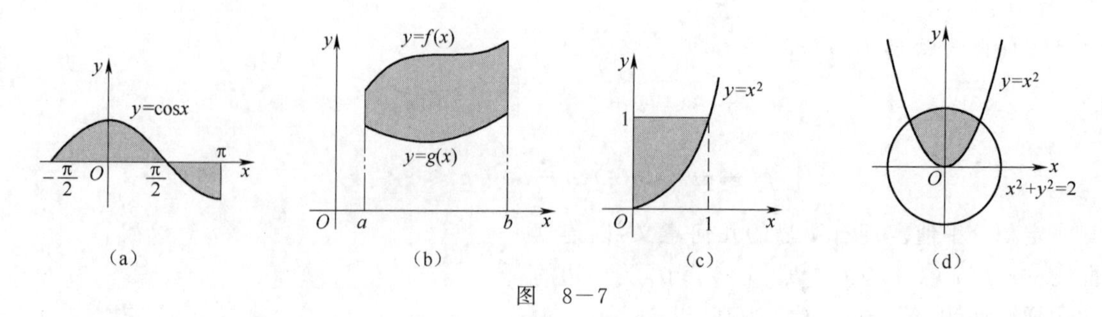

图 8—7

4. 不经计算比较下列积分大小．

(1) $\int_0^1 x^2\mathrm{d}x$ 与 $\int_0^1 x^3\mathrm{d}x$；　　(2) $\int_1^2 x^2\mathrm{d}x$ 与 $\int_1^2 x^3\mathrm{d}x$；

(3) $\int_{-1}^0 \mathrm{e}^x\mathrm{d}x$ 与 $\int_{-1}^0 \mathrm{e}^{-x}\mathrm{d}x$；　　(4) $\int_0^\pi \sin x\mathrm{d}x$ 与 $\int_0^\pi \cos x\mathrm{d}x$.

5. 估计下列定积分的范围．

(1) $\int_{-1}^2 (x^2+1)\mathrm{d}x$；　　(2) $\int_{-2}^2 x\mathrm{e}^{-x}\mathrm{d}x$.

6. 设力 F 作用在质点 m 上，使 m 沿 x 轴正向从 $x=1$ 运动到 $x=10$，已知 $F=x^2+1$，且其方向与 x 轴正方向相同，试用定积分表示力 F 对质点 m 所作的功．

第二节　微积分的基本定理

定积分作为一种特定的和式极限，如果直接用定义去计算定积分，一般来说是很复杂的，甚至是不可能的，因此有必要寻求一种计算定积分的简便而有效的方法．本节介绍的微积分基本定理指出了定积分的计算可归结为计算原函数的函数值，从而揭示了定积分与不定积分之间的关系．

一、积分上限的函数及其导数

设函数 $f(x)$ 在 $[a,b]$ 上连续，$x\in[a,b]$，则 $\int_a^x f(x)\mathrm{d}x$ 存在，如图 8—8 所示．在 $\int_a^x f(x)\mathrm{d}x$ 式子中的 x 既是积分变量，又是积分上限，为避免混淆，把积分变量改为 t，则积分写为 $\int_a^x f(t)\mathrm{d}t$．由于积分下限为定数 a，上限 x 在区间 $[a,b]$ 上变化，故 $\int_a^x f(t)\mathrm{d}t$ 的值随上限 x 的变化而变化，也就是说，$\int_a^x f(t)\mathrm{d}t$ 是积分上限 x 的函数(**称为变上限积分**)，记作

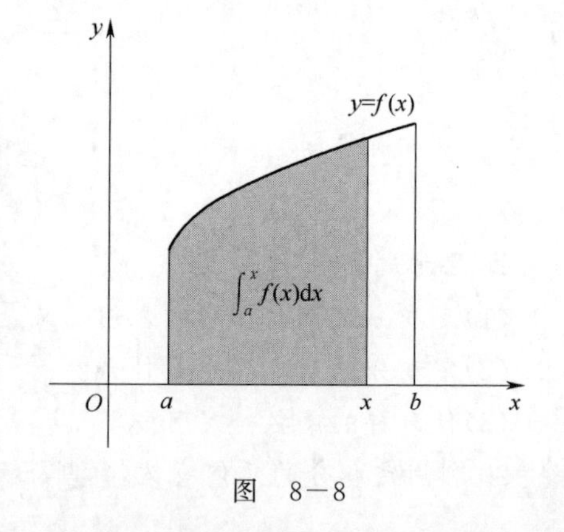

图 8—8

$$F(x)=\int_a^x f(t)\mathrm{d}t,\quad x\in[a,b].$$

关于变上限积分有如下重要定理．

定理 1（变上限积分对上限的求导定理）　设 $f(x)$ 在区间 $[a,b]$ 上连续，则函数 $F(x)=\int_a^x f(t)\mathrm{d}t$ 在 $[a,b]$ 上可导，且其导数就是 $f(x)$，即

$$\frac{\mathrm{d}}{\mathrm{d}x}F(x)=\frac{\mathrm{d}}{\mathrm{d}x}\int_a^x f(t)\mathrm{d}t=f(x).$$

证　取 $|\Delta x|$ 充分小，使 $x+\Delta x\in[a,b]$，由定积分的性质 3 和定积分中值定理，得

$$\begin{aligned}F(x+\Delta x)-F(x)&=\int_a^{x+\Delta x}f(t)\mathrm{d}t-\int_a^x f(t)\mathrm{d}t\\&=\int_x^{x+\Delta x}f(t)\mathrm{d}t=f(\xi)\Delta x,\end{aligned}$$

式中，$x\leqslant\xi\leqslant x+\Delta x$ 或 $x+\Delta x\leqslant\xi\leqslant x$，于是当 $\Delta x\to 0$ 时，由导数定义和 $f(x)$ 的连续性，得

$$\begin{aligned}\frac{\mathrm{d}}{\mathrm{d}x}F(x)&=\lim_{\Delta x\to 0}\frac{F(x+\Delta x)-F(x)}{\Delta x}=\lim_{\Delta x\to 0}\frac{f(\xi)\Delta x}{\Delta x}\\&=\lim_{\Delta x\to 0}f(\xi)=f(x),\end{aligned}$$

即
$$\frac{\mathrm{d}}{\mathrm{d}x}F(x)=\frac{\mathrm{d}}{\mathrm{d}x}\int_a^x f(t)\mathrm{d}t=f(x).$$

本定理把导数和定积分这两个表面上看似不相干的概念联系了起来，它表明：在某区间上连续的函数 $f(x)$，其变上限积分 $\int_a^x f(t)\mathrm{d}t$ 是 $f(x)$ 的一个原函数，可表述为下面的定理．

定理 2（原函数存在定理）　若函数 $f(x)$ 在区间 $[a,b]$ 上连续，则在该区间上，$f(x)$ 的原函数存在．

例 1　求：(1) $\frac{\mathrm{d}}{\mathrm{d}x}\int_0^x \mathrm{e}^{-t}\mathrm{d}t$　　(2) $\frac{\mathrm{d}}{\mathrm{d}x}\int_0^{x^2}\mathrm{e}^{-t}\mathrm{d}t$；　　(3) $\frac{\mathrm{d}}{\mathrm{d}x}\int_x^{x^2}\mathrm{e}^{-t}\mathrm{d}t$.

解　(1) $f(t)=\mathrm{e}^{-t}$ 是连续函数，由定理 1 得 $\frac{\mathrm{d}}{\mathrm{d}x}\int_0^x \mathrm{e}^{-t}\mathrm{d}t=\mathrm{e}^{-x}$．

(2)设 $u=x^2$，由复合函数求导法则得

$$\begin{aligned}\frac{\mathrm{d}}{\mathrm{d}x}\int_0^{x^2}\mathrm{e}^{-t}\mathrm{d}t&=\frac{\mathrm{d}}{\mathrm{d}u}\int_0^u \mathrm{e}^{-t}\mathrm{d}t\ \frac{\mathrm{d}u}{\mathrm{d}x}\\&=\mathrm{e}^{-u}\cdot 2x=2x\mathrm{e}^{-x^2}.\end{aligned}$$

(3)由定积分的性质 3，对任一常数 a，有

$$\int_x^{x^2}\mathrm{e}^{-t}\mathrm{d}t=\int_x^a \mathrm{e}^{-t}\mathrm{d}t+\int_a^{x^2}\mathrm{e}^{-t}\mathrm{d}t=\int_a^{x^2}\mathrm{e}^{-t}\mathrm{d}t-\int_a^x \mathrm{e}^{-t}\mathrm{d}t,$$

于是
$$\frac{\mathrm{d}}{\mathrm{d}x}\int_x^{x^2}\mathrm{e}^{-t}\mathrm{d}t=\frac{\mathrm{d}}{\mathrm{d}x}\int_a^{x^2}\mathrm{e}^{-t}\mathrm{d}t-\frac{\mathrm{d}}{\mathrm{d}x}\int_a^x \mathrm{e}^{-t}\mathrm{d}t=2x\mathrm{e}^{-x^2}-\mathrm{e}^{-x}.$$

由例 1 可见，变上限积分是积分上限的函数，它是一类构造形式全新的函数．变上限积分对积分上限的导数是一类新型函数的求导问题，完全可以与求导有关的内容相结合，如导数的运算法则、函数的单调性、极值等等．下面再看几个例子，可从中得到启发．

例 2　设 $F(x)=(2x+1)\int_0^x(2t+1)\mathrm{d}t$，求 $F'(x)$ 和 $F''(x)$．

解　$F(x)$ 是由 x 的函数 $2x+1$ 和 $\int_0^x(2t+1)\mathrm{d}t$ 相乘由乘积求导的运算法则，得

$$F'(x)=(2x+1)'\int_0^x(2t+1)\mathrm{d}t+(2x+1)\left(\int_0^x(2t+1)\mathrm{d}t\right)'$$
$$=2\int_0^x(2t+1)\mathrm{d}t+(2x+1)(2x+1)$$
$$=2\int_0^x(2t+1)\mathrm{d}t+(2x+1)^2,$$

$$F''(x)=\left[2\int_0^x(2t+1)\,\mathrm{d}t+(2x+1)^2\right]'=2(2x+1)+2(2x+1)\cdot 2=6(2x+1).$$

例 3 证明: 函数 $F(x)=\int_0^{x^2}t\mathrm{e}^{-t}\mathrm{d}t$，当 $x>0$ 时,单调增加.

证 由函数单调性的判别法,只需证明 $F'(x)>0$ 即可.

$$F'(x)=\left[\int_0^{x^2}t\mathrm{e}^{-t}\,\mathrm{d}t\right]'=x^2\mathrm{e}^{-x^2}2x=2x^3\mathrm{e}^{-x^2}.$$

当 $x>0$ 时, $F'(x)=2x^3\mathrm{e}^{-x^2}>0$，故 $F(x)$ 在 $x>0$ 时单调增加.

二、微积分的基本定理

定理 3 设 $f(x)$ 在区间 $[a,b]$ 上连续,且 $F(x)$ 是它在该区间上的一个原函数,则有

$$\int_a^b f(x)\mathrm{d}x=F(b)-F(a).$$

证 由定理 1 知, $\int_a^x f(t)\mathrm{d}t$ 是 $f(x)$ 的一个原函数,由定理所给条件 $F(x)$ 也是 $f(x)$ 的一个原函数,两个原函数之间相差常数 C_0，即

$$\int_a^x f(t)\mathrm{d}t=F(x)+C_0.$$

当 $x=a$ 时
$$\int_a^a f(t)\mathrm{d}t=F(a)+C_0,$$

得
$$C_0=-F(a),$$

当 $x=b$ 时
$$\int_a^b f(t)\mathrm{d}t=F(b)+C_0=F(b)-F(a),$$

为了书写方便,上式通常表示为

$$\int_a^b f(x)\mathrm{d}x=F(b)-F(a)=[F(x)]_a^b.$$

上式称为**牛顿—莱布尼茨公式**,通常也把该公式称为**微积分的基本公式**,它揭示了定积分与不定积分之间的内在联系. 公式表明:定积分的计算不必用和式的极限,而是利用不定积分来计算,即在定理 3 的条件下,函数 $f(x)$ 在 $[a,b]$ 上的定积分的值等于 $f(x)$ 的一个原函数 $F(x)$ 在区间两端点处的函数值差 $F(b)-F(a)$.

例 4 计算 $\int_0^2 x^2\mathrm{d}x$.

解 因为 $\int x^2\mathrm{d}x=\frac{1}{3}x^3+c$，所以 $\frac{1}{3}x^3$ 是 x^2 的一个原函数,所以

$$\int_0^2 x^2\mathrm{d}x=\left[\frac{1}{3}x^3\right]_0^2=\frac{1}{3}\times 2^3-\frac{1}{3}\times 0^3=\frac{8}{3}.$$

例 5 计算 $\int_{-2}^{-1}\frac{1}{x}\mathrm{d}x$.

解　因为 $\int \frac{1}{x}dx = \ln|x| + c$，所以

$$\int_{-2}^{-1} \frac{1}{x}dx = [\ln|x|]_{-2}^{-1} = \ln 1 - \ln 2 = -\ln 2.$$

例 6　求 $\int_0^1 (2-3\cos x)dx$.

解　因为 $\int (2-3\cos x)dx = 2x - 3\sin x + C$，所以

$$\int (2-3\cos x)dx = [2x - 3\sin x]_0^1 = 2 - 3\sin 1.$$

例 7　求 $\int_0^1 \frac{x^2}{1+x^2}dx$.

解

$$\begin{aligned}\int_0^1 \frac{x^2}{1+x^2}dx &= \int_0^1 [1 - \frac{1}{1+x^2}]dx \\ &= \int_0^1 dx - \int_0^1 \frac{1}{1+x^2}dx \\ &= [x]_0^1 - [\arctan x]_0^1 \\ &= 1 - \frac{\pi}{4}.\end{aligned}$$

例 8　$\int_0^1 (2x-1)^{100}dx$.

解

$$\begin{aligned}&\int_0^1 (2x-1)^{100}dx \\ &= \frac{1}{2}\int_0^1 (2x-1)^{100}d(2x-1) \\ &= \frac{1}{2}\left[\frac{1}{101}(2x-1)^{101}\right]_0^1 \\ &= \frac{1}{202}[1^{101} - (-1)^{101}] = \frac{1}{101}.\end{aligned}$$

例 9　求 $\int_1^{\sqrt{e}} \frac{dx}{x\sqrt{1-(\ln x)^2}}$.

解

$$\begin{aligned}\int_1^{\sqrt{e}} \frac{dx}{x\sqrt{1-(\ln x)^2}} &= \int_1^{\sqrt{e}} \frac{d(\ln x)}{\sqrt{1-(\ln x)^2}} \\ &= [\arcsin(\ln x)]\Big|_1^{\sqrt{e}} = \arcsin\frac{1}{2} = \frac{\pi}{6}.\end{aligned}$$

例 10　求 $\int_0^2 |1-x|dx$ 的值.

解

$$\begin{aligned}\int_0^2 |1-x|dx &= \int_0^1 (1-x)dx + \int_1^2 (x-1)dx \\ &= \left[x - \frac{1}{2}x^2\right]_0^1 + \left[\frac{1}{2}x^2 - x\right]_1^2 \\ &= 1.\end{aligned}$$

例 11　设 $f(x) = \begin{cases} x+1 & 当\ x \geqslant 0 \\ e^{-x} & 当\ x < 0 \end{cases}$，求 $\int_{-1}^2 f(x)dx$.

解

$$\begin{aligned}\int_{-1}^{2} f(x)\mathrm{d}x &= \int_{-1}^{0} f(x)\mathrm{d}x + \int_{0}^{2} f(x)\mathrm{d}x \\ &= \int_{-1}^{0} \mathrm{e}^{-x}\mathrm{d}x + \int_{0}^{2}(x+1)\mathrm{d}x \\ &= -[\mathrm{e}^{-x}]_{-1}^{0} + \left[\frac{1}{2}x^2 + x\right]_0^2 \\ &= \mathrm{e} + 3.\end{aligned}$$

习　题　8－2

1.思考并回答下列问题：

(1)微积分基本原理的内容是什么？它是解决什么问题的？

(2)牛顿—莱布尼兹公式使用的条件是什么？

(3)牛顿—莱布尼兹公式使用的步骤是什么？

2. 求下列函数的导数：

(1) $f(x)=\int_0^x \sqrt{1+t^2}\,\mathrm{d}t$；　(2) $f(x)=\int_x^1 t^2\mathrm{e}^{-t^2}\,\mathrm{d}t$；

(3) $f(x)=\int_0^{x^2} t\sin t^2\,\mathrm{d}t$；　(4) $f(x)=\int_{-x}^{\sin x}\cos t\,\mathrm{d}t$.

3. 求函数 $y=\int_0^x (t^3-1)\mathrm{d}t$ 的极值．

4. 求下列定积分的值：

(1) $\int_1^2 (x^2+x-1)\,\mathrm{d}x$；　(2) $\int_0^1 \frac{1}{\sqrt{4-x^2}}\mathrm{d}x$；　(3) $\int_1^2 \frac{1}{\sqrt{x}}\mathrm{d}x$；

(4) $\int_{-1}^2 (x-1)^3\,\mathrm{d}x$；　(5) $\int_0^1 (2^x+x^2)\,\mathrm{d}x$；　(6) $\int_0^2 \mathrm{e}^{\frac{x}{2}}\,\mathrm{d}x$；

(7) $\int_0^2 \frac{x}{1+x^2}\mathrm{d}x$；　(8) $\int_0^\pi \sin^2\frac{x}{2}\mathrm{d}x$；　(9) $\int_0^\pi \sqrt{\sin x-\sin^3 x}\,\mathrm{d}x$；

(10) $\int_{-1}^1 \frac{\mathrm{e}^x}{\mathrm{e}^x+1}\mathrm{d}x$；　(11) $\int_0^2 |1-x|\,\mathrm{d}x$；　(12) $\int_0^\pi |\cos x|\,\mathrm{d}x$.

第三节　定积分的换元法和分部积分法

与不定积分的积分方法相对应，定积分也有换元积分法和分部积分法，目的在于简化定积分的计算．

一、定积分的换元积分法

定理 1　设函数 $f(x)$ 在区间 $[a,b]$ 上连续，变换 $x=\varphi(t)$ 满足：

(1) $\varphi(\alpha)=a,\varphi(\beta)=b$；

(2)在区间 $[\alpha,\beta]$(或$[\beta,\alpha]$) 上，$\varphi(t)$ 单调且有连续的导数，则有

定积分的换元公式 $\int_a^b f(x)\mathrm{d}x=\int_\alpha^\beta f(\varphi(t))\varphi'(t)\mathrm{d}t$.

证 由于 $f(x)$ 在 $[a,b]$ 上连续,故 $f(x)$ 在 $[a,b]$ 上的原函数存在,设为 $F(x)$,则有 $F'(x)=f(x)$,由牛顿—莱布尼茨公式得

$$\int_a^b f(x)\mathrm{d}x=F(b)-F(a).$$

由于 $x=\varphi(t)$ 在 $[\alpha,\beta]$ 上单调,故 $a\leqslant\varphi(t)\leqslant b$,从而复合函数 $f(\varphi(t))$ 在 $[\alpha,\beta]$ 上有定义,并有

$$[F(\varphi(t))]'=F'[\varphi(t)]\varphi'(t)=f[\varphi(t)]\varphi'(t),$$

所以 $F(\varphi(t))$ 也是 $f(\varphi(t))\varphi'(t)$ 的一个原函数.

由牛顿—莱布尼茨公式,有

$$\begin{aligned}\int_\alpha^\beta f(\varphi(t))\varphi'(t)\mathrm{d}t&=[F(\varphi(t))]_\alpha^\beta\\&=F(\varphi(\beta))-F(\varphi(\alpha))\\&=F(b)-F(a),\end{aligned}$$

因此
$$\int_a^b f(x)\mathrm{d}x=\int_\alpha^\beta f(\varphi(t))\varphi'(t)\mathrm{d}t.$$

例 1 计算 $\int_0^3\frac{x}{\sqrt{1+x}}\mathrm{d}x$.

解 设 $\sqrt{1+x}=t$,则 $x=t^2-1$,$\mathrm{d}x=2t\mathrm{d}t$,当 $x=0$ 时,$t=1$,当 $x=3$ 时 $t=2$;当 t 从 1 变到 2 时,$x=t^2-1$ 单调地从 0 变到 3,于是由定积分的换元公式,得

$$\begin{aligned}\int_0^3\frac{x}{\sqrt{1+x}}\mathrm{d}x&=\int_1^2\frac{t^2-1}{t}.2t\mathrm{d}t\\&=2\int_1^2(t^2-1)\mathrm{d}t\\&=2\left[\frac{t^3}{3}-t\right]_1^2\\&=\frac{8}{3}.\end{aligned}$$

由例 1 可见,不定积分的换元法与定积分的换元法的区别在于:不定积分的换元法在求得关于新变量 t 的积分后,必须代回原变量 x,而定积分的换元法在积分变量由 x 换成 t 的同时,其积分限也由 $x=a$ 和 $x=b$ 相应地换成 $t=\alpha$ 和 $t=\beta$,在完成关于变量 t 的积分后,直接用 t 的上下限 β 和 α 代入计算定积分的值,而不必代回原变量.

例 2 求 $\int_2^{\sqrt{2}}\frac{\mathrm{d}x}{x\sqrt{x^2-1}}$.

解 设 $x=\sec t\left(0<t<\frac{\pi}{2}\right)$,$\mathrm{d}x=\sec t\cdot\tan t\mathrm{d}t$,当 $x=2$ 时,$t=\frac{\pi}{3}$;$x=\sqrt{2}$ 时,$t=\frac{\pi}{4}$,于是

$$\begin{aligned}\int_2^{\sqrt{2}}\frac{\mathrm{d}x}{x\sqrt{x^2-1}}&=\int_{\frac{\pi}{3}}^{\frac{\pi}{4}}\frac{1}{\sec t\cdot\tan t}\sec t\cdot\tan t\mathrm{d}t,\\&=\int_{\frac{\pi}{3}}^{\frac{\pi}{4}}\mathrm{d}t=\frac{\pi}{4}-\frac{\pi}{3}=-\frac{\pi}{12}.\end{aligned}$$

例 3 设 $f(x)=\begin{cases}1+x^2 & \text{当 } x\leqslant 0\\ \mathrm{e}^x & \text{当 } x>0\end{cases}$,求 $\int_1^3 f(x-2)\mathrm{d}x$.

解 设 $x-2=t$，则 $f(x-2)=f(t)$，$\mathrm{d}x=\mathrm{d}(t+2)=\mathrm{d}t$，当 $x=1$ 时 $t=-1$；当 $x=3$ 时 $t=1$，于是

$$\int_1^3 f(x-2)\mathrm{d}x=\int_{-1}^1 f(t)\mathrm{d}t=\int_{-1}^0 f(t)\mathrm{d}t+\int_0^1 f(t)\mathrm{d}t$$
$$=\int_{-1}^0 (1+t^2)\mathrm{d}t+\int_0^1 \mathrm{e}^t\mathrm{d}t$$
$$=\left[t+\frac{1}{3}t^3\right]_{-1}^0+[\mathrm{e}^t]_0^1=\frac{1}{3}+\mathrm{e}.$$

换元公式也可以反过来使用，即

$$\int_b^a f(\varphi(x))\varphi'(x)\mathrm{d}x=\int_\beta^\alpha f(t)\mathrm{d}t$$

其中 $t=\varphi(x)$，$\alpha=\varphi(a)$，$\beta=\varphi(b)$，这时通常不写出中间变量 t，而写作

$$\int_a^b f(\varphi(x))\varphi'(x)\mathrm{d}x=\int_a^b f(\varphi(x))\mathrm{d}\varphi(x).$$

注意：这里积分上下限不作变换，计算更为简便．

例 4 求 $\int_0^1 x\mathrm{e}^{-x^2}\mathrm{d}x$.

解 $\int_0^1 x\mathrm{e}^{-x^2}\mathrm{d}x=-\frac{1}{2}\int_0^1 \mathrm{e}^{-x^2}\mathrm{d}(-x^2)=-\frac{1}{2}[\mathrm{e}^{-x^2}]_0^1=\frac{1}{2}(1-\mathrm{e}^{-1})$.

可见，这种计算方法对应于不定积分的第一换元法，即凑微分法．

例 5 设 $f(x)$ 在关于原点对称的区间 $[-a,a]$，上可积，试证明

$$\int_{-a}^a f(x)\mathrm{d}x=\begin{cases}2\int_0^a f(x)\mathrm{d}x & \text{当 } f(x) \text{ 为偶函数时}\\ 0 & \text{当 } f(x) \text{ 为奇函数时}\end{cases},$$

证 由定积分的性质 4，有

$$\int_{-a}^a f(x)\mathrm{d}x=\int_{-a}^0 f(x)\mathrm{d}x+\int_0^a f(x)\mathrm{d}x,$$

对积分 $\int_{-a}^0 f(x)\mathrm{d}x$，令 $x=-t$，则 $\mathrm{d}x=-\mathrm{d}t$，当 $x=-a$ 时，$t=a$，当 $x=0$ 时，$t=0$，于是

$$\int_{-a}^0 f(x)\mathrm{d}x=\int_a^0 f(-t)(-\mathrm{d}t)=\int_0^a f(-t)\mathrm{d}t=\int_0^a f(-x)\mathrm{d}x,$$

从而

$$\int_{-a}^a f(x)\mathrm{d}x=\int_0^a [f(-x)+f(x)]\mathrm{d}x,$$

当 $f(x)$ 为奇函数时，$f(-x)+f(x)=0$，因此 $\int_{-a}^a f(x)\mathrm{d}x=0$；

当 $f(x)$ 为偶函数时，$f(-x)=f(x)$，得

$$\int_{-a}^a f(x)\mathrm{d}x=2\int_0^a f(x)\mathrm{d}x,$$

如图 8－9 所示．

例 6 计算下列定积分．

(1) $\int_{-\frac{\pi}{2}}^{\frac{\pi}{2}}\sin^7 x\mathrm{d}x$；　　(2) $\int_{-\frac{\pi}{4}}^{\frac{\pi}{4}}\frac{x}{1+\cos x}\mathrm{d}x$.

解 (1)因为 $f(x)=\sin^7 x$ 在 $\left(-\frac{\pi}{2},\frac{\pi}{2}\right)$ 上为奇函数，所以

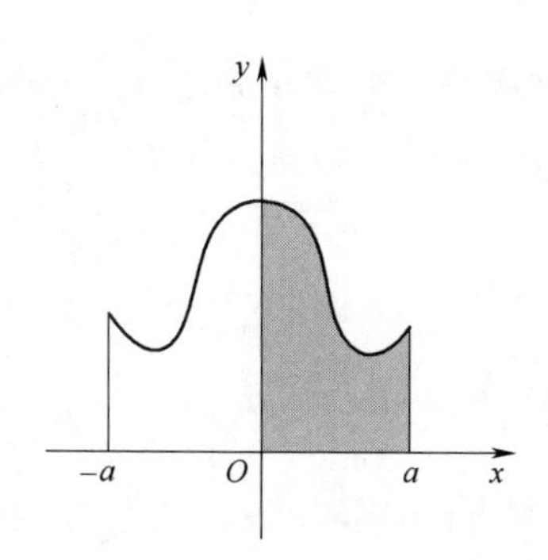

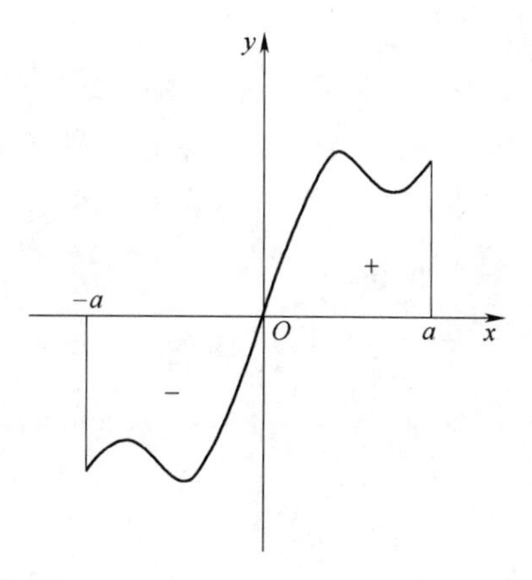

图　8—9

$$\int_{-\frac{\pi}{2}}^{\frac{\pi}{2}} \sin^7 x\,dx = 0;$$

(2)在 $\int_{-\frac{\pi}{4}}^{\frac{\pi}{4}} \frac{x}{1+\cos x}dx$ 中,令 $f(x)=\frac{x}{1+\cos x}$,因为

$$f(-x)=\frac{-x}{1+\cos(-x)}=-f(x),$$

所以 $f(x)$ 在 $\left[-\frac{\pi}{4},\frac{\pi}{4}\right]$ 上为奇函数,于是

$$\int_{-\frac{\pi}{4}}^{\frac{\pi}{4}} \frac{x}{1+\cos x}dx=0.$$

例 7　计算　$\int_{-1}^{1} \frac{\sqrt{2}-x}{\sqrt{2-x^2}}dx$.

解　$\int_{-1}^{1} \frac{\sqrt{2}-x}{\sqrt{2-x^2}}dx=\int_{-1}^{1} \frac{\sqrt{2}}{\sqrt{2-x^2}}dx-\int_{-1}^{1} \frac{x}{\sqrt{2-x^2}}dx.$

右边第一个积分的被积分函数是偶函数,第二个积分的被积函数是奇函数,因而

$$\int_{-1}^{1} \frac{\sqrt{2}-x}{\sqrt{2-x^2}}dx=2\int_{0}^{1} \frac{\sqrt{2}}{\sqrt{2-x^2}}dx=\left[2\sqrt{2}\arcsin\frac{x}{\sqrt{2}}\right]_0^1=\frac{\sqrt{2}}{2}\pi.$$

二、定积分的分部积分法

定理 2　设 $u(x),v(x)$ 在区间$[a,b]$上有连续的导数 $u'(x),v'(x)$,则有定积分的分部积分公式

$$\int_a^b u(x)d[v(x)]=[u(x)v(x)]_a^b-\int_a^b v(x)d[u(x)],$$

或简写为

$$\int_a^b u\,dv=[uv]_a^b-\int_a^b v\,du.$$

上述公式称为**定积分的分部积分公式**.

注意到此公式与不定积分的分部积分公式相似,只是每一项都带有积分限.

例 8　求　$\int_0^{\pi} x\cos x\,dx$.

解 $\int_0^{\pi} x\cos x\mathrm{d}x=\int_0^{\pi} x\mathrm{d}\sin x=[x\sin x]_0^{\pi}-\int_0^{\pi}\sin x\mathrm{d}x=0-[-\cos x]_0^{\pi}=-2.$

可见,定积分的分部积分法,本质上是先利用不定积分的分部积分法求出原函数,再用牛顿—莱布尼茨公式求得结果,这两者的差别在于定积分经分部积分后,积出部分就代入上．下限,即积出一步代一步,不必等到最后一起代．

例 9 求 $\int_1^2 x^2\ln x\mathrm{d}x$．

解

$$\begin{aligned}\int_1^2 x^2\ln x\mathrm{d}x&=\int_1^2\ln x\mathrm{d}\frac{x^3}{3}=\left[\frac{1}{3}x^3\ln x\right]_1^2-\int_1^2\frac{1}{3}x^3(\ln x)'\mathrm{d}x\\&=\frac{8}{3}\ln2-\frac{1}{3}\int_1^2 x^2\mathrm{d}x=\frac{8}{3}\ln2-\left[\frac{1}{9}x^3\right]_1^2\\&=\frac{8}{3}\ln2-\frac{7}{9}.\end{aligned}$$

例 10 求 $\int_0^1 \mathrm{e}^{\sqrt{x}}\mathrm{d}x$．

解 先换元,设 $\sqrt{x}=u$,则 $x=u^2$,$\mathrm{d}x=2u\mathrm{d}u$,当 $u=0$ 时,$x=0$,$u=1$ 时,$x=1$. 于是,

$$\begin{aligned}\int_0^1 \mathrm{e}^{\sqrt{x}}\mathrm{d}x&=\int_0^1 \mathrm{e}^u 2u\mathrm{d}u=2\int_0^1 u\mathrm{e}^u\mathrm{d}u=2\int_0^1 u\mathrm{d}\mathrm{e}^u\\&=2[u\mathrm{e}^u]_0^1-2\int_0^1\mathrm{e}^u\mathrm{d}u=2\mathrm{e}-[2\mathrm{e}^u]_0^1\\&=2.\end{aligned}$$

习 题 8-3

1.思考并回答下列问题:

(1)定积分的换元积分法中如何理解“换元必换限”？不换可以吗？会产生什么结果？

(2)定积分计算的关键问题是什么？

2. 计算下列定积分:

(1) $\int_0^1\frac{x^2}{1+x^6}\mathrm{d}x$;　(2) $\int_1^{e^2}\frac{1}{x\sqrt{1+\ln x}}\mathrm{d}x$;　(3) $\int_4^9\frac{\sqrt{x}}{\sqrt{x}-1}\mathrm{d}x$;

(4) $\int_0^{\frac{\pi}{4}}\frac{1-\cos^4 x}{2}\mathrm{d}x$;　(5) $\int_0^2\frac{x}{(3-x)^7}\mathrm{d}x$;　(6) $\int_0^1\frac{1}{\sqrt{4+5x}-1}\mathrm{d}x$;

(7) $\int_{-\frac{\sqrt{2}}{2}}^0\frac{x+1}{\sqrt{1-x^2}}\mathrm{d}x$;　(8) $\int_{-2}^2(x-2)\sqrt{4-x^2}\mathrm{d}x$.

3. 计算下列各定积分:

(1) $\int_0^1 t\mathrm{e}^t\mathrm{d}t$;　(2) $\int_0^{\pi}x\sin x\mathrm{d}x$;　(3) $\int_1^{\mathrm{e}}(x-1)\ln x\mathrm{d}x$;

(4) $\int_0^1 x^2\mathrm{e}^{2x}\mathrm{d}x$;　(5) $\int_0^{\frac{\pi}{2}}\mathrm{e}^x\sin x\mathrm{d}x$;　(6) $\int_0^{\frac{1}{2}}\arcsin x\mathrm{d}x$;

(7) $\int_0^1\arctan\sqrt{x}\mathrm{d}x$;　(8) $\int_0^{\frac{\pi}{4}}\frac{x}{\cos^2 x}\mathrm{d}x$.

4. 计算下列各定积分：

(1) $\int_1^2 \frac{e^{\frac{1}{x}}}{x^2}dx$；　　(2) $\int_1^e \ln^3 x dx$；

(3) $\int_{-3}^3 \frac{x\cos x}{2x^4+x^2+1}dx$；　　(4) $\int_{-\frac{1}{2}}^{\frac{1}{2}} \frac{x\arcsin x}{\sqrt{1-x^2}}dx$；

(5) $\int_{-1}^1 (x^3-x+1)\sin^2 x dx$.

第四节 无穷区间上的广义积分

我们在前面所学的定积分，其积分区间是有限区间，但实际问题中，常会遇到无穷区间上的积分问题，因此需要将定积分概念加以推广．为了区别于前面的积分，通常把这种推广了的积分称为广义积分．下面介绍这种广义积分的概念和计算方法．

定义 设函数 $f(x)$ 在区间 $[a,+\infty)$ 内连续，对于任意给定的 $t>a$，积分 $\int_a^t f(t)dt$ 都存在，它是 t 的函数，如果极限 $\lim\limits_{t\to+\infty}\int_a^t f(x)dx$ 存在，则称此极限值为函数 $f(x)$ 在无穷区间 $[a,+\infty)$ 上的**广义积分**，记为 $\int_a^{+\infty} f(x)dx$，即

$$\int_a^{+\infty} f(x)dx = \lim_{t\to+\infty}\int_a^t f(x)dx.$$

此时也称广义积分 $\int_a^{+\infty} f(x)dx$ **收敛**，若上述极限不存在，则称广义积分 $\int_a^{+\infty} f(x)dx$ **发散**．

由于 $\lim\limits_{t\to+\infty}\int_a^t f(x)dx=\lim\limits_{x\to+\infty}\int_a^x f(t)dt$，在被积函数 $f(x)$ 连续的条件下，$\int_a^x f(t)dt$ 也是 $f(x)$ 的原函数，广义积分 $\int_a^{+\infty} f(x)dx$ 就是原函数 $\int_a^x f(t)dt$ 当 $x\to+\infty$ 时的极限．

类似地，如果 $f(x)$ 在 $(-\infty,b]$ 上连续，则定义 $f(x)$ 在无穷区间 $(-\infty,b]$ 上的**广义积分**为

$$\int_{-\infty}^b f(x)dx = \lim_{t\to-\infty}\int_t^b f(x)dx.$$

此时若上述极限存在，则称广义积分 $\int_{-\infty}^b f(x)dx$ **收敛**，若上述极限不存在，则称广义积分 $\int_{-\infty}^b f(x)dx$ **发散**．

如果 $f(x)$ 在 $(-\infty,+\infty)$ 上连续，且广义积分 $\int_{-\infty}^0 f(x)dx$ 与 $\int_0^{+\infty} f(x)dx$ 均收敛，则 $f(x)$ 在 $(-\infty,+\infty)$ 上的**广义积分**为

$$\int_{-\infty}^{+\infty} f(x)dx = \int_{-\infty}^0 f(x)dx + \int_0^{+\infty} f(x)dx.$$

如果 $\int_{-\infty}^0 f(x)dx$ 与 $\int_0^{+\infty} f(x)dx$ 有一个发散，则广义积分 $\int_{-\infty}^{+\infty} f(x)dx$ **发散**．

设 $F(x)$ 是 $f(x)$ 的一个原函数，则

$$\int_a^x f(t)\mathrm{d}t = F(x) - F(a),$$

记 $F(+\infty) = \lim\limits_{x \to +\infty} F(x)$, $F(-\infty) = \lim\limits_{x \to -\infty} F(x)$. 于是有

$$\int_a^{+\infty} f(x)\mathrm{d}x = F(+\infty) - F(a) = [F(x)]_a^{+\infty},$$

$$\int_{-\infty}^{b} f(x)\mathrm{d}x = F(b) - F(-\infty) = [F(x)]_{-\infty}^{b},$$

$$\int_{-\infty}^{+\infty} f(x)\mathrm{d}x = F(+\infty) - F(-\infty) = [F(x)]_{-\infty}^{+\infty}.$$

说明:从形式上看,上列三个式子与定积分的牛顿—莱布尼兹公式相似,但应注意,$F(+\infty)$ 和 $F(-\infty)$ 是极限,广义积分是否收敛,取决于这些极限是否存在.

例 1 求 $\int_{-\infty}^{+\infty} \frac{1}{1+x^2}\mathrm{d}x$.

解 $\int_{-\infty}^{+\infty} \frac{1}{1+x^2}\mathrm{d}x = [\arctan x]_{-\infty}^{+\infty} = \frac{\pi}{2} - \left(-\frac{\pi}{2}\right) = \pi.$

这一结果的几何意义是:曲线 $y = \frac{1}{1+x^2}$ 与 x 轴之间的图形(见图 8—10)虽然可以向两边无限延伸,但有有限的面积 π.

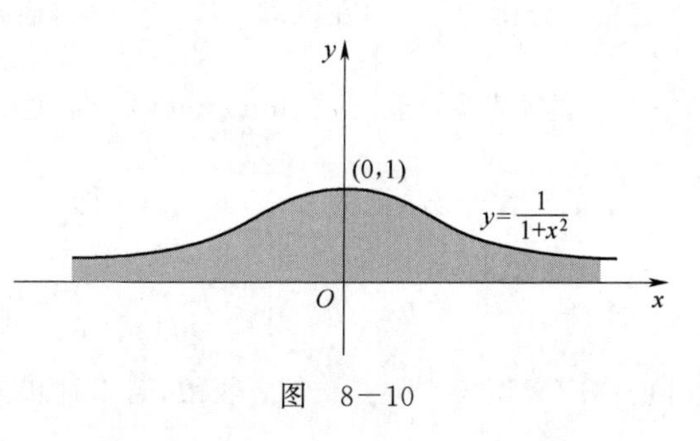

图 8—10

例 2 讨论广义积分 $\int_a^{+\infty} \frac{1}{x^p}\mathrm{d}x$ 的收敛性($a>0$).

解 当 $p=1$ 时,有

$$\int_a^{+\infty} \frac{1}{x}\mathrm{d}x = [\ln x]_a^{+\infty} = +\infty;$$

当 $p \neq 1$ 时,有

$$\int_a^{+\infty} \frac{1}{x^p}\mathrm{d}x = \left[\frac{x^{-p+1}}{-p+1}\right]_a^{+\infty} = \lim_{x \to +\infty} \frac{1}{1-p}x^{1-p} - \frac{1}{1-p}a^{1-p}.$$

当 $p > 1$ 时,$\int_a^{+\infty} \frac{1}{x^p}\mathrm{d}x = \frac{a^{1-p}}{p-1}$;

当 $p = 1$ 时,$\int_a^{+\infty} \frac{1}{x}\mathrm{d}x = [\ln x]_a^{+\infty} = +\infty$;

当 $p < 1$ 时,$\int_a^{+\infty} \frac{1}{x^p}\mathrm{d}x = +\infty$.

因此,广义积分 $\int_a^{+\infty} \frac{1}{x^p}\mathrm{d}x$ 当 $p > 1$ 时收敛,当 $p \leqslant 1$ 时发散.

例 3 讨论广义积分 $\int_{-\infty}^{0} \cos x\mathrm{d}x$ 的收敛性.

解 $\int_{-\infty}^{0} \cos x\mathrm{d}x = [\sin x]_{-\infty}^{0}$,因为极限 $\lim\limits_{x \to -\infty} \sin x$ 不存在,所以,广义积分 $\int_{-\infty}^{0} \cos x\mathrm{d}x$ 发散.

例 4　讨论 $\int_{2}^{+\infty}\frac{dx}{x\ln x}$ 的敛散性．

解　$\int_{2}^{+\infty}\frac{dx}{x\ln x}=\int_{2}^{+\infty}\frac{d(\ln x)}{\ln x}=[\ln|\ln x|]_{2}^{+\infty}=\ln[\ln(+\infty)]-\ln\ln 2=+\infty$，

所以 $\int_{2}^{+\infty}\frac{dx}{x\ln x}$ 发散．

习　题　8-4

下列广义积分是否收敛？若收敛，算出其值．

(1) $\int_{1}^{+\infty}\frac{1}{x^4}dx$；　　(2) $\int_{0}^{+\infty}\frac{\ln x}{x}dx$；

(3) $\int_{0}^{+\infty}e^{-x}\sin x\,dx$；　　(4) $\int_{-\infty}^{+\infty}\frac{1}{x^2+2x+2}dx$；

(5) $\int_{1}^{+\infty}\frac{1}{x\sqrt{x-1}}dx$.

第五节　定积分的应用

前面讨论了定积分的概念及计算方法，在这个基础上进一步来研究它的应用．定积分是一种应用性很强的数学方法，在科学技术问题中有着广泛的应用，本节主要介绍它在几何、物理及经济中的一些应用，重点是掌握用微元法将实际问题表示成定积分的分析方法．

一、定积分应用的微元法

为了说明这种方法，先回顾一下第一节中讨论的曲边梯形的面积问题．

设 $f(x)$在区间 $[a,b]$ 上连续且 $f(x)\geqslant 0$，求以曲线 $y=f(x)$为曲边，以 $[a,b]$ 为底的曲边梯形的面积 A，这个面积 A 可表示为定积分

$$A=\int_{a}^{b}f(x)dx$$

的步骤为：

(1)分割．用任意一组分点把区间 $[a,b]$ 分成长度为 $\Delta x_i(i=1,2,\cdots,n)$ 的 n 个子区间 $[x_{i-1},x_i]$，相应地把曲边梯形分成 n 个窄曲边梯形，第 i 个窄曲边梯形的面积设为 ΔA_i，于是有

$$A=\sum_{i=1}^{n}\Delta A_i.$$

(2)取近似值．第 i 个窄曲边梯形的面积 ΔA_i 近似等于以 $f(\xi_i)$ 为底、以 Δx_i 为高的窄矩形面积，即

$$\Delta A_i\approx f(\xi_i)\ \Delta x_i.$$

(3)求和：则曲边梯形的面积 A 近似等于 n 个窄矩形面积的和，即

$$A\approx\sum_{i=1}^{n}f(\xi_i)\cdot\Delta x_i.$$

(4)求极限：

$$A=\lim_{\lambda\to 0}\sum_{i=1}^{n}f(\xi_i)\Delta x_i=\int_a^b f(x)\mathrm{d}x.$$

为计算简便，可将上述四步简化为两步：

(1)以 $[x,x+\mathrm{d}x]$ 代替区间 $[a,b]$ 上的任意一个子区间 $[x_{i-1},x_i]$ ，以 $[x,x+\mathrm{d}x]$ 的左端点 x 代替 ξ_i ，以 $\mathrm{d}x$ 代替 Δx_i ，于是，$[x,x+\mathrm{d}x]$ 窄矩形面积可近似表示为 $f(x)\mathrm{d}x$ ，即

$$\Delta A_i\approx f(x)\mathrm{d}x.$$

称 $f(x)\mathrm{d}x$ 为**面积元素**(或**面积微元**)，记为 $\mathrm{d}A$.

(2)以 $f(x)\mathrm{d}x$ 为被积表达式，在区间 $[a,b]$ 上作定积分，得

$$A=\int_a^b f(x)\mathrm{d}x.$$

这种方法通常称为**元素法**(或**微元法**)，$\mathrm{d}A=f(x)\mathrm{d}x$ 称为所求量 A 的**微元**或**元素**. 下面我们将用这个方法讨论几何、物理及经济中的一些问题.

例 1 设正弦交流电的电流强度 $i=I_0\sin\omega t$，计算正弦交流电的平均功率和电流有效值.

解 正弦交流电的平均功率等于它在一个周期内所作的功被周期 T 所除. 由于电流是变化的，故不能直接用直流电的功率公式 $P=I^2R$ (R 为电阻)去计算. 交流电流 i 在 $[t,t+\Delta t]$ 时间段内可以近似看作直流电流

$$I\approx I_0\sin\omega t,$$

在这段时间内作功

$$\Delta W=(I_0\sin\omega t)^2R\Delta t=\mathrm{d}W,\text{(电功率微元)}$$

于是，由积分中值定理可知平均功率为

$$\overline{P}=\frac{1}{T}\int_0^T\mathrm{d}W=\frac{1}{T}\int_0^T I_0^2\sin^2\omega tR\,\mathrm{d}T=\frac{I_0^2R\omega}{2\pi}\int_0^T(1-\cos2\omega t)\mathrm{d}t$$

$$=\frac{I_0^2R\omega}{4\pi}\left(t-\frac{1}{2\omega}\sin 2\omega t\right)\Big|_0^T=\frac{I_0^2R}{2}=\left(\frac{I_0}{\sqrt{2}}\right)^2R.$$

此时，把上式与直流电功率公式作比较，发现 $\frac{I_0}{\sqrt{2}}$ 相当于直流电功率公式中的电流，所以常称 $\frac{I_0}{\sqrt{2}}$ 为正弦交流电的电流有效值，记作

$$I_{\text{有效}}=\frac{I_0}{\sqrt{2}}\approx 0.707I_0,$$

或用积分表示为

$$I_{\text{有效}}=\frac{I_0}{\sqrt{2}}=\sqrt{\frac{1}{T}\int_0^T I_0^2\sin\omega t\,\mathrm{d}t}.$$

二、定积分几何中的应用

1. 平面图形的面积

(1)在直角坐标系下的计算

① 根据第一节的分析可知，由 $y=f(x)(f(x)\geqslant 0)$，$x=a$，$x=b$ 及 $y=0$ 围成的平面图形，其面积元素 $dA=f(x)dx$，于是面积

$$A=\int_a^b f(x)dx.$$

②由曲线 $y=f(x)$，$y=g(x)$ $(f(x)\geqslant g(x))$ 及直线 $x=a$，$x=b$ 围成的平面图形(见图 8－11)，其面积元素为 $dA=[f(x)-g(x)]dx$，于是面积

$$A=\int_a^b [f(x)-g(x)]\,dx.$$

③由左、右曲线 $x=\psi(y)$，$x=\varphi(y)$，$\psi(y)\leqslant\varphi(y)$ 及直线 $y=c$，$y=d$ 围成的平面图形(见图 8－12)，其面积元素为 $dA=[\varphi(y)-\psi(y)]dy$，于是面积

$$A=\int_c^d [\varphi(y)-\psi(y)]\,dy.$$

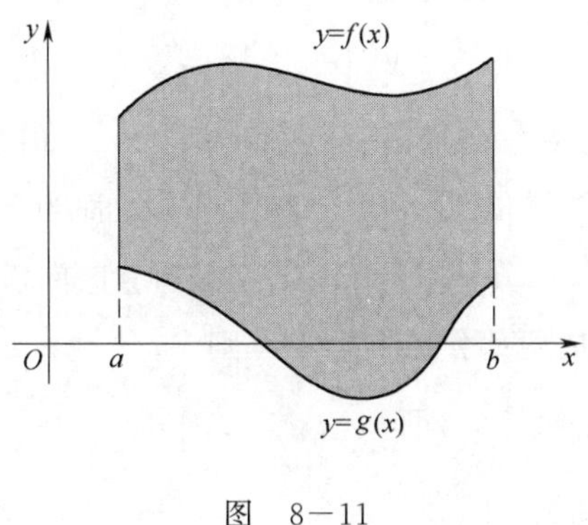

图　8－11

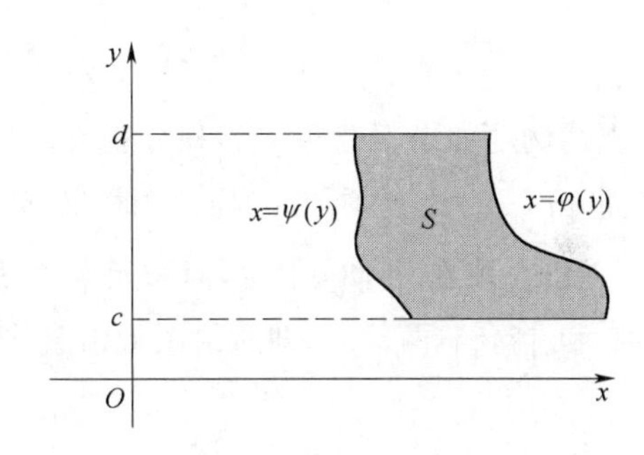

图　8－12

例 2　计算由两条抛物线 $y=x^2$ 和 $y^2=x$ 所围成的图形的面积．

解　方法一　画出图形(见图 8－13)．联立两曲线方程 $\begin{cases}y=x^2\\y^2=x\end{cases}$，得交点 $O(0,0)$，$A(1,1)$．

选择横坐标 x 为积分变量，积分区间为 $[0,1]$，对应于子区间 $[x,x+dx]$ 上的小矩形面积为 $(\sqrt{x}-x^2)dx$，即面积元素为 $dA=(\sqrt{x}-x^2)\,dx$，于是

$$A=\int_0^1(\sqrt{x}-x^2)dx=\left[\frac{2}{3}x^{\frac{3}{2}}-\frac{1}{3}x^3\right]_0^1=\frac{1}{3}.$$

方法二　选择纵坐标 y 为积分变量，积分区间为 $[0,1]$，对应于 $[y,y+dy]$ 上的小矩形面积为 $(\sqrt{y}-y^2)\,dy$，即面积元素 $dA=(\sqrt{y}-y^2)\,dy$，于是

$$A=\int_0^1(\sqrt{y}-y^2)dy=\left[\frac{2}{3}y^{\frac{3}{2}}-\frac{1}{3}y^3\right]_0^1=\frac{1}{3}.$$

例 3　求由抛物线 $y^2=2x$ 及直线 $y=x-4$ 所围成的平面图形的面积．

解　画出图形(见图 8－14)．由联立方程 $\begin{cases}y^2=2x\\y=x-4\end{cases}$，得交点 $(2,-2)$，$(8,4)$．

选择 y 为积分变量，积分区间为 $[-2,4]$，在 $[-2,4]$ 上任取子区间 $[y,y+dy]$ 上相应的小矩形面积为 $dA=\left[y+4-\dfrac{y^2}{2}\right]dy$，于是

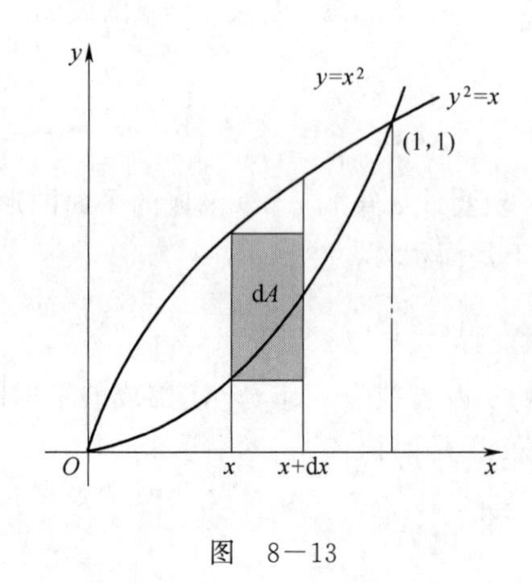

图 8−13

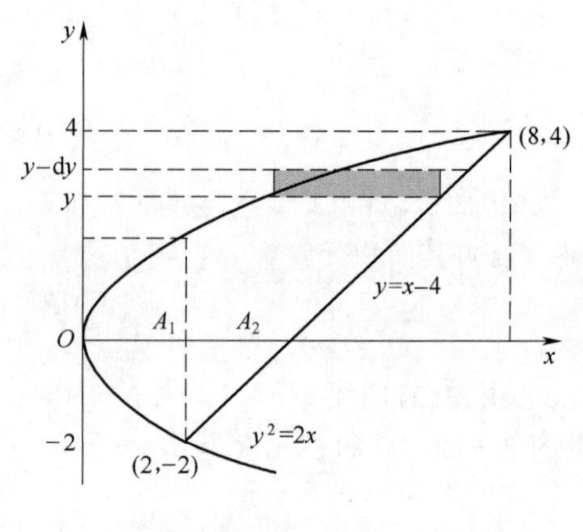

图 8−14

$$A=\int_{-2}^{4}\left[(y+4)-\frac{y^2}{2}\right]\mathrm{d}y=\left[\frac{1}{2}y^2+4y+\frac{1}{6}y^3\right]_{-2}^{4}=18.$$

上述例题如果不选择 y 为积分变量,而选择 x 为积分变量,积分区间为 $[0,8]$. 但是,当子区间 $[x,x+\mathrm{d}x]$ 取在 $[0,2]$ 中时,面积元素为 $\mathrm{d}A=\left[\sqrt{2x}-(-\sqrt{2x})\right]\mathrm{d}x$;而当子区间 $[x,x+\mathrm{d}x]$ 取在 $[2,8]$ 中时,面积元素为 $\mathrm{d}A=\left[\sqrt{2x}-(x-4)\right]\mathrm{d}x$,因此积分区间需分成 $[0,2]$ 和 $[2,8]$ 两部分,即所给图形由直线 $x=2$ 分成两部分 A_1 及 A_2,则

$$\begin{aligned}A&=A_1+A_2=\int_0^2\left[\sqrt{2x}-(-\sqrt{2x})\right]\mathrm{d}x+\int_2^8\left[\sqrt{2x}-(x-4)\right]\mathrm{d}x\\&=2\sqrt{2}\left[\frac{2}{3}x^{\frac{3}{2}}\right]_0^2+\left[\sqrt{2}\,\frac{2}{3}x^{\frac{3}{2}}-\frac{1}{2}x^2+4x\right]_2^8\\&=\frac{16}{3}+\frac{38}{3}=18.\end{aligned}$$

显然,比较两种算法可见,取 y 为积分变量要简单得多. 因此,对具体问题应选择简便的算法.

(2)在极坐标系下的计算

某些平面图形,用极坐标计算它们的面积比较简便.

由极坐标系下的方程给出的曲线 $\rho=\rho(\theta)$ 与两射线 $\theta=\alpha$, $\theta=\beta$ 所围成的图形(见图 8−15)称为**曲边扇形**. 下面用微元法讨论它的面积 A 的求法.

这里采用从原点出发的射线将曲边扇形分割成小曲边扇形,取极角 θ 为积分变量,积分区间为 $[\alpha,\beta]$,对应于小区间 $[\theta,\theta+\mathrm{d}\theta]$ 上的小曲边扇形的面积近似等于以 $\rho(\theta)$ 为半径、以 $\mathrm{d}\theta$ 为圆心角的扇形面积 $\frac{1}{2}\rho^2(\theta)\mathrm{d}\theta$,即得面积微元

$$\mathrm{dA}=\frac{1}{2}\rho^2(\theta)\mathrm{d}\theta,$$

于是
$$A=\int_\alpha^\beta\frac{1}{2}\rho^2(\theta)\mathrm{d}\theta.$$

例 4 求心形线 $\rho=a(1+\cos\theta)$(见图 8−16)所围成平面图形的面积 A.

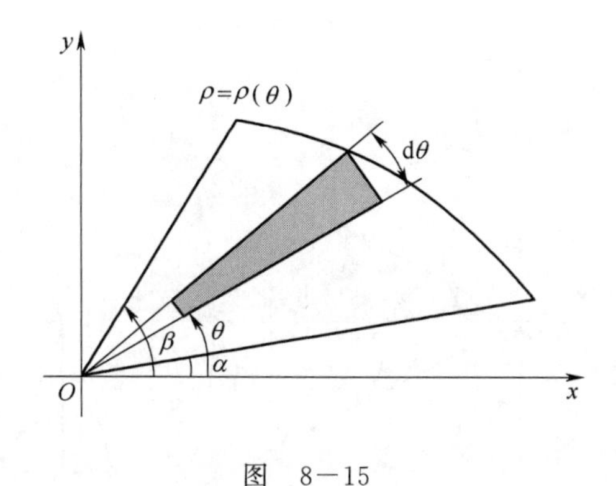

图　8—15

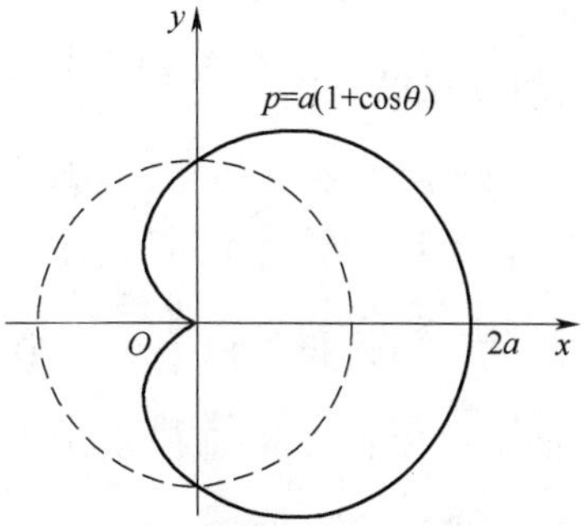

图　8—16

解　由图形的对称性可得：

$$
\begin{aligned}
A &= 2\int_0^{\pi}\frac{1}{2}a^2(1+\cos\theta)^2\mathrm{d}\theta \\
&= a^2\int_0^{\pi}(1+2\cos\theta+\cos^2\theta)\mathrm{d}\theta \\
&= a^2\int_0^{\pi}\left(1+2\cos\theta+\frac{1}{2}+\frac{1}{2}\cos 2\theta\right)\mathrm{d}\theta \\
&= a^2\left[\frac{3}{2}\theta+2\sin\theta+\frac{1}{4}\sin 2\theta\right]_0^{\pi}=\frac{3}{2}\pi a^2.
\end{aligned}
$$

2. 旋转体的体积

由曲线 $y=f(x)$ 与直线 $x=a, x=b$ 及 x 轴围成的曲边梯形，绕 x 轴旋转一周而成的立体称为**旋转体**(见图 8—17)．现在求它的体积 V.

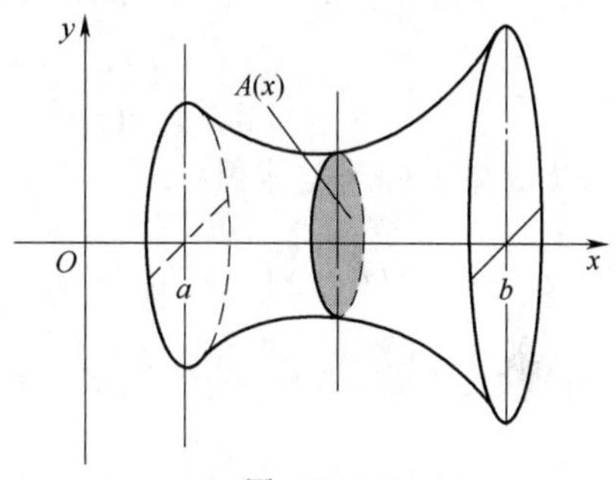

图　8—17

用垂直于 x 轴的平行平面将旋转体截成几个小旋转体，所得截痕都是圆．取 x 为积分变量，在 $[a, b]$ 上任取一小区间 $[x, x+\mathrm{d}x]$，在其上的小旋转体的体积近似等于以 $f(x)$ 为底圆半径，以 $\mathrm{d}x$ 为高的小圆柱体的体积 $\pi f^2(x)$，即得体积微元

$$\mathrm{d}v=\pi f^2(x)\mathrm{d}x,$$

于是旋转体体积　$V=\int_a^b \pi f^2(x)\mathrm{d}x$

同理可以得到由曲线 $x=\varphi(y)$，直线 $y=c, y=d$ $(c<d)$ 及 y 轴所围成的曲边梯形绕 y 轴旋转一周而成的旋转体(见图 8—18)的体积

$$V=\int_c^d \pi\varphi^2(y)\mathrm{d}y.$$

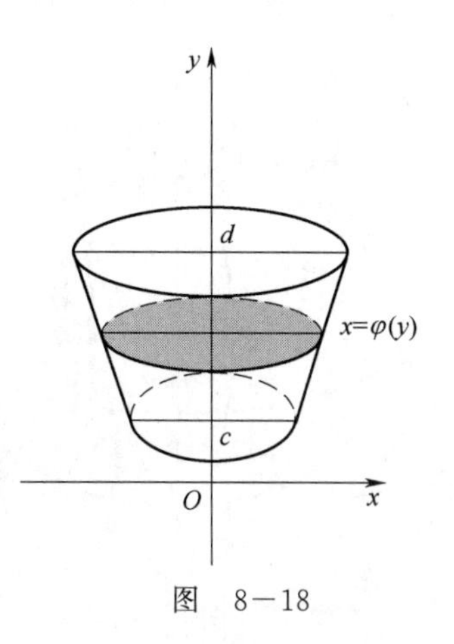

图　8—18

例 5　证明底面半径为 r、高为 h 的圆锥体的体积为 $V=\frac{1}{3}\pi r^2 h$.

证　如图 8—19 所示，设圆锥的旋转轴重合于 x 轴，即圆锥是由直角三角形 ABO 绕 OB 旋转而成．

直线 OA 的方程为 $y=\frac{r}{h}x$.

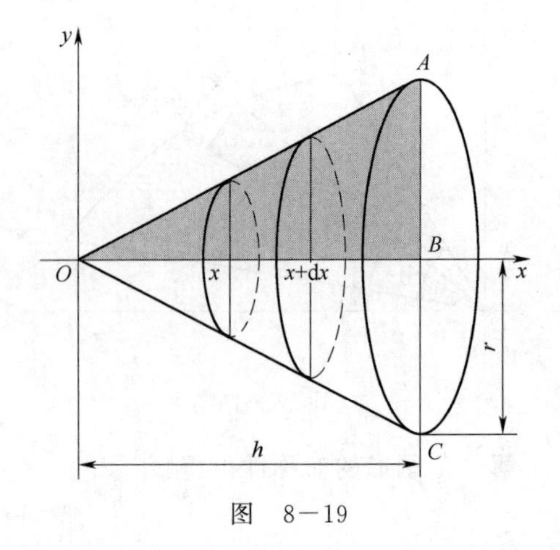

图　8－19

取横坐标 x 为积分变量，它的变化区间为 $[0,h]$，圆锥体中相应于 $[0,h]$ 上任一小区间 $[x, x+\mathrm{d}x]$ 的薄片的体积近似等于底半径为 $\frac{r}{h}x$，高为 $\mathrm{d}x$ 的圆柱体的体积，即体积微元为

$$\mathrm{d}V=\pi\left(\frac{r}{h}x\right)^2\mathrm{d}x,$$

于是，所求圆锥的体积为

$$V=\int_0^h\pi\left(\frac{r}{h}x\right)^2\mathrm{d}x=\frac{\pi r^2}{h^2}\left(\frac{\pi^3}{3}\right)h=\frac{\pi r^2 h}{3}.$$

例 6　计算由椭圆 $\frac{x^2}{a^2}+\frac{y^2}{b^2}=1$ 所围成的图形绕 x 轴旋转而成的旋转体（称为旋转椭球体）的体积（见图 8－20）.

解　这个旋转体可以看成 x 轴上方的半个椭圆 $y=\frac{b}{a}\sqrt{a^2-x^2}$ 与 x 轴围成的图形绕 x 轴旋转而成的立体（见图 8－20）.

取 x 为积分变量，$x\in[-a,a]$，则体积微元为

$$\mathrm{d}V=\pi\left(\frac{b}{a}\sqrt{a^2-x^2}\right)^2\mathrm{d}x=\pi\frac{b^2}{a^2}(a^2-x^2)\mathrm{d}x.$$

于是，所求旋转椭球的体积

$$V=\int_{-a}^{a}\pi\frac{b^2}{a^2}(a^2-x^2)\mathrm{d}x=\pi\frac{a^2}{b^2}\left[a^2x-\frac{1}{3}x^3\right]_{-a}^{a}=\frac{4}{3}\pi ab^2.$$

特别地，当 $a=b$ 时，旋转椭球体就成为半径为 a 的球体，它的体积为 $\frac{4}{3}\pi a^3$.

例 7　设平面图形由曲线 $y=2\sqrt{x}$ 与直线 $x=1$ 及 $y=0$ 所围成．试求此平面图形绕 y 轴旋转而成的旋转体的体积（见图 8－21）.

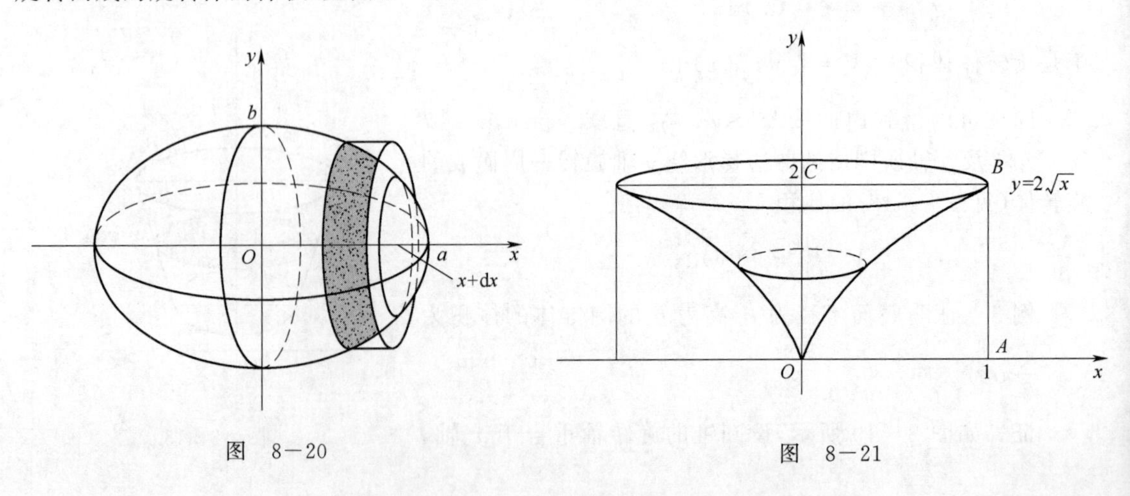

图　8－20　　　图　8－21

解　所给旋转体的体积 V 可看作由矩形 $OABC$ 绕 y 轴旋转所得的柱体体积 U_1，减去由 $y=2\sqrt{x}$，直线 $x=0$ 及 $y=2$ 所围成的图形绕 y 轴旋 转所得旋转体的体积 U_2，即

$$\begin{aligned}V&=U_1-U_2\\&=\pi\cdot 1^2\cdot 2-\int_0^2\pi\cdot\left(\frac{1}{4}y^2\right)^2\cdot\mathrm{d}y\\&=2\pi-\frac{\pi}{16}\int_0^2 y^4\,\mathrm{d}y\\&=2\pi-\frac{\pi}{16}\left[\frac{y}{5}\right]_0^2=\frac{8}{5}\pi\end{aligned}$$

3. 平面曲线的弧长

在平面几何中，直线的长度容易计算，而曲线（除圆弧外）长度的计算比较困难，现在就讨论这一问题．

设函数 $y=f(x)$ 在区间 $[a,b]$ 上有一阶连续导数，即曲线 $y=f(x)$ 有连续转动不垂直于 x 轴的切线，则称此曲线在区间 $[a,b]$ 上为**光滑曲线段**（见图 8—22），现用微元法求此光滑曲线段的长度（见图 8—23）．

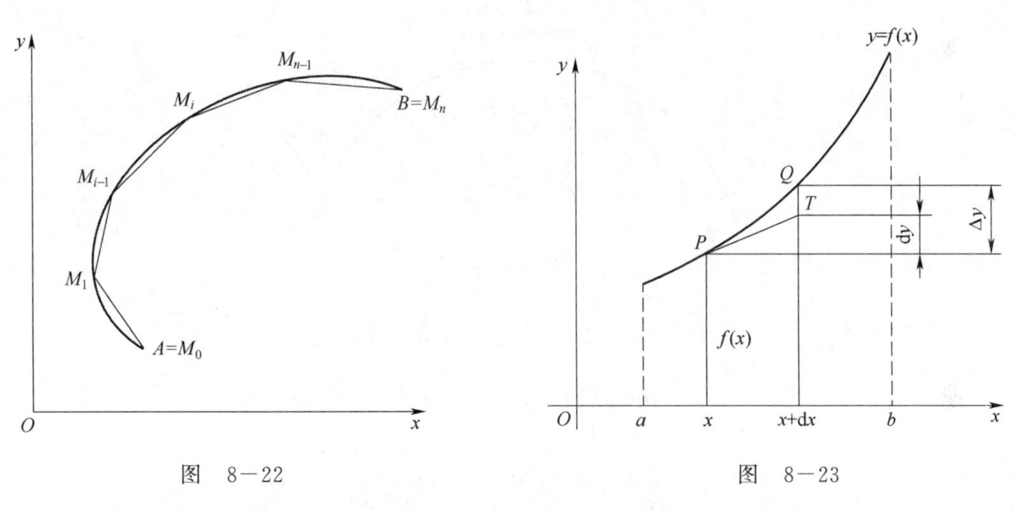

图　8—22　　　　图　8—23

在 $[a,b]$ 上任取一子区间 $[x,x+\mathrm{d}x]$，相应小弧度 PQ 的长度可以用曲线 $y=f(x)$ 在点 $P(x,f(x))$ 处的切线上相应的小直线段 PT 近似代替，即弧长微元为

$$\mathrm{d}s=PT=\sqrt{(\mathrm{d}x)^2+(\mathrm{d}y)^2}=\sqrt{1+(y')^2}\,\mathrm{d}x,$$

于是所求弧长为

$$s=\int_a^b\sqrt{1+(y')^2}\,\mathrm{d}x.$$

若曲线由参数方程 $\begin{cases}x=\varphi(t)\\y=\psi(t)\end{cases}$ $(\alpha\leqslant t\leqslant\beta)$ 给出，则弧长微元为

$$\begin{aligned}\mathrm{d}s&=\sqrt{(\mathrm{d}x)^2+(\mathrm{d}y)^2}=\sqrt{[\varphi'(t)\mathrm{d}t]^2+[\psi'(t)\mathrm{d}t]^2}\\&=\sqrt{[\varphi'(t)]^2+[\psi'(t)]^2}\,\mathrm{d}t,\end{aligned}$$

于是弧长

$$s=\int_\alpha^\beta\sqrt{[\varphi'(t)^2]+[\psi'(t)]^2}\,\mathrm{d}t.$$

若曲线由极坐标 $r=r(\theta)$ $(\theta_1\leqslant\theta\leqslant\theta_2)$ 表示，依坐标变换公式 $\begin{cases}x=\varphi(t)\\y=\psi(t)\end{cases}$，不难得出弧长

微元为

$$ds=\sqrt{[r(\theta)]^2+[r'(\theta)]^2}\,d\theta,$$

于是弧长
$$s=\int_{\theta_1}^{\theta_2}\sqrt{[r(\theta)]^2+[r'(\theta)]^2}\,d\theta.$$

例 8 计算曲线 $y=\frac{2}{3}x^{\frac{3}{2}}$ 对应 $0\leqslant x\leqslant 1$ 上一段的弧长.

解 由于
$$y'=\left(\frac{2}{3}x^{\frac{3}{2}}\right)'=x^{\frac{1}{2}},$$

从而弧长微元为
$$ds=\sqrt{1+(x^{\frac{1}{2}})^2}\,dx=\sqrt{1+x}\,dx$$

所求弧长为
$$s=\int_0^1\sqrt{1+x}\,dx=\left[\frac{2}{3}(1+x)^{\frac{3}{2}}\right]_0^1=\frac{2}{3}(2\sqrt{2}-1)$$

例 9 计算摆线(见图 8-24) $\begin{cases}x=a(t-\sin t)\\y=a(1-\cos t)\end{cases}(0\leqslant t\leqslant 2\pi)$ 的一拱的弧长.

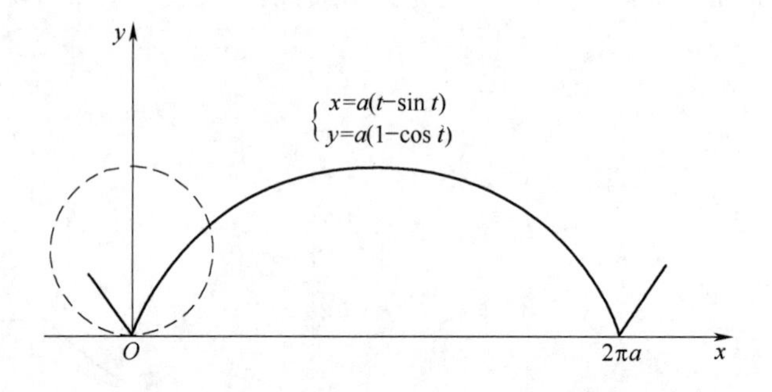

图 8-24

解 弧长微元为
$$ds=\sqrt{a^2(1-\cos t)^2+a^2\sin^2 t}\,dt$$
$$=a\sqrt{2(1-\cos t)}\,dt=2a\sin\frac{t}{2}dt,$$

所求弧长为
$$s=\int_0^{2\pi}2a\sin\frac{t}{2}dt=2a\left[-2\cos\frac{t}{2}\right]_0^{2\pi}=8a.$$

三、定积分在物理上的应用

1. 变力作功

由物理学可知,在一个常力 F 的作用下,物体沿力的方向作直线运动的位移为 S 时,F 所作的功为 $W=FS$,但在实际中,经常需要计算变力所作的功,下面通过例子用微元法计算变力所作的功.

例 10 已知弹簧每拉长 0.02 m 要用 9.8 N 的力,求把弹簧拉长 0.1 m 所作的功.

解 由物理学可知,在弹性限度内,拉伸(或压缩)弹簧所需的力 F 和弹簧的伸长量(或压缩量)x 成正比(见图 8-25),即

$$F=kx,\quad k\text{ 为比例常数}.$$

由题意得 $x=0.02$ m,$F=9.8$ N,可得

$$k=F/x=9.8/0.02=490,$$

于是 $$F=490x.$$

下面用微元法求此变力所作的功.

取 x 为积分变量,$x\in[0,0.1]$,在$[0,0.1]$上任取一子区间$[x,x+\mathrm{d}x]$,与它对应的变力 F 所作的功近似于把变力 F 看作常力所作的功,从而得功的微元为

$$\mathrm{d}W=4.9\times10^2x\mathrm{d}x,$$

于是弹簧所作的功为

$$W=\int_0^{0.1}4.9\times10^2x\mathrm{d}x=4.9\times10^2\left[\frac{x^2}{2}\right]_0^{0.1}=2.45(\mathrm{J}).$$

例 11 修建一座大桥墩时先要下围囹,并且抽尽其中的水以便施工,已知围囹的直径为 20 m,水深 27 m,围囹高出水面 3 m,求抽尽水所作的功.

解 如图 8-26 所示,建立直角坐标系.

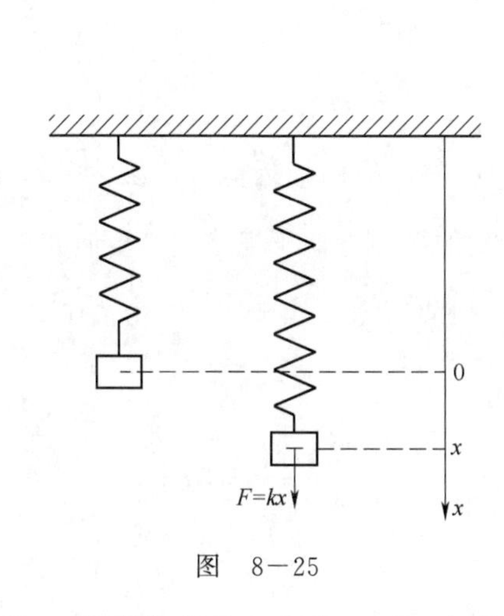

图 8-25

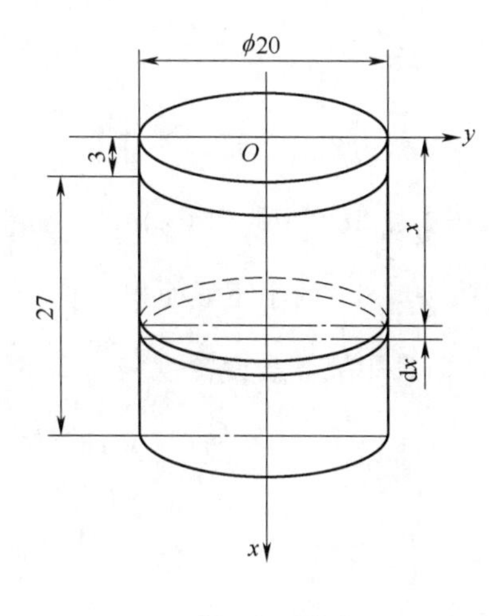

图 8-26

取 x 为积分变量,$x\in[3,30]$,在$[3,30]$上任取一小区间$[x,x+\mathrm{d}x]$,与它相对应的一薄层(圆柱)水的质量的 $9.8\rho\pi10^2\mathrm{d}x$,其中水的密度为 $\rho=10^3\ \mathrm{km/m^3}$.

这一薄层水抽出围囹的功近似等于克服这一薄层水的重量所作的功,所以功的微元为

$$\mathrm{d}w=9.8\times10^5\pi x\mathrm{d}x,$$

于是所求功的 $W=\int_3^{30}9.8\times10^5\pi x\mathrm{d}x=9.8\times10^5\pi\left[\frac{x^2}{2}\right]_3^{30}=1.37\times10^9(\mathrm{J}).$

2. 液体的压力

由物理学可知,一水平放置在液体中的薄片,若其面积为 A,距离液体表面的深度为 h,由该薄片一侧所受的压力 P 等于以 A 的底、以 h 为高的液体柱的重量,即

$$P=\gamma Ah,$$

式中,γ 为液体的比重(单位:$\mathrm{N/m^3}$).

但在实际问题中,往往要计算与液面垂直放置的薄片(如水渠的闸门)一侧所受的力,由于薄片上每个位置距液体表面的深度都不一样,因此不能直接利用上述公式进行计算,下面通过例子说明这种薄片所受液体压力的求法.

例 12 设有一竖直的闸门,形状是等腰梯形,尺寸与坐标系所示如图 8-27 所示,水面齐闸门顶时,求闸门所受的水压力.

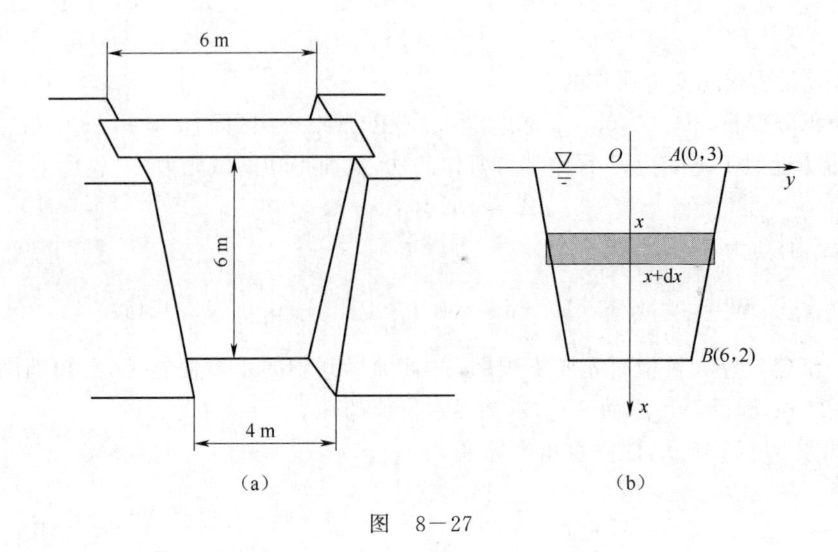

图 8-27

解 取 x 为积分变量，$x\in[0,6]$，AB 方程为 $y=-\dfrac{x}{6}+3$.

在[0,6]上取一小区间 $[x,\ x+\mathrm{d}x]$，与它相应的小薄片的面积近似等于宽为 $\mathrm{d}x$，长为 $2y=2\left(-\dfrac{x}{6}+3\right)$ 的小矩形面积．这个小矩形上所受到的压力近似于把这个小矩形放在平行于液体表面且距液体表面深度为 x 的位置上一侧所受到的压力．由于 $\gamma=9.8\times10^3$，$\mathrm{d}A=2\left(-\dfrac{x}{6}+3\right)\mathrm{d}x$，$h=x$，所以压力的微元为

$$\mathrm{d}P=9.8\times10^3\times x\times2\left(-\frac{x}{6}+3\right)\mathrm{d}x=9.8\times10^3\times\left(-\frac{x^2}{3}+6x\right)\mathrm{d}x,$$

所求水压力 $P=\int_0^6 9.8\times10^3\left(-\dfrac{x^2}{3}+6x\right)\mathrm{d}x$

$$=9.8\times10^3\left[-\frac{x^3}{9}+3x^2\right]_0^6$$

$$=8.4\times9.8\times10^3$$

$$\approx8.23\times10^5(\mathrm{N}).$$

四、经济应用问题举例

1. 已知边际函数，求经济函数(或其改变量)

例 13 某工厂生产一种产品，每天生产 x(单位：t)时的总成本为 $C(x)$（单位：百元). 已知它的边际成本为

$$MC=C'(x)=100+6x-0.6x^2,$$

试求：产量从 2 t 增加到 4 t 时的总成本及平均成本．

解 当产量从 2 t 增加到 4 t 时，总成本改变量为

$$\Delta C=\int_2^4(100+6x-0.6x^2)\,\mathrm{d}x$$

$$=[100x+3x^2-0.2x^3]_2^4=224.8(\text{百元}),$$

此时成本改变的平均值为

$$\Delta\overline{C}=\frac{\Delta C}{\Delta x}=\frac{224.8}{2}=112.4(\text{百元}/t).$$

例 14 已知某产品的边际成本 $C'(x)=2$（元/件），固定成本为 0，边际收入 $R'=20-0.02x$，求：

(1) 产量为多少时利润最大？

(2) 在最大利润产量的基础上再生产 40 件，利润会发生什么变化？

解 (1)由已知条件可知

$$L'=R'(x)-C'(x)=20-0.02x-2=18-0.02x.$$

令 $L'(x)=0$，即 $18-0.02x=0$，解出驻点 $x=900$.

又 $L''(x)=-0.02<0$，所以，驻点 $x=900$ 为 $L(x)$ 的极大值点，即为最大值点.

于是，当产量为 900 件时，可获利润最大.

(2)当产量由 900 件增至 940 件时，利润的改变量为

$$\Delta L=\int_{900}^{940}(18-0.02x)\,\mathrm{d}x=[18x]_{900}^{940}-[0.01x^2]_{900}^{940}$$
$$=720-736=-16(\text{元}),$$

即此时利润将减少 16 元.

2. 已知变化率，求总改变量

例 15 设世界范围内每年的石油消耗率呈指数增长，增长指数大约为 0.07. 假设 1995 年初，消耗量大约为 161 亿桶. 设 $R(t)$ 表示从 1995 年起第 t 年的石油消耗率，已知 $R(t)=161\mathrm{e}^{0.07t}$（亿桶）. 试用此式计算从 1995 年到 2015 年间石油消耗的总量.

解 设 $T(t)$ 表示从 1995 年($t=0$)起到第 t 年石油消耗的总量. $T'(t)$ 表示石油消耗率 $R(t)$，于是由变化率求总改变量得

$$T(20)-T(0)=\int_0^{20}T'(t)\,\mathrm{d}t=\int_0^{20}161\mathrm{e}^{0.07t}\,\mathrm{d}t$$
$$=\frac{1}{0.07}\int_0^{20}161\mathrm{e}^{0.07t}\,\mathrm{d}(0.07t)$$
$$=\frac{161}{0.07}[\mathrm{e}^{0.07t}]_0^{20}\approx 7027,$$

所以，从 1995 年到 2015 年间石油消耗的总量为 7027 亿桶.

习　题　8－5

1.思考并回答下列问题：

(1)定积分可以解决什么样的实际问题？

(2)什么是微元法？

(3)用定积分求平面图形面积时的步骤是什么？举例说明？

2. 求下列平面图形的面积：

(1)曲线 $y=4-x^2$ 与 x 轴所围成图形的面积；

(2)曲线 $y=\dfrac{1}{x}$ 与直线 $y=x$ 及 $x=2$ 所围成图形的面积；

(3)求由曲线 $y=x^2$ 与 $y=2x-x^2$ 所围成图形的面积；

(4)曲线 $y=x^2$ 及 $y=4x^2$ 与直线 $y=1$ 所围成图形的面积；

(5)求由直线 $x=0, x=\dfrac{\pi}{2}$ 及直线 $y=\sin x$ 与 $y=\cos x$ 所围成图形的面积；

(6)求由直线 $y=0$ 与直线 $y=x^2$ 及它在(1,1)点处的法线所围成的图形.

3. 求下列各曲线或射线所围成图形的面积：

(1) $\rho=2a\cos\theta, \theta=0, \theta=\dfrac{\pi}{6}$；　　(2) $\rho=a\mathrm{e}^{\theta}, \theta=-\pi, \theta=\pi$.

4. 求下列各曲线所围成图形绕指定轴旋转所得的旋转体的体积：

(1) $2x-y+4=0, x=0, y=0$，绕 x 轴；　(2) $y=x^2-4, y=0$，绕 x 轴；

(3) $y=x^2, x=y^2$，绕 y 轴；　　(4) $x^2+(y-2)^2=1$，分别绕 x 轴和 y 轴.

5. 求下列各曲线上指定两点间的一段曲线弧的长度：

(1) $y=\ln(1-x^2)$ 上自 (0,0) 至 $\left(\dfrac{1}{2}, \ln\dfrac{3}{4}\right)$；

(2) $y^2=2px$ 上自 (0,0) 至 $\left(\dfrac{p}{2}, p\right)$；

(3) $\begin{cases} x=\arctan t \\ y=\dfrac{1}{2}\ln(1+t^2) \end{cases}$，$t$ 从 0 到 1.

6. 已知 1 N 的力能使某弹簧拉长 1 cm，求使弹簧拉长 5 cm 拉力所作的功.

7. 弹簧原长 0.3 m 每压缩 0.01 m，需力 2 N，求把弹簧从 0.25 m 压缩到 0.2 m 所作的功.

8. 一圆柱形的贮水桶高为 5 m，底圆半径为 3 m，桶内盛满了水，试问要把桶内的水全部吸出需作多少功？

9. 设有一等腰三角形闸门，垂直与水中，底边与水平齐，已知闸门底边长为 a (单位：m)，试求闸门的一侧所受的水压.

10. 已知生产某种产品 x 件时总受入的变化率 $R'(x)=100-\dfrac{x}{20}$ (元/件)， 试求生产此种产品 1 000 件时的总收入和从 1 000 件到 2 000 件所增加的收入及其产量为 1 000 件时的平均收入.

11. 设某产品的总成本 C(单位：万元)的变化率是产量 x (单位：百台)的函数为 $\dfrac{\mathrm{d}c(x)}{\mathrm{d}x}=6+\dfrac{x}{2}$. 且总收入函数 R (单位：万元)的变化率也是产量 x 的函数 $\dfrac{\mathrm{d}R(x)}{\mathrm{d}x}=12-x$，求：

(1)产量从 1 百台增加到 3 百台时，总成本与总收入各增加多少？

(2)产量为多少时，总利润 $L(x)$ 最大？

(3)已知固定成本 $C(0)=5$(万元)，总成本. 总利润与产量 x 的函数关系式分别是什么？

(4)若在最大利润产量的基础上再增加生产 2 百台，总利润将会发生什么样？

12. 某工厂排出大量废气，造成了严重空气污染，于是工厂通过减产来控制废气的排放量，若第 t 年废气的排放量为 $C(t)=\dfrac{20\ln(t+1)}{(t+1)^2}$，求该厂在 $t=0$ 到 $t=5$ 年间排出的总废气量.

13. 某药物从病人的右手注射进入体内，t 小时后该病人左手血液中所含该药物量为 $C(t)=\dfrac{0.14t}{t^2+1}$. 问药物注射 1 h 内，该病人左手血液中所含药物量的平均值为多少？两小时内的平均值又为多少？

第九章 MATLAB 及其应用

问题导入

你知道数学软件的作用是什么吗？一些复杂的计算问题人们用手工计算无法完成时，就可以借助于数学软件在计算机上轻松实现．数学软件的种类有很多，本章主要介绍 MATLAB 数学软件．

学习目标

(1)了解 MATLAB 软件的基本使用环境，如常量、变量、函数及算术运算符；
(2)能够建立 MATLAB 程序文件与函数文件；
(3)会绘制二维曲线图形；
(4)会用符号工具箱进行求极限、求导、求积分运算以及求解微分方程；
(5)能用 MATLAB 解决实际应用问题．

第一节 MATLAB 简介

MATLAB 是 Matrix Laboratory(矩阵实验室)的缩写，是一款由美国 The MathWorks 公司出品的商业数学软件．MATLAB 是一种用于算法开发、数据可视化、数据分析以及数值计算的高级技术计算语言和交互式环境．除了矩阵运算、绘制函数/数据图像等常用功能外，MATLAB 还可以用来创建用户界面及与调用其他语言(包括 C，C++和 FORTRAN)编写的程序．除了主要用于数值运算，MATLAB 还有为数众多的附加工具箱(Toolbox)以适合不同领域的应用．MATLAB 的基本数据单位是矩阵，它的指令表达式与数学、工程中常用的形式十分相似，故用 MATLAB 来解算问题要比用 C，FORTRAN 等语言完成相同的事情简捷得多，并且 MATLAB 也吸收了 Maple 等软件的优点，是一个强大的数学软件．MATLAB 发展经历了几个阶段：20 世纪 70 年代，美国新墨西哥大学计算机科学系主任 CleverMoler 用 FORTRAN 编写了最早的 MATLAB；1984 年，由 Little、Moler、Steve Bangert 合作成立的公司，正式把 MATLAB 推向市场；20 世纪 90 年代成为国际控制界的标准计算软件．

一、MATLAB 软件的基本使用环境

1. MATLAB 命令窗口

在 Windows XP 环境下，单击“开始”按钮的程序选项(如果已经在桌面上建立了快捷方式，则双击图标 MATLAB 7.0)，即可进入 MATLAB 系统．这时，屏幕上会出现一个启动画面，片刻之后，出现一个工作屏幕(命令窗口)．

命令窗口中，最上面显示“MATLAB Command Window”字样的一栏为标题栏，标题栏的右边依次为窗口最小化按钮、窗口缩放按钮和关闭按钮．标题栏下面的菜单栏包括 File(文件)、Edit(编辑)、Windows(窗口) Help(帮助)四项．菜单栏下面的工具栏显示了九个工具按钮，各按钮相当于菜单栏中各选项命令，熟练使用工具按钮可使工作更快捷、更方便．

在命令窗口中，除标题栏、菜单栏、工具栏以外的窗口，用于输入和显示计算结果，称为命令编辑区．在启动 MATLAB 命令编辑区显示帮助信息后，将显示符号“≫”．符号“≫”表示 MATLAB 已准备好，正等待用户输入命令，这时，就可以在提示符“≫”后面键入命令，按下【Enter】键(回车)后，MATLAB 就会解释执行所输入的命令，并在命令后面给出计算结果．

2. MATLAB 语言环境

(1)常量

在 MATLAB 中的数学常数用特定的标识符来表示，如表 9－1 所示．

表 9－1

特殊常量	取　值
pi	圆周率
eps	计算机的最小数，当和 1 相加就产生一个比 1 大的数
flops	表示统计该工作空间中浮点数的计算次数
inf	无穷大，如 1/0
NaN	非数值，如 0/0
i,j	虚数单位，$i=j=\sqrt{-1}$
realmax	系统所能表示的最大数值
realmin	系统所能表示的最小数值
nargin	函数的输入变量个数
nargout	函数的输出变量个数

(2)变量

在 MATLAB 中可以给变量赋值，进行运算．变量名必须以字母打头，之后可以跟字母、数字或下画线，不能有空格和标点符号，总长不超过 19 个字符．特别注意两点：一是变量区分大小写，如 B1，b1 表示不同变量；二是不能使用特定数学常数作为变量名．

(3)函数

在 MATLAB 中许多数学运算是通过系统函数(见表 9－2)完成的．函数名是由小写英文字母构成，而变量、数字或表达式要放在后面的小括号里．

表 9－2

函数	名称	函数	名称
sin(x)	正弦函数	asin(x)	反正弦函数
cos (x)	余弦函数	acos (x)	反余弦函数
tan(x)	正切函数	atan(x)	反正切函数
abs(x)	绝对值	max(x)	最大值
sqrt(x)	开平方	min(x)	最小值
exp(x)	以 e 为底的指数	rand	[0,1]间均匀随机数
log(x)	以 e 为底的对数	randn	标准正太随机数
log10(x)	以 10 为底的指数	conj(z)	复数 z 的共轭复数
real(z)	复数 z 的实部	imag(z)	复数 z 的虚部

(4)算术运算

常见的数或代数式的运算,如加法用“+”、减法用“—”、乘法用“*”、除法用“/”、乘方用“^”表示,各层运算之间一律用()分隔．在默认设置下,数据采用近似计算,运算结果保留小数点后4位数字．

例1 写出以下语句的运行结果:

```
≫(sin(pi/2 ) * 4)/2
ans =
2
```

例2 写出以下语句的运行结果:

```
≫(4^2 + 3^2)^(1/2)
ans =
5
```

例3 写出以下语句的运行结果:

```
≫3^2 * pi   %求半径为3的圆的面积
ans =
28.2724
```

%是注释语句,其后的内容并不执行注释语句的目的在于说明语句意图,方便调试程序．

例4 写出以下语句的运行结果:

```
≫2^50
ans =
1.1259e + 015
```

结果用科学记数法表示,即 1.1259×10^{15}．

3. M 文件

在 MATLAB 中有两种工作方式．一是在命令窗口中输入数据和命令的直接交互模式,这种方法在处理比较复杂的问题和大量的数据时相当烦琐．在 MATLAB 中提供了另一种方式,即先在一个以 .m 为扩展名的 M 文件中输入将要执行的命令语句,然后在命令窗口中调用该文件即 M 文件,执行其中的命令,M 文件有两种类型:程序 M 文件和函数 M 文件．

(1)程序 M 文件

在 MATLAB 中,通过 File 菜单可新建、保存、打开 M 文件,通过 Edit 菜单可编辑 M 文件,在命令窗口中输入文件名,可执行 M 文件．

例5 在 MATLAB 命令窗口中选择 File→New→M—file 命令,即可建立一个 M 文件,接着在其中输入程序:

```
s = 0;
for i = 1:100
    s = s + i;
end
s
```

然后选择 File→Save 命令,即可保存文件,文件名必须以字母打头,如 t1.m ,再在命令窗口中输入该文件名 t1,执行如下:

```
≫t1
s =
```

```
5050
```

(2)函数 M 文件

内部函数是有限的,很多时候为了研究的需要,须定义新的函数,为此必须编写函数文件,该文件也是扩展名为 .m 的 M 文件,其格式为:

```
Function 因变量名 = 函数名(自变量名)
```

例 6 M 文件的建立及调用.

第一步:建立 M 文件:fun. m.

```
function    f = fun(x)
y = x.^2
```

第二步:选择 File→Save 命令,即可保存文件,文件名必须为 fun. m.

第三步:调用文件 fun. m.

如计算 f(2),只需在命令窗口中输入命令:

```
≫x = 2;fun(2)
y = 4
```

4. 向量的定义及运算

(1)定义行向量

列举法:

```
[a  b  c  d  e  f]       %定义包含有限个元素的向量,元素间用空格或逗号分隔
```

例 7 输入 1～9 公差为 2 的等差数列.

```
≫[1,3,5,7,9]
ans =
1   3   5   7   9
```

冒号法:

```
a:b:c % 定义一个行向量,其分量元素的范围在 a 到 c 之间,a 为起始元素,b 为间隔步长,省略 b,则默认不长为 1
```

例 8 用冒号法求解例 7.

```
≫1:2:9
ans =
1   3   5  7  9
```

(2)向量的运算

加法运算"a+b":表示向量 a 与 b 的对应元素相加;

点乘"a. * b":表示向量 a 与 b 的对应元素相乘;

点左除"a.\b":表示向量 b 的元素做被除数,点左除"a./b":向量 a 的元素做被除数,二者均为两向量的对应元素相除;

点乘方"a.^b":表示向量 a 的元素以向量 b 的对应元素为指数求值.

例 9 设有向量:

```
≫a = [1,2,3];b = [4,5,6];
```

写出其运算公式及结果.

解

```
≫a + b
ans =
5   7   9
```

```
≫a.*b
ans =
4   10   18
≫a.^2
ans =
1   4   9
≫a.^b
ans =
1      32      729
≫a./b
ans =
0.2500      0.4000      0.5000
≫a.\b
ans =
4.0000      2.5000      2.0000
```

二、MATLAB 绘制二维图形

MATLAB 提供了丰富的绘图功能,包括数据的二维、三维甚至四维图形．通过图形的线型、平面、色彩、光线、视角等属性的控制,可以把数据的内在特征表现得淋漓尽致．这里重点介绍 MATLAB 中二维图形的描绘．

1. 绘制二维图形的基本命令

(1) 命令格式 1:

```
plot(x,y,s)
```

这里 x,y 表示向量,s 是可选项,可以对描绘的曲线进行线性、颜色、形状等的设置,在没有任何设置时按照默认值作图,各种设置如表 9－3 所示．

表 9－3

颜色		线型		数据点型	
符号	含义	符号	含义	符号	含义
y	黄	—	实线	.	实心点
m	紫	:	虚线	o	圆圈
c	青	—.	点画线	X	叉子符
r	红	——	双画线	+	十字符
g	绿			*	星号符
b	蓝			s	方块符
w	白			d	菱形符
k	黑			p	五角星符

例 10 描绘函数 y=2x+1 在[－10,10]上的图形．

```
≫x = -10:0.1:10;y = 2*x+1;
≫plot(x,y)
```

输出结果如图 9－1 所示．

例 11 描绘函数 $y=x^2$ 在[－5,5]上的图形．

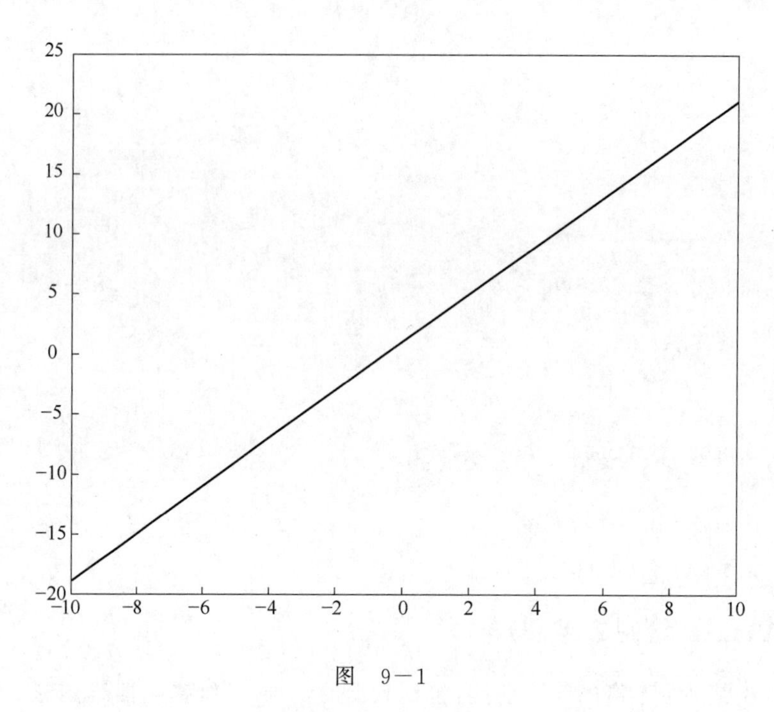

图 9－1

```
≫x = - 5:0.1:5;y = x.^2;
≫plot(x,y)
```

输出结果如图 9－2 所示．

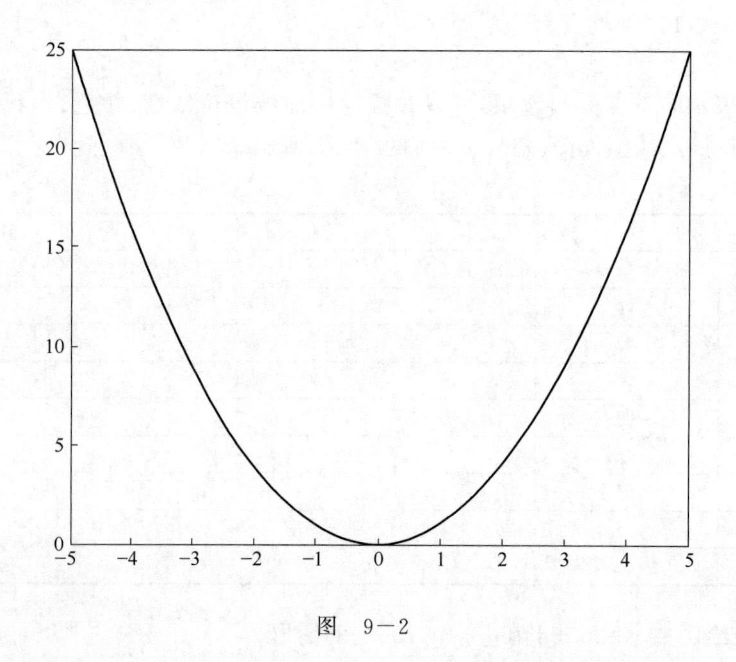

图 9－2

(2)命令格式 2：

```
plot(x1,y1,s1,x2,y2,s2,...,xn,yn,sn)
```

表示将多条曲线 y1,y2,...,yn 画在同一图形中．

例 12 描绘函数 y1＝sin(x),y2＝cos (x)在[0,2 * pi]的图形，设置线型及颜色，并在横

坐标轴、纵坐标轴及图形上端加标题.

解 首先建立文件名为 t2.m 的文件：

```
x = 0:pi/20:2 * pi;y1 = sin(x);y2 = cos (x);
plot(x,y1,'b + ',x,y2,'go')        % y1 为蓝色“ + ”线,y2 为绿色“o”线
title('y = sin(x),y = cos (x)')  % 在图形上加标题 y = sin(x),y = cos (x)
xlable('x')                      % 在 x 轴加标题“x”
ylable('y')                      % 在 y 轴加标题“y”
grid  on                         % 在当前图形上加网格
```

在命令窗口中输入 t2,运行即可得到图形(见图 9－3).

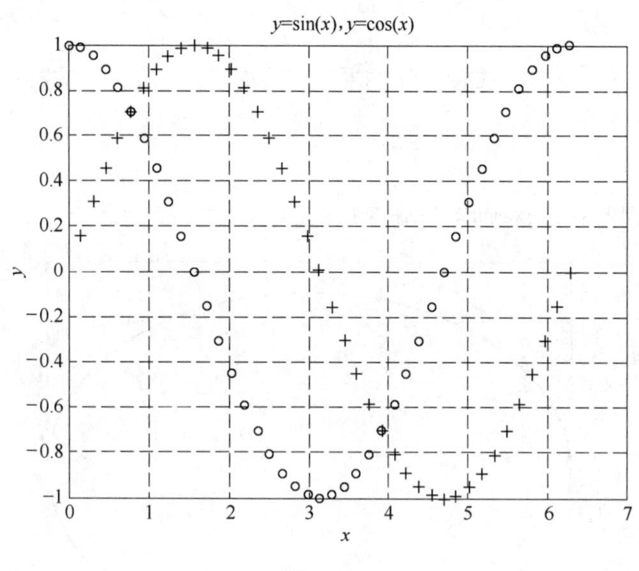

图 9－3

例 13 描绘圆心在原点,半径为 2 的圆的图形.

解 首先建立文件名为 t3.m 的文件：

```
alpha = 0:pi/20:2 * pi; % 角度[0,2 * pi]
R = 2;                    % 半径
x = R * cos (alpha);      % 定义横坐标
y = R * sin(alpha);       % 定义纵坐标
plot(x,y)                 % 描绘图形
axis equal                % 保持坐标轴等长
```

在命令窗口中输入 t3,运行即可得到图形(见图 9－4).

例 14 描绘长半轴为 3,短半轴为 2 的椭圆的图形.

解 首先建立文件名为 t4.m 的文件：

```
alpha = 0:pi/20:2 * pi;    % 角度[0,2 * pi]
a = 3;b = 2;
x = a * cos (alpha);
y = b * sin(alpha);
plot(x,y)
```

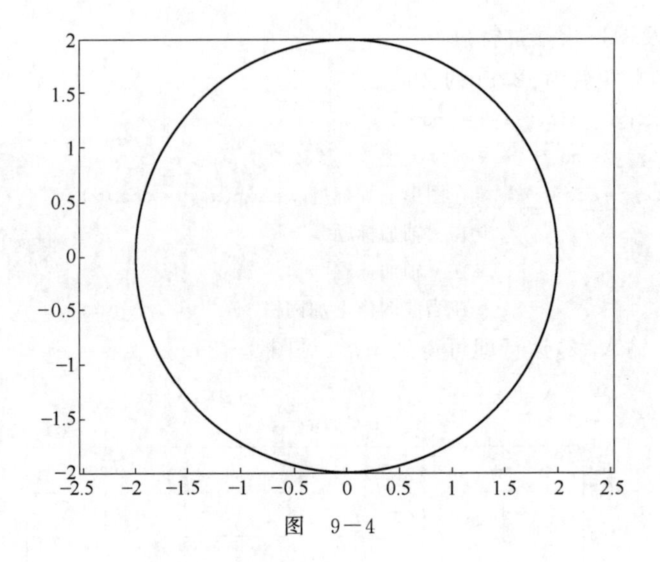

图 9—4

```
axis equal
```

在命令窗口中输入 t4,运行即可得到图形(见图 9—5).

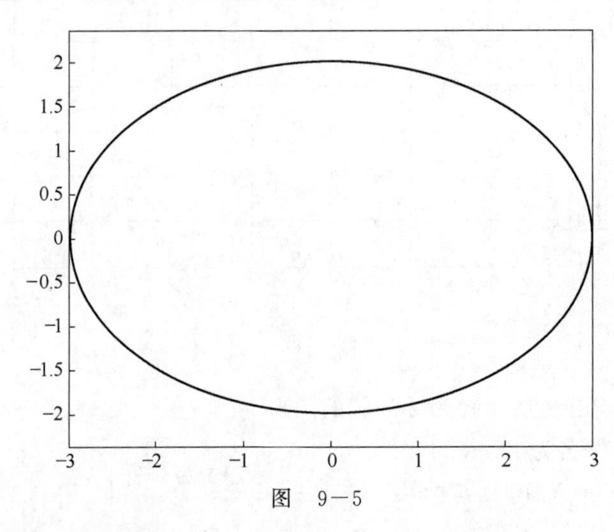

图 9—5

2. 用 ezplot 绘制一元函数图像

在绘制含有符号变量的函数的图像时,ezplot 要比 plot 更方便．因为 plot 绘制图形时要指定自变量的范围,而 ezplot 无须数据准备,直接绘出图形．其命令格式如下:

(1)ezplot('f(x)',[a,b])

% 表示在 a<x<b 绘制显函数 f = f(x)的函数图形

(2)ezplot('x(t)','y(t)',[tmin,tmax])

% 表示在区间 tmin<t<tmax 绘制参数方程 x = x(t),y = y(t)的函数图形

例 15 已知星形线的参数方程为 $\begin{cases} x = \cos^3 x \\ y = \sin^3 x \end{cases}$ $(0 \leqslant t \leqslant 2\pi)$,描绘它的图形．

解 首先建立文件名为 t5. m 的文件:

```
ezplot('cos (t)^3','sin(t)^3',[0,2 * pi])
grid on
```

在命令窗口中输入 t5,运行即可得到图形(见图 9－6).

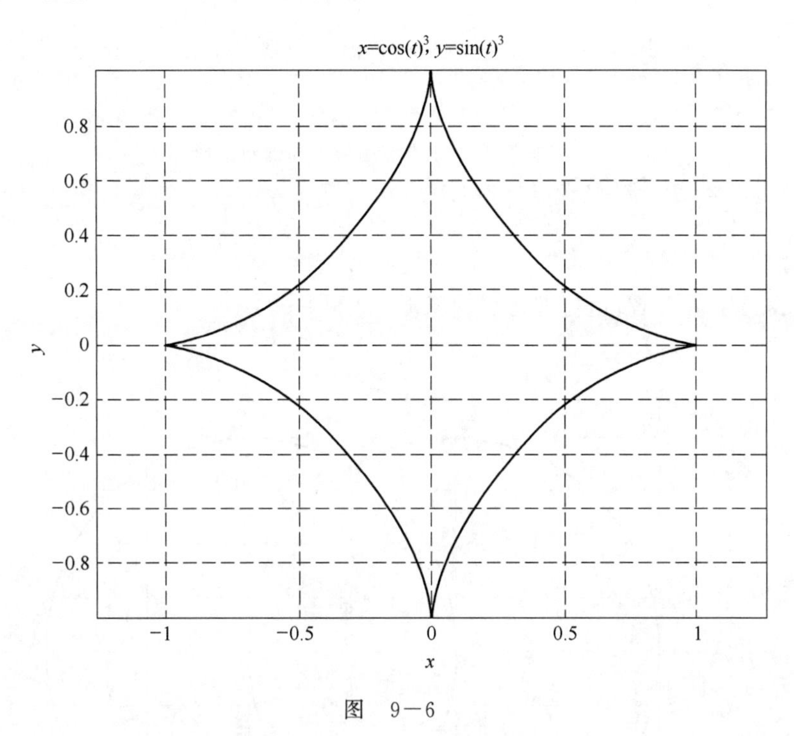

图　9－6

```
(3)ezplot('f(x,y)',[xmin,xmax,ymin,ymax])
% 表示在区间 xmin<x<xmax 和 ymin<y<ymax 绘制隐函数 f(x,y) = 0 的函数图形
```

例 16　画出双曲线 $x^2 - y^2 = 4$ 的图像.

解　首先建立文件名为 t6.m 的文件:

```
ezplot('x^2 - y^2 - 4',[ - 6,6, - 6,6])
grid on          % 在图形上加网格
```

在命令窗口中输入 t6,运行即可得到图形(见图 9－7).

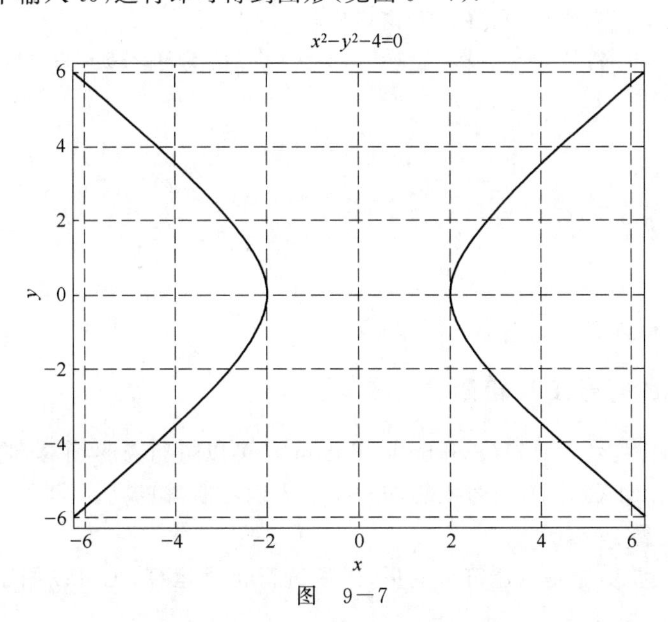

图　9－7

例 17 在同一图形中描绘两圆 $x^2+y^2=4$ 与 $(x-2)^2+y^2=4$ 的图像，并求出两圆交点坐标．

解 首先建立文件名为 t7.m 的文件：

```
ezplot('x^2 + y^2 - 4',[-2,4,-2,2])    % 画圆 x^2 + y^2 = 4 的图形
hold on                                 % 在当前图形上加画新图形
ezplot('(x-2)^2 + y^2 - 4',[-2,4,-2,2])
grid on
axis equal
```

在命令窗口中输入 t7，运行即可得到图形（见图 9—8）．

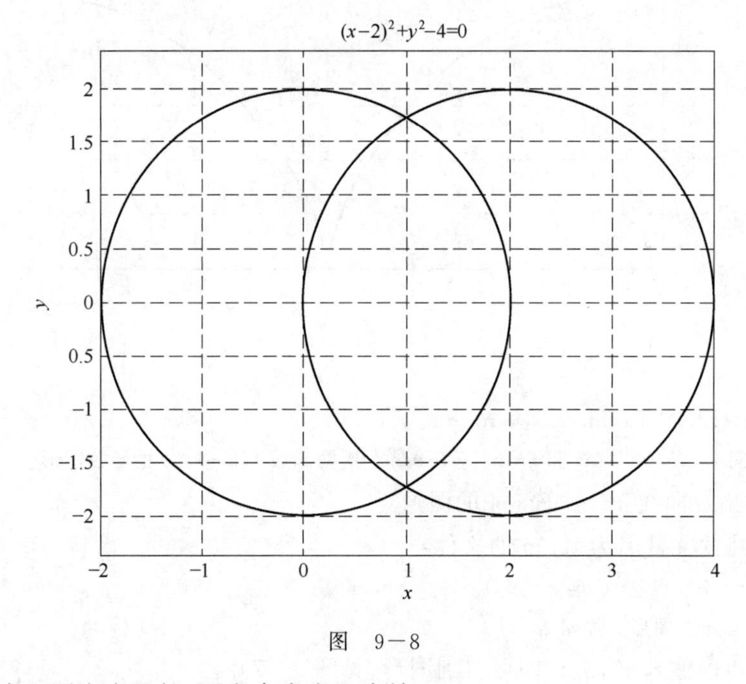

图 9—8

若想求得求两圆交点坐标，可在命令窗口中输入：

[x,y] = solve('x^2 + y^2 = 4','(x-2)^2 + y^2 = 4','x,y')，然后按【Enter】键即可得到结果：

```
x =
1
1
y =
3^(1/2)
-3^(1/2)
```

即两圆交点坐标为$(1,\sqrt{3})$与$(1,-\sqrt{3})$．

三、MATLAB 符号工具箱简介

利用 MATLAB 符号工具箱（Symbolic Toolbox）可以进行符号演算，将一些烦琐的推理交给计算机来完成．MATLAB 符号演算非常符合人们习惯，初步掌握并不困难．

1. 创建符号变量 syms

syms 函数的主要功能是创建符号变量，以便进行符号运算，也可以用于创建符号表达式

或符号矩阵．常用的创建符号命令是：

```
syms var                   % 创建单个符号变量
syms var1 var2…varN        % 创建多个符号变量
```

2. 求极限命令 limit

```
limit(表达式,var,a)              % 求当变量 var→a 时表达式的极限
limit(表达式,var,a,'left')       % 求当变量 var→a 时表达式的左极限
limit(表达式,var,a,'right')      % 求当变量 var→a 时表达式的右极限
limit(表达式,var,inf)            % 求当变量 var→∞ 时表达式的极限
```

例 18 求极限：

(1) $\lim\limits_{x\to a}\dfrac{\tan x-\tan a}{x-a}$；　(2) $\lim\limits_{x\to a}\dfrac{\tan x}{x}$；　(3) $\lim\limits_{x\to 0}\dfrac{|x|}{x}$.

解 在命令窗口输入命令：

```
>>syms  x  a
>>limit((tan(x) - tan(a))/(x - a),x,a)
ans =
1 + tan(a)^2
>>limit(sin(x)/x,x,0)
ans =
1
>> limit(abs(x)/x,x,0,'left')
ans =
-1
>> limit(abs(x)/x,x,0,'right')
ans =
1
```

例 19 描绘函数 $y=\dfrac{\sin x}{x}$ 的图形．

解 先建立一个名为 t8. m 的文件：

```
x = -30:0.1:30;
y = sin(x)./x;
plot(x,y)
grid on
```

在命令窗口中运行该文件得到图形(见图 9—9).

例 20 求 $\lim\limits_{x\to\infty}\left(1+\dfrac{1}{x}\right)^x$，并描绘 $y=\left(1+\dfrac{1}{x}\right)^x$ 的图形．

解 在命令窗口中输入：

```
>>limit((1 + 1./x).^x,x,inf)
ans =
exp(1)
>>x = 10 : 0.1 : 400;
>>y1 = (1 + 1./x).^x;y2 = 2.71828;
>>plot(x,y1,x,y2)
```

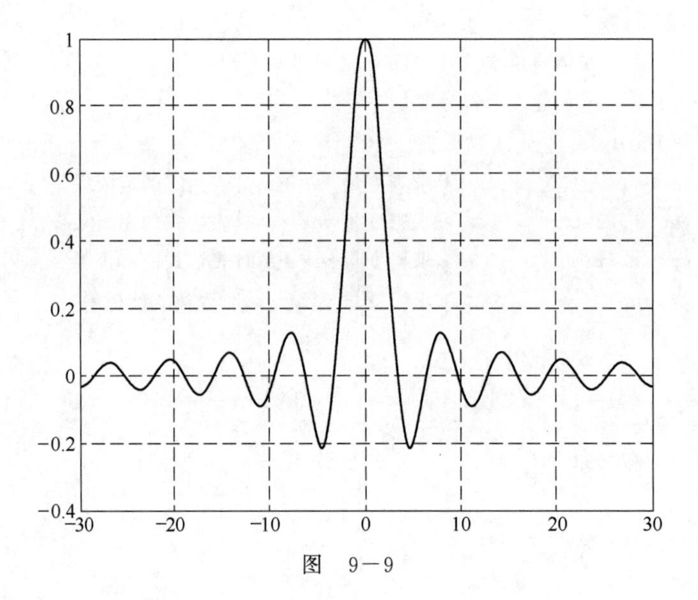

图 9—9

运行结果如图 9—10 所示．

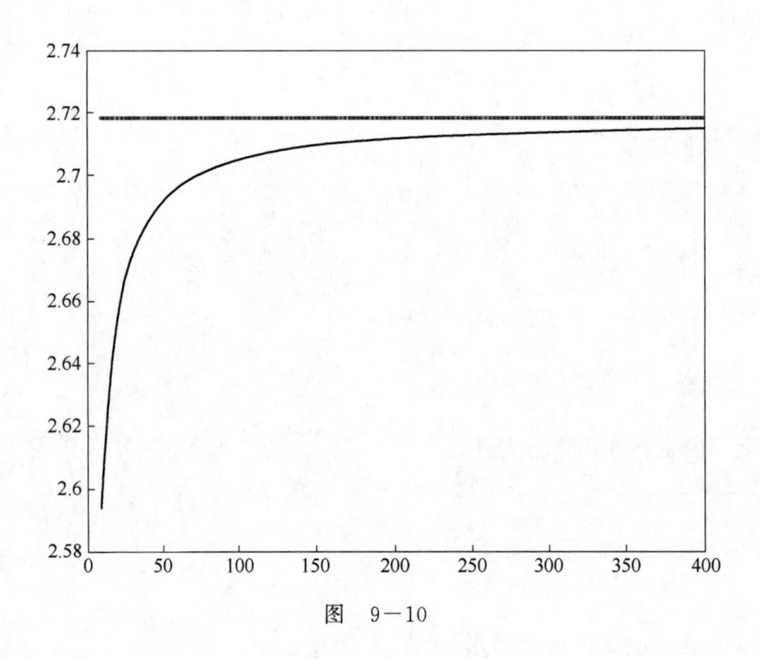

图 9—10

3. 求导命令 diff

diff(f,var,n)　%　求函数 f 对变量 var 的 n 阶导数．缺省 n 时为求 1 阶导数．缺省变量 var 时，默认变量为 x.

例 21　求 $y=\ln x$ 在 $x=2$ 点的导数．

解　在命令窗口中输入：

```
≫syms x
≫diff(log(x))
ans =
1/x
```

```
≫x = 2;
≫1/x
ans =
0.5
```

例 22 求 $y = \tan x$ 的导数．

解 在命令窗口中输入：

```
≫syms x
≫diff(tan(x))
ans =
1 + tan(x)^2
```

例 23 求函数 $f(x) = e^{-2x}\cos 3x$ 的一阶、二阶导数．

解 在命令窗口中输入：

```
≫syms  x
≫y = exp( - 2 * x) * cos(3 * x);
≫diff(y,x)
ans =
- 2 * exp( - 2 * x) * cos(3 * x) - 3 * exp( - 2 * x) * sin(3 * x)
≫diff(y,x,2)
ans =
- 5 * exp( - 2 * x) * cos (3 * x) + 12 * exp( - 2 * x) * sin(3 * x)
```

例 24 求参数方程 $\begin{cases} x = a\cos t \\ y = b\sin t \end{cases}$ 确定的函数的一阶导数．

解 在命令窗口中输入：

```
≫syms a b t;
≫x = a * cos (t);y = b * sin(t);
≫diff(y,t)/diff(x,t)
ans  =
- b * cos (t)/a/sin(t)
```

即一阶导数为 $-\dfrac{b\cos t}{a\sin t}$.

4. 求积分命令 int

MATLAB 为积分运算(包括一元函数的不定积分、定积分提供了一个简洁而又强大的工具,可以十分有效的计算积分,其格式如下：

```
int(f,x)          % 对指定变量 x 求不定积分
int(f,x,a,b)      % 对指定变量 x 求从 a 到 b 的定积分
```

上述命令中的 f 为被积函数的符号表达式,不定积分运算结果中不带积分常数．

例 25 求不定积分 $\int \sin(1+x)\mathrm{d}x$ ．

解 在命令窗口中输入：

```
≫syms  x
≫int(sin(1 + x),x)
ans =
```

```
-cos(1+x)
```

例 26 求不定积分$\int(x^2+x+2)\mathrm{d}x$.

解 在命令窗口中输入：

```
≫syms x
≫int(x^2+x+2,x)
ans =
1/3*x^3+1/2*x^2+2*x
```

例 27 求定积分$\int_0^1 x\mathrm{e}^{-x^2}\mathrm{d}x$.

解 在命令窗口中输入：

```
≫syms x
≫int(x*exp(-x^2),x,0,1)
ans =
-1/2*exp(-1)+1/2
```

例 28 求广义积分$\int_{-\infty}^{+\infty}\frac{1}{1+x^2}\mathrm{d}x$.

解 在命令窗口中输入：

```
≫syms  x
≫int(1/(1+x^2),x,-inf,inf)
ans =
pi
```

例 29 求由抛物线$y^2=2x$与直线$y=x-4$所围成的图形的面积 .

解 先建立 s1. m 文件：

```
x=0:0.1:9;
y1=x-4;y2=sqrt(2*x);y3=-sqrt(2*x);
plot(x,y1,'b',x,y2,'r',x,y3,'r','LineWith',3) % 做抛物线和直线围成的区域图
[x,y]=solve('y^2-2x=0','y-x+4=0') % 求解两方程的交点
```

运行结果为：

```
x =
8
2
y =
4
-2
```

即交点为(8,4),(2,−2).

在命令窗口中输入：

```
≫syms y
≫int(y+4-y^2/2,y,-2,4)
ans =
18
```

5. 求解微分方程的命令

在 MATLAB 中，用大写字母 D 表示微分方程中未知函数的导数 . 例如：Dy 表示 y',D2y

表示 y''；D2y+Dy+x=0 表示 $y''+y'+x=0$；$Dy(0)=5$ 表示 $y'(0)=5$. 用 MATLAB 求微分方程的解析解是由函数 dsolve( )实现的，其调用格式和功能如表 9－4 所示.

表 9－4

调用格式	功能说明
r=dsolve('eq','cond','var')	求微分方程的通解或特解. 其中 eq 代表微分方程；cond 代表方程的初始条件，若不给出初始条件即求通解；var 代表自变量，默认是按照系统的默认原则处理
r=dsolve('eq1,eq2,...,eqN','cond1,cond2,...,condN','var1,var2,...,varN')	求解微分方程组 eq1,eq2,... 在初始条件 cond1,cond2,... 下的特解，不给出初始条件即求方程组通解；var1,var2,... 代表自变量，若不指定，将为默认

例 30 求 $y'=\dfrac{y}{x}$ 的通解.

解 在命令窗口中输入：

```
>>clear
>>y = dsolve('Dy = y/x','x')
y =
C1 * x
```

即通解为 $y=cx$.

例 31 求 $y'=2xy$ 的通解和当 $y(0)=3$ 时的特解.

解 在命令窗口中输入：

```
>> clear
>> y = dsolve('Dy = 2 * x * y','y(0) = 3','x')
y =
3 * exp(x^2)
```

所以，当 $y(0)=3$ 时的特解为 $y=3e^{x^2}$.

例 32 求微分方程 $\begin{cases}\dfrac{d^2y}{dx^2}+4\dfrac{dy}{dx}+29y=0\\ y(0)=0,y'(0)=15\end{cases}$ 的特解.

解 在命令窗口中输入：

```
>>clear
>>y = dsolve('D2y + 4 * Dy + 29 * y = 0','y(0) = 0, Dy(0) = 15','x')
y =
3 * exp( - 2 * x) * sin(5 * x)
```

所求特解为 $y=3e^{-2x}\sin 5x$.

习 题 9－1

1. 如何建立程序 M 文件？建立一个程序 M 文件，求 1+2+…+10.
2. 绘制二位图形的函数有哪些？
3. 如何绘制圆、椭圆、双曲线的图形？

4. 如何求出两圆的交点？如何求出两条曲线的交点？

5. 如何用 MATLAB 符号工具箱进行求极限、求导、求积分的运算？

6. 如何用 MATLAB 求解微分方程？

7. 描绘下列曲线图形：

(1)直线 $y=3x+2$；　(2)正切函数曲线 $y=\tan x$；

(3)圆 $(x-1)^2+y^2=1$；　(4)椭圆 $2x^2+y^2=1$；

(5)双曲线 $x^2-y^2=2$；　(6)抛物线 $y=2(x-1)^2$.

8. 求下列函数的极限：

(1) $\lim\limits_{x\to 0}\dfrac{e^x-1}{x}$；　(2) $\lim\limits_{x\to\infty}\dfrac{\sin(x-1)}{x-1}$；

(3) $\lim\limits_{x\to 0^+}2^{\frac{1}{x}}$ 及 $\lim\limits_{x\to 0^-}2^{\frac{1}{x}}$；　(4) $\lim\limits_{x\to\infty}\left(\dfrac{2x-1}{2x+1}\right)^{x+1}$；

(5) $\lim\limits_{x\to 1}\dfrac{\sqrt{x-2}-\sqrt{3}}{x-1}$；　(6) $\lim\limits_{x\to 0}\dfrac{1-\cos x}{x^2}$.

9. 求下列函数的导数：

(1) $y=x^3+2x^2-7x+1$；　(2) $y=x^2\ln x$；　(3) $y=\dfrac{x+1}{x-1}$；

(4)已知 $f(x)=\ln(x^2+1)$，求 $f'(x)$ 及 $f''(x)$；

(5)已知 $f(x)=\dfrac{\sin x+1}{\sin x-1}$，求 $f'(1)$ 及 $f'\left(\dfrac{\pi}{2}\right)$.

10. 求下列函数的积分：

(1) $\int(x^2+2^x+2)\,dx$；　(2) $\int\tan x\,dx$；

(3) $\int\dfrac{\arctan x}{1+x^2}dx$；　(4) $\int_0^1\dfrac{1}{1+\sqrt{x}}dx$；

(5) $\int_0^{\pi}x\sin x\,dx$；　(6) $\int_{-2}^{2}\sqrt{4-x^2}\,dx$.

11. 求解下列微分方程：

(1)求 $y'=-\dfrac{y}{x}$ 的通解；　(2)求 $y''-y'-2y=0$ 的通解；

(3)求 $y''+y'+y=2e^{2x}$ 的通解；　(4)求 $\begin{cases}xy'+y=\cos x\\ y(\pi)=1\end{cases}$ 的特解.

第二节　MATLAB 应用实例

一、梯子长度问题(微分模型)

1. 问题提出

一幢楼房的后面是一个很大的花园，在花园中紧靠着楼房有一个温室，温室深入花园宽 2 m，高 3 m，温室正上方是楼房的窗台．清洁工打扫窗台周围，他得用梯子越过温室，一头放在花园中，一头靠在花园的墙上，因为温室是不能承受梯子压力的，所以梯子太短是不行的．

现清洁工只有一架 7 m 的梯子，你认为他能达到要求吗？能满足要求的梯子的最小长度是多少？

2. 问题分析

(1)设温室宽为 a，高为 b，梯子倾斜的角度为 x，当梯子与温室顶端 A 处恰好接触时，梯子的长度 L 只与 x 有关，可以写出函数 $L(x)$

$$L(x)=\frac{a}{\cos x}+\frac{b}{\sin x},x\in\left(0,\frac{\pi}{2}\right).$$

(2)将 a，b 赋值，然后求方程 $L'(x)=0$ 的根(即求驻点)，如果驻点唯一，说明是最小值点.

(3)求出最小值，并与给出的梯子长度进行比较.

3. 模型求解

将 $a=2$，$b=3$ 代入 $L(x)$，即

$$L(x)=\frac{2}{\cos x}+\frac{3}{\sin x},x\in\left(0,\frac{\pi}{2}\right).$$

令 $L'(x)=0$，求得驻点.

MATLAB 程序如下：

```
>>syms x
>>L = 2/cos (x) + 3/sin(x);
>>dL = diff(L)
dL =
2/cos (x)^2 * sin(x) - 3/sin(x)^2 * cos (x)
>>solve(dL)
ans =
atan(1/2 * 12^(1/3))
>> atan(1/2 * 12^(1/3))
ans =
0.8528
>>dL2 = diff(dL)
dL2 =
4/cos (x)^3 * sin(x)^2 + 2/cos (x) + 6/sin(x)^3 * cos (x)^2 + 3/sin(x)
>>x = 0.8528; dL2 = 4/cos (x)^3 * sin(x)^2 + 2/cos (x) + 6/sin(x)^3 * cos (x)^2 + 3/sin(x)
dL2 =
21.0708
>>x = 0.8528; l = 2/cos (x) + 3/sin(x)
l =
7.0235
```

即当 $x=0.8528$ 时，梯子的长度最小，最小长度为 7.023 5 m.

二、航空公司客机租或买问题(积分模型)

1. 问题提出

某航空公司为了发展新航线的航运业务，需要增加 5 架客机，如果购进一架客机需要一次

支付 5 000 万美元现金,客机的使用寿命为 15 年,如果租用一架客机,每年需要支付 600 万美元的租金,租金以均匀货币流的方式支付．若银行的年利率为 12%,请问购买客机与租用客机哪种方案最佳? 如果银行的年利率为 6%呢?

2. 问题分析

所谓租金以"均匀货币流"的方式支付,类似于以下方式存款．

设从 $t=0$(t 表示时间)开始每年向银行固定存款,每年 A 元,年利率 r(连续复利计息结算).

本问题需要计算租金以均匀货币流的方式支付 15 年之后共支付多少美元? 15 年后支付的总额相当于初始时的多少现金．

3. 模型建立和求解

根据以上分析,购买一架飞机可以使用 15 年,但需要马上支付 5000 万美元,而同样租一架飞机使用 15 年,则需要以均匀货币流方式支付 15 年,年流量为 600 万元．两种方案所支付的价值无法直接比较,必须将它们都化为同一时刻的价值才能比较．我们以当前价值为准．

4. 计算均匀货币流的当前价值

(1)均匀货币流的当前价值的概念．若现有本金 p_0元,年利率为 r,按连续复利计算,t 年末的本利和为$A(t)=p_0e^{rt}$．反之,若某项投资资金 t 年后的本利和 A 已知,则按连续复利计算,现在应有资金 $p_0=Ae^{-rt}$,称 p_0为资本现值．

设在时间区间$[0,T]$内,t 时刻的单位收入为 $A(t)$,称为资金流量,按年利率 r 的连续复利计算,则在时间区间$[t,t+dt]$内的收入现值为 $A(t)\ e^{-rt}dt$,由定积分得在$[0,T]$内的总收入现值为 $p=\int_0^T A(t)e^{-rt}dt=\frac{A}{r}(1-e^{-rT})$．

(2)用 MATLAB 当 $A=600,r=0.12,T=15$ 时的总收入现值 p.

输入命令:

```
≫syms t T r a
≫p = int(a * exp( - r * t),t,0,T)
```

结果为:

```
p =
- a * (exp( - r * T) - 1)/r
≫a = 600;r = 0.12;T = 15; p = - a * (exp( - r * T) - 1)/r
p =
4.1735e + 003
```

即当年资金流量为 600 万元,年利率为 $r=12\%$时,15 年的租金在当前的价值为 4 173.5(万美元),而购买一架飞机的当前价值为 5000 万元,比较可知,此时租用客机比购买客机合算．

(3)再用 MATLAB 求当 $A=600,r=0.06,T=15$ 时的总收入现值得 $p=5\ 934.3$ (万美元),即当年资金流量为 600 万元年利率为 $r=6\%$时,15 年的租金在当前的价值为 5 934.3(万美元),而购买一架飞机的当前价值为 5 000 万元,比较可知,此时购买客机比租用客机合算．

三、人口预测问题(微分方程模型)

1. 问题的提出

假设某国总人口将超过 12 亿,据估计,其总人口峰值年是 2044 年,峰值人口达 15.6 亿或 15.7 亿．人口增长到"顶峰"后,就有可能走"下坡路",出现下降趋势．从数学上对此问题给出论证．

2. 问题分析

英国人口统计学家 Malthus 根据百余年的人口统计资料，于 1798 年提出了著名的人口指数增长模型．该模型的基本假设是：人口的增长率是常数，即单位时间内人口的增长量与当时的人口成正比，比例系数为 r.

假设时刻 t 的人口数为 $x(t)$，把看作连续的、可微的函数处理，根据 Malthus 的假设，在 t 到 $t+\Delta t$ 时间内人口的增量为 $x(t+\Delta t)-x(t)=rx(t)\Delta t$，并设 $t=t_0$ 时的人口为 $x(t_0)$，于是 $x(t)$ 满足微分方程

$$\begin{cases}\dfrac{dx}{dt}=rx(t)\\ x(t_0)=x_0\end{cases}. \qquad (模型 9-1)$$

模型(9-1)称为人口指数增长模型，其解为 $x(t)=x_0e^{r(t-t_0)}$，表明人口随时间以指数规律增长．

Malthus 模型忽略了自然资源、环境条件等对人口增长的阻滞作用，当人口增长到一定数量以后，增长率 r 会随着人口的增加而减少，所以需要修改增长率是常数这个假设．我们将 r 修改为 $r(t)=A-B(t-t_0)$，A，B 为参数．这样得到新的模型为

$$\begin{cases}\dfrac{dx}{dt}=[A-B(t-t_0)]x(t)\\ x(t_0)=x_0\end{cases}. \qquad (模型 9-2)$$

模型(9-2)称为阻滞增长模型．

3. 模型求解

下面根据 $t_0=1\ 994$，$x_0=12$ 亿及到 2 044 年人口达高峰并开始下降来估算 A，B.

因为 2044 年人口达高峰，所以 $\dfrac{dx}{dt}|_{t=2044}=0$，得出 $A-B\times 50=0$，$B=\dfrac{A}{50}$，代入模型(9-2)得

$$\begin{cases}\dfrac{dx}{dt}=[A(1-\dfrac{t-t_0}{50})]x(t)\\ x(t_0)=x_0\end{cases}. \qquad (模型 9-3)$$

求解模型(9-3)，得 $x(t)=Ce^{A(t-\frac{(t-t0)^2}{100}}$，代入初始条件的特解 $x(t)=x_0e^{A(t-t_0)(1-\frac{t-t0}{100})}$，将 $t_0=1\ 994$，$x_0=12$，$t=2\ 044$ 代入得 $x(2\ 044)=x_0e^{25A}$．取 $A=0.01$，得 $x(2\ 044)=15.41$ 亿．这个数值与预测基本一致．

用 MATLAB 编写程序及求解模型(9-3)如下：

```
≫clear
≫ x = dsolve('dx = (A * (1 - (t - 1994)/50)) * x','x(1994) = 12','t')
x =
12/exp(1043859/25 * A) * exp( - 1/100 * A * t * ( - 4088 + t))
≫ A = 0.01;t = 2044;x = 12/exp(1043859/25 * A) * exp( - 1/100 * A * t * ( - 4088 + t)))
x =
15.4083
```

可以看出此数值与上面计算出的结果一致．

习 题 9-2

1. 一个灯泡悬挂在半径为 r 的圆桌的正上方,桌上任一点受到的照度与光线的入射角的余弦值成正比(入射角是光线与桌面的垂直线之间的夹角),而与光源的距离平方成反比. 欲使桌子的边缘得到最强的照度,问灯泡应挂在桌面上方多高?

2. 已知某产品生产 x 个单位时,总收益 R 的变化率为 $R'(x)=200-\dfrac{x}{100}, x\geqslant 0$,求生产了 50 个单位时的总收益.

3. 设跳伞运动员开始跳伞后所受的空气阻力与他下落的速度成正比(比例系数为常数 $k>0$),起跳时的速度为 0,求下落的速度与时间的函数关系.

附录 A　初、高等数学常用公式

一、代数运算

1. $a^2-b^2=(a+b)(a-b)$；

2. $(a+b)^2=a^2+2ab+b^2$；

3. $(a-b)^2=a^2-2ab+b^2$；

4. $a^3+b^3=(a+b)(a^2-ab+b^2)$；

5. $a^3-b^3=(a-b)(a^2+ab+b^2)$；

6. $a^m\cdot a^n=a^{m+n}\ (a>0,a\neq 1,m,n\in\mathbf{R})$；

7. $\dfrac{a^m}{a^n}=a^{m-n}\ (a>0,a\neq 1,m,n\in\mathbf{R})$；

8. $(a^m)^n=a^{mn}\ (a>0,a\neq 1,m,n\in\mathbf{R})$；

9. $(ab)^m=a^m\cdot b^m\ (a>0,a\neq 1,m,n\in\mathbf{R})$；

10. $\log_a m+\log_a n=\log_a mn\ (a>0,a\neq 1,m,n>0)$；

11. $\log_a m-\log_a n=\log_a \dfrac{m}{n}\ (a>0,a\neq 1,m,n>0)$；

12. $\log_a m^n=n\log_a m\ (a>0,a\neq 1,m,n>0)$.

二、同角基本关系

1. $\sin^2\alpha+\cos^2\alpha=1$；

2. $\tan\alpha=\dfrac{\sin\alpha}{\cos\alpha}$；

3. $\cot\alpha=\dfrac{\cos\alpha}{\sin\alpha}$.

三、诱导公式

1. $\sin(\alpha\pm 2k\pi)=\sin\alpha$；

2. $\cos(\alpha\pm 2k\pi)=\cos\alpha$；

3. $\tan(\alpha\pm 2k\pi)=\tan\alpha$；

4. $\sin(\pi+\alpha)=-\sin\alpha$；

5. $\cos(\pi+\alpha)=-\cos\alpha$；

6. $\tan(\pi+\alpha)=\tan\alpha$；

7. $\sin(\pi-\alpha)=\sin\alpha$；

8. $\cos(\pi-\alpha)=-\cos\alpha$；

9. $\tan(\pi-\alpha)=-\tan\alpha$；

10. $\sin(-\alpha)=-\sin\alpha$；

11. $\cos(-\alpha)=\cos\alpha$；

12. $\tan(-\alpha)=-\tan\alpha$；

13. $\sin\left(\dfrac{\pi}{2}-\alpha\right)=\cos\alpha$；

14. $\cos\left(\dfrac{\pi}{2}-\alpha\right)=\sin\alpha$；

15. $\tan\left(\dfrac{\pi}{2}-\alpha\right)=\cot\alpha$；

16. $\sin\left(\dfrac{\pi}{2}+\alpha\right)=\cos\alpha$；

17. $\cos\left(\dfrac{\pi}{2}+\alpha\right)=-\sin\alpha$；

18. $\tan\left(\dfrac{\pi}{2}+\alpha\right)=-\cot\alpha$.

四、二倍角公式

1. $\sin 2\alpha = 2\sin\alpha\cos\alpha$；
2. $\tan 2\alpha = \dfrac{2\tan\alpha}{1-\tan^2\alpha}$；
3. $\cos 2\alpha = \cos^2\alpha - \sin^2\alpha = 2\cos^2\alpha - 1 = 1 - 2\sin^2\alpha$.

五、两角和差的正弦,余弦

1. $\sin(\alpha+\beta) = \sin\alpha\cos\beta + \cos\alpha\sin\beta$；
2. $\sin(\alpha-\beta) = \sin\alpha\cos\beta - \cos\alpha\sin\beta$；
3. $\cos(\alpha+\beta) = \cos\alpha\cos\beta - \sin\alpha\sin\beta$；
4. $\cos(\alpha-\beta) = \cos\alpha\cos\beta + \sin\alpha\sin\beta$.

六、正弦定理

$\dfrac{a}{\sin A} = \dfrac{b}{\sin B} = \dfrac{c}{\sin C} = 2R$（$R$ 为外接圆半径）.

七、余弦定理

$\cos A = \dfrac{b^2+c^2-a^2}{2bc}$；　$\cos B = \dfrac{a^2+c^2-b^2}{2ac}$；　$\cos C = \dfrac{a^2+b^2-c^2}{2ab}$.

八、三角形面积公式

$S_{\triangle ABC} = \dfrac{1}{2}ab\sin C$；　$S_{\triangle ABC} = \dfrac{1}{2}ac\sin B$；　$S_{\triangle ABC} = \dfrac{1}{2}bc\sin A$.

九、弧度制与角度制的转化

$1^\circ = \dfrac{\pi}{180}\text{rad} \approx 0.017\,45\ \text{rad}$；　$1\ \text{rad} = \left(\dfrac{180}{\pi}\right)^\circ \approx 57^\circ 17' 45''$.

十、扇形弧长公式

$l = \alpha r$（α 为圆心角的弧度制）.

十一、扇形面积公式

$s = \dfrac{1}{2}\alpha r^2 = \dfrac{1}{2}lr$（$\alpha$ 为圆心角的弧度制）.

十二、求导公式

1. $(c)' = 0$；
2. $(x^\alpha)' = \alpha x^{\alpha-1}$；
3. $(\sin x)' = \cos x$；
4. $(\cos x)' = -\sin x$；
5. $(\tan x)' = \sec^2 x$；
6. $(\cot x)' = -\csc^2 x$；
7. $(a^x)' = a^x \ln a$；
8. $(e^x)' = e^x$；
9. $(\log_a x)' = \dfrac{1}{x\ln a}$；
10. $(\ln x)' = \dfrac{1}{x}$；

11. $(\arcsin x)'=\dfrac{1}{\sqrt{1-x^2}}$；

12. $(\arccos x)'=-\dfrac{1}{\sqrt{1-x^2}}$；

13. $(\arctan x)'=\dfrac{1}{1+x^2}$；

14. $(\text{arccot } x)'=-\dfrac{1}{1+x^2}$；

15. $(u\pm v)'=u'\pm v'$；

16. $(uv)'=u'v+uv'$；

17. $(cu)'=cu'$；

18. $\left(\dfrac{u}{v}\right)'=\dfrac{u'v-uv'}{v^2}$；

19. $\dfrac{\mathrm{d}y}{\mathrm{d}x}=f'(u)\cdot u'(x)=\dfrac{\mathrm{d}y}{\mathrm{d}u}\cdot\dfrac{\mathrm{d}u}{\mathrm{d}x}$；

20. $\begin{cases}x=x(t)\\y=y(t)\end{cases}\quad \dfrac{\mathrm{d}y}{\mathrm{d}x}=\dfrac{y'(t)}{x'(t)}=\dfrac{\frac{\mathrm{d}y}{\mathrm{d}t}}{\frac{\mathrm{d}x}{\mathrm{d}t}}$.

十三、不定积分公式

1. $\int kf(x)\mathrm{d}x=k\int f(x)\mathrm{d}x$

2. $\int(f(x)\pm g(x))\mathrm{d}x=\int f(x)\mathrm{d}x\pm\int g(x)\mathrm{d}x$；

3. $\int \mathrm{d}x=x+C$；

4. $\int x^n\mathrm{d}x=\dfrac{1}{n+1}x^{n+1}+C\quad(n\neq-1)$；

5. $\int\dfrac{1}{x}\mathrm{d}x=\ln|x|+C$；

6. $\int a^x\mathrm{d}x=\dfrac{1}{\ln a}a^x+C\quad(a>0,a\neq1)$；

7. $\int \mathrm{e}^x\mathrm{d}x=\mathrm{e}^x+C$；

8. $\int\sin x\mathrm{d}x=-\cos x+C$；

9. $\int\cos x\mathrm{d}x=\sin x+C$；

10. $\int\tan x\mathrm{d}x=-\ln|\cos x|+C$；

11. $\int\cot x\mathrm{d}x=\ln|\sin x|+C$；

12. $\int\sec x\mathrm{d}x=\ln|\sec x+\tan x|+C$；

13. $\int\csc x\mathrm{d}x=-\ln|\csc x-\cot x|+C$；

14. $\int\dfrac{1}{\sin^2 x}\mathrm{d}x=\int\csc^2 x\mathrm{d}x=-\cot x+C$；

15. $\int\dfrac{1}{\cos^2 x}\mathrm{d}x=\int\sec^2 x\mathrm{d}x=\tan x+C$；

16. $\int\sec x\tan x\mathrm{d}x=\sec x+C$；

17. $\int\csc x\cot x\mathrm{d}x=-\csc x+C$；

18. $\int\dfrac{1}{1+x^2}\mathrm{d}x=\arctan x+C$；

19. $\int\dfrac{1}{\sqrt{1-x^2}}\mathrm{d}x=\arcsin x+C$；

20. $\int\sqrt{a^2-x^2}\mathrm{d}x=\dfrac{a^2}{2}\arcsin\dfrac{x}{a}+\dfrac{1}{2}x\sqrt{a^2-x^2}+C$；

21. $\int\dfrac{\mathrm{d}x}{a^2+x^2}=\dfrac{1}{a}\arctan\dfrac{x}{a}+C$；

22. $\int\dfrac{\mathrm{d}x}{x^2-a^2}=\dfrac{1}{2a}\ln\left|\dfrac{x-a}{x+a}\right|+C$；

23. $\int\dfrac{\mathrm{d}x}{\sqrt{a^2-x^2}}=\arcsin\dfrac{x}{a}+C$；

24. $\int\dfrac{\mathrm{d}x}{\sqrt{x^2+a^2}}=\left|\ln x+\sqrt{x^2+a^2}\right|+C$；

25. $\int\dfrac{\mathrm{d}x}{\sqrt{x^2-a^2}}=\ln\left|x+\sqrt{x^2-a^2}\right|+C$；

26. $\int\dfrac{\mathrm{d}x}{\sqrt{a^2-x^2}}=\dfrac{a^2}{2}\arcsin\dfrac{x}{a}+\dfrac{x}{2}\sqrt{a^2-x^2}+C$.

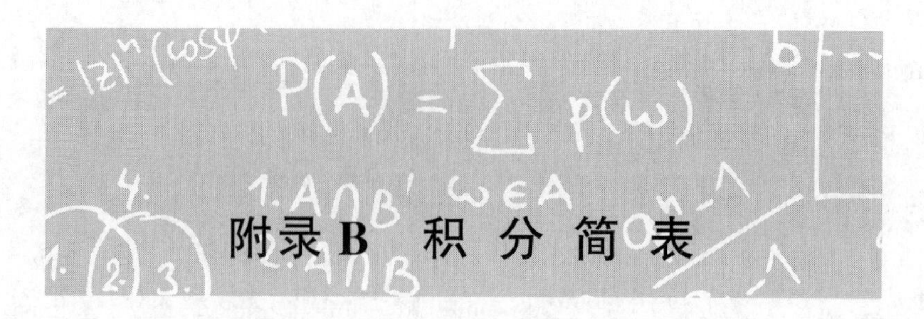

附录B 积分简表

(一)含有 $a+bx$ 的积分

(1) $\int \frac{1}{a+bx}\mathrm{d}x=\frac{1}{b}\ln|a+bx|+C$;

(2) $\int (a+bx)^{\mu}\mathrm{d}x=\frac{(a+bx)^{\mu+1}}{b(\mu+1)}+C(\mu\neq-1)$;

(3) $\int \frac{x}{a+bx}\mathrm{d}x=\frac{1}{b^2}(bx-a\ln|a+bx|)+C$;

(4) $\int \frac{x^2}{a+bx}\mathrm{d}x=\frac{1}{b^3}\left[\frac{1}{2}(a+bx)^2-2a(a+bx)+a^2\ln|a+bx|\right]+C$;

(5) $\int \frac{1}{x(a+bx)}\mathrm{d}x=-\frac{1}{a}\ln\left|\frac{a+bx}{x}\right|+C$;

(6) $\int \frac{1}{x^2(a+bx)}\mathrm{d}x=-\frac{1}{ax}+\frac{b}{a^2}\ln\left|\frac{a+bx}{x}\right|+C$;

(7) $\int \frac{x}{(a+bx)^2}\mathrm{d}x=\frac{1}{b^2}\left[\ln|a+bx|+\frac{a}{a+bx}\right]+C$;

(8) $\int \frac{x^2}{(a+bx)^2}\mathrm{d}x=\frac{1}{b^3}\left[bx-2a\ln|a+bx|-\frac{a^2}{a+bx}\right]+C$;

(9) $\int \frac{1}{x(a+bx)^2}\mathrm{d}x=\frac{1}{a(a+bx)}+\frac{1}{a^2}\ln\left|\frac{x}{a+bx}\right|+C$;

(10) $\int \frac{1}{x^2(a+bx)^2}\mathrm{d}x=-\frac{1}{a^2}\left[\frac{a+2bx}{x(a+bx)}+\frac{2b}{a}\ln\left|\frac{x}{a+bx}\right|\right]+C$;

(二)含有 $\sqrt{a+bx}$ 的积分

(11) $\int \sqrt{a+bx}\,\mathrm{d}x=\frac{2}{3b}\sqrt{(a+bx)^3}+C$;

(12) $\int x\sqrt{a+bx}\,\mathrm{d}x=-\frac{2(2a-3bx)\sqrt{(a+bx)^3}}{15b^2}+C$;

(13) $\int x^2\sqrt{a+bx}\,\mathrm{d}x=\frac{2(8a^2-12abx+15b^2x^2)\sqrt{(a+bx)^3}}{105b^3}+C$;

(14) $\int \frac{x}{\sqrt{a+bx}}\mathrm{d}x=-\frac{2(2a-bx)}{3b^2}\sqrt{a+bx}+C$;

(15) $\int \frac{x^2}{\sqrt{a+bx}}\mathrm{d}x=\frac{2(8a^2-4abx+3b^2x^2)}{15b^3}\sqrt{a+bx}+C$;

(16) $\int \frac{1}{x\sqrt{a+bx}}\mathrm{d}x = \begin{cases} \frac{1}{\sqrt{a}}\ln\left|\frac{\sqrt{a+bx}-\sqrt{a}}{\sqrt{a+bx}+\sqrt{a}}\right| + C \ (a>0) \\ \frac{2}{\sqrt{-a}}\arctan\sqrt{\frac{a+bx}{-a}} + C \ (a<0) \end{cases}$;

(17) $\int \frac{1}{x^2\sqrt{a+bx}}\mathrm{d}x = -\frac{\sqrt{a+bx}}{ax} - \frac{b}{2a}\int \frac{1}{x\sqrt{a+bx}}\mathrm{d}x$;

(18) $\int \frac{\sqrt{a+bx}}{x}\mathrm{d}x = 2\sqrt{a+bx} + a\int \frac{1}{x\sqrt{a+bx}}\mathrm{d}x$;

(三)含有 $a \pm bx^2$ 的积分($a>0, b>0$)

(19) $\int \frac{\mathrm{d}x}{a+bx^2} = \frac{1}{\sqrt{ab}}\arctan\sqrt{\frac{b}{a}}x + C$;

(20) $\int \frac{\mathrm{d}x}{a-bx^2} = \frac{1}{2\sqrt{ab}}\ln\left|\frac{\sqrt{a}+\sqrt{b}x}{\sqrt{a}-\sqrt{b}x}\right| + C$;

(21) $\int \frac{x\mathrm{d}x}{a+bx^2} = \frac{1}{2b}\ln|a+bx^2| + C$;

(22) $\int \frac{x^2\mathrm{d}x}{a+bx^2} = \frac{x}{b} - \frac{a}{b}\int \frac{dx}{a+bx^2} + C$;

(23) $\int \frac{\mathrm{d}x}{x(a+bx^2)} = \frac{1}{2a}\ln\frac{x^2}{|a+bx^2|} + C$;

(24) $\int \frac{\mathrm{d}x}{x^2(a+bx^2)} = -\frac{1}{ax} - \frac{b}{a}\int \frac{\mathrm{d}x}{a+bx^2}$;

(25) $\int \frac{\mathrm{d}x}{(a+bx^2)^2} = \frac{x}{2a(a+bx^2)^2} + \frac{1}{2a}\int \frac{\mathrm{d}x}{a+bx^2}$;

(四)含有 $\sqrt{x^2+a^2}$ 的积分($a>0$)

(26) $\int x\sqrt{x^2+a^2}\,\mathrm{d}x = \frac{1}{3}\sqrt{(x^2+a^2)^3} + C$;

(27) $\int x^2\sqrt{x^2+a^2}\,\mathrm{d}x = \frac{x}{8}(2x^2+a^2)\sqrt{x^2+a^2} - \frac{a^4}{8}\ln\left|x+\sqrt{x^2+a^2}\right| + C$;

(28) $\int \frac{1}{\sqrt{x^2+a^2}}\mathrm{d}x = \ln\left|x+\sqrt{x^2+a^2}\right| + C$;

(29) $\int \frac{1}{\sqrt{(x^2+a^2)^3}}\mathrm{d}x = \frac{x}{a^2\sqrt{x^2+a^2}} + C$;

(30) $\int \frac{x^2}{\sqrt{x^2+a^2}}\mathrm{d}x = \frac{x}{2}\sqrt{x^2+a^2} - \frac{a^2}{2}\ln\left|x+\sqrt{x^2+a^2}\right| + C$;

(31) $\int \frac{x^2}{\sqrt{(x^2+a^2)^3}}\mathrm{d}x = -\frac{x}{\sqrt{x^2+a^2}} + \ln\left|x+\sqrt{x^2+a^2}\right| + C$;

(32) $\int \frac{1}{x\sqrt{x^2+a^2}}\mathrm{d}x = \frac{1}{a}\ln\left|\frac{x}{a+\sqrt{x^2+a^2}}\right| + C$;

(33) $\int \frac{1}{x^2\sqrt{x^2+a^2}}\mathrm{d}x = -\frac{\sqrt{x^2+a^2}}{a^2x} + C$；

(34) $\int \frac{\sqrt{x^2+a^2}}{x}\mathrm{d}x = \sqrt{x^2+a^2} - a\ln\left|\frac{a+\sqrt{x^2+a^2}}{x}\right| + C$；

(35) $\int \frac{\sqrt{x^2+a^2}}{x^2}\mathrm{d}x = -\frac{\sqrt{x^2+a^2}}{x} + \ln\left|x+\sqrt{x^2+a^2}\right| + C$；

(五)含有 $\sqrt{x^2-a^2}$ 的积分($a>0$)

(36) $\int \sqrt{x^2-a^2}\,\mathrm{d}x = \frac{x}{2}\sqrt{x^2-a^2} - \frac{a^2}{2}\ln\left|x+\sqrt{x^2-a^2}\right| + C$；

(37) $\int x^2\sqrt{x^2-a^2}\,\mathrm{d}x = \frac{x}{8}(2x^2-a^2)\sqrt{x^2-a^2} - \frac{a^4}{8}\ln\left|x+\sqrt{x^2-a^2}\right| + C$；

(38) $\int \frac{x^2}{\sqrt{x^2-a^2}}\mathrm{d}x = \frac{x}{2}\sqrt{x^2-a^2} + \frac{a^2}{2}\ln\left|x+\sqrt{x^2-a^2}\right| + C$；

(39) $\int \frac{x^2}{\sqrt{(x^2-a^2)^3}}\mathrm{d}x = -\frac{x}{\sqrt{x^2-a^2}} + \ln\left|x+\sqrt{x^2-a^2}\right| + C$；

(40) $\int \frac{1}{x\sqrt{x^2-a^2}}\mathrm{d}x = \frac{1}{a}\arccos\frac{a}{x} + C$；

(41) $\int \frac{1}{x^2\sqrt{x^2-a^2}}\mathrm{d}x = \frac{\sqrt{x^2-a^2}}{a^2x} + C$；

(42) $\int \frac{\sqrt{x^2-a^2}}{x}\mathrm{d}x = \sqrt{x^2-a^2} - a\arccos\frac{a}{x} + C$；

(43) $\int \frac{\sqrt{x^2-a^2}}{x^2}\mathrm{d}x = -\frac{\sqrt{x^2-a^2}}{x} + \ln\left|x+\sqrt{x^2-a^2}\right| + C$；

(六)含有 $\sqrt{a^2-x^2}$ 的积分($a>0$)

(44) $\int \frac{x^2}{\sqrt{a^2-x^2}}\mathrm{d}x = -\frac{x}{2}\sqrt{a^2-x^2} + \frac{a^2}{2}\arcsin\frac{x}{a} + C$；

(45) $\int \sqrt{a^2-x^2}\,\mathrm{d}x = \frac{x}{2}\sqrt{a^2-x^2} + \frac{a^2}{2}\arcsin\frac{x}{a} + C$；

(46) $\int x^2\sqrt{a^2-x^2}\,\mathrm{d}x = \frac{x}{8}(2x^2-a^2)\sqrt{a^2-x^2} + \frac{a^4}{8}\arcsin\frac{x}{a} + C$；

(47) $\int \frac{1}{x\sqrt{a^2-x^2}}\mathrm{d}x = \frac{1}{a}\ln\left|\frac{x}{a+\sqrt{a^2-x^2}}\right| + C$；

(48) $\int \frac{1}{x^2\sqrt{a^2-x^2}}\mathrm{d}x = -\frac{\sqrt{a^2-x^2}}{a^2x} + C$；

(49) $\int \frac{\sqrt{a^2-x^2}}{x}\mathrm{d}x = \sqrt{a^2-x^2} - a\ln\left|\frac{a+\sqrt{a^2-x^2}}{x}\right| + C$；

(50) $\int \frac{\sqrt{a^2-x^2}}{x^2}\mathrm{d}x = -\frac{\sqrt{a^2-x^2}}{x} - \arcsin\frac{x}{a} + C$；

(七)含有 $\dfrac{\sqrt{a \pm x}}{\sqrt{b \pm x}}$、$\sqrt{(x-a)(b-x)}$ 的积分

(51) $\displaystyle\int \sqrt{\frac{a+x}{b+x}}\,\mathrm{d}x = \sqrt{(a+x)(b+x)} + (a-b)\ln\left|\sqrt{a+x} + \sqrt{b+x}\right| + C$;

(52) $\displaystyle\int \sqrt{\frac{a-x}{b+x}}\,\mathrm{d}x = \sqrt{(a-x)(b+x)} + (a+b)\arcsin\sqrt{\frac{x+b}{a+b}} + C$;

(53) $\displaystyle\int \sqrt{\frac{a+x}{b-x}}\,\mathrm{d}x = -\sqrt{(a+x)(b-x)} - (a+b)\arcsin\sqrt{\frac{b-x}{a+b}} + C$;

(54) $\displaystyle\int \frac{1}{\sqrt{(x-a)(b-x)}}\,\mathrm{d}x = 2\arcsin\sqrt{\frac{x-a}{b-a}} + C$;

(八)含有 $\sin ax$ 的积分

(55) $\displaystyle\int \sin^n ax\,\mathrm{d}x = -\frac{1}{na}\sin^{n-1}ax\cos ax + \frac{n-1}{n}\int \sin^{n-2}ax\,\mathrm{d}x + C \ (n \geqslant 2)$;

(56) $\displaystyle\int \frac{1}{\sin^n ax}\mathrm{d}x = -\frac{\cos ax}{(n-1)a\sin^{n-1}ax} + \frac{n-2}{n-1}\int \frac{1}{\sin^{n-2}ax}\mathrm{d}x + C \ (n \geqslant 2)$;

(57) $\displaystyle\int \frac{1}{b+c\sin ax}\mathrm{d}x = \frac{2}{a\sqrt{b^2-c^2}}\arctan\frac{b\tan\frac{ax}{2}+c}{\sqrt{b^2-c^2}} + C \ (b^2 > c^2)$;

(58) $\displaystyle\int \frac{1}{b+c\sin ax}\mathrm{d}x = \frac{2}{a\sqrt{c^2-b^2}}\ln\left|\frac{b\tan\frac{ax}{2}+c-\sqrt{c^2-b^2}}{b\tan\frac{ax}{2}+c+\sqrt{c^2-b^2}}\right| + C \ (b^2 < c^2)$;

(九)含有 $\cos ax$ 的积分

(59) $\displaystyle\int \cos^n ax\,\mathrm{d}x = \frac{1}{na}\cos^{n-1}ax\sin ax + \frac{n-1}{n}\int \cos^{n-2}ax\,\mathrm{d}x + C \ (n \geqslant 2)$;

(60) $\displaystyle\int \frac{1}{\cos^n ax}\mathrm{d}x = -\frac{\sin ax}{(n-1)a\cos^{n-1}ax} + \frac{n-2}{n-1}\int \frac{1}{\cos^{n-2}ax}\mathrm{d}x + C \ (n \geqslant 2)$;

(61) $\displaystyle\int \frac{1}{b+c\cos ax}\mathrm{d}x = \frac{2}{a\sqrt{b^2-c^2}}\arctan\frac{\sqrt{b^2-c^2}\sin ax}{c+b\cos ax} + C \ (b^2 > c^2)$;

(62) $\displaystyle\int \frac{1}{b+c\cos ax}\mathrm{d}x = \frac{2}{a\sqrt{c^2-b^2}}\ln\left|\frac{(c-b)\tan\frac{ax}{2}+\sqrt{c^2-b^2}}{(c-b)\tan\frac{ax}{2}-\sqrt{c^2-b^2}}\right| + C \ (b^2 < c^2)$;

(十)含有 $\sin ax$ 和 $\cos ax$ 的积分

(63) $\displaystyle\int \sin^n ax\cos ax\,\mathrm{d}x = \frac{1}{(n+1)a}\sin^{n+1}ax + C \ (n \neq -1)$;

(64) $\displaystyle\int \sin ax\cos^n ax\,\mathrm{d}x = -\frac{1}{(n+1)a}\cos^{n+1}ax + C \ (n \neq -1)$;

(65) $\displaystyle\int \sin^2 ax\cos^2 ax\,\mathrm{d}x = \frac{x}{8} - \frac{1}{32a}\sin 4ax + C$;

(66) $\int \frac{1}{b\sin ax + c\cos ax}\mathrm{d}x = \frac{1}{a\sqrt{b^2+c^2}}\ln\left|\tan\frac{ax+\arctan\frac{c}{b}}{2}\right| + C$;

(十一)含有 $x^n \sin ax$ 和 $x^n \cos ax$ 的积分

(67) $\int x^2 \sin ax\,\mathrm{d}x = \frac{2x}{a^2}\sin ax + \frac{2}{a^2}\cos ax - \frac{x^2}{a}\cos ax + C$;

(68) $\int x^2 \cos ax\,\mathrm{d}x = \frac{2x}{a^2}\cos ax - \frac{2}{a^2}\sin ax + \frac{x^2}{a}\sin ax + C$;

(69) $\int x^n \sin ax\,\mathrm{d}x = -\frac{x^n}{a}\cos ax + \frac{n}{a}\int x^{n-1}\cos ax\,\mathrm{d}x \ (n \geqslant 0)$;

(70) $\int x^n \cos ax\,\mathrm{d}x = \frac{x^n}{a}\sin ax - \frac{n}{a}\int x^{n-1}\sin ax\,\mathrm{d}x \ (n \geqslant 0)$;

(十二)含有 e^{ax} 的积分

(71) $\int x\mathrm{e}^{ax}\,\mathrm{d}x = \frac{\mathrm{e}^{ax}}{a^2}(ax-1) + C$;

(72) $\int xb^{ax}\,\mathrm{d}x = \frac{xb^{ax}}{a\ln b} - \frac{b^{ax}}{a^2(\ln b)^2} + C$;

(73) $\int x^n \mathrm{e}^{ax}\,\mathrm{d}x = \frac{x^n\mathrm{e}^{ax}}{a} - \frac{a}{n}\int x^{n-1}\mathrm{e}^{ax}\,\mathrm{d}x$

$= \frac{\mathrm{e}^{ax}}{a^{n+1}}[(ax)^n - n(ax)^{n-1} + n(n-1)(ax)^{n-2} + \cdots + (-1)^n n!] \ (n \geqslant 0)$

(74) $\int x^n b^{ax}\,\mathrm{d}x = \frac{x^n b^{ax}}{a\ln b} - \frac{n}{a\ln b}\int x^{n-1}b^{ax}\,\mathrm{d}x \ (n > 0, b > 0, b \neq 1)$;

(75) $\int \mathrm{e}^{ax}\sin bx\,\mathrm{d}x = \frac{\mathrm{e}^{ax}}{a^2+b^2}(a\sin bx - b\cos bx) + C$;

(76) $\int \mathrm{e}^{ax}\cos bx\,\mathrm{d}x = \frac{\mathrm{e}^{ax}}{a^2+b^2}(a\cos bx + b\sin bx) + C$;

(十三)含有 $\ln ax$ 的积分

(77) $\int \ln ax\,\mathrm{d}x = x\ln ax - x + C \ (n \neq -1)$;

(78) $\int x^n \ln ax\,\mathrm{d}x = \frac{x^{n+1}}{n+1}\ln ax - \frac{x^{n+1}}{(n+1)^2} + C \ (n \neq -1)$;

(79) $\int \frac{1}{x(\ln ax)^n}\mathrm{d}x = -\frac{1}{(n-1)(\ln ax)^{n-1}} + C \ (n \neq 1)$;

(80) $\int \frac{x^n}{(\ln ax)^m}\mathrm{d}x = -\frac{x^{n+1}}{(m-1)(\ln ax)^{m-1}} + \frac{n+1}{m-1}\int \frac{x^n}{(\ln ax)^{m-1}}\mathrm{d}x \ (m \neq 1)$.